“十三五”普通高等教育本科规划教材

U0159304

电机控制技术

王志新　李小海　罗文广　姜淑忠　王君艳
刘胜永　李旭光　康劲松　石旭东　刘文晋　编　著
潘再平　主　审

中国电力出版社
CHINA ELECTRIC POWER PRESS

内 容 提 要

本书为“十三五”普通高等教育本科规划教材工程教育创新系列教材。

本书侧重于分析、介绍电机控制技术原理及其应用，涉及近年来国内外有关电机控制技术及其应用最新成果。本书共7章，包括交直流电机工作原理及特性，伺服电机、步进电机等控制电机的原理及特性，直流电机调速系统特性与优化、可逆直流调速系统，交流传动系统原理、异步电机和同步电机变压变频调速方法，交直流脉宽调制技术、异步电机和同步电机现代控制、交流电机无传感器控制系统，电机现代控制及应用等，如电机软起动控制、电动汽车控制、风电机组控制、电梯控制、高速铁道车辆控制和全电飞机控制应用等，并通过增加典型应用案例分析，强化基础理论的实际应用指导。

本书主要作为普通高等教育（或高等职业教育）电气工程及其自动化专业教材，也可作为成人函授教育或自动化相关专业教材，还可作为相关技术人员参考用书。

图书在版编目（CIP）数据

电机控制技术/王志新等编著．—北京：中国电力出版社，2020.4（2021.1重印）

“十三五”普通高等教育本科规划教材．工程教育创新系列教材

ISBN 978-7-5198-4160-7

Ⅰ.①电…　Ⅱ.①王…　Ⅲ.①电机－控制系统－高等学校－教材　Ⅳ.①TM301.2

中国版本图书馆CIP数据核字（2020）第022248号

出版发行：中国电力出版社

地　　址：北京市东城区北京站西街19号（邮政编码100005）

网　　址：http://www.cepp.sgcc.com.cn

责任编辑：牛梦洁（mengjie-niu@sgcc.com.cn）

责任校对：黄　蓓　朱丽芳

装帧设计：赵姗杉

责任印制：吴　迪

印　　刷：北京雁林吉兆印刷有限公司

版　　次：2020年4月第一版

印　　次：2021年1月北京第二次印刷

开　　本：787毫米×1092毫米　16开本

印　　张：15.5

字　　数：375千字

定　　价：43.00元

序

近年来，计算机、通信、智能控制等前沿技术的日新月异给高等教育的发展注入了新活力，也带来了新挑战。而随着中国工程教育正式加入《华盛顿协议》，高等学校工程教育和人才培养模式开始了新一轮的变革。高校教材，作为教学改革成果和教学经验的结晶，也必须与时俱进、开拓创新，在内容质量和出版质量上有新的突破。

教育部高等学校电气类专业教学指导委员会按照教育部的要求，致力于制定专业规范或教学质量标准，组织师资培训、教学研讨和信息交流等工作，并且重视与出版社合作编著、审核和推荐高水平的电气类专业课程教材，特别是"电机学"、"电力电子技术"、"电气工程基础"、"继电保护"、"供用电技术"等一系列电气类专业核心课程教材和重要专业课程教材。

因此，2014 年教育部高等学校电气类专业教学指导委员会与中国电力出版社合作，成立了电气类专业工程教育创新课程研究与教材建设委员会，并在多轮委员会讨论后，确定了"十三五"普通高等教育本科规划教材（工程教育创新系列）的组织、编写和出版工作。这套教材主要适用于以教学为主的工程型院校及应用技术型院校电气类专业的师生，按照工程教育认证和国家质量标准的要求编排内容，参照电网、化工、石油、煤矿、设备制造等一般企业对毕业生素质的实际需求选材，围绕"实、新、精、宽、全"的主旨来编写，力图引起学生学习、探索的兴趣，帮助其建立起完整的工程理论体系，引导其使用工程理念思考，培养其解决复杂工程问题的能力。

优秀的专业教材是培养高质量人才的基本保证之一。此次教材的尝试是大胆和富有创造力的，参与讨论、编写和审阅的专家和老师们均贡献出了自己的聪明才智和经验知识，引入了"互联网＋"时代的数字化出版新技术，也希望最终的呈现效果能令大家耳目一新，实现宜教易学。

胡敏強

教育部高等学校电气类专业教学指导委员会主任委员

2018 年 1 月于南京师范大学

前　言

《中华人民共和国国民经济和社会发展第十三个五年规划纲要》（简称“十三五”规划纲要）已于2016年3月正式发布，明确提出了“全面推进创新发展、协调发展、绿色发展、开放发展、共享发展，确保全面建成小康社会”的指导思想和目标；通过实施“推进节能产品和服务进企业、进家庭”“组织能量系统优化、电机系统节能改造”等重点工程，达到节能环保的约束性指标要求，即2015～2020年，非化石能源占一次能源消费比例由12%提高到15%；单位GDP能源消耗降低累计达到15%；单位GDP二氧化碳排放降低累计达到18%。预计2020年全社会用电量6.8万亿～7.2万亿kWh，年均增长3.6%到4.8%，全国发电装机容量20亿kW，年均增长5.5%，人均装机突破1.4kW，人均用电量5000kWh左右，接近中等发达国家水平，电能占终端能源消费比例达到27%。

截至2018年底，我国累计发电装机容量19.0亿kW，同比增长6.5%。其中，非化石能源发电装机容量7.7亿kW，占总装机容量的40.8%，比2017年提高2.0%。电机系统用电量约占全国用电量的60%，电机行业发展迅猛并应用于国民经济各个领域，小到只有0.1W的小型录音机用电机，大到炼钢厂用数万千瓦的大型电机等。事实上，电机及其控制技术已在现代工业、国防装备、风电机组、电动汽车、高速超高速电梯、高速铁道车辆和全电飞机控制中得以成功应用和普及，迫切需要及时总结电机控制技术及应用的新进展，通过更新高等学校《电机控制技术》等相关课程教学内容，普及电机控制技术知识。本书正是在此背景下撰写而成。

本书共7章，其中，上海交通大学王志新研究员编写第1章，上海交通大学王君艳副教授编写第2章，广西科技大学罗文广教授编写第3章，广西科技大学刘胜永教授编写第4章，上海交通大学姜淑忠副教授编写第5章，上海交通大学李小海博士编写第6章，上海交通大学王志新研究员编写第7.1、7.3、7.4节，上海交通大学李旭光副教授编写第7.2节，同济大学康劲松教授编写第7.5节，中国民航大学石旭东教授编写第7.6节。上海三菱电梯有限公司刘文晋工程师参与了第7.4节的编写。全书由王志新统稿，并负责最后整理、校对和定稿。

本书各章节及知识点组成形式采用模块化结构，其中，第1～5章适合应用型高校讲授；985、211等研究型高校选择讲授第6、7章内容。本书内容主要取材于近年来国内外有关电机控制技术及其应用研究开发最新成果，以及编著者承担、完成的科研项目，如国家自然科学基金面上项目（51377105）、国家863计划项目（2014AA052005）、上海市联盟计划项目（LM201702），上海市闵行区科技计划项目（2017MH271）、上海市闵行区重大产业技术攻关项目（2019MH－ZD26）等取得的成果。本书主要内容已在上海交通大学、广西科技大学等相关专业课程教学中采用。

编著者

2019年3月于上海

目 录

第1章 电力传动系统

本章主要介绍电力传动系统的发展，电力传动系统运动方程，负载转矩和飞轮矩的折算方法，风机、水泵等负载特性、电机机械特性，电力传动系统稳定运行的充要条件，以及电力传动系统的分类及其特点等。

1.1 概 述

1.1.1 电力传动系统的构成与特点

传统的电能生产、传输、分配与使用流程如图1-1所示。目前，电能的2/3用于驱动电机以拖动各种设备及电器，用于如图1-2所示电力传动系统，实现起动、调速和制动等，满足稳定与可靠运行、调速性能与位置精度要求，同时，通过采用软起动器或变频器、滤波及无功补偿装置，达到节能、提高运行效率和电能质量的目的。

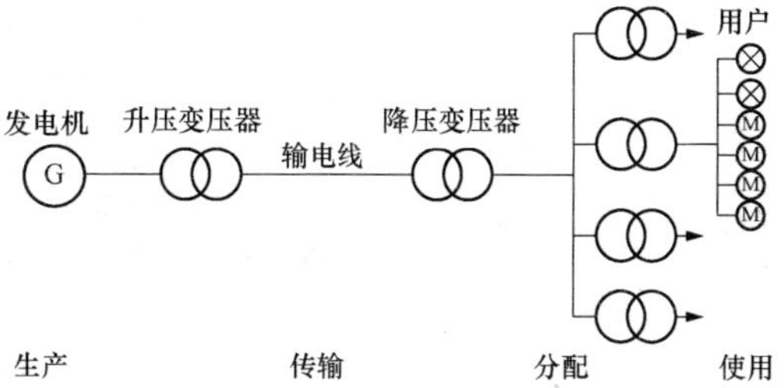

图1-1 传统的电能生产、传输、分配与使用流程

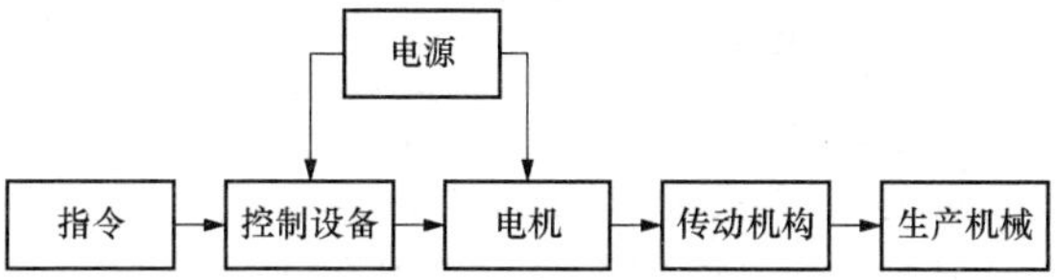

图1-2 电力传动系统框图

电源分为交流电源和直流电源两大类，包括开关电源、脉冲电源等；控制设备包括数字信号处理器DSP、可编程控制器PLC、工业控制计算机IPC等；电机分为直流电机、交流电机两大类；传动机构包括齿轮箱、齿轮齿条、减速器等；生产机械包括电梯、风机、水泵、油泵、起重机、机床、轧钢机、锻压机和空气压缩机等。

图1-3所示为永磁无刷直流电机传动系统原理图，采用交直交变频器，单片微机驱动VI、控制PM，检测系统电压、电流和电机转子位置。

按照不同分类形式，表1-1列举了电力传动系统的分类及特点。如图1-4所示为电力传动及位置伺服控制系统中采用的驱动电机种类，根据运动机构的运动方式分为：

（1）旋转电机，包括盘式、圆柱式，其气隙主磁场方向可以是径向磁场、轴向磁场或横向磁场，且气隙的数量可以是单个、两个、多个；定转子结构位置可以是内转子、外转子、双转子或双定子等形式。

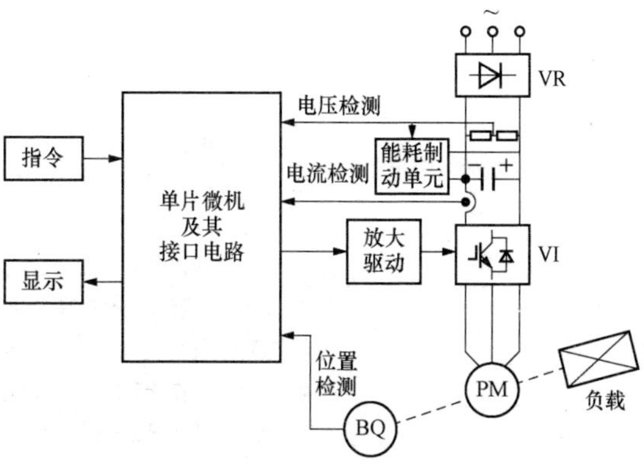

图1-3 永磁无刷直流电机传动系统原理图

PM—永磁无刷直流电机；BQ—位置传感器；VR—不控整流桥；VI—逆变桥

（2）其他电机，如直线电机、平面电机或三维运动电机。

表 1 - 1　　电力传动系统的分类及特点

分类	子类		特点
直流传动系统			1）励磁、电枢磁场完全解耦、独立控制。 2）输出力矩大、调速范围宽、易于控制。 3）适用于车辆牵引、轧钢、港口起重、小功率直流位置伺服系统等场合
交流传动系统	感应电机	矢量变换控制	1）磁场定向控制，经过矢量变换将感应电机数学模型变换至正交旋转坐标系，幅值、相位解耦控制。 2）正交旋转坐标系直轴为励磁轴、与转子磁场重合，转子磁场的交轴分量为零，交轴为转矩轴，在磁场恒定情况下，电磁转矩与交轴电流分量成正比，机械特性与他励直流电机一样，磁场与转矩解耦控制。 3）利用转子电压方程构成磁通观测器观测转子磁场实现转子磁场定向控制，因转子参数（如电阻）受环境温度影响较大，势必影响系统的控制性能，需要通过参数辨识、实时补偿来提高系统动态性能。 4）气隙磁场定向、定子磁场定向控制方式
		转差频率矢量控制	1）忽略转子磁链幅值动态变化，假定转子磁链稳定，转子磁场定向坐标中定子电流直轴分量确定，交轴分量为电磁转矩。 2）转差率很小时，电磁转矩与其成正比，设定转速与实际转速的偏差值，经速度调节器确定电机的电磁转矩及相应的转差率，基于该转差频率控制电机转速
		直接转矩控制	1）在定子坐标系计算磁通和电磁转矩的大小和位置角，直接跟踪磁通幅值和转矩。 2）磁链幅值限制在较小范围，对转矩控制性能影响不大，对电机参数变化不敏感，与转子参数无关。 3）优化控制电压空间矢量，降低逆变器开关频率和开关损耗，提高系统效率
		空间矢量调制控制	1）提高气隙磁场稳定性、减少谐波，优化功率器件开关模式、降低开关损耗，根据定子磁场运动规律，选择合适的基本电压空间矢量，生成所需电压空间矢量。 2）基于三角载波与正弦波比较生成正弦脉宽调制信号，产生的基波电压幅值大、电源电压利用率高
		智能控制	1）基于神经网络、模糊逻辑等模拟电机的非线性，确定智能控制输出值大小和功率控制器件开关模式。 2）算法复杂，需要依赖具有高速、实时计算能力的微型计算机或DSP实现
	同步电机	电励磁同步电机控制	1）交直交电流源型变频器供电（或交交变频器供电），整流、逆变均采用晶闸管，利用同步电机电流可以超前电压的特点，使变频器的晶闸管工作在自然换流状态；同时，检测转子磁极位置、确定逆变器晶闸管的导通与关断，电机工作在自同步状态。 2）自控式同步电机控制，容量大、转速高、技术成熟，缺点是三相正弦分布绕组由电流源型变频器供电，电机低速运行时转矩波动大
		永磁无刷直流电机控制	1）无励磁绕组、效率高，单位体积转矩及输出功率大、相同功率电机体积小且重量轻，气隙磁通密度高且动态性能好，结构简单维护方便，根据驱动电源形式（方波、正弦波）分别称作永磁无刷直流电机、永磁同步电机。 2）转子采用永磁材料、定子为集中绕组，气隙磁场和定子绕组的反电动势为梯形波，当定子绕组通过方波电流，且电流与反电动势同相位时，理论上可以产生恒定的电磁转矩，由于存在定转子齿槽效应，电枢电流存在换流，转矩是脉动的。 3）磁极位置检测采用霍尔传感器，适用于恒速驱动、调速驱动系统和精度要求不高的位置伺服系统。 4）定子绕组存在电感，电流不是方波，在换相时刻电流变化会引起转矩脉动，影响低速性能

续表

分类	子类		特　　点
交流传动系统	同步电机	永磁同步电机控制	1）驱动电源为正弦波，转子采用永磁材料，定子绕组为对称多相正弦分布绕组，若通以对称的多相交流电，则会产生恒定的旋转磁场和平稳的电磁转矩，采用矢量控制可以使直轴电枢电流等于零，直接控制交轴电枢电流与电磁转矩。 2）系统控制性能好，采用单位电流电磁转矩控制，提高输出转矩；采用直轴电枢电流为负值实现弱磁控制，扩大调速范围，适用于恒速驱动、调速驱动系统和高精度位置伺服系统。 3）需要昂贵的永磁材料、转子位置传感器，如绝对式位置编码器、增量式位置编码器或旋转变压器
		步进电机控制	1）也称作脉冲电机，采用电磁式增量运动执行元件，将输入的电脉冲信号转换成机械角位移或线位移信号，分为反应式、永磁式和混合式步进电机等。 2）永磁式步进电机与永磁无刷直流电机类似，转子采用永磁材料、定子为集中绕组；反应式步进电机定子磁极表面开有齿距与转子齿距相同的小齿槽，根据步进电机的相数确定导通方式，如三相单拍、单双拍等；混合式步进电机转子既有永磁、又有齿槽。 3）步距不受外加电压波动、负载变化、环境条件变化的影响，其起动、停止、反转均由脉冲信号控制，在不丢步情况下其角位移或线位移误差不会长期积累。 4）适用于简单、可靠开环数字控制系统，如打印机、复印机等
		开关磁阻电机控制	1）结构与反应式步进电机相似，只是定转子齿数较少，定子齿数与转子齿数一般不同，如 6/4、8/6 组合，定子磁极上有集中绕组，通以励磁电流产生转矩，转子上有齿槽、无绕组和永磁励磁，结构简单、可靠。根据转子位置反馈信号进行电流换相控制。 2）转子坚固，可以高速运行，适当控制导通角和关断角就可以使其运行在电机状态或发电机状态，适用于高速航空发动机、电动车辆驱动等领域。 3）绕组电流相数少，控制系统主电路拓扑结构简单；存在转矩脉动、振动和噪声，需要转子位置传感器实现闭环控制

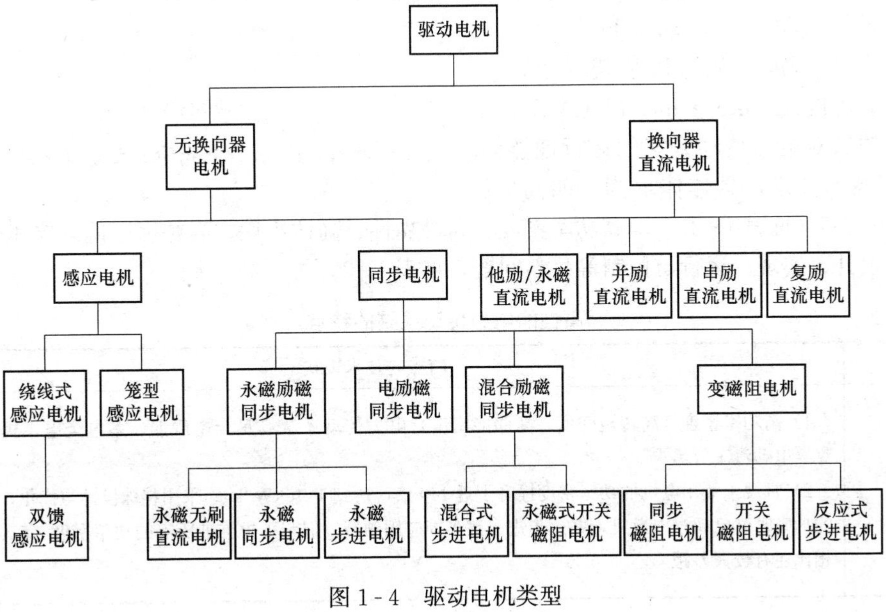

图 1-4　驱动电机类型

1.1.2 电力传动系统的发展

(1) 电力传动系统的发展历程及其技术特点。

1) 20世纪70年代前，主要采用直流传动系统，具有起动、调速和转矩控制性能好等特点，在调速要求较高的应用领域占据主导作用。其中，20世纪60年代前，工业界主要采用直流机组，60年代至70年代期间出现了利用晶闸管SCR构成的V-M直流传动系统。

2) 20世纪70年代，主要得益于功率晶体管GTR、功率场效应晶体管VMOS、绝缘栅双极晶体管IGBT等新型电力电子器件的成熟与普及应用，交流调速系统发展较快。该时期提出了矢量控制理论，通过坐标变换再按转子磁场定向，将定子电流励磁分量与转矩分量解耦，便能够分别控制交流电机的磁链和电流，解决了交流电机转矩控制存在耦合的问题。

3) 20世纪80年代，提出了直接转矩控制方法。采用空间矢量分析方法，在定子坐标系计算磁通、转矩，再通过磁通跟踪型PWM逆变器的开关状态直接控制转矩，无须对定子电流进行解耦，省去了矢量变换的复杂计算，具有控制结构简单、易于实现全数字化控制的特点。

以矢量控制、直接转矩控制为代表的各种交流调速控制理论的发展，再加上单片机、DSP、嵌入式系统等计算机技术的普及，交流调速系统在调速领域应用的比例逐年加大，逐渐成为调速系统的主流。

经过近120年的技术进步，常规工业电机的功率密度虽然提升了近140倍，但离汽车、飞机等所需动力单元的要求仍相距甚远。采用特殊设计与优化，现代电机的功率密度已超过内燃机，并逐步进入汽车等应用领域，但与飞机推进所需的功率密度相比还有较大差距，这也为高功率密度电机系统的发展明确了方向（如图1-5所示）。

(2) 高性能电力传动系统及其技术特征。高性能电力传动系统在能源动力、交通运输和国防军工等领域的重大装备中取得了一系列标志性成果。例如，超大容量电机系统（核电1000MW机组、三峡700MW水轮发电机组）、超高速电机系统（电机转速300 000r/min以上）、超高功率密度电机系统（功率密度7kW/kg以上）、大容量高转矩密度多相电机系统（数十MW、转矩密度12.5kN·m/t以上）等。特定应用领域对电力传动系统的运行性能提出了更高的要求，具体体现为“四高”“一低”“一多”（见表1-2），即高功率密度、高可靠性、高适应性、高精度，低排放和多功能复合，涉及设计、实现、运行与控制等科学问题，见表1-3。

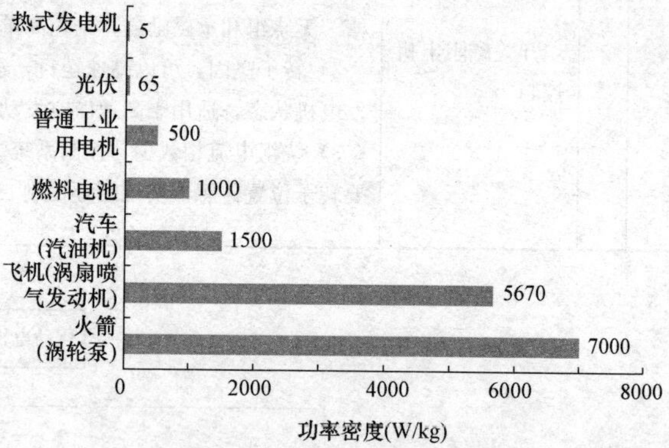

图1-5 电力单元功率密度对比

表1-2 高性能电力传动系统的特点

性能	特点与技术现状
高功率密度	1) 高功率密度（高转矩密度、高储能密度）电力传动系统满足全电舰船、多电全电飞机、全电坦克、电动汽车等需求。 2) 常规工业用电机的功率密度提升了近140倍，达到1.46kW/kg。采用特殊设计与优化，现代电机的功率密度已超过内燃机，并逐步进入汽车等应用领域，但与飞机推进所需的功率密度（5.67kW/kg）相比还有较大差距

续表

性能	特点与技术现状
高可靠性	1）采用容错与冗余设计，避免电力传动系统失效影响相关装备整体运行性能，引起灾难性事故。 2）电力传动系统故障会带来巨大的经济损失。例如，5MW 及以上海上风电机组一般要求保证该机组在 20 年使用周期中不更换大部件，可靠性对整个海上风电场的运营成本影响极大，很大程度上决定了海上风电技术是否能最终实现平价上网和盈利
高适应性	1）极端环境的适应性。增强电力传动系统对高温、低温、高压、真空、强辐射、强腐蚀等恶劣环境的适应能力。例如，多电全电飞机的电机或磁轴承需耐受 400℃以上高温，深海和深地探测器要求电力传动系统能够在超过 100MPa 的环境下正常运转，探月工程中要求电力传动系统在强辐射、真空、－80℃～＋150℃温度范围内平稳运行。 2）极端工况的适应性。电磁弹射、电磁炮、核物理过程模拟装置、强磁场发生装置、超高转速特种加工等，工作在短时重复非周期暂态运行模式下，处于脉冲功率、极高电流密度、强磁场、超高速等极端工况，部分物理参数远远超过材料和器件的常规使用极限值。如电磁炮的轨道采用复合材料，不仅要有足够的强度和刚度，还必须能够承受 3MA～4MA 的强大电流，极易因为枢轨滑动电接触状态的不断恶化产生烧蚀等
高精度	高运动控制精度和高动态性能。高精度电力传动用于高档数控机床、集成电路制造装备、重大科学仪器、机器人等。例如，超高速切削、超精密加工、多轴联动等要求电力传动系统具有高加速度、高位置伺服精度、高平稳性；极大规模集成电路制造装备、重大科学仪器等要求高速、高精度性能，光刻机采用多种直线（平面）电力传动系统，目前仅有荷兰的 ASML、日本的 NIKON 和 CANON 公司掌握相关技术
低排放	1）低能耗。采用高能效电机整体上提升电机系统效率 5%～8%，提高生产效率、降低电机生命周期成本和 CO_2 排放量。 2）低振动噪声。采用低噪声电力传动系统，提高舰艇声隐身性能和生命力。 3）低电磁干扰。电力传动系统包含大量开关设备等非线性环节，势必引起电磁干扰，并以辐射和传导的方式传播。其中，传导干扰发射会引起电网电能质量的恶化，造成同一电网中其他仪器和设备工作失常、失效甚至损坏；辐射干扰发射会干扰广播、电视和通信信号的接收，破坏系统的协同工作，并可能危害人员的健康
多功能复合	1）“电力集成”通过将同一台设备中各独立环节或多台设备作为一个整体进行优化设计，实现了电力传动系统的集成化、小型化。 2）电力传动系统通过添加感知功能，具备执行机构和传感器功能，通过传感、分析、执行、评估的一体化闭环实现感知和执行的合二为一。 3）通过能量流与信息流的集成，电力传动系统具有智能化、信息化特征。例如，负载惯量测定、控制参数自整定、电机参数辨识、电机状态自监测（温度、绝缘、轴承、退磁等）、位置和电流信号的自传感等，具有运行数据无线上传能力，实现电力传动系统自身的“自监测”和“自传感”，以及面向外部信息“感知、传输、处理、执行、评估”的智能电力传动系统特征

表 1-3　高性能电力传动系统涉及的科学问题

科学问题		特　　点
设计	新型拓扑	混合励磁发电机、定子永磁电机、磁场调制电机、无刷双馈电机、横向磁通电机、多机械端口电机、平面电机、少稀土电机和基于新型功能电工材料的电机等采用新型拓扑结构，例如，混合励磁发电机的转子无绕组，结构简单、可高速运行、无附加气隙、功率密度高，较好地解决了永磁电机气隙磁场调节困难的问题

续表

科学问题		特　点
设计	材料精细模拟	建立适用范围更广、更为精细的材料模型，提高电力传动系统材料应用水平。通过将与电机设计相关的材料精细物理特性（如，导磁、导热、介电、机械等）包含到电机性能分析的内核，获得精确计算结果。例如，硅钢类软磁性材料在不同温度条件下的磁化与铁损耗变化明显，针对极端工作条件，电机设计需要考虑材料性能变化对其性能的影响
	性能分析计算	1）基于快速、准确的性能分析计算实现电力传动系统全局优化设计。例如，采用分布式磁路计算方法，即根据基波和三次谐波合成磁势，以等间隔对电机进行周向分块，通过对气隙磁密进行迭代计算，得到沿圆周各节点气隙磁密，并由傅里叶分解得到基波和三次谐波磁密。该方法克服了传统软磁材料损耗模型不准、磁路设计精度低且不适用于非正弦供电方式的问题，满足高精度、高效率和通用性强的要求。 2）电机性能分析计算不仅限于电磁性能，还包括温度、结构强度、振动噪声等，常用的电机振动噪声性能分析方法，存在精度和计算速度与实际需求存在较大差距等不足
	综合优化设计方法	高性能电力传动系统具有强耦合、多约束、多目标与非线性时变特征，再加上复杂的运行工况、多变的物理环境、灵活的控制策略，使得电力传动系统设计更具随机性和不确定性，要求从“多场交互-参数调控-系统优化”角度，揭示工况表征、系统参数与性能指标间的演化作用规律，研究复杂多工况下的电力传动系统综合优化设计方法
实现	导电材料	1）高温超导带材导电密度是常规导线的数百倍，需要进一步探索超导材料的零电阻特性。 2）高温/常温超导技术和超导带材在电力传动系统中的应用，利于大幅度提高电力传动系统的功率密度达到 10kW/kg。例如，概念飞机采用分布式超导推进器，通过燃气涡轮发动机为分布在机翼或机身的多个超导电机提供电力，并由超导电机驱动叶轮提供推力，具有巡航经济性好、起降距离短等突出优势
	导磁材料	通过增强软磁、永磁等常规材料的环境适应性（机械性能和耐高温性能），改进高速、高温电力传动系统的性能。例如，永磁体的机械性能以及高温条件下的退磁现象已成为制约高速永磁电机性能的主要瓶颈，同时，在缠绕、装配以及高速旋转中极易破损
	绝缘材料	绝缘材料具有更强的对恶劣环境适应性，能够在海水、高温、低温、强辐射等极端环境中应用
	支撑材料	采用轻质、高强度、耐腐蚀等非金属支撑材料，例如，将复合材料、阻尼材料用于电机，提高电力传动系统的功率密度、可靠性，降低其振动噪声水平
	控制方法	电力传动系统的控制与电机和变流器设计集成，建立了电机、变流器、控制器参数与性能指标之间的映射关系和定量关联，实现电力传动系统的协调运行。例如，针对某些应用场合，采用多物理场设计将电机、变流器、控制器进行集成，最终融为一体。多电力传动系统起执行机构的作用，同时还具备系统内部状态监测、外部负载感知与反馈、多种内部和外部故障检测、诊断和容错运行等功能，以及对外界的多维感知能力。例如，某风电机组就利用发电机的电气信号感知齿轮箱轴承高速中间轴内圈破损故障，基于行星齿轮磨损前后的特征信号来判定是否出现行星齿轮故障等

1.2　电力传动系统建模

1.2.1　电力传动系统运动方程

图 1-6 所示为一典型的电力传动系统结构示意图。针对图 1-7 所示单轴电力传动系统框图，建立运动方程为

$$T - T_L = J\frac{d\Omega}{dt} \tag{1-1}$$

式中：T 为电机电磁转矩，N·m；T_L 为负载转矩，N·m；J 为转动惯量，$N \cdot ms^2$；Ω 为转子旋转机械角速度，rad/s；$\frac{d\Omega}{dt}$为转子旋转机械角加速度，rad/s^2。

转动惯量表示为

$$J = m\rho^2 = \frac{G}{g}\left(\frac{D}{2}\right)^2 = \frac{GD^2}{4g} \tag{1-2}$$

式中：m 为系统转动部分的质量，kg；ρ 为系统转动部分的转动惯性半径，m；D 为系统转动部分的转动惯性直径，m；g 为重力加速度，$9.8m/s^2$；GD^2 为飞轮矩，$N \cdot m^2$。

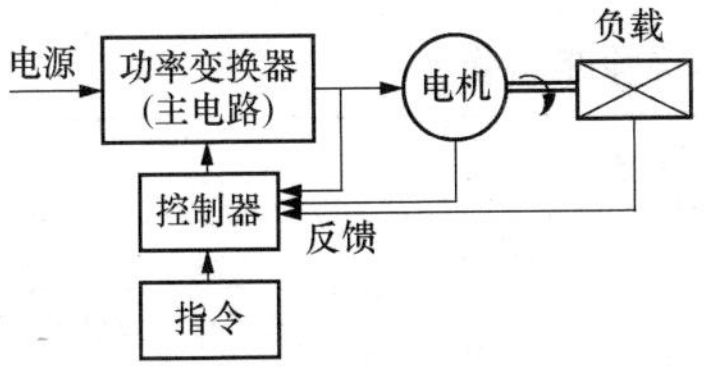

图 1-6　电力传动系统结构示意图

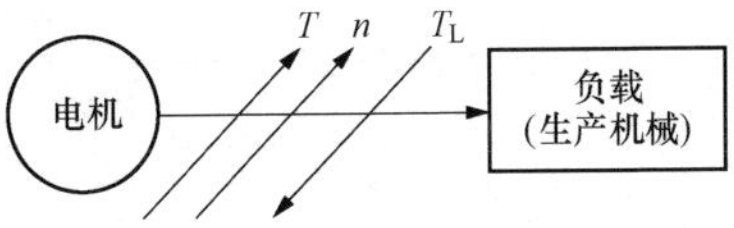

图 1-7　单轴电力传动系统框图

根据电机转子转速 n 与转子旋转机械角速度 Ω 存在的关系，有

$$\Omega = \frac{2\pi n}{60} \tag{1-3}$$

式中：n 为转子转速，r/min。

运动方程为

$$T - T_L = J\frac{d\Omega}{dt} = \frac{GD^2}{375} \times \frac{dn}{dt} \tag{1-4}$$

式 (1-4) 表明电力传动系统的运动状态由电机电磁转矩 T 与负载转矩 T_L 决定。

(1) 当 $T > T_L$ 时，$\frac{dn}{dt} > 0$，系统加速。

(2) 当 $T < T_L$ 时，$\frac{dn}{dt} < 0$，系统减速。

(3) 当 $T = T_L$ 时，$\frac{dn}{dt} = 0$，系统运行状态取决于转速 n。

1) n=常值，稳速运转。

2) n=0，静止状态。

对于图 1-8 (a) 所示多轴电力传动系统，往往采用等效方式进行折算，

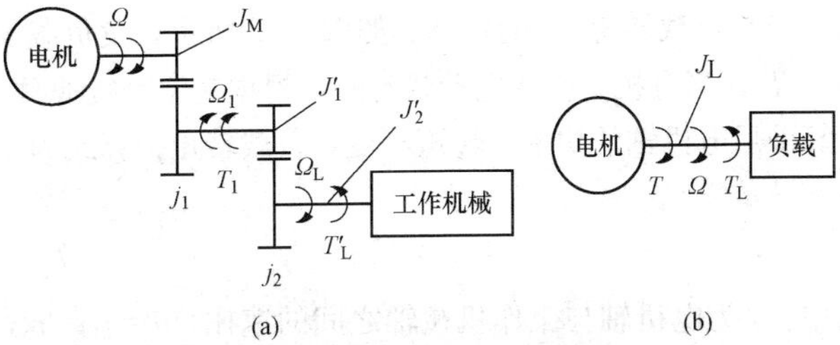

图 1-8　多轴电力传动系统折算示意图

(a) 多轴系统；(b) 等效单轴系统

变成图 1-8（b）所示单轴传动系统进行分析。

1.2.2 电力传动系统等效折算

针对电力传动系统的工程应用，通常没有必要详细研究每一根传动轴上的问题，只需将工作机械与传动机构作为一个整体并等效为负载即可，亦即等效为单轴电力传动系统，并据此分析该电力传动系统的运动方程。

（1）等效折算的原则为保持折算前后两个系统传送的功率、储存的动能相同，折算到电机轴上，也可以折算到工作机械上。

（2）对于某些做直线运动的工作机械，如刨床、吊车、电动汽车等，还应对旋转运动与直线运动之间的物理量进行折算。折算涉及的物理量有转矩（力）、转速（速度）及转动惯量（质量）。

直线运动的运动方程为

$$F - F_L = m\frac{dv}{dt} \tag{1-5}$$

式中：F 为直线运动拖动力，N；F_L 为直线运动阻力，N；v 为直线运动速度，m/s；m 为直线运动部分的质量，kg。

表 1-4 以折算到电机轴上为例，说明转矩折算和飞轮矩折算的原则及过程。

表 1-4 电机轴转矩折算和飞轮矩折算

分类	折算原则	未考虑传动机构损耗	考虑传动机构损耗		备注
			电动状态	发电状态	
转矩	功率相等	$T_L = \frac{T'_L\Omega_L}{\Omega} = \frac{T'_L}{j}$	$T_L = \frac{T'_L}{\eta j}$	$T_L = \frac{\eta T'_L}{j}$	T_L 为等效转矩。 Ω 为电机轴角速度。 T'_L 为负载实际转矩。 Ω_L 为负载角速度。 j 为传动比。 η 为传动效率
飞轮矩	动能不变				（1）水平移动物体的动能为 $W=\frac{1}{2}mv^2$ （2）旋转运动物体的动能为 $W=\frac{1}{2}J\Omega^2=\frac{GD^2}{8g}\times\Omega^2$

1. 电力传动系统等效折算到电机轴上

（1）负载转矩 T_L 的折算。如图 1-8 所示，设负载实际转矩为 T'_L，折算到电机轴上的负载转矩为 T_L，当电机工作在电动状态时，根据功率平衡原理，对于折算前的多轴系统有 $T_L\Omega\eta = T'_L\Omega_L$；折算前后电机轴的功率、转矩不变，负载转矩折算式为

$$T_L = \frac{T'_L}{j\eta} \tag{1-6}$$

式中：j 为电机轴与工作机械轴之间的速比，$j = j_1 \times j_2$，$j_1 = \frac{\Omega}{\Omega_1}$，$j_2 = \frac{\Omega_1}{\Omega_L}$；$\eta$ 为机构传动效率。

当电机工作在发电制动状态时，传动损耗由工作机械承担，则有

$$T_L = \frac{T'_L\eta}{j} \tag{1-7}$$

(2) 转动惯量 J 的折算。设工作机械实际转动惯量为 J'_L，折算后的转动惯量为 J_L，根据能量守恒定律，存在

$$\frac{1}{2}J'_L\Omega_L^2=\frac{1}{2}J_L\Omega^2$$

故

$$J_L=\frac{J'_L\Omega_L^2}{\Omega^2}=\frac{J'_L}{j^2} \tag{1-8}$$

故折算到电机轴端的系统总转动惯量 J 为

$$J=J_M+J_L=J_M+\frac{J'_L}{j^2} \tag{1-9}$$

式中：J_M 为电机轴转动惯量。

2. 电力传动系统等效折算到直线运动的工作机构上

(1) 拖动力 F 的折算。把旋转的量折算到工作机械上，设电机拖动转矩为 T、转子角速度为 Ω，折算到直线运动的工作机构上的拖动力为 F、速度为 v，根据功率平衡原理 $T\Omega\eta=Fv$，存在

$$F=\frac{T\Omega\eta}{v} \tag{1-10}$$

(2) 运动质量 m 的折算。根据能量守恒定律，直线运动的动能为 $\frac{1}{2}mv^2$，旋转运动的动能为 $\frac{1}{2}J\Omega^2$，基于二者相等进行折算，故直线运动物体总拖动质量为

$$m=m_L+J_M\left(\frac{\Omega}{v}\right)^2 \tag{1-11}$$

式中：m_L 为直线移动的工作机械总质量。

可见，总拖动质量 m 为直线移动工作机械总质量 m_L 加上旋转部分的折算量。

1.3 负载转矩和飞轮矩的折算

1.3.1 负载转矩的折算

1. 旋转运动

如图 1-9 所示多轴传动系统，以电机轴为对象折算成单轴系统，并等效成一个负载。其中，速比 $j=\frac{n}{n_L}$，电机轴上总的飞轮矩 $GD^2=GD_d^2+GD_L^2$，其中，GD_d^2 是电机转子本身的飞轮矩，GD_L^2 是折算到电机轴上的负载飞轮矩。

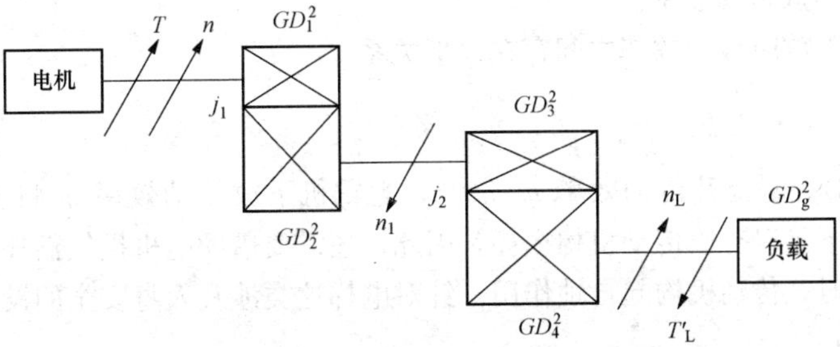

图 1-9 多轴传动系统

由

$$T_L\Omega\eta = T'_L\Omega_L$$

得到机构折算到电机轴上的转矩为

$$T_L = \frac{T'_L\Omega_L}{\Omega\eta} = \frac{T'_L n_L}{n\eta} = \frac{T'_L}{j\eta}$$

2. 平移运动

如图 1-10 所示为某生产机械的工作机构做平移运动，根据折算前后功率不变原则，考虑到系统损耗，折算到电机转轴上的负载转矩计算式为

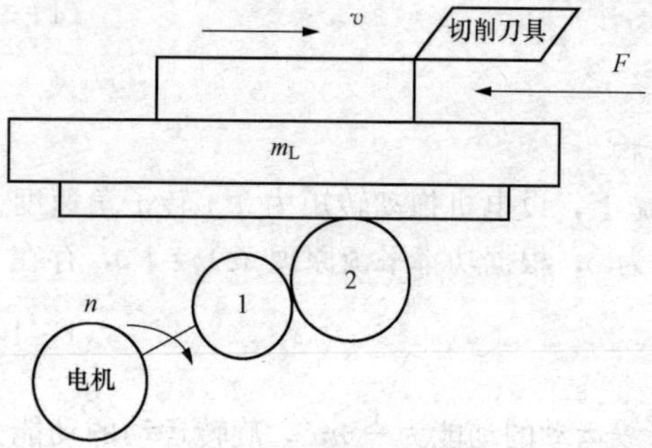

图 1-10　某生产机械工作机构平移运动系统

1、2—传动机构

$$T_L\Omega\eta = P = Fv \tag{1-12}$$

$$T_L = \frac{Fv}{\Omega\eta} = \frac{Fv}{2\pi n\eta/60} = \frac{9.55Fv}{n\eta} \tag{1-13}$$

式中：P 为工作机构的功率；F 为工作机构平均时所克服的阻力，N；v 为工作机构移动速度，m/s。

3. 升降运动

某些生产机械的工作机构（如起重机、提升机和电梯等）做升降运动，如图 1-11 所示为起重机传动系统示意图，其中，电机通过传动机构拖动一卷筒，该卷筒半径为 R、转速为 n_L、速比为 j，卷筒上的钢丝绳悬挂重物的重量为 G_z。

(1) 提升重物时负载转矩折算。提升重物时，重物对卷筒轴的负载转矩为 G_zR，传动机构的损耗均由电机负担。因此，参照旋转运动，折算到电机轴上的负载转矩为

$$T_L = \frac{G_zR}{j\eta_1} \tag{1-14}$$

式中：η_1 为起重机提升传动效率；$j=j_1\times j_2$。

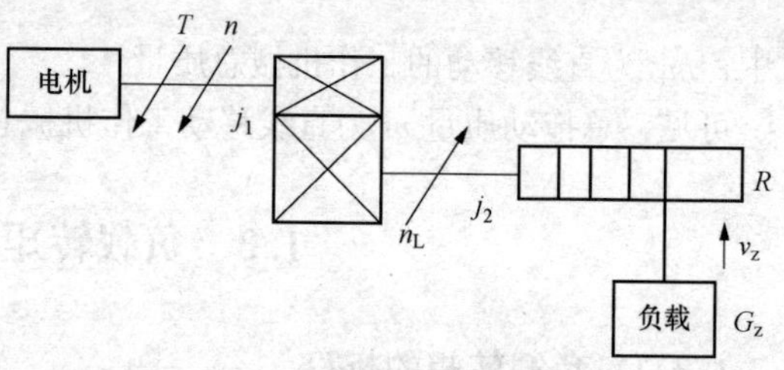

图 1-11　起重机传动系统示意图

(2) 下放重物时负载转矩折算。下放重物时，重物对卷筒轴的负载转矩为 G_zR，这时，传动机构的损耗均由负载负担，因此，参照旋转运动，折算到电机轴上的负载转矩为

$$T_L = \frac{G_zR\eta_2}{j} \tag{1-15}$$

式中：η_2 为起重机下放传动效率。

起重机提升和下放时传动效率之间存在以下关系

$$\eta_2 = 2 - \frac{1}{\eta_1} \tag{1-16}$$

根据式 (1-16)，若提升传动效率 $\eta_1 < 0.5$，起重机下放传动效率 η_2 将变为负值。η_2 为负值，说明负载功率不足以克服传动机构损耗，因此，还需要借助电机提供额外电力，由电机推动重物才能下放。这时，传动机构起自锁作用。针对电梯这类涉及人身安全的设备，传动机构的自锁作用尤为重要。

例如，若要使 η_2 为负值，则需要选择低提升传动效率 η_1 的传动机构，如蜗轮蜗杆传动的 η_1 为 0.3～0.5。

1.3.2　飞轮矩的折算

1. 旋转运动

针对图1-9所示多轴传动系统，根据折算后动能不变原则，旋转物体动能为

$$\frac{1}{2}J\Omega^2=\frac{1}{2}\frac{GD^2}{4g}\left(\frac{2\pi n}{60}\right)^2=\frac{GD^2n^2}{7149}$$

负载飞轮矩折算计算式为

$$\frac{GD_L^2n^2}{7149}=\frac{GD_1^2n_d^2}{7149}+\frac{(GD_2^2+GD_3^2)n_d^2}{7149j_1^2}+\frac{(GD_4^2+GD_g^2)n_d^2}{7149j_1^2j_2^2}$$

化简得

$$GD_L^2=GD_1^2+\frac{GD_2^2+GD_3^2}{j_1^2}+\frac{GD_4^2+GD_g^2}{j_1^2j_2^2} \tag{1-17}$$

式中：GD_L^2 为折算到电机轴上的负载飞轮矩；GD_1^2、GD_2^2、GD_3^2、GD_4^2 分别为传动机构各个齿轮的飞轮矩；GD_g^2 为工作机构的飞轮矩。

折算后传动系统总的飞轮矩为

$$GD^2=GD_d^2+GD_L^2 \tag{1-18}$$

式中：GD_d^2 为电机转子本身的飞轮矩。

由于传动机构各轴及工作机构的转速远比电机转速低，而飞轮矩的折算与转速比的二次方成反比，使得各轴折算到电机轴上的飞轮矩的数值并不大，故在传动系统总飞轮矩中占主要成分的是电机转子本身的飞轮矩。实际工程应用中，为了减少折算的麻烦与工作量，往往采用下式估算传动系统总飞轮矩，即

$$GD^2=(1+\delta)\times GD_d^2$$

通常，δ 取值为0.2～0.3。若电机轴上还连接有其他大的飞轮矩部件，如机械抱闸的闸轮等，则 δ 取值就要大些。

2. 平移运动

如图1-10所示平移运动系统，设 m_L、G_L 分别表示平移运动部分的质量和重量，根据折算前后动能不变原则，存在以下公式

$$\frac{1}{2}m_Lv^2=\frac{1}{2}\times\frac{G_Lv^2}{g}=\frac{GD_L^2n^2}{7149}$$

$$GD_L^2=\frac{7149}{2g}\times\frac{G_Lv^2}{n^2}=365\times\frac{G_L\times v^2}{n^2} \tag{1-19}$$

式中：GD_L^2 为平移运动部分折算到电机轴上的飞轮矩；传动机构其他轴上飞轮矩的折算与旋转运动部分所述相同。

3. 升降运动

如图1-11所示升降运动系统，飞轮矩折算与平移运动相同，升降部分折算到电机轴上的飞轮矩为

$$GD_L^2=365\times\frac{G_zv^2}{n^2} \tag{1-20}$$

1.4　电力传动系统的机械特性

1.4.1　负载特性

负载特性是指生产机械的负载转矩与转速的关系，即 $n=f(T_L)$。典型的负载特性主要分为

恒转矩负载特性、风机及泵类负载特性、恒功率负载特性、粘滞摩擦负载特性等，其特点如下。

1. 恒转矩负载特性

负载转矩 T_L 恒定不变，与负载转速 n_L 无关，即 T_L＝常数。恒转矩负载分为反抗性恒转矩负载和位能性恒转矩负载两种。

（1）反抗性恒转矩负载。如图 1-12 所示，反抗性恒转矩负载的特点为负载转矩的方向总与运动方向相反，即为反抗运动的制动性转矩，$n_L>0$，$T=T_L<0$；$n_L<0$，$T=T_L>0$。

摩擦负载属于这类负载，如机床刀架平移运动、轧钢机、地铁列车等。

（2）位能性恒转矩负载。如图 1-13 所示，位能性恒转矩负载的特点是负载转矩的大小、方向固定不变，且与运动的方向无关，如起重机提升、下放重物，电梯、提升机等都属于这类负载。其中：

1）$n_L>0$，$T=T_L>0$，属于阻碍运动的制动性负载。

2）$n_L<0$，$T=T_L>0$，属于帮助运动的拖动性负载。

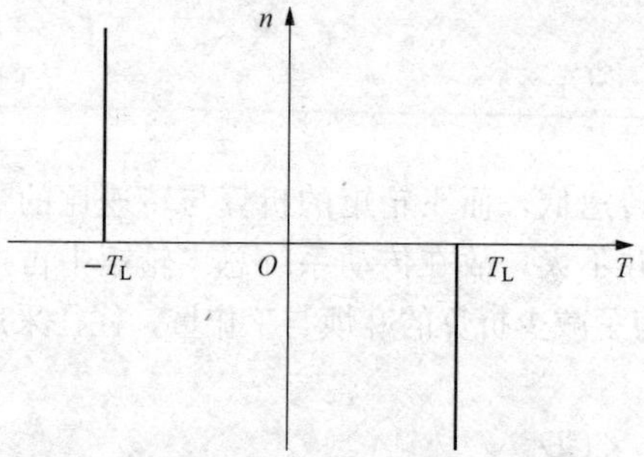

图 1-12 反抗性恒转矩负载特性

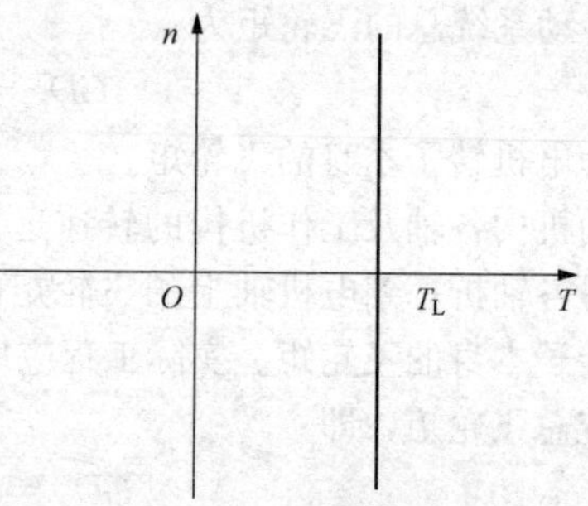

图 1-13 位能性恒转矩负载特性

2. 风机及泵类负载特性

风机、泵（水泵、油泵）类负载的特点为负载转矩与转速的二次方成正比（如图 1-14 所示），即

$$T_L = kn_L^2 \tag{1-21}$$

式中：k 为比例系数。

3. 恒功率负载特性

针对机床切削加工类负载，粗加工时切削量大、速度低，精加工时速度高，在高、低转速下的功率基本保持不变，负载的特点为转矩与转速成反比（如图 1-15 所示），即

$$T_L = \frac{k}{n_L} \tag{1-22}$$

式中：k 为比例系数。

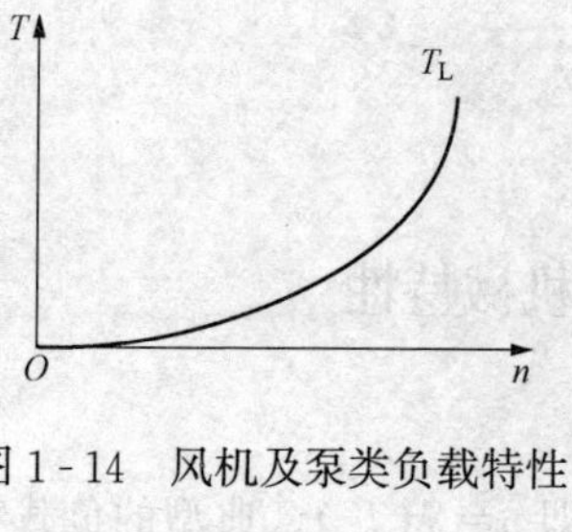

图 1-14 风机及泵类负载特性

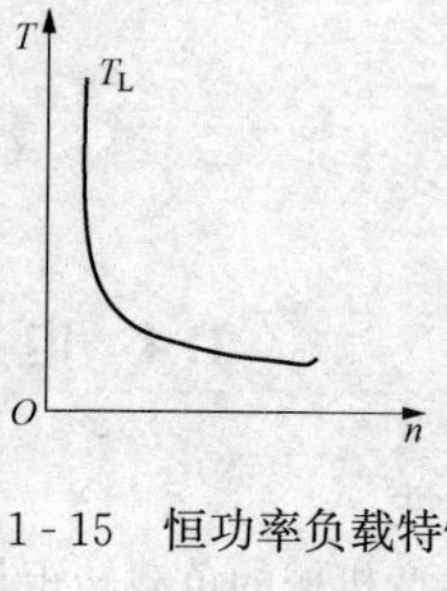

图 1-15 恒功率负载特性

负载功率 P_L 为

$$P_L = T_L\Omega_L = T_L \times \frac{2\pi n_L}{60} = \frac{k}{9.55} = 常数$$

4. 粘滞摩擦负载特性

粘滞摩擦负载的特点为负载转矩与转速成正比（如图 1-16 所示），阻碍运动，即

$$T_L = kn_L \tag{1-23}$$

在生产实际中，生产机械的负载特性可能是以上几种典型特性的组合。例如，实际的通风机负载既具有通风机负载特性，还有轴承的摩擦阻转矩 T_{L0}（恒转矩负载特性），即

$$T_L = T_{L0} + kn_L^2 \tag{1-24}$$

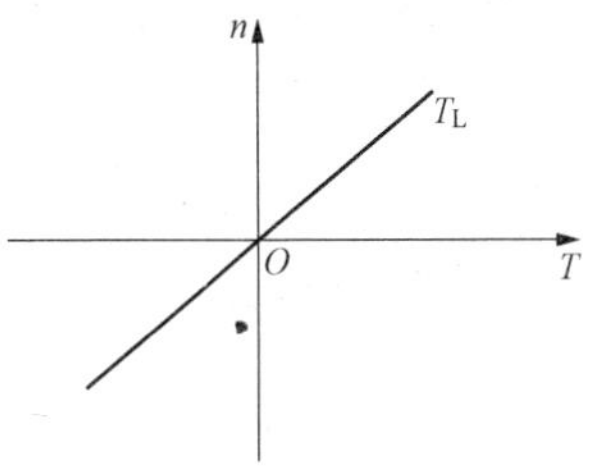

图 1-16　粘滞摩擦负载特性

1.4.2　电机机械特性

电机机械特性是指转速与转矩之间的关系曲线，即 $n=f(T)$。由于电机的输入量有多个，当改变输入量时，输出转矩也会发生变化，其机械特性也不相同，故应注意电机机械特性的约束条件。

1. 电机四象限运行状态

（1）电动状态。转矩 T 与转速 n 的方向一致，即同为正或同为负，表明电机的转矩帮助或“拖动”负载运行，属于拖动性转矩。

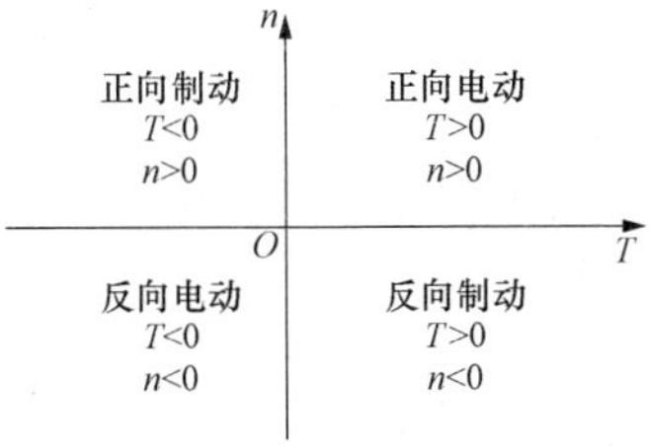

图 1-17　电机四象限运行状态

（2）制动状态。转矩 T 与转速 n 方向不一致，即其中一个为正、另一个为负，表明电机的转矩将阻碍系统按照原来速度方向运行，属于制动性转矩。

（3）电机四象限运行状态。如图 1-17 所示，在不同象限中，T、n 的符号不同，电机的运行状态也不同。

1）第Ⅰ象限，$T>0$，$n>0$，电机运行在正向电动状态。

2）第Ⅱ象限，$T<0$，$n>0$，电机运行在正向制动状态。

3）第Ⅲ象限，$T<0$，$n<0$，电机运行在反向电动状态。

4）第Ⅳ象限，$T>0$，$n<0$，电机运行在反向制动状态。

2. 电机固有机械特性、人为机械特性

电机在额定条件下的机械特性称作电机的固有机械特性，改变条件后的机械特性称作电机的人为机械特性。常用电机的机械特性如图 1-18 所示。

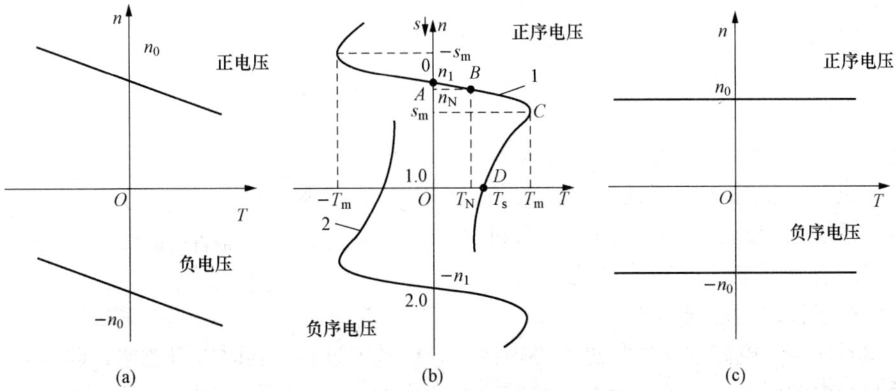

图 1-18　常用电机的机械特性

（a）他励直流电机；（b）交流异步电机；（c）同步电机

1.5 电力传动系统的稳定运行条件

1.5.1 电力传动系统稳定运行的必要条件

电力传动系统稳定的必要条件为 $T=T_L$，此时，$\frac{d\Omega}{dt}=0$，系统转速保持恒定。如图 1-19 所示，将电机的机械特性曲线与负载特性曲线画在同一个坐标图上，在这两条曲线的交点处（如 A、B）满足 $T=T_L$，系统可能稳定运行，但不是充分条件。

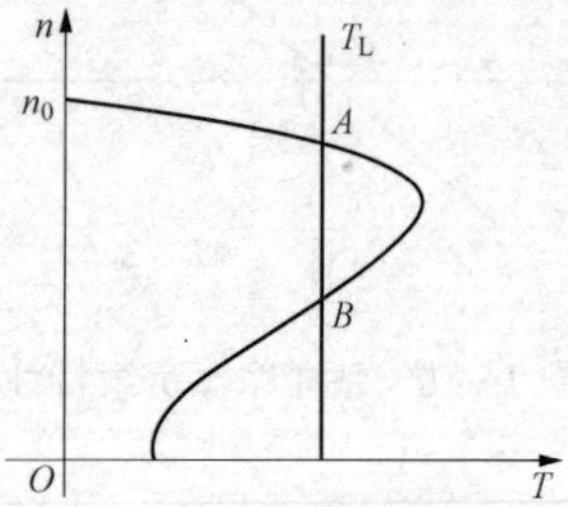

图 1-19 稳定运行点分析

1.5.2 电力传动系统稳定运行的充要条件

在图 1-19 中，A、B 点满足 $T=T_L$ 条件，但是，A 点是稳定运行点，B 点不是稳定运行点。具体分析如下。

(1) 在 A 点，若系统受到扰动而转速有所升高，此时，$T<T_L$，系统将减速回到 A 点；若扰动使转速降低，则会因 $T>T_L$，系统将升速回到 A 点，因此，A 点是稳定的。

(2) 在 B 点，若系统受到扰动而转速有所升高，此时，$T>T_L$，系统将进一步升速，到 A 点后稳定；若扰动使转速降低，则会因 $T<T_L$，系统将进一步减速直到停止，因此，B 点是不稳定的。

(3) 稳定运行点的充要条件如下：满足 $T=T_L$，同时，$\frac{dT}{dn}<\frac{dT_L}{dn}$，电力传动系统在该点能稳定运行。

1.5.3 运行分析

如图 1-20 所示为一台他励直流电机拖动泵类负载运行的情况分析图。其中：

(1) 曲线 1 为他励直流电机电压为额定值时的机械特性曲线，曲线 1^* 为电压降低后的机械特性曲线，曲线 2 是负载转矩特性曲线；系统运行在工作点 A，转速为 n_A，转矩为 T_A。

(2) 若电源电压向下波动，则出现以下两个过渡过程。

1）电源电压突然降低，电机中各电磁量的平衡关系被破坏，转子电流大小也改变，电磁转矩也要改变，电机的机械特性曲线由曲线 1 变为曲线 1^*。因转子回路有电感存在，故这个变化存在过渡过程，常称作电磁过渡过程。

2）由于电机机械特性改变，电机电磁转矩变化，系统在 A 点稳态运行的转矩平衡关系被破坏，系统的转速变为 n_A。因系统有机械惯性，亦即存在飞轮矩，转速变化存在过渡过程，称作机械过渡过程。

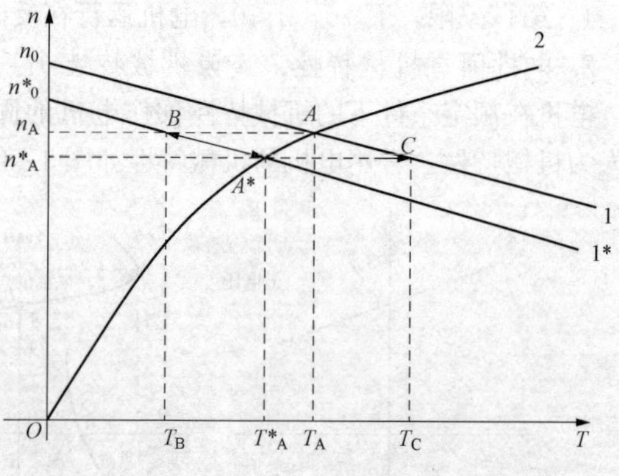

图 1-20 他励直流电机拖动泵类负载运行的情况分析图

(3) 相对而言，电磁过渡过程进行得很快，分析系统过渡过程时可以忽略，即认为电源电压改变的瞬间，由此引起的转子电流与电磁转矩的变化瞬时就完成了。因此，分析过渡过程，只需考虑机械过渡过程，即转速 n 不能突变。

1）机械过渡过程，电源电压突然波动的瞬间，电机的机械特性曲线由曲线1变为曲线1*，转速不发生突变，仍然为n_A，电机运行点由A变到B，电机相应的电磁转矩由T_A减小为T_B，而负载转矩未变，仍为T_A，$T_B-T_A<0$，系统减速。

2）减速过程，电机电磁转矩逐渐增大，电机运行点沿曲线1*下降，对于泵类负载，其转矩也随着转速下降而减小，直到与曲线2相交点A^*，$T=T_A^*$且$\frac{dn}{dt}=0$，减速过程结束，达到新的稳定运行状态。

3）干扰消失后，电机的机械特性曲线变成了曲线1，系统转速n_A^*不能突变，电机的运行点回到曲线1对应的C点，此时，电磁转矩增大为T_C，负载转矩仍然为T_A，$T_C-T_A>0$，系统开始升速，直到与曲线2相交点A，$T=T_A$且$\frac{dn}{dt}=0$，升速过程结束，回到原来的稳定运行状态。

以上描述了运行点A在电压向下波动时，经过A、B、A^*，扰动结束后，再经过A^*、C过程后回到A，说明A点的运行情况属于稳定运行。

图1-21说明，并非所有在电机机械特性与负载转矩特性交点上运行的都是能够稳定运行的。

(1) 对应额定电压的曲线1、电压略为下降的曲线1*为他励直流电机特定情况下的机械特性曲线，当电磁转矩增大时转速增加，曲线2是恒转矩负载的转矩特性曲线。

(2) 在工作点A，电机转速为n_A，因受到干扰，电源电压向下波动。在电压降低瞬间，电机机械特性由曲线1变为曲线1*，电机转速不变，仍为n_A，工作点为B点，电磁转矩变为T_B，而负载转矩仍然为T_A，$T_B-T_A>0$且$\frac{dn}{dt}>0$，系统加速。

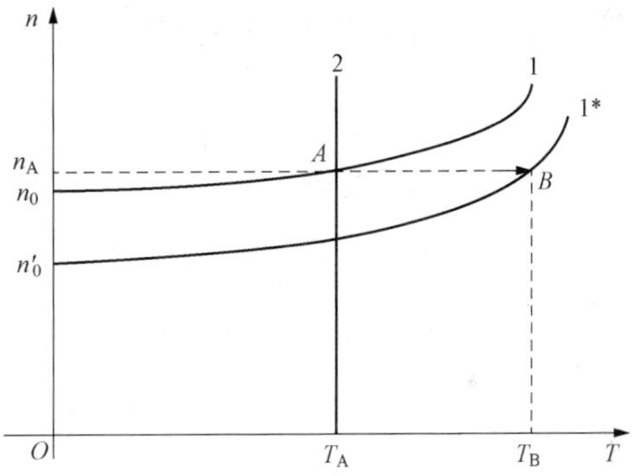

图1-21 他励直流电机拖动恒转矩负载运行分析

(3) 加速过程中，电机电磁转矩沿着机械特性曲线1*随着n的升高而加大，但负载转矩始终不变，$T-T_A>0$且$\frac{dn}{dt}>0$，系统继续加速，直到系统转速过高、毁坏电机为止。

可见，在工作点A的运行不属于稳定运行范畴。

1.6 计算举例

(1) 某起重机拖动系统如图1-22所示。已知被提升重物的重量$G=29400$N，提升速度$v=1$m/s，假定传动齿轮的效率$\eta_1=\eta_2=0.95$，卷筒的效率$\eta_3=0.90$，卷筒直径$D=0.6$m，传动机构的速比$j_1=6$，$j_2=10$，各转轴上的飞轮矩为$GD_M^2=12.78\text{N}\cdot\text{m}^2$，$GD_1^2=22.5\text{N}\cdot\text{m}^2$，$GD_2^2=16.7\text{N}\cdot\text{m}^2$，忽略钢绳的重量和滑轮传动装置的损耗，试求：

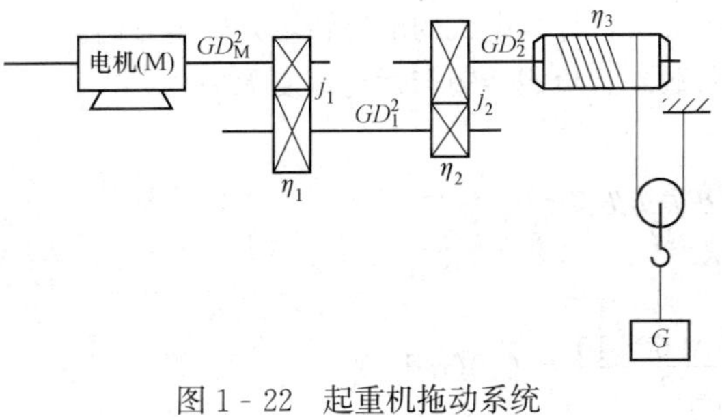

图1-22 起重机拖动系统

1）折算到电机轴上的总飞轮矩。

2）以$v=1.0$m/s匀速提升重物时，电机所输出的转矩和功率。

3）以 $v=1.0\text{m/s}$ 匀速下放重物时，电机所输出的转矩和功率。

4）以 $v=1.0\text{m/s}$、加速度 $a=0.2\text{m/s}^2$ 提升重物时，电机所输出的转矩。

解 1）恒速运行时，计算电机轴的转速。

$$n=\frac{2v}{\pi D}j_1j_2=\frac{2\times 1}{\pi\times 0.6}\times 6\times 10\times 60\approx 3821.66(\text{r/min})$$

$$\omega=\frac{n}{60}\times 2\times\pi=400(\text{rad/s})$$

由于系统所存储的动能相等，可得

$$\frac{1}{2}\frac{GD_L^2}{4g}\omega^2=\frac{1}{2}\frac{GD_M^2}{4g}\omega^2+\frac{1}{2}\frac{GD_1^2}{4g}\omega_1^2+\frac{1}{2}\frac{GD_2^2}{4g}\omega_2^2+\frac{1}{2}\frac{G}{g}v^2$$

折算到电机轴上即

$$GD_L^2=GD_M^2+\frac{GD_1^2}{j_1^2}+\frac{GD_2^2}{j_1^2j_2^2}+\frac{4G}{\omega^2}v^2$$

$$=12.78+\frac{22.5}{6^2}+\frac{16.7}{6^2\times 10^2}+\frac{4\times 29400}{400^2}\times 1^2\approx 14.145(\text{N}\cdot\text{m}^2)$$

2）匀速提升重物时，电机处于电动状态，瞬时传递的功率相等，可得

$$T'_L=\frac{Gv}{\omega\eta_1\eta_2\eta_3}=\frac{29400\times 1}{400\times 0.95\times 0.95\times 0.90}\approx 90.49(\text{N}\cdot\text{m})$$

3）匀速下放重物时，电机处于发电状态，瞬时传递的功率相等，可得

$$T'_L=\frac{Gv\eta_1\eta_2\eta_3}{\omega}=\frac{29400\times 1\times 0.95\times 0.95\times 0.90}{400}\approx 59.70(\text{N}\cdot\text{m})$$

4）以 $v=1.0\text{m/s}$、加速度 $a=0.2\text{m/s}^2$ 提升重物时，电机的加速度为

$$\frac{\text{d}n}{\text{d}t}=\frac{2a}{\pi D}j_1j_2\times 60=\frac{2\times 0.2}{\pi\times 0.6}\times 6\times 10\times 60\approx 764.33(\text{r/min})$$

由电力传动运动方程可得

$$T=T'_L+\frac{GD_L^2}{375}\frac{\text{d}n}{\text{d}t}=90.49+\frac{14.145\times 764.33}{375}\approx 119.32(\text{N}\cdot\text{m})$$

（2）图 1-23 所示为某晶闸管-电机转速单闭环调速起重系统，重物 $G=20000\text{N}$，匀速下放速度 $v=0.5\text{m/s}$，齿轮的速比 $j_1=6$，$j_2=10$，齿轮的效率为 $\eta_1=0.90$，$\eta_2=0.95$，卷筒的效率为 $\eta_3=0.90$，卷筒的直径 $D=0.4\text{m}$，电机的飞轮矩 $GD_d^2=9.8\text{N}\cdot\text{m}^2$，4 个齿轮及卷筒的飞轮矩分别为 $GD_1^2=0.98\text{N}\cdot\text{m}^2$、$GD_2^2=19.6\text{N}\cdot\text{m}^2$、$GD_3^2=4.9\text{N}\cdot\text{m}^2$、$GD_4^2=4.9\text{N}\cdot\text{m}^2$、$GD_5^2=9.8\text{N}\cdot\text{m}^2$。忽略所有动滑轮和静滑轮的摩擦和重量。

1）说明该系统的负载类型及负载特性。

2）试计算电机轴上的负载转矩 T_L 和电机主轴的总飞轮矩。

3）如果电机减速时为匀减速，减速时间 $t_{st}=9.5\text{s}$，计算电机的电磁转矩并确定方向。

解 1）该系统的负载类型为恒转矩位能型负载，且负载转矩与运行速度无关。

2）电机轴上负载转矩的折算为

$$T_L=\frac{Gv\eta_1\eta_2\eta_3}{\Omega}$$

其中

$$\Omega=4\frac{vj_1j_2}{R}=\frac{4\times 0.5\times 6\times 10}{0.4/2}=600(\text{rad/s})$$

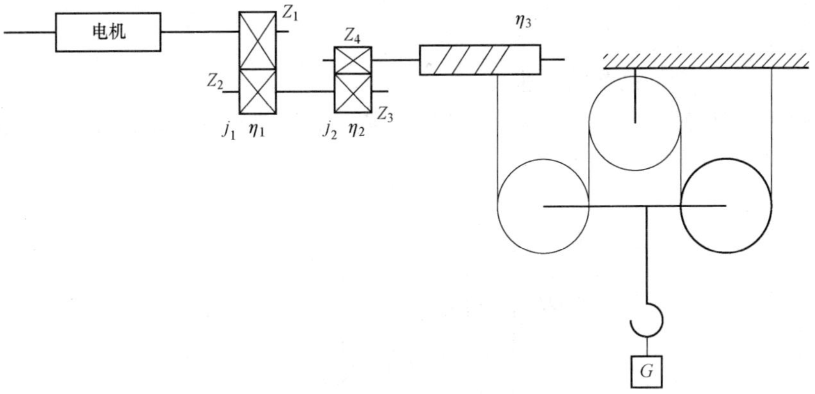

图 1-23　晶闸管-电机转速单闭环调速起重系统

所以

$$T_L = \frac{20000 \times 0.5 \times 0.90 \times 0.95 \times 0.90}{600} = 12.825(\text{N} \cdot \text{m})$$

根据折算前后系统所存储的动能相等原则，飞轮矩折算如下

$$\frac{1}{2}\frac{GD_L^2}{4g}\Omega^2 = \frac{1}{2}\frac{GD_d^2}{4g}\Omega^2 + \frac{1}{2}\frac{GD_1^2}{4g}\Omega^2 + \frac{1}{2}\frac{GD_2^2}{4g}\Omega_1^2 + \frac{1}{2}\frac{GD_3^2}{4g}\Omega_1^2 + \frac{1}{2}\frac{GD_4^2}{4g}\Omega_2^2 + \frac{1}{2}\frac{GD_5^2}{4g}\Omega_2^2 + \frac{1}{2}\frac{G}{g}v^2$$

求得

$$\begin{aligned} GD_L^2 &= GD_d^2 + GD_1^2 + \frac{GD_2^2}{j_1^2} + \frac{GD_3^2}{j_1^2} + \frac{GD_4^2}{j_1^2 j_2^2} + \frac{GD_5^2}{j_1^2 j_2^2} + \frac{4Gv^2}{\Omega^2} \\ &= 9.8 + 0.98 + 19.6/36 + 4.9/36 + 4.9/3600 + 9.8/3600 + \frac{4 \times 20000 \times 0.5^2}{600^2} \\ &\approx 9.8 + 0.98 + 0.54 + 0.136 + 0.00136 + 0.00272 + 0.0555 \\ &\approx 11.516(\text{N} \cdot \text{m}^2) \end{aligned}$$

3）由电力传动运动方程，计算匀减速时的电磁转矩为

$$T = T_L + \frac{GD_L^2}{375} \times \frac{dn}{dt} = 12.825 + \frac{11.516}{375} \times \frac{60 \times 600}{9.5 \times 2 \times 3.14} \approx 31.356(\text{N} \cdot \text{m})$$

T 为正值，故电磁转矩方向为向上。

习　题

1-1　负载转矩的折算原则是什么？负载飞轮矩的折算原则是什么？

1-2　什么是负载特性？什么是电机的机械特性？

1-3　电力传动系统稳定运行的充分必要条件是什么？

1-4　已知某电机的额定转矩 $T_N = 280\text{N} \cdot \text{m}$，额定转速 $n_N = 1000\text{r/min}$，传动系统的总飞轮矩 $GD^2 = 75\text{N} \cdot \text{m}^2$，负载为恒定转矩，$T_L = 0.8T_N$。试求：

（1）如果电机的转速从零起动至 n_N 的起动时间为 0.85s，起动时，若电机的输出转矩不变，则电机输出转矩为多少？

（2）如果电机转速由 n_N 制动到停止时的时间为 0.64s，制动时若电机输出转矩不变，则电机输出转矩为多少？

1-5　某多轴电力传动系统示意图如图 1-24 所示，已知工作机构转矩 $T_g = 280\text{N} \cdot \text{m}$，速比 $j_1 = 3.6$、$j_2 = 2.8$，传动效率 $\eta_1 = 0.94$、$\eta_2 = 0.92$，已知电机轴上飞轮矩 $(GD_d^2 + GD_1^2) =$

$270N \cdot m^2$，轴 2 上飞轮矩（$GD_2^2+GD_3^2$）$=560N \cdot m^2$，轴 3 上飞轮矩（$GD_4^2+GD_g^2$）$=1240N \cdot m^2$，电机起动时电机轴上输出转矩为 $84N \cdot m^2$，试求：

（1）电机轴及轴 3 起动的初始加速度。

（2）如果将一飞轮矩 $GD_f^2=1200N \cdot m^2$ 的飞轮附加在电机轴或轴 2 或轴 3 上，那么，电机起动时各轴上的初始加速度分别为多少？

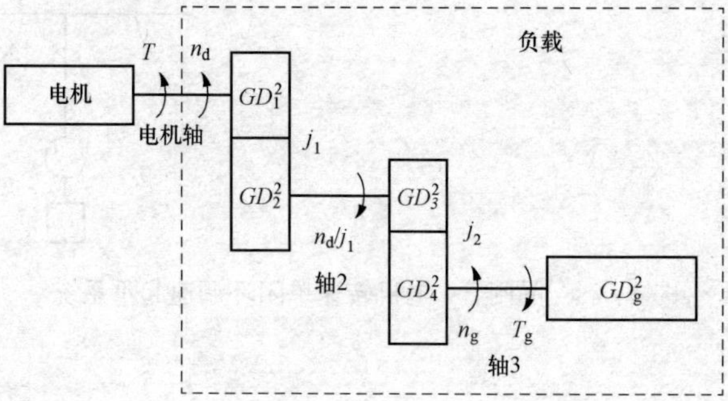

图 1-24 某多轴电力传动系统示意图

1-6 如图 1-22 所示的某晶闸管-电机转速单闭环调速系统拖动的起重系统，重物 $G=20000N$，匀速下放速度 $v=0.9m/s$，齿轮的速比分别为 $j_1=6$、$j_2=10$，齿轮的效率分别为 $\eta_1=0.90$、$\eta_2=0.95$，卷筒的效率为 $\eta_3=0.9$，卷筒的直径 $D=0.4m$，电机的飞轮矩为 $9.8N \cdot m^2$，四个齿轮的飞轮矩分别为 $0.98N \cdot m^2$、$19.6N \cdot m^2$、$4.9N \cdot m^2$、$4.9N \cdot m^2$，卷筒的飞轮矩为 $9.8N \cdot m^2$。忽略所有动滑轮、静滑轮的摩擦和重量。

（1）说明该系统的负载类型及负载特性。

（2）试计算电机轴上的负载转矩 T_L 和电机主轴的总飞轮矩。

（3）如果电机减速时为匀减速，减速时间 $t_{st}=10.5s$，试计算电机的电磁转矩，并确定电磁转矩的方向。

第 2 章　电机工作原理、特性及统一控制理论

本章主要介绍直流电机、三相异步电机的工作原理、机械特性，起动、调速与控制方法，分析直流电机、三相异步电机的运行状态和电机统一控制理论。

2.1　电机的基本结构与工作原理

2.1.1　直流电机的基本结构与工作原理

1. 直流电机的基本结构

就主要结构而言，直流发电机与直流电机无明显区别。如图 2-1 所示为一台两极直流电机从面对轴端看的剖面图，其主要由定子部分、转子部分构成，定子和转子靠两个端盖连接，两个端盖分别固定在定子机座的两端，支撑转子，并起保护定子、转子的作用。

(1) 定子主要包括机座、主磁极、换向极和电刷等。其中：

1) 机座采用整体机座，起导磁和机械支撑作用，是主磁路的一部分，称作定子磁轭。机座一般多采用导磁效果较好的铸钢材料制成，在小型直流电机中也有用厚钢板的。此外，主磁极、换向极及两个端盖（中、小型电机）都固定在电机的机座上，依赖于机座的机械支撑作用。

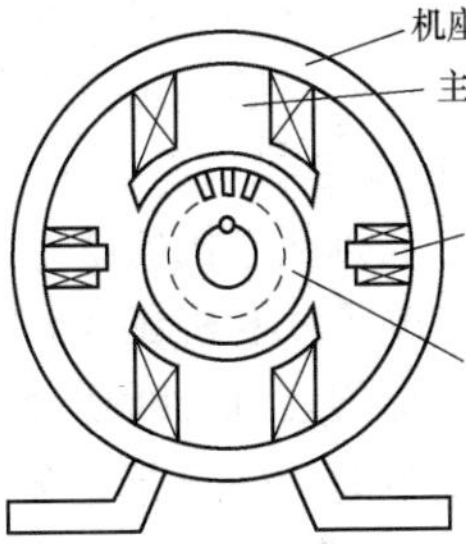

图 2-1　两极直流电机从面对轴端看的剖面图

2) 主磁极又称作主极，其作用是在电枢表面外的气隙空间产生一定形状分布的气隙磁密。

绝大多数直流电机的主磁极是由直流电流励磁的，所以，主磁极上还装有励磁线圈。小容量直流电机主磁极采用永久磁铁，常称这类电机为永磁直流电机。

励磁线圈分为并励、串励两种形式，其中，并励线圈匝数多、导线细，串励线圈匝数少、导线粗。磁极上的各个励磁线圈可以分别连成并励绕组和串励绕组。

为了让气隙磁密在沿电枢的圆周方向的气隙空间里分布更加合理，主磁极铁心设计成特殊形状，其中，较窄部分称为极身，较宽部分称为极靴。

3) 换向极又称作附加极，安装在 1kW 以上直流电机的相邻两主磁极之间，以改善直流电机的换向性能。其形状比主磁极简单，一般采用整块钢板制成。换向极的外面套有换向极绕组，与电枢绕组串联，流过的是电枢电流，匝数少、导线粗。

4) 电刷把电机转动部分的电流引到静止的电机电枢电路，或反过来将静止的电枢电路里的电流引入旋转的电路里。

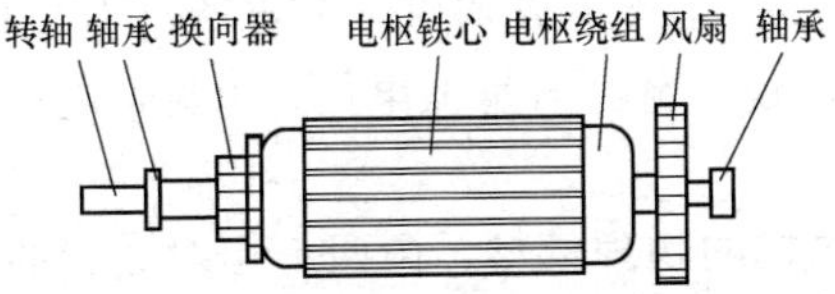

图 2-2　直流电机转子的组成

电刷需要与换向器配合，才能使交流电机获得直流电机的效果。电刷放在电刷盒里，用弹簧压紧在换向器上，电刷上有一个铜辫，用于引入、引出电流。

(2) 转子主要包括电枢铁心、电枢绕组、换向器、风扇、转轴、轴承等（如图 2-2 所示）。

1) 电枢铁心是直流电机主磁路的一部分。电枢旋

转时，铁心中的磁通方向发生变化，会在铁心中引起涡流与磁滞损耗。通常采用厚度为0.5mm的低硅钢片或冷轧硅钢片冲成一定形状的冲片，然后将这些冲片两面涂上漆再叠装起来形成电枢铁心，安装在转轴上。电枢铁心沿圆周有均匀分布的槽，里面可嵌入电枢绕组。

2）电枢绕组是利用包有绝缘的导线绕制成一个个电枢线圈（也称作元件），每个元件有两个出线端。电枢线圈嵌入到电枢铁心的槽中，每个元件的两个出线端都与换向器的换向片相连，连接时都有一定的规律，构成电枢绕组。

3）换向器安装在转轴上，主要由许多换向片组成，每两个相邻的换向片中间是绝缘片，换向片数与线圈元件数相同。

2. 直流电机的励磁方式

(1) 他励式：直流电源独立供电，永磁直流电机就属于这一类，主磁场由永久磁铁建立，与电枢电流无关。

(2) 并励式：励磁绕组与电枢绕组并联，励磁绕组上的电压与电枢绕组的端电压相同。

(3) 串励式：励磁电流与电枢绕组串联，励磁电流与电枢绕组电流相等，或等于电枢电流的分流。

(4) 复励式：主磁极铁心上装有两套励磁绕组（串励、并励），分别与电枢绕组并联、与电枢绕组串联。复励式分为积复励式和差复励式两种，前者的串励绕组与并励绕组产生的磁通势方向相同，后者的串励绕组与并励绕组产生的磁通势方向相反。

3. 直流电机的工作原理

直流电机使电机的绕组在直流磁场中旋转感应出交流电，再经过机械整流得到直流电。整流方式有电子式和机械式两种。

(1) 交流发电机的物理模型。图2-3所示为交流发电机的物理模型，其中，N、S为主磁极，固定不动，abcd是安装在可以转动的圆柱体（称作电枢）上的一个线圈，该线圈的两端分别接到滑环的两个圆环上。在每个滑环上放上固定不动的电刷A、B，通过A、B将旋转着的电路（线圈abcd）与外面静止的电路相连接。

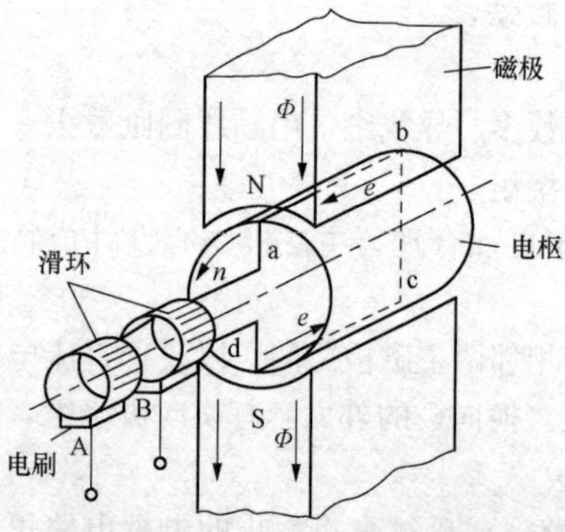

图2-3 交流发电机的物理模型

1）当原动机拖动电枢以恒定转速 n 逆时针方向旋转时，根据电磁感应定律知，在线圈abcd中的感应电动势大小为

$$e = Blv \tag{2-1}$$

式中：e 为感应电动势，V；B 为导体所在处的磁通密度，Wb/m^2；l 为导体ab或cd的长度，m；v 为导体ab或cd与B之间的相对线速度，m/s。

2）采用右手定则判定感应电动势的方向：导体ab、cd感应电动势的方向分别由b指向a，由d指向c，电刷A呈高电位，电刷B呈低电位；在电枢逆时针方向转过180°时，导体ab与cd互换位置，导体ab、cd感应电动势的方向正好与之前相反，电刷B呈高电位，电刷A呈低电位；在电枢逆时针方向再转过180°时，导体ab、cd感应电动势的方向又发生变化，电刷A呈高电位，电刷B呈低电位。可见，电机电枢每转一周，线圈abcd中感应电动势方向交变一次。

(2) 直流发电机的物理模型。图2-4所示为直流发电机的物理模型，由两个相对放置的导电片（或称换向器）代替图2-3中的两个滑环，换向器之间用绝缘材料隔开，并分别连接到线圈abcd的一端，电刷放在换向器上，并固定不动。

1）由原动机拖动，发出直流电流，为大型交流发电机提供直流励磁电流。

2）电枢（旋转）、电刷（固定），根据右手定则确定感应电动势方向，电刷 A 呈正极性，电刷 B 呈负极性；在线圈逆时针方向转过 180°时，导体 ab 位于 S 极下，导体 cd 位于 N 极下，各导体的感应电动势都分别改变了方向。

3）换向器起整流作用，换向器与线圈一起旋转，本来与电刷 B 接触的那个换向器现在却与电刷 A 接触了，与电刷 A 接触的那个换向器现在却与电刷 B 接触了，显然，电刷 A 仍呈正极性，电刷 B 呈负极性，在电刷 A、B 两端获得了直流电动势。

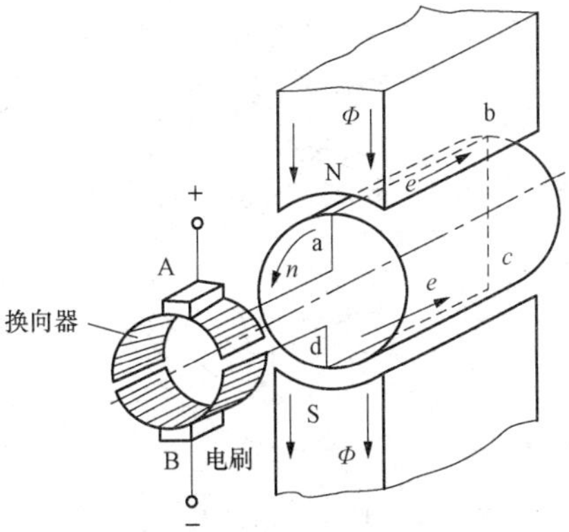

图 2-4　直流发电机的物理模型

（3）直流电机的物理模型。图 2-5 所示为直流电机的物理模型，有别于发电机模型。

1）适合用于拖动各种生产机械。

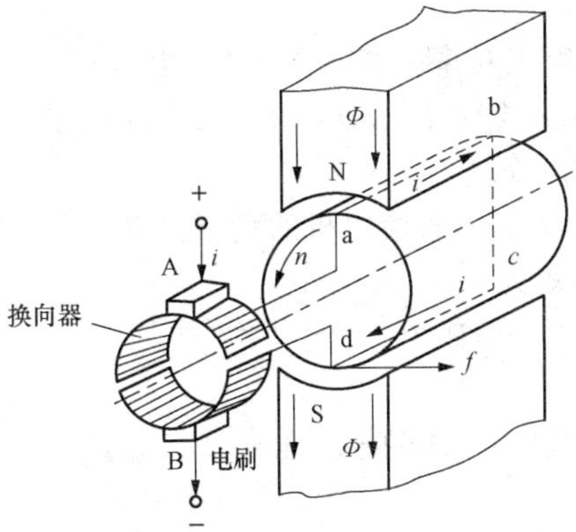

图 2-5　直流电机的物理模型

2）直流电源加在电刷 A、B 上，线圈 abcd 中有电流流过，根据左手定则判定线圈的运动方向，如图 2-5 所示。导体 ab、cd 上受到的电磁力 f 为

$$f = Bli \tag{2-2}$$

式中：i 为流过导体的电流，A；l 为导体 ab 或 cd 的长度，m；B 为导体所在处的磁通密度，Wb/m^2。

3）换向器将外电路的直流电流改变为线圈内的交变电流，起逆变作用。虽然电枢线圈中的电流方向是交变的，但产生的电磁转矩是单方向的，即

$$T = C_T \phi I_a \tag{2-3}$$

式中：ϕ 为电机每极磁通量；C_T 为转矩常数，$C_T = 9.55C_e$；C_e 为电动势常数，与电机结构有关；I_a 为电枢电流。

4）直流电机运行时，电枢导体切割气隙磁场，在电枢绕组中产生感应电动势，电枢绕组电刷两端产生的感应电动势为

$$E_a = C_e \phi n \tag{2-4}$$

式中：n 为电机转速，r/min。

（4）直流电机的换向。

1）直流电机每个支路所含元件总数相等，但是，就某一个元件而言，所在支路常常变化，且由一个支路换到另一个支路时，往往需要经过电刷；此外，电机带负载后，电枢中同一支路里各元件的电流大小与方向都一样，相邻支路里电流大小虽然一样，但方向相反。可见，某一个元件经过电刷，从一个支路换到另一个支路时，元件里的电流必然变换方向。这就需要直流电机具有换向功能。

2）换向问题复杂，换向不良会在电刷与换向片之间产生火花，火花达到一定程度，可能损坏电刷和换向器表面，使得电机无法正常工作。引起火花的原因除了电磁外，还有换向器偏心、换向片绝缘突出、电刷与换向器接触不好等机械因素，以及换向器表面氧化膜破坏等化学因素。

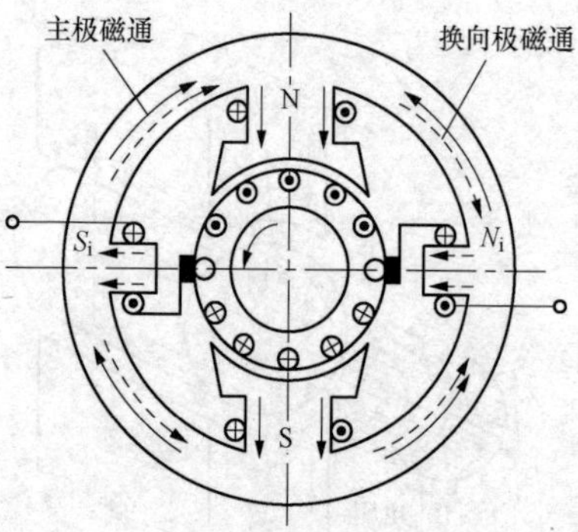

图 2-6　换向极电路与极性

为了消除电磁引起火花，通过增加图 2-6 中 N_i、S_i所示换向极，减小换向元件的自感电动势、互感电动势和切割电动势，改善换向效果。例如，1kW 以上的直流电机都装有换向极。

1）换向极装在主磁极之间，换向极绕组产生磁通势的方向与电枢反应磁通势方向相反，大小比电枢反应磁通势大，以抵消电枢反应磁通势，剩余的磁通势在换向元件里产生感应电动势，抵消换向元件的自感电动势和互感电动势，消除电刷下的火花，改善换向效果。

2）换向极极性确定原则，换向极绕组产生的磁通势方向与电枢反应磁通势方向相反，通过将换向极绕组与电枢绕组串联，其中都流过同一个电枢电流。可见，对于直流发电机，顺着电枢旋转方向看，换向极极性应和下面主磁极极性一致；针对直流电动机，应与主磁极极性相反。一台直流电机按照发电机确定换向极绕组的极性后，运行于电动状态时，不必做任何改动，因为电枢电流和换向极电流同为一个电流。

(5) 直流电机的额定参数。直流电机的额定参数包括额定功率 P_N(kW)、额定电压 U_N(V)、额定电流 I_N(A)、额定转速 n_N(r/min)、励磁方式和额定励磁电流 I_{fN}(A)，以及没有标注在铭牌上的物理量，如额定运行状态的额定转矩 T_{2N}、额定效率 η_N 等。

直流发电机的额定容量是指电刷端的输出功率，$P_N=U_NI_N$；直流电机的额定容量是指其转轴上输出的机械功率，$P_N=U_NI_N\eta_N$，此时，输出的额定转矩为

$$T_{2N}=\frac{P_N}{\Omega_N}=\frac{P_N}{(2\times\pi n_N/60)}=9.55\frac{P_N}{n_N} \tag{2-5}$$

式中：T_{2N} 为额定转矩，N·m；P_N 为额定功率，W；n_N 为额定转速，r/min。

电机产品型号一般采用大写印刷体的汉字拼音字母和阿拉伯数字表示（如图 2-7 所示），其中，汉语拼音字母是根据电机的全称选择有代表意义的汉字，再由该汉字的拼音得到。表 2-1 所列为国内某厂家生产的直流电机型号及相关参数。国产直流电机种类很多，表 2-2 列举了一些常见产品系列。

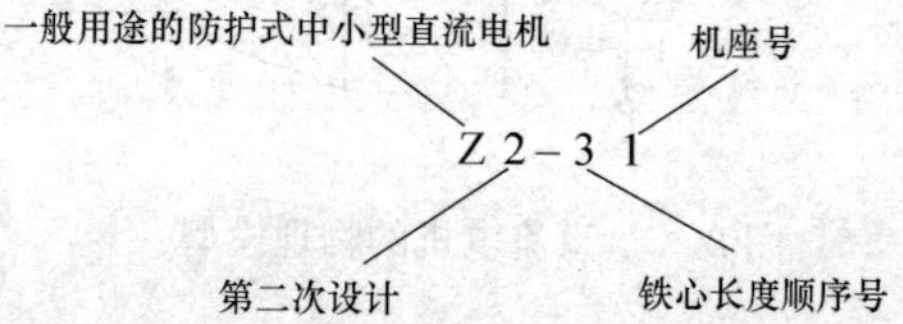

图 2-7　国产直流电机型号释义

表 2-1　某厂家生产的直流电机型号及相关参数

电机型号	额定功率(kW)	额定电压(V)	额定转速(r/min)	调速范围(r/min)
Z_2-72	22	220	1500	1000～1500
Z_4-160-11	22	440	1500	1000～1500

表 2-2　国产直流电机常见产品系列

系列	说　　明
Z_2	一般用途的中、小型直流电机，包括发电机、电动机
Z、ZF	一般用途的大、中型直流电机，Z 是直流电机，ZF 是直流发电机
ZT	用于恒功率且调速范围比较大的拖动系统里的广调速直流电机

续表

系列	说　明
ZZJ	冶金辅助拖动机械用的冶金起重直流电机
ZQ	电力机车、工矿电动车和蓄电池供电电车用的直流牵引电机
ZH	船舶上各种辅助机械用的船用直流电机
ZA	用于矿井和有易爆气体场所的防爆安全型直流电机
ZU	用于龙门刨床的直流电机
ZKJ	冶金、矿山挖掘机用的直流电机

2.1.2　三相异步电机的基本结构与工作原理

异步电机具有结构简单、体积小、质量轻、价格便宜、维护方便等特点，在生产和生活中得到广泛应用。现代生产机械大多采用交流电机驱动，尤其在大容量、高压、高速驱动应用场合，采用交流电机驱动方式约占 2/3 以上，且此比例越来越大，其市场占有量始终位居第一。

常用的交流电机主要分为异步电机和同步电机：①异步电机包括三相异步电机和单相异步电机，其中，三相异步电机又包括笼型（普通笼型、高起动转矩式、多速）电机和绕线转子电机两种，高起动转矩式异步电机包括高转差率式、深槽式、双笼型；②同步电机包括电枢旋转式和磁极旋转式电机两类，磁极旋转电机包括凸极式同步电机和隐极式同步电机。表 2 - 3 列举了交、直流电机的主要性能特点。

表 2 - 3　交、直流电机的主要性能特点

电机的种类		主要性能特点
直流电机	他励、并励	机械特性硬，起动转矩大，调速性能好
	串励	机械特性软，起动转矩大，调速方便
	复励	机械特性软硬适中，起动转矩大，调速方便
三相异步电机	普通笼型	机械特性硬，起动转矩不太大，可以调速
	高起动转矩式	起动转矩大
	多速电机	多速（2～4 速）
	绕线转子	机械特性硬，起动转矩大，调速方式多，调速性能好
三相同步电机		转速不随负载变化，功率因数可调
单相异步电机		功率小，机械特性硬
单相同步电机		功率小，转速恒定

1. 三相异步电机的基本结构

三相异步电机主要由定子和转子两大部分组成，定子静止不动，转子做旋转运动，两者之间是空气隙，其结构如图 2 - 8 所示。其中，因转子构造不一样，三相异步电机分为笼型和绕线转子两种。前者转子短接，具有结构简单、价格便宜、运行可靠、维护方便特点，在生产机械中广为采用；后者转子绕组通过滑环与外部电气设备连接，可以在转子侧引入控制变量实现调速，如串接电阻调速、串入与转子同频率的附加电动势的串级调速。为便于比较，表 2 - 4 对比了三相异步电机、直流电机的结构。

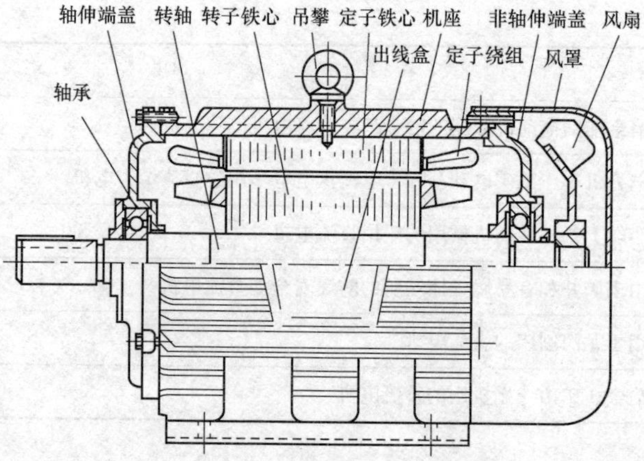

图 2-8 三相异步电机的结构

表 2-4 三相异步电机、直流电机的结构对比

电机类型	定子	转子	备注
三相异步电机	• 机座——固定、支撑定子铁心。 • 定子铁心——电机磁路一部分，采用 0.5mm 厚电工硅钢片叠压而成。 • 定子绕组——按照一定连接方式安放在定子槽内，采用单层或双层绕组	• 转子铁心。 • 转子绕组——其中，绕线式绕组与定子绕组相似，极对数与定子绕组相同；笼型绕组为自行闭合的短路绕组。 • 转轴	空气隙影响电机运行性能，空气隙小利于减小电机励磁电流、提高功率因数，较同步机小，一般在 0.2~1.5mm
直流电机	• 机座——固定、支撑定子铁心。 • 主磁极——直流电流励磁（励磁线圈），或永久磁铁，其中，并励方式线圈匝数多、导线细，串励方式线圈匝数少、导线粗。 • 换向极——与电枢绕组相串联，流过电枢电流，匝数少、导线粗。 • 电刷——电流引入到电机电枢电路，或由电枢电路引出到电路	• 电枢铁心。 • 电枢绕组。 • 换向器。 • 风扇。 • 转轴。 • 轴承	他励、并励、串励、复励直流电机

三相异步电机铭牌上通常标有的数据见表 2-5。以我国某企业生产的型号为 YCT225-4B 的绕线式异步电机为例，重要参数有额定功率为 15kW，额定转矩为 99.5Nm，额定转速为 1440r/min。再如，某交流伺服电机，额定功率为 750～1500W，转速范围为 0～10000r/min 连续可调，主/控电源为三相 220V、单相 220V、50Hz，控制方式采用 SPWM、SVPWM，速度响应频率 500Hz，调速比为 1∶10000，速度波动误差不超过±0.5%（负载 0～100%）。我国生产的异步电机种类很多，常见的产品系列见表 2-6。

表 2-5 三相异步电机铭牌数据

序号	参数	物理意义	单位	备注
1	型号	采用大写印刷体的汉语拼音字母和阿拉伯数字组成，其中，汉语拼音字母是根据电机的全称选择有代表意义的汉字，再由该汉字的第一个拼音字母组成		举例：Y 系列三相异步电机，表示为 Y100L1-2，其中，Y 指异步电机，100 指机座中心高，L 为机座长度代号，1 为铁心长度代号，2 为极数

续表

序号	参数	物理意义	单位	备注
2	额定功率 P_N	电机额定运行时轴上输出的机械功率	kW	
3	额定电压 U_N	电机额定运行时加在定子绕组上的线电压	V	
4	额定电流 I_N	电机在额定电压下且轴上输出额定功率时，定子绕组中的线电流	A	
5	额定频率 f_N	我国工业用电频率 50Hz	Hz	
6	额定功率因数 $\cos\theta_N$	电机额定负载运行时，定子边的功率因数		
7	额定转速 n_N	电机在额定频率、额定电压下，且轴端输出额定功率时，转子的转速	r/min	
8	绝缘等级与温升	按照不同耐热能力，绝缘材料分为一定等级；温升为电机运行时高出周围环境的温度值		我国规定环境最高温度为 40℃
9	额定转矩 T_{2N}	$T_{2N}=9550P_N/n_N$	N·m	
10	其他			工作方式、连接方法。 1）笼型电机：定子绕组接法、工作方式、绝缘等级、温升和重量。 2）绕线转子电机：转子绕组接法、转子额定电动势 E_{2N}、转子额定电流 I_{2N}

表 2-6　常见的异步电机产品系列

序号	系列号	名称	备注
1	Y、Y_2	小型笼型全封闭自冷式三相异步电机	金属切削机床、通用机械、矿山机械、农业机械，以及拖动静止负载或惯性负载较大的机械，如压缩机、传送带、磨床、锤击机、粉碎机、小型起重机、运输机械等
2	JQ_2、JQO_2	高起动转矩异步电机	起动静止负载或惯性负载较大的机械 JQ_2表示防护式，JQO_2表示封闭式
3	JS	中型防护式三相笼型异步电机	
4	JR	防护式三相绕线式异步电机	驱动电源容量小、不能用同容量笼型电机起动的生产机械

续表

序号	系列号	名称	备注
5	JSL_2、JRL_2	中型立式水泵用三相异步电机	JSL_2表示笼型，JRL_2表示绕线转子电机
6	JZ_2、JZR_2	起重和冶金用三相异步电机	JZ_2表示笼型，JZR_2表示绕线转子电机
7	JD_2、JDO_2	防护式和封闭式多速异步电机	
8	BJO_2	防爆式笼型异步电机	
9	JPZ	旁磁式制动异步电机	
10	JZZ	锥形转子制动异步电机	
11	JZT	电磁调速异步电机	

2. 三相异步电机的基本原理

（1）异步电机笼型转子转动模型。如图 2-9 所示，马蹄形磁铁与手柄连接，磁铁上方为 N 极，下方为 S 极，两磁极间放置一个可以自由转动的笼型转子，磁极与此笼型转子之间无机械连接。当手柄带动磁铁旋转时，转子也跟着磁铁一起转动，磁铁旋转越快，转子转速也快，反之，磁铁旋转越慢，转子转速也慢；当磁铁反向旋转，转子也反向旋转。异步电机笼型转子转动模型表明，因旋转磁场的作用，转子随旋转磁场的方向转动。

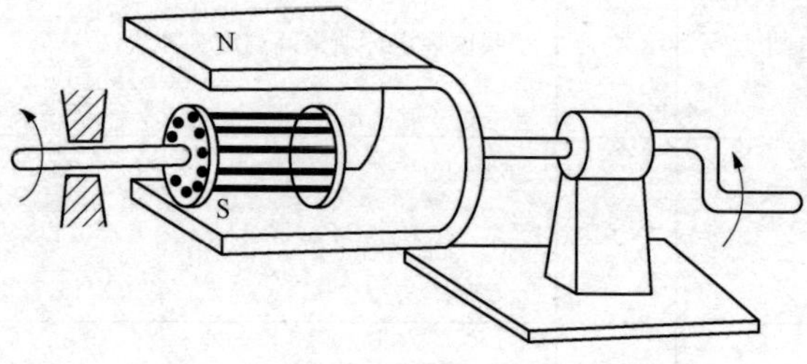

图 2-9 异步电机笼型转子转动示意图

（2）旋转磁场的产生。三相异步电机的定子通入三相对称电流，电机内形成了圆形旋转磁通势、圆形旋转磁密，合成磁场随着交流的交变而在空间不断旋转，即产生基波旋转磁场。如图 2-10 所示，圆形旋转磁密方向为逆时针旋转，若转子不转，则转子笼型导条与旋转磁密有相对运动，导条中产生感应电动势 e，其方向由右手定则确定。旋转磁场的转速，也称作同步转速（单位 r/min）为

$$n_1 = \frac{60 f_1}{p} \tag{2-6}$$

式中：p 为极对数；f_1 为电源频率，Hz。

我国电网频率 f_1 为 50Hz，极对数为 1、2、3、4、5 时，相应的同步转速 n_1 分别为 3000、1500、1000、750、600r/min。

转子导条彼此在端部短路，导条中产生电流 i，不考虑电动势与电流的相位差，该电流方向与电动势一致，此时，导条在旋转磁场受力 f（受力方向由左手定则确定）作用下，产生电磁转矩 T，转子回路切割磁力线，其转动方向与旋转磁通势一致，并使转子沿该方向旋转。

转子转速为 n，当 $n<n_1$ 时，表明转子导条与磁场存在相对运动，产生的电动势、电流及受力方向与转子不转时相同，电磁转矩 T 为逆时针方向，转子继续旋转，并稳定运行在 $T=T_L$ 情况下。

当 $n=n_1$ 时，转子与旋转磁场之间无相对运动，转子导体不切割旋转磁场，转子不感应电动势，因此无转子电流和电磁转矩，这样，转子就无法继续转动。因此，实际上，异步电机的转子转速往往要比同步转速小一些，二者不能同步旋转，以确保转子感应电动势，产生转子感应电流和电磁转矩。

异步电机采用转差率 s 表示转子转速与同步转速之间存在的差异性，即

$$s=\frac{n_1-n}{n_1} \tag{2-7}$$

由式（2-7）可见，转差率越小，表明电机转子转速越接近同步转速，电机效率更高。电机起动时，$n=0$，$s=1$。通常，三相异步电机的额定转速很接近同步转速，其额定负载时的转差率为 0.01～0.06。

（3）三相异步电机等效电路、功率和转矩。三相异步电机定子绕组接上三相电源，定子三相电流产生旋转磁场，其磁通通过定子和转子铁心而闭合。旋转磁场在转子每根导体中感应出电动势，同时，在定子每根绕组中也感应出电动势。三相异步电机运行时，转子绕组中也流过电流，此时，三相异步电机中的旋转磁场是由定子电流、转子电流共同产生的。

图 2-11 所示为绕线转子三相异步电机定子、转子电路，其中，定子、转子绕组均为 Y 接法。$\dot{U}_1$、$\dot{E}_1$、$\dot{I}_1$ 分别是定子绕组一相（A_1 相）的相电压、相电动势和相电流，$\dot{U}_2$、$\dot{E}_2$、$\dot{I}_2$ 分别是转子绕组一相（A_2相）的相电压、相电动势和相电流。在图 2-10 中，箭头的指向表示各相量的正方向。

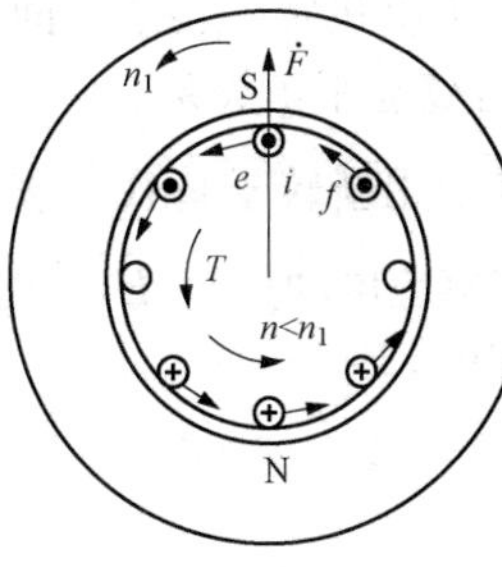

图 2-10　异步电机的工作原理

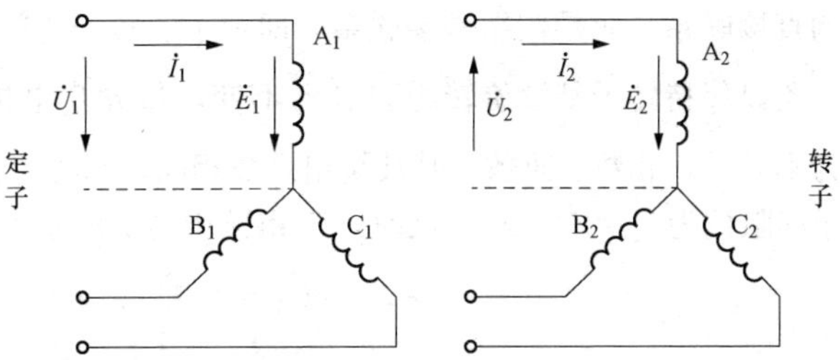

图 2-11　绕线转子三相异步电机定、转子电路

1）定子电路。定子每相电路的电压方程为

$$\begin{aligned}\dot{U}_1&=-\dot{E}_1+\dot{I}_1r_1-\dot{E}_{s1}=-\dot{E}_1+\dot{I}_1r_1+\mathrm{j}\dot{I}_1x_1\\&=-\dot{E}_1+\dot{I}_1(r_1+\mathrm{j}x_1)=-\dot{E}_1+\dot{I}_1z_1\end{aligned} \tag{2-8}$$

式中：E_1 为定子每相绕组感应电动势的有效值；E_{s1} 为定子每相绕组感应漏电动势的有效值；r_1 为定子每相绕组的电阻；x_1 为定子每相绕组的漏电抗；z_1 为定子每相绕组的漏阻抗，$z_1=r_1+\mathrm{j}x_1$。

若 $-\dot{E}_1$ 用励磁电流 $\dot{I}_0$ 在励磁阻抗 z_m上的压降表示，则

$$-\dot{E}_1=\dot{I}_0z_m=\dot{I}_0(r_m+\mathrm{j}x_m) \tag{2-9}$$

式中：r_m 为励磁电阻；x_m 为励磁电抗。

定子每相电路的电压方程又可以表示为

$$\dot{U}_1=\dot{I}_0z_m+\dot{I}_1z_1 \tag{2-10}$$

2）转子电路。转子每相电路的电压方程为

$$\dot{E}_2=\dot{I}_2(r_2+\mathrm{j}x_2)=\dot{I}_2z_2 \tag{2-11}$$

式中：r_2 为转子每相绕组的电阻；x_2 为转子每相绕组的漏电抗，与转子频率 f_2 成正比；z_2 为转子每相绕组的漏阻抗，$z_2=r_2+\mathrm{j}x_2$。

E_2 为转子每相绕组感应电动势的有效值，与转子频率 f_2 有关，f_2 的计算式为

$$f_2=p\frac{(n_1-n)}{60}=ps\frac{n_1}{60}=sf_1 \tag{2-12}$$

式（2-12）表明，转子频率 f_2 与转差率 s 有关，即与电机转速有关。

3）T型等效电路。定子基波旋转磁通势 $\dot{F}_1$ 相对于定子绕组的转速为同步转速 n_1（频率为 f_1），转向取决于定子绕组电流相序，若为 $A_1 \to B_1 \to C_1$，则定子基波旋转磁通势 $\dot{F}_1$ 为逆时针方向旋转。同理，转子基波旋转磁通势 $\dot{F}_2$ 相对于转子绕组的转速为 n_2（频率为 f_2，$n_2 = n_1 - n$），转向取决于转子绕组电流相序，若为 $A_2 \to B_2 \to C_2$，则转子基波旋转磁通势 $\dot{F}_2$ 为逆时针方向旋转。

由于转子绕组相对于定子的转速为 n（逆时针），转子基波旋转磁通势 $\dot{F}_2$ 相对于转子绕组的转速为 n_2（逆时针），因此，转子基波旋转磁通势 $\dot{F}_2$ 相对于定子绕组的转速为 $n + n_1 = n + (n_1 - n) = n_1$。可见，相对于定子绕组，定子基波旋转磁通势 $\dot{F}_1$、转子基波旋转磁通势 $\dot{F}_2$ 都以相同的转速 n_1 逆时针方向旋转，稳定运行时，$\dot{F}_1$、$\dot{F}_2$ 在空间上的前后位置相对稳定，可以合成为总的磁通势 $\dot{F}_0$（励磁磁通势），称作定子、转子磁通势平衡方程，即

$$\dot{F}_1 + \dot{F}_2 = \dot{F}_0 \tag{2-13}$$

由式（2-13）可见，励磁磁通势 $\dot{F}_0$ 对应于励磁电流，三相异步电机定、转子之间并没有电路的直接联系，而是依靠磁场联系，即定子、转子之间依靠磁通势建立平衡关系。

假设保持转子基波旋转磁通势 $\dot{F}_2$ 不变，将异步电机原来的转子用新转子替代，该新转子特点为不转动，相数、匝数、基波绕组系数相同；同时，新转子每相感应电动势为 $\dot{E}'_2$，电流为 $\dot{I}'_2$，转子漏阻抗为 $z'_2 = r'_2 + \mathrm{j}x'_2$。这时，三相异步电机的基本方程式变为

$$\dot{U}_1 = -\dot{E}_1 + \dot{I}_1(r_1 + \mathrm{j}x_1) \tag{2-14}$$

$$\dot{E}_1 = -\dot{I}_0(r_{\mathrm{m}} + \mathrm{j}x_{\mathrm{m}}) \tag{2-15}$$

$$\dot{I}_1 + \dot{I}'_2 = \dot{I}_0 \tag{2-16}$$

$$\dot{E}'_2 = \dot{E}_1 \tag{2-17}$$

$$\dot{E}'_2 = \dot{I}'_2(r'_2/s + \mathrm{j}x'_2) \tag{2-18}$$

在式（2-18）中，转子回路电阻 r'_2/s 可以分解成两部分，即

$$\frac{r'_2}{s} = r'_2 + \frac{1-s}{s}r'_2 \tag{2-19}$$

可见，第一部分 r'_2 是转子绕组一相的实际电阻，第二部分相当于在转子一相回路里多串了一个等于 $\frac{1-s}{s}r'_2$ 的附加电阻，相应得到的T型等效电路如图2-12所示。

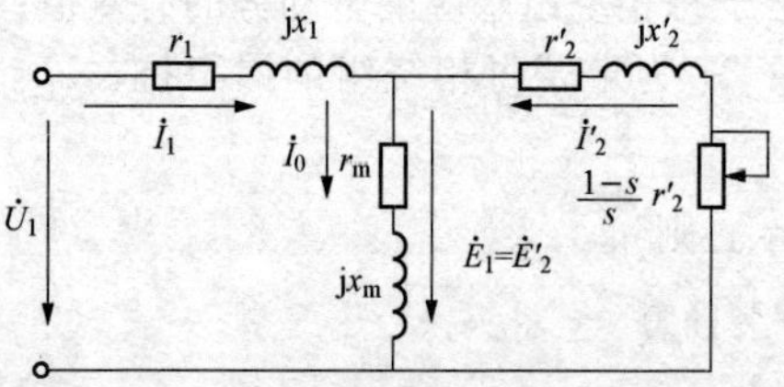

图2-12　三相异步电机T型等效电路

三相异步电机的功率和转矩如下。

1）功率关系。当三相异步电机以转速 n 稳定运行时，三相异步电机功率流程如图2-13所示。

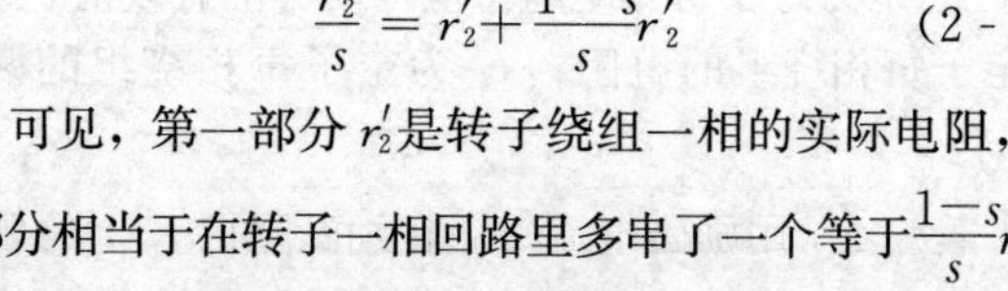

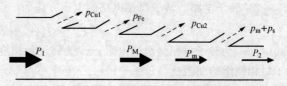

图2-13　三相异步电机功率流程

在图2-12中，P_1 为异步电机从电源输入的功率，即

$$P_1 = 3U_1 I_1 \cos\varphi_1 \tag{2-20}$$

式中：U_1 为定子相电压；I_1 为定子相电流；φ_1 为定子侧功率因数角。

p_{Cu1} 为定子铜损耗，即

$$p_{Cu1} = 3I_1^2 r_1 \tag{2-21}$$

p_{Fe1}为定子铁损耗，通常，转子铁损耗很小，可忽略不计，因此，电机的铁损耗只有定子铁损耗，即

$$p_{Fe} = p_{Fe1} = 3I_0^2 r_m \tag{2-22}$$

式中：I_0 为每相励磁电流；r_m 为每相励磁电阻。

P_M 为转子回路电磁功率，等于转子回路全部电阻上的损耗，即

$$P_M = P_1 - p_{Cu1} - p_{Fe} = 3I'^2_2\left[r'_2 + \frac{(1-s)}{s}r'_2\right] = 3I'^2_2\frac{r'_2}{s} \tag{2-23}$$

p_{Cu2}为转子铜损耗，即

$$p_{Cu2} = 3I'^2_2 r'_2 = sP_M \tag{2-24}$$

P_m 为传输给电机转轴上的机械功率，即等效电阻$\frac{(1-s)}{s}r'_2$上的损耗

$$P_m = P_M - p_{Cu2} = 3I'^2_2\frac{(1-s)}{s}r'_2 = (1-s)P_M \tag{2-25}$$

P_2 为转轴输出功率，即

$$P_2 = P_m - p_m - p_s = P_1 - p_{Cu1} - p_{Fe} - p_{Cu2} - p_m - p_s \tag{2-26}$$

式中：p_m 为机械损耗，由轴承、风阻等摩擦阻转矩引起；

p_s 为附加损耗，采用估算办法，对于大型异步电机，p_s 约为输出额定功率的 0.5%；对于小型异步电机，满载时 p_s 约为输出额定功率的 1%～3%，甚至更大。

异步电机电磁功率、转子回路铜损耗、机械功率的关系为

$$P_M : p_{Cu2} : P_m = 1 : s : (1-s) \tag{2-27}$$

由式（2-27）可见，电磁功率一定，转差率 s 越小，转子回路铜损耗越小，机械功率越大，电机效率越高。

2）转矩关系。电磁转矩 T 与机械功率、角速度的关系为

$$T = \frac{P_m}{\Omega}$$

电磁转矩 T 与电磁功率的关系为

$$T = \frac{P_m}{\Omega} = \frac{P_m}{\frac{2\pi n}{60}} = \frac{P_m}{(1-s)\frac{2\pi n_1}{60}} = \frac{P_M}{\Omega_1} \tag{2-28}$$

式中：Ω_1 为同步角速度。

式（2-26）两边除以角速度 Ω，得

$$T_2 = T - T_0 \tag{2-29}$$

式中：T_0 为空载转矩，$T_0 = \frac{p_m + p_s}{\Omega} = \frac{p_0}{\Omega}$；$T_2$ 为输出转矩。

2.2 电机的机械特性

2.2.1 直流电机的机械特性

直流电机的机械特性表示其转矩－转速特性，即 $n = f(T)$。

1. 他励电机的机械特性

由式（2-3）和式（2-4）可知

$$n=\frac{E_a}{C_e\phi}=\frac{(U-I_aR_a)}{C_e\phi}=\frac{U}{C_e\phi}-\frac{R_aT}{C_eC_T\phi^2}=n_0-\beta T \tag{2-30}$$

式中：U 为电枢供电电压；R_a 为电枢回路电阻；I_a 为电枢电流；n_0 为理想空载转速，$n_0=\frac{U}{C_e\phi}$；β 为机械特性斜率，$\beta=\frac{R_a}{C_eC_T\phi^2}$。

当 U、ϕ、R_a 不变时，式（2-30）为直线方程，因 $R_a \ll C_eC_T\phi^2$，故在正常运行范围内 $\Delta n=\beta T$ 数值较小，机械特性曲线是一条稍微下斜的直线，如图 2-14 所示。

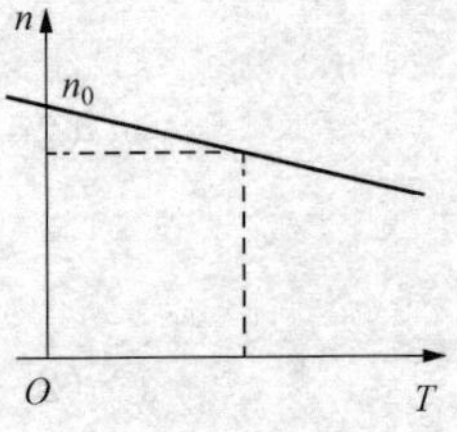

图 2-14　他励电机的机械特性曲线

若不考虑磁饱和的影响，机械特性具有硬特性特征，即随着电磁转矩的增加，转速只有微小变化；若考虑磁饱和的影响，直流电机具有去磁作用，随着负载加大，电枢电流增大，去磁作用增强，使得 ϕ 略为减小，导致 n_0 增大，同时，βT 略有增加但不如 n_0 变化的影响大，对直流电机的机械特性影响不大。

并励直流电机的机械特性和他励电机的机械特性相似，不同之处在于当电源电压 U 变化时，要想励磁电流 I_f 保持不变，需调节励磁回路的串联电阻，否则随电源 U 改变，将使 ϕ 变化、n_0 和 β 改变，使得其机械特性与他励电机的机械特性存在明显区别。

（1）固有机械特性。当电机电枢两端的电源电压为额定电压 U_N、气隙磁通量为额定值 ϕ_N、电枢回路不外串电阻 R 时，即 $U=U_N$、$\phi=\phi_N$、$R=0$，此时的机械特性称作固有机械特性（如图 2-15 所示）。其数学表达式为

$$n=\frac{U_N}{C_e\phi_N}-\frac{R_aT}{C_eC_T\phi_N^2} \tag{2-31}$$

根据图 2-15，电机的固有机械特性的特点如下：

1）固有机械特性曲线为一条下斜直线。

2）硬特性，此时 $\beta=\frac{R_a}{C_eC_T\phi_N^2}$ 较小。

3）$T=0$，$n_0=U_N/C_e\phi_N$ 为额定理想空载转速，$I_a=0$，$E_a=U_N$。

4）$T=T_N$，$n=n_N$，额定转速降 $\Delta n_N=n_0-n_N=\beta T_N$。

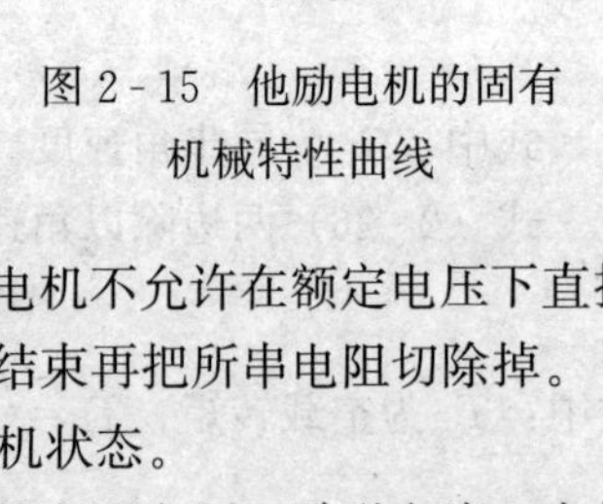

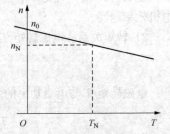

图 2-15　他励电机的固有机械特性曲线

5）额定电压下刚起动时，$n=0$，$E_a=C_e\phi_N n=0$，此时电枢电流为 $I_a=U_N/R_a=I_s$，称作起动电流，电磁转矩 $T=C_T\phi_N I_s=T_s$，称作起动转矩。由于 R_a 很小，起动电流 I_s、起动转矩 T_s 很大，比电枢额定电流、额定转矩大几十倍。因此，他励、并励直流电机不允许在额定电压下直接起动，为限制起动电流，需要在电枢回路串入合适的电阻，待起动结束再把所串电阻切除掉。

6）当 $T<0$ 时，$n>n_0$，$I_a<0$，$E_a>U_N$，此时电机运行在发电机状态。

（2）人为机械特性。根据生产机械的需要，人为调整直流电机的电源电压、励磁电流、电枢回路串接电阻等参数，直流电机的机械特性相应发生变化，此时的机械特性称作人为机械特性。

1）电枢回路串接电阻，其机械特性表达式为

$$n=\frac{E_a}{C_e\phi}=\frac{U_N}{C_e\phi_N}-\frac{(R_a+R)T}{C_eC_T\phi_N^2} \tag{2-32}$$

式中：R 为电枢回路串接电阻。

相应的人为机械特性曲线如图 2-16 所示，具有以下特点：理想空载转速 n_0 不变，与固有机

械特性相同；斜率 β 随（R_a+R）的增大成比例增加，是一组过 n_0 的放射状直线。

2）改变电枢电源电压，其机械特性表达式为

$$n=\frac{E_a}{C_e\phi}=\frac{U}{C_e\phi_N}-\frac{R_aT}{C_eC_T\phi_N^2} \tag{2-33}$$

相应的人为机械特性曲线如图 2-17 所示，恒转矩负载，U 的变化值不高于 U_N，具有以下特点：斜率 β 不变，与固有机械特性相同，各条人为特性曲线相互平行，硬特性不变；理想空载转速 n_0 与 U 成正比。

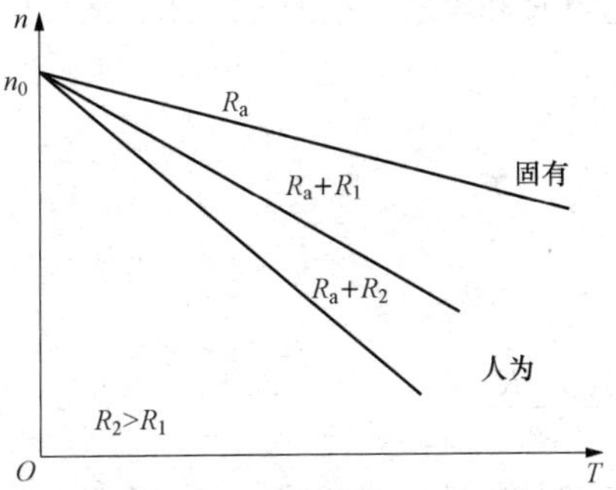

图 2-16　电枢回路串接电阻的人为机械特性曲线

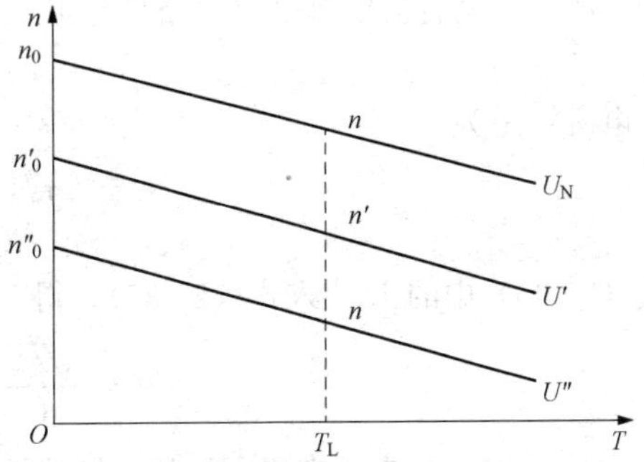

图 2-17　改变电枢电源电压的人为机械特性曲线

3）减小气隙磁通量，即在励磁回路中通过调节串接的可调电阻，改变励磁电流大小，最终改变气隙磁通量 ϕ，其机械特性表达式为

$$n=\frac{E_a}{C_e\phi}=\frac{U_N}{C_e\phi}-\frac{R_aT}{C_eC_T\phi^2} \tag{2-34}$$

相应的人为机械特性曲线如图 2-18 所示，因在额定励磁电流时电机的磁路已接近饱和，在额定励磁电流基础上继续增大，气隙磁通量 ϕ 增加不多，故改变气隙磁通量 ϕ 一般都指减少磁通量，即减弱磁通。U 的变化值不高于 U_N，具有以下特点：$n_0\propto 1/\phi$，弱磁通使得 n_0 升高，具有非线性特征，机械特性变软；$\beta\propto 1/\phi^2$，弱磁通使得 β 加大，具有非线性特征，机械特性变软；人为机械特性曲线是一组直线，不平行、非放射状，磁通减弱，人为机械特性变软。

在电枢回路串接电阻和减弱磁通，电机的人为机械特性都会变软。实际上，由于电枢反应表现为去磁效应，电机的机械特性曲线出现图 2-19 所示的上翘现象。对于容量较小的直流电机，电枢反应引起的去磁不严重，对机械特性影响不大，可以忽略；对于大容量的直流电机，为了补偿电枢反应去磁效应，采取在主极增加一个绕组（称作稳定绕组），该绕组中的电枢电流产生的磁通可以补偿电枢反应的去磁部分，避免电机机械特性曲线出现上翘现象。

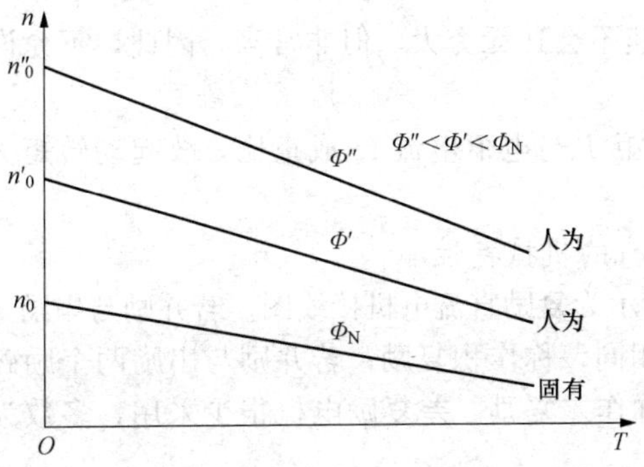

图 2-18　他励直流电机减弱磁通的人为机械特性曲线

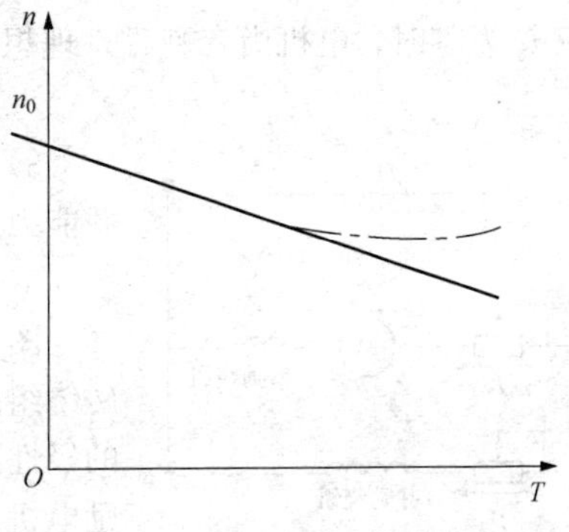

图 2-19　电枢反应有去磁效应时的人为机械特性曲线

2. 串励电机的机械特性

(1) 机械特性。如图 2-20 所示，串励直流电机的电枢电流与励磁电流相等，即 $I_a=I_f$。若不考虑磁饱和，励磁电流 I_f 与 ϕ 呈线性变化关系，即 $\phi=k_f I_f=k_f I_a$，k_f 是比例系数。电机运行时，电枢电流 I_a 随负载变化，ϕ 也随之变化。电机转速为

$$n=\frac{E_a}{C_e\phi}=\frac{(U-I_aR'_a)}{C_e\phi}=\frac{U}{C'_eI_a}-\frac{R'_a}{C'_e} \qquad (2-35)$$

$$C'_e=C_ek_f$$

式中：R'_a为串励直流电机电枢回路总电阻，包括外串电阻 R 和串励绕组的电阻 R_f，$R'_a=R_a+R+R_f$。

电磁转矩为

$$T=C_T\phi I_a=C'_TI_fI_a=C'_TI_a^2 \qquad (2-36)$$

$$C'_T=C_Tk_f$$

将式 (2-36) 中的 I_a 代入式 (2-35)，得

$$n=\frac{\sqrt{C_Tk_f}U}{C_ek_f}\frac{1}{\sqrt{T}}-\frac{R_a+R_f}{C_ek_f} \qquad (2-37)$$

式 (2-37) 为串励直流电机的机械特性方程式，其机械特性曲线如图 2-21 所示。

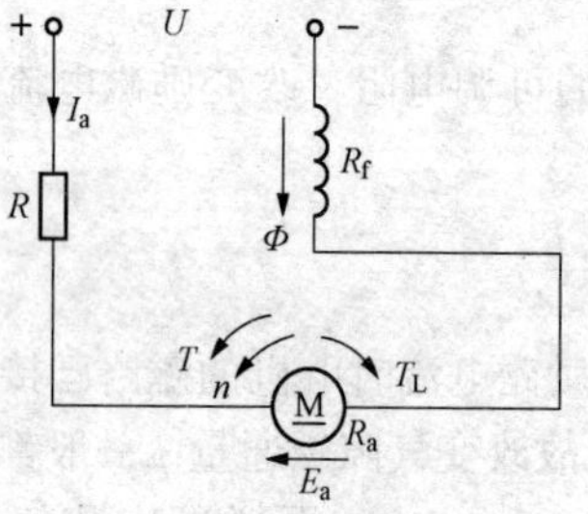

图 2-20 串励直流电机接线图

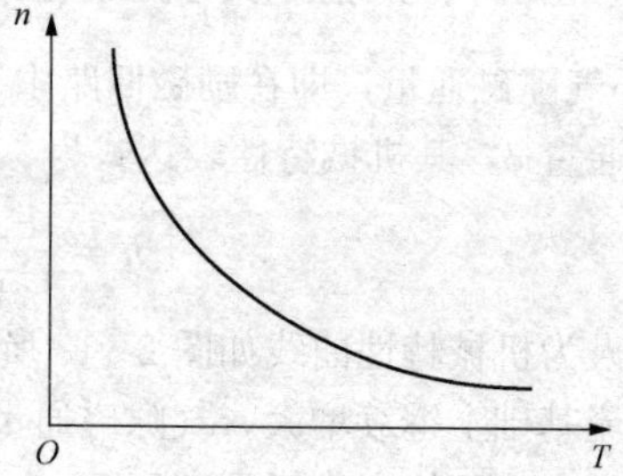

图 2-21 串励直流电机的机械特性曲线

(2) 特点。

1) 假设电机磁路为线性的，具有线性特征，即电机转速大致与$\sqrt{T}$成反比，电磁转矩增加，电机转速迅速下降，偏软；若电流太大电机磁路饱和，磁通 ϕ 接近常数，式 (2-37) 不成立，其机械特性接近于他励电机，开环特性开始变硬。

2) 电磁转矩很小时转速很高，理想情况下，当 $T=0$，$n_0=\frac{\sqrt{C'_T}U}{C'_e\sqrt{T}}=\infty$；实际运行时，当电枢电流 I_a 为零时，电机尚有剩磁，理想空载转速不会达无穷大，但非常高。因此，不允许空载运行。

3) 电磁转矩 T 与电枢电流 I_a^2 成正比，故起动转矩大，过载能力强。

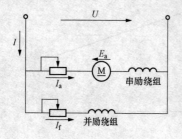

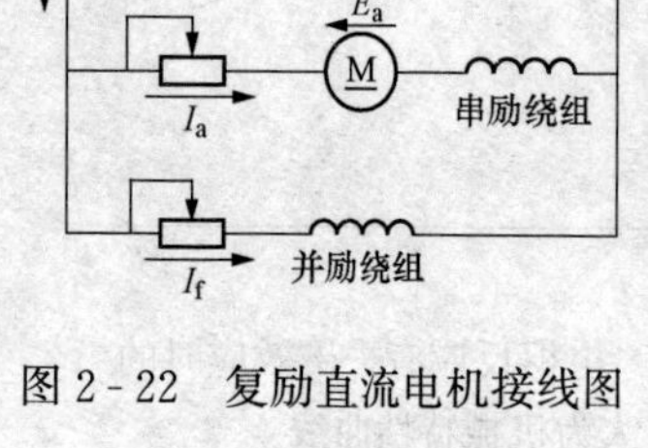

图 2-22 复励直流电机接线图

3. 复励电机的机械特性

图 2-22 所示为复励直流电机接线图。若并励与串励两个励磁绕组的极性相同，称作积复励；若并励与串励两个励磁绕组的极性相反，称作差复励。差复励电机很少采用，多数为积复励电机。

积复励直流电机的机械特性介于他励直流电机与串励直流

电机的机械特性之间，如图 2-23 所示，特点如下：

（1）起动转矩大，过载能力强，空载转速不是很高。

（2）用途广泛，如无轨电车就采用积复励直流电机拖动。

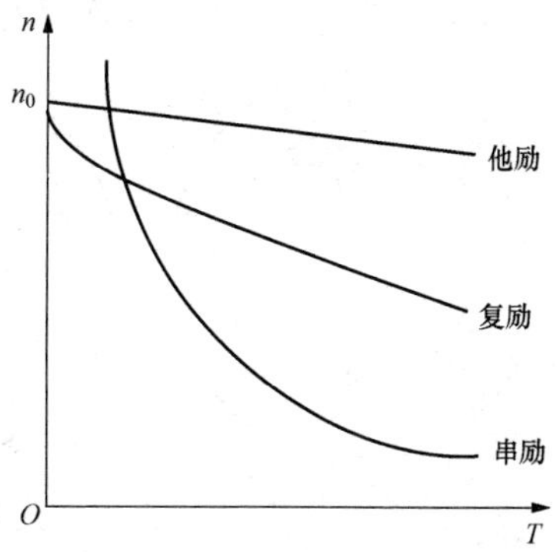

图 2-23　直流电机的机械特性

2.2.2　三相异步电机的机械特性

1. 三相异步电机的机械特性表达式

三相异步电机的机械特性指三相异步电机在电源电压 U_1、电源频率 f_1 及电机参数固定的条件下，其电磁转矩 T 与转子转速 n 之间的关系，可用函数关系式表示为 $T=f(n)$ 或 $T=f(s)$；用曲线可以表示为 $T—n$ 曲线或 $T—s$ 曲线。

由式（2-23）和式（2-28），可得

$$T=\frac{P_{\mathrm{M}}}{\Omega_1}=\frac{3I_2'^2\frac{r_2'}{s}}{\frac{2\pi n_1}{60}} \tag{2-38}$$

根据图 2-12 所示的三相异步电机 T 型等效电路，近似求取转子电流有效值为

$$I_2'\approx\frac{U_1}{\sqrt{(r_1+r_2'/s)^2+(x_1+x_2')^2}} \tag{2-39}$$

将式（2-39）代入式（2-38）得三相异步电机的机械特性表达式为

$$T=\frac{3pU_1^2\frac{r_2'}{s}}{2\pi f_1[(r_1+r_2'/s)^2+\omega_1^2(x_1+x_2')s^2]}=\frac{3pU_1^2\frac{r_2'}{s}}{2\pi f_1[(r_1+r_2'/s)^2+(x_1+x_2')^2]} \tag{2-40}$$

由式（2-40）可知，三相异步电机在电源电压 U_1、电源频率 f_1 及电机参数 r_1、r_2'、x_1、x_2'都确定的情况下，改变 s，就可以计算电磁转矩 T。

2. 三相异步电机的运行状态特征及机械特性曲线上的特殊点

（1）三相异步电机的运行状态特征。由式（2-40）得到图 2-24 所示三相异步电机的固有机械特性曲线（$T—s$ 曲线），它具有非线性特征，反映电机不同的状态。

1）$0<s\leqslant1$ 或 $0\leqslant n<n_1$，在第Ⅰ象限，处于电动运行状态，T、n 都为正，正常运行时，转速在同步转速 n_1 与额定转速 n_{N} 之间。

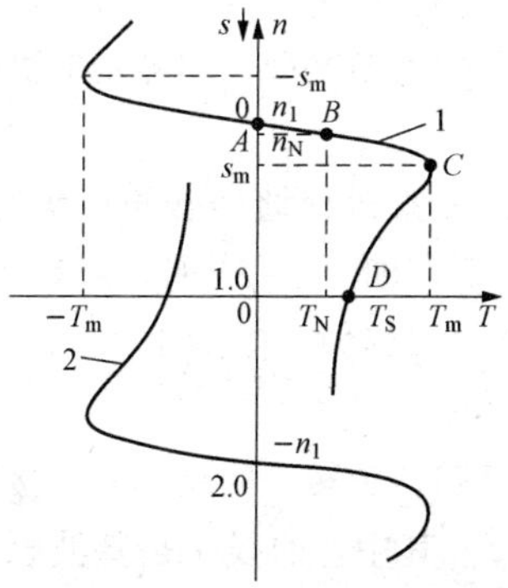

图 2-24　三相异步电机的固有机械特性曲线

2）$s<0$ 或 $n>n_1$，在第Ⅱ象限，处于回馈制动运行状态（亦称异步发电状态），如图 2-25（a）所示，T 为负，n 为正。

3）$s>1$ 或 $n<0$，在第Ⅳ象限，处于制动状态，如倒拉反转状态，如图 2-25（b）所示，T 为正，n 为负。

（2）三相异步电机机械特性曲线上的特殊点。

1）最大转矩 T_{m}。式（2-40）对 s 求导，并令 $\frac{\mathrm{d}T}{\mathrm{d}s}=0$，可得到

$$s_{\mathrm{m}}=\pm\frac{r_2'}{\sqrt{r_1^2+(x_1+x_2')^2}} \tag{2-41}$$

$$T_{\mathrm{m}}=\pm\frac{1}{2}\frac{3pU_1^2}{2\pi f_1[\pm r_1+\sqrt{r_1^2+(x_1+x_2')^2}]} \tag{2-42}$$

式中：s_{m} 为最大转差率（或称作临界转差率），r_2'越大，s_{m} 越大；“±”“+”适用于电动状态，

“－”适用于发电状态；T_m 为最大转矩，与定子电压 U_1^2 成正比而与 r_2' 无关。

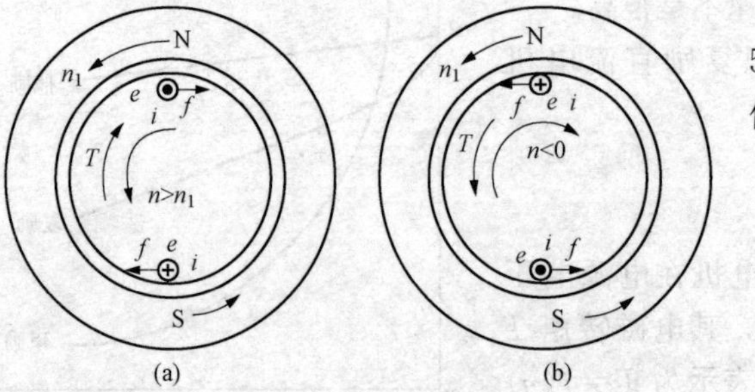

图 2-25 三相异电机制动电磁转矩

(a) 异步发电状态；(b) 制动状态

一般情况下，r_1^2 值不超过 $(x_1+x_2')^2$ 的 5%，因此，可以忽略其影响，s_m、T_m 可近似为

$$s_m \approx \pm \frac{r_2'}{x_1 + x_2'} \tag{2-43}$$

$$T_m \approx \pm \frac{1}{2} \frac{3pU_1^2}{2\pi f_1 (x_1 + x_2')} \tag{2-44}$$

可见，三相异步电机机械特性具有对称性，异步发电状态与电动状态的最大电磁转矩绝对值近似相等，临界转差率绝对值也近似相等。

最大电磁转矩 T_m 与额定电磁转矩 T_N 之比称作最大转矩倍数（也称作过载倍数、过载能力）k_m，即

$$k_m = \frac{T_m}{T_N} \tag{2-45}$$

针对不同应用场合的异步电机，其 k_m 值不一样。一般三相异步电机 $k_m=1.6\sim2.2$，Y 系列小型笼型三相异步电机 $k_m=2.0\sim2.2$，起重、冶金机械用的三相异步电机 $k_m=2.2\sim2.8$。三相异步电机选择足够大的 k_m，是为了保证在电压突然降低或负载转矩突然增大时，不会引起电机转速变化大，且在干扰消失后能够再恢复正常运行。但是，绝对不允许电机长期工作在最大转矩处，因这时电机已过载，电流过大、温升超出允许值，电机将烧毁。同时，电机在最大转矩处运行不稳定。

2）堵转转矩 T_s（也称作起动转矩）。当 $s=1$ 或 $n=0$ 时，$T=T_s$。代入式（2-40），得

$$T_s = \frac{3pU_1^2 r_2'}{2\pi f_1 [(r_1 + r_2')^2 + (x_1 + x_2')^2]} \tag{2-46}$$

将堵转转矩 T_s 与额定电磁转矩 T_N 之比称作堵转转矩倍数 k_s，表示为

$$k_s = \frac{T_s}{T_N} \tag{2-47}$$

k_s 的大小反映电机起动负载的能力，该值越大，电机起动越快，电机成本增加。因此，往往根据实际需要选取 k_s。例如，一般异步电机的 $k_s=0.8\sim1.2$；Y 系列小型笼型三相异步电机的 $k_s=1.7\sim2.2$。

对于绕线转子三相异步电机，可以通过在转子回路中串接电阻 r_s 来改变堵转转矩的大小，一般而言，r_s 增大，s_m 也增大，T_m 不变，但是堵转转矩 T_s 发生变化，即：$s_m<1$ 时，r_s 增大，堵转转矩 T_s 增大；$s_m=1$ 时，堵转转矩 $T_s=T_m$；$s_m>1$ 时，r_s 增大，堵转转矩 T_s 减小。

3. 三相异步电机的固有机械特性

当三相异步电机的定子加额定电压、额定频率，转子回路本身短路，定转子回路不另串接电阻或电抗时，电机的机械特性称作固有机械特性（如图 2-24 所示），其中，曲线 1 是基波磁通势正转时的机械特性曲线，曲线 2 是基波磁通势反转时的机械特性曲线。

如图 2-24 所示，在同步速点 A 处，$n=n_1$，$T=0$，为理想空载运行点；在额定工作点 B 处，电磁转矩、转速均为额定值；在最大电磁转矩点 C 处，电磁转矩最大；在起动点 D 处，$n=0$，电磁转矩称作堵转转矩 T_s。

4. 三相异步电机的人为机械特性

由式（2-40）可见，异步电机电磁转矩 T 与 s、U_1、f_1、p、r_1、r_2'、x_1、x_2'有关，人为改变这些参数，就可以得到不同的人为机械特性。

（1）降低定子电压 U_1，如图 2-26 所示，受影响的变量包括 T、T_m、T_s，不受影响的变量包括 n_1、s_m。

在额定负载下电机稳定运行在点 A。当电源电压降低后（定子电压 U_1 也相应降低），若额定负载转矩保持不变，由于定子电压 U_1 降低后引起气隙主磁通 Φ_1 减小，但转子功率因数 $\cos\varphi_2$ 变化不大，则根据电磁转矩公式 $T=C_{Tj}\Phi_1 I_2\cos\varphi_2$（$C_{Tj}$ 为转矩系数），要维持电磁转矩与负载转矩的平衡关系，势必增大 I_2，同时 I_1 也增大，超过额定值，造成电机不能长时间连续运行。反之，轻载运行情况下，降低定子电压 U_1，气隙主磁通 Φ_1 减小，电机铁损耗减小，利于节能。

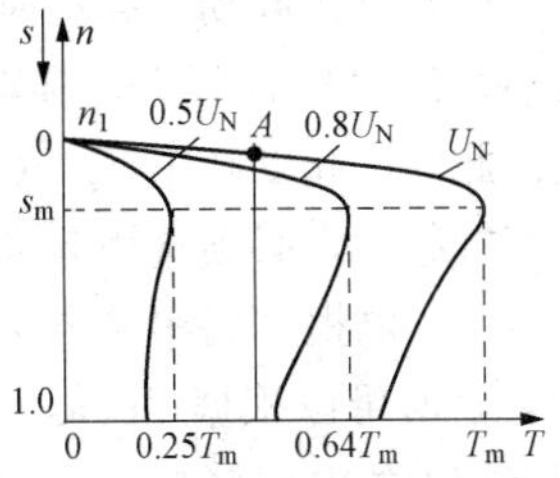

图 2-26　降低定子电压 U_1 时的人为机械特性

（2）定子回路串接三相对称电阻 r_f，如图 2-27 所示，受影响的变量包括 T_m、T_s、s_m，随 r_f 增加而减小；不受影响的变量包括 n_1。

（3）定子回路串接三相对称电抗 x_f，其人为机械特性与定子回路串接三相对称电阻相似，受影响变量包括 T_m、T_s、s_m，随 x_f 增加而减小；不受影响的变量包括 n_1。该法不消耗有功功率，因此，较定子串电阻方法节能，但电抗器成本高。

（4）转子回路串接三相对称电阻 r_s，如图 2-28 所示，不受影响的变量包括 n_1、T_m；受影响变量包括 T_s、s_m，随 r_s 增加而增大；但当 $s_m>1$ 时，T_s 随 r_s 增加反而减小，$T_s<T_m$；$s_m=1$ 时，$T_s=T_m$。该法用于绕线式异步电机起动、调速。

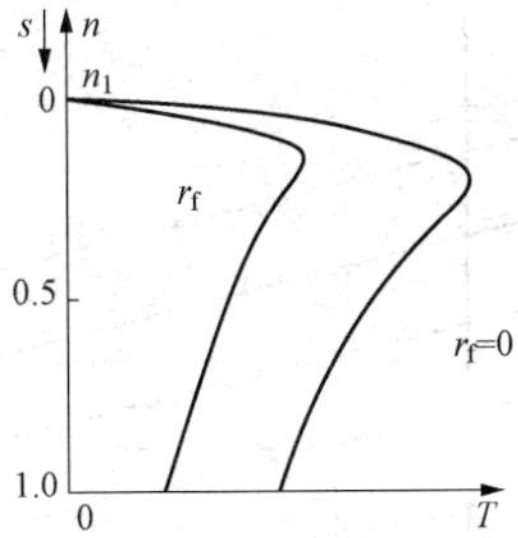

图 2-27　定子回路串接三相对称电阻时的人为机械特性曲线

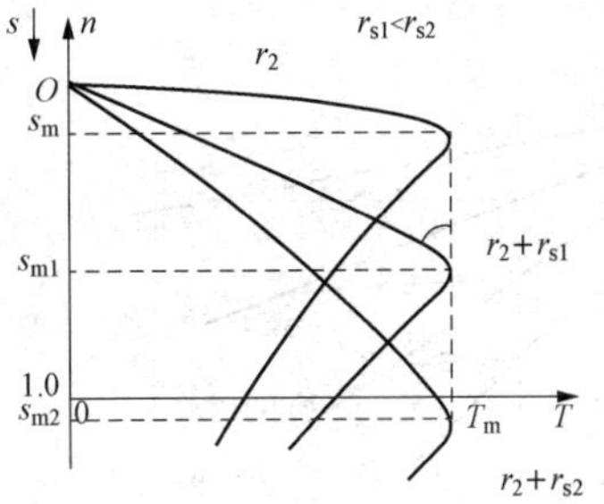

图 2-28　转子回路串接三相对称电阻时的人为机械特性曲线

此外，还可以采取其他方法，如绕线式异步电机转子串频敏变阻器、改变异步电机定子绕组极对数、改变定子电源频率等，获得相应的人为机械特性。

2.3　电机的起动、调速与制动

2.3.1　直流电机的起动、调速与制动

1. 起动的基本要求

直流电机接上电源之后，电机转速从零到达稳定转速的过程称作起动过程，直流电机的起动要求如下：

（1）足够大的起动转矩，即 $T_s\geqslant 1.1T_L$。

(2) 起动电流小，即 $I_s \leqslant 2.0 I_N$。

(3) 起动设备简单、可靠、经济。

2. 起动方式

(1) 直接起动。起动时，$n=0$，$E_a = C_e \Phi n = 0$，电源电压全加在电枢电阻上，电枢电阻 R_a 很小，$I_s = U/R_a$ 很大，甚至达到额定电流 I_N 的十多倍或几十倍，造成换向困难、出现强烈的火花；此外，起动转矩 $T_s = C_T \Phi I_s$ 过大，造成机械冲击，易使设备受损。因此，直流电机一般不允许直接起动，必须选用起动设备。

(2) 电枢回路串接电阻起动。通过在直流电机电枢回路串接电阻 R，起动电流 $I_S = U/(R_a + R)$，这时可以根据 T_L 大小，以及起动的基本要求确定所串接电阻 R 的数值。为了保证起动过程具有较大的电磁转矩，采用分级可变电阻，如图 2-29 所示起动过程逐渐短接且起动完成后全部短接起动电阻。

起动级数的选择原则：为了满足快速起动的要求，级数应该多，平均起动转矩大、起动快，同时起动平滑性好；但是级数越多，所用设备越多，线路越复杂，可靠性下降。一般选为 2～4 级。

这种起动方式的特点为起动设备简单、操作方便；不足是起动过程能量消耗大，不适合频繁起动的大、中型电机。

(3) 降电压起动。配置专用可调压电源设备，起动时电机电枢的端电压很低，随着电机转速的增加逐渐升高电枢的端电压，并使电枢电流限制在一定范围之内，最好再升高到额定电压 U_N。

降压起动机械特性曲线如图 2-30 所示，A 点为起动开始的起点，B 点为起动结束稳定运行点，曲线 1 为恒转矩负载曲线，曲线 2 为起动切换负载曲线，其特点为起动过程平滑、能量消耗小，缺点是配置的专用可调压电源设备费用高。

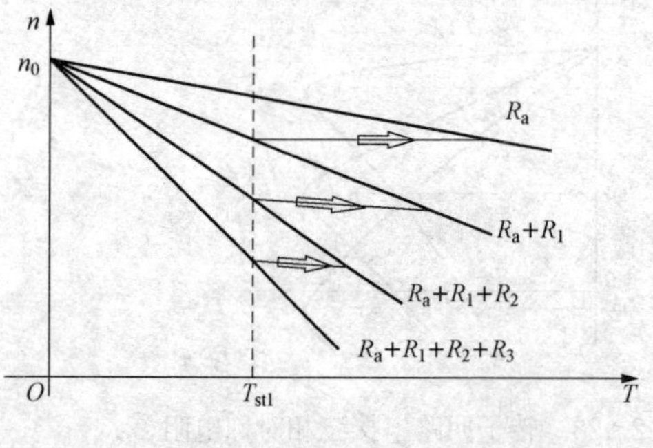

图 2-29 电枢回路串电阻分级起动过程

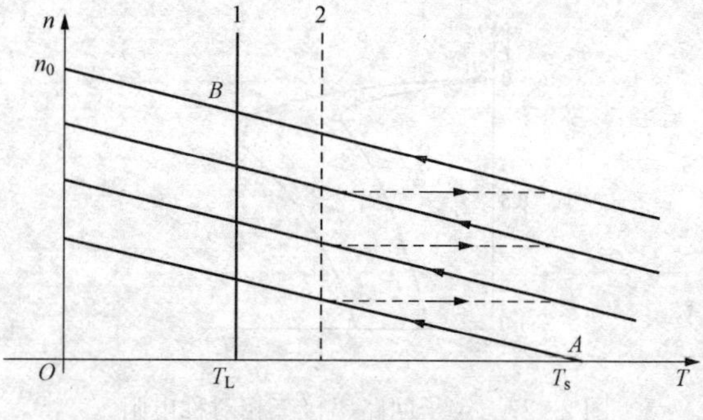

图 2-30 降电压起动过程

3. 直流电机的调速特性

(1) 调速控制要求。

1) 调速：在一定的最高转速和最低转速范围内，能够分挡地（有级）或平滑地（无级）调节转速。

2) 稳速：以一定的精度在所需转速上稳定运行，在各种干扰下不允许出现过大的转速波动。

3) 加速、减速：能够频繁起动和制动设备，并要求加减速尽量快，以提高生产率；同时，不宜经受剧烈速度变化的机械则要求起动和制动尽量平稳。

(2) 调速方式。根据式 (2-48)，其调速方式有电枢串电阻调速、改变电枢电压的调压调速和弱磁调速 3 种方式。

直流电机的转速公式为

$$n=\frac{U-I_a(R_a+R)}{C_e\phi} \tag{2-48}$$

1）电枢串接电阻调速。他励、并励直流电机拖动负载运行时，保持电源电压及励磁电流不变（为额定值），在电枢回路串入不同的电阻值，电机运行在不同的转速。图 2 - 31 说明了电机自 A 点起动、稳定运行在 B 点的过程，电机的机械特性斜率随电枢回路串入电阻 R 变化（机械特性曲线与虚线 2 的相交点即为串入电阻 R 值变化点）。调速范围只能在基速（运行于固有机械特性上的转速）与零转速之间调节。

电枢串接电阻调速，保持电机励磁磁通恒定不变，对于恒转矩负载，$T=C_T\Phi_N I_a=T_L$，电枢电流 I_a 大小与电枢串接电阻、电机转速无关。可见，电枢电流 I_a 大小取决于负载转矩 T_L。虽然 I_a 大小不变，转速越低，串入电阻上的损耗 I_a^2R 越大，因此，电机效率越低。

这种调速方法的特点是设备简单、调节方便；缺点为调速范围限于基速与零速之间，调速效率较低，电枢回路串入电阻后使得电机机械特性变软，负载变化引起电机产生较大的转速变化，转速稳定性差。

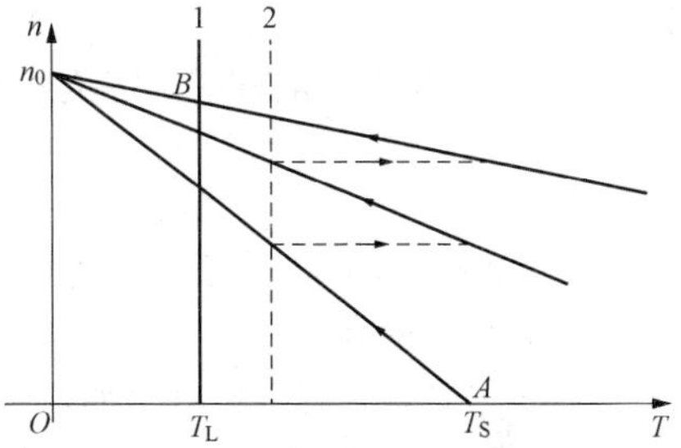

图 2 - 31　电枢串接电阻调速

2）改变电枢电压的调压调速。直流电机电枢回路不串接电阻，单独由一个可调节的直流电源供电，最高电压不超过额定电压；励磁绕组由另一电源供电，一般保持励磁磁通为额定值。如图 2 - 32 所示为改变电枢电压的调压调速机械特性曲线，可见，电枢电源电压越低，转速就越低。通过改变电枢电源电压，调速范围限于基速与零转速之间。

这种调速方式的特点为改变电枢电源电压，电机机械特性硬度不变，电机低速稳定性好；若电枢电源电压能够连续调节，则能够实现无级调节电机转速，且平滑性好、调速效率高，而被广为采用。其不足是调压设备投资较高。

3）弱磁调速。保持直流电机电枢电源电压不变、电枢回路不串接电阻，电机拖动负载转矩小于额定转矩时，减小直流电机励磁磁通，可以使电机转速升高，其机械特性曲线如图 2 - 33 所示。可见，该方式的调速范围为基速与允许最高转速之间，调速范围有限。

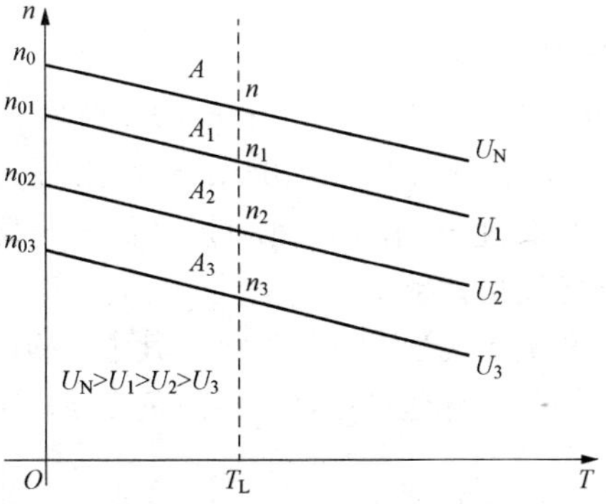

图 2 - 32　改变电枢电压的调压调速

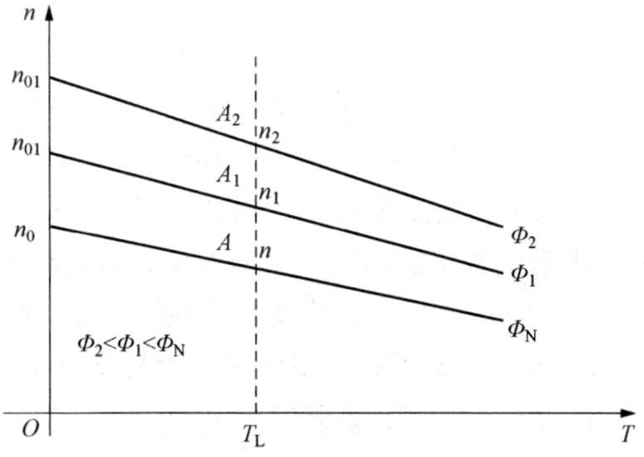

图 2 - 33　弱磁调速

针对恒转矩负载，弱磁调速，因 $T=C_T\Phi I_a=T_L$，磁通减小，I_a 势必增大，因此，需要注意避免电枢电流过载。

针对恒功率负载，即 $P_L=T_L\Omega=$常数，电磁功率 $P_M=T\Omega=U_NI_a-I_a^2R=T_L\Omega=$常数，弱磁调速时，转速升高，同时电磁转矩减小，使得电枢电流 I_a 为常数，避免出现电枢电流过载现象。

这种调速方式的特点为设备简单、调节方便，运行效率高，适合恒功率负载。其不足是励磁过弱时，机械特性变软，转速稳定性差；拖动恒转矩负载，可能出现电枢电流过载现象。

实际运行中，往往采用改变电枢电压的调压调速及弱磁调速相结合的调速方法，保证调速范围宽、电机无级调速、损耗较小、运行效率较高，能满足生产机械调速要求。

(3) 调速性能指标。电机调速性能总体分为稳态性能和动态性能，其中，稳态性能要求电力传动系统能在最高转速和最低转速范围内调节转速，并要求其在各转速下都能稳定工作；动态性能要求系统起动、制动及调速动态过程快而平稳，具有良好的抗干扰能力。调速指标如下。

1）调速范围 D：电机在额定负载下调速时，其最高转速与最低转速之比，即

$$D=\frac{n_{\max}}{n_{\min}} \tag{2-49}$$

式中：$n_{\min}$ 和 $n_{\max}$ 指电机额定负载时的转速。$n_{\max}$ 受电机换向及机械强度限制，$n_{\min}$ 受转速相对稳定性（静差率）限制。

对于少数负载很轻的机械（如精密磨床），也可用实际负载时的转速。

2）静差率 s_D：当系统在某一转速下运行时，负载由理想空载增加到额定值时所对应的转速降落 Δn_N（额定速降）与理想空载转速 n_0 之比，即

$$s_D=\frac{\Delta n_N}{n_0}=\frac{\Delta n_N}{n_{0\min}}=\frac{\Delta n_N}{n_{\min}+\Delta n_N} \tag{2-50}$$

式中：$\Delta n_N=n_0-n_N$。

可见，在 n_0 相同时，机械特性越硬，额定负载时转速降越小，s_D 越小，则转速稳定性越好，负载波动引起的转速变化越小。

静差率 s_D 与机械特性硬度是有区别的。一般调压调速系统在不同转速下的机械特性是互相平行的，若硬度特性一样，则理想空载转速越低时，静差率越大，转速的相对稳定度也就越差。

调速范围 D 与静差率 s_D 指标有时是矛盾的，并不是彼此孤立的。采用同一种调速方法，若静差率 s_D 要求不高（亦即 s_D 值大），则调速范围宽；反之，若静差率 s_D 要求高（亦即 s_D 值小），则调速范围窄。因此，在实际应用中往往根据对静差率 s_D 的要求，选择相适应的调速方法。调速系统的静差率指标应以最低转速时所能达到的数值为准。

举例：电机由初始值 1000r/min（$n_0=1000$r/min）降落 10r/min（$\Delta n_N=10$r/min），此时 $s_D=1\%$；电机由初始值 100r/min（$n_0=100$r/min）同样降落 10r/min（$\Delta n_N=10$r/min），此时 $s_D=10\%$；如果电机由初始值 10r/min（$n_0=10$r/min）降落 10r/min（$\Delta n_N=10$r/min），此时 $s_D=100\%$，电机已经停止转动。可见，静差率 s_D 与理想空载转速 n_0 有关，针对同样的转速降落 Δn_N，理想空载转速越低，则静差率越大，转速的相对稳定度也就越差。

3）动态调速指标：涉及跟随性能指标（阶跃响应）和抗干扰性能指标两类。其中，跟随性能指标包括上升时间 t_r、超调量 σ 和调节时间 t_s；抗干扰性能指标包括电网电压或负载波动引起的动态降落 $\Delta C_{\max}\%$、恢复时间 t_V 等。

调速系统的动态调速指标以抗干扰性能指标为主，随动系统的动态调速指标则以跟随性能指标为主。

4）恒转矩调速与恒功率调速方式：恒转矩调速方式的特点为保持电枢电流 $I_a=I_N$ 不变，电机的电磁转矩恒定不变，如他励直流电机电枢串接电阻调速方式、改变电枢电压的调压调速方式等属于这种。

恒功率调速方式的特点为电枢电流 $I_a=I_N$ 不变，电机的电磁功率恒定不变，如他励式直流

电机弱磁调速方式就属于这种。

5）调速经济性：表 2-7 所列为各种调速方式的经济性比较表。

表 2-7 各种调速方式的经济性比较

调速方法	电枢串接电阻	改变电枢电源电压	弱磁
调速方向	基速以下	基速以下	基速以上
静差率 s_D	大	小	较小
调速范围 D（s_D 一定时）	小	较大	小
调速平滑性	差，有级调速	好，无级调速	好，无级调速
适应负载类型	恒转矩负载	恒转矩负载	恒功率负载
设备投资	少	多	较多
电能损耗	大	小	小
备注	恒转矩调速	恒转矩调速	恒功率调速

（4）调速范围 D、静差率 s_D 和额定速降 Δn_N 之间的关系。假设电机的额定转速 n_N 为最高转速，转速降落为 Δn_N，基于最低转速时的静差率原则，由式（2-50）求得最低转速为

$$n_{min}=\frac{\Delta n_N}{s_D}-\Delta n_N=\frac{(1-s_D)\Delta n_N}{s_D}$$

同理，计算调速范围为

$$D=\frac{n_{max}}{n_{min}}=\frac{n_N}{n_{min}}=\frac{s_D n_N}{(1-s_D)\Delta n_N}$$

$$s_D=\frac{D\Delta n_N}{D\Delta n_N+n_N}\times 100\%$$

可见，调压调速系统的调速范围 D、静差率 s_D 和额定速降 Δn_N 应满足一定的关系。对于同一个调速系统，Δn_N 值一定，当对静差率要求越严，即要求 s_D 值越小时，系统能够允许的调速范围值也越小。因此，确定一个调速系统的调速范围，实质是指在最低转速时还能满足所需静差率的转速可调范围。

【例 2-1】 某直流调速系统电机额定转速 n_N 为 1430r/min，额定速降 Δn_N 为 115r/min。试计算：

（1）若要求静差率 $s_D \leqslant 30\%$，调速范围是多少？

（2）若要求静差率 $s_D \leqslant 20\%$，调速范围是多少？

（3）若要求调速范围为 10，静差率是多少？

解

（1）$s_D \leqslant 30\%$时，调速范围为

$$D\leqslant\frac{n_N s_D}{\Delta n_N(1-s_D)}\leqslant\frac{1430\times 0.3}{115\times(1-0.3)}\leqslant 5.3$$

（2）$s_D \leqslant 20\%$时，调速范围为

$$D\leqslant\frac{s_D\times n_N}{(1-s_D)\Delta n_N}=\frac{1430\times 0.2}{115\times(1-0.2)}\leqslant 3.1$$

（3）调速范围 $D=10$，则静差率为

$$s_D=\frac{D\Delta n_N}{D\Delta n_N+n_N}=\frac{10\times 115}{10\times 115+1430}\times 100\%\approx 44.6\%$$

4. 直流电机电气制动

电机电气制动即通过改变电机电磁转矩 T，使其与电机转速 n 方向相反，达到电机制动的目的，包括迅速减速（即制动过程）、限制位能性负载下降速度（即制动运行）两种形式。电机制动方式有能耗制动、反接制动、倒拉反转制动、回馈制动等形式。

（1）能耗制动。

1）能耗制动的基本原理。他励直流电机能耗制动原理图如图 2-34 所示，电动运行时接触器 KM 动合触点 1、2 闭合，动断触点 3 断开，电机处于正向电动稳定运行状态，电机电磁转矩 T 与转速方向相同；能耗制动时，接触器 KM 动合触点 1、2 断开，动断触点 3 闭合，电机电枢与能耗电阻 R_H 连接，电枢电源电压 $U=0$，由于机械惯性作用，制动初始瞬间转速 n 不能突变，仍然保持原来的方向和大小，电枢感应电动势 E_a 也保持原来的大小和方向，电枢电流为

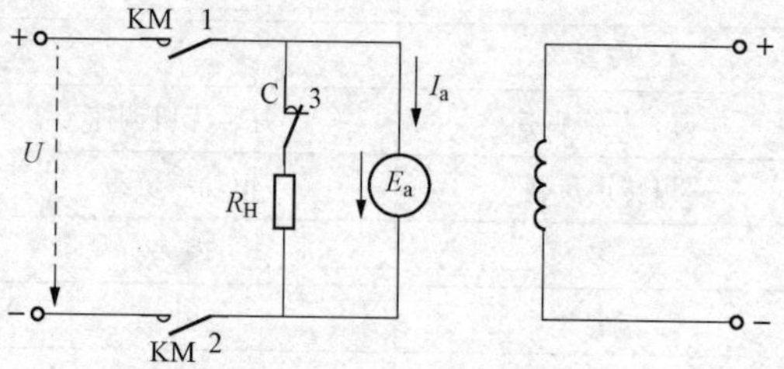

图 2-34 他励直流电机能耗制动原理图

$$I_a=(U-E_a)/(R_a+R_H)=-E_a/(R_a+R_H) \quad (2-51)$$

由式（2-51）可见，I_a 变为负值，与电机原来电动运行的方向相反，即电机电磁转矩 T 与转速方向相反，起制动作用。

由于动态转矩 $(T-T_L)=-|T|-T_L<0$，系统减速，E_a 逐渐减小，直至 $n=0$ 停车。从能耗制动开始到迅速减速、停车的过渡过程称作能耗制动过程。在此期间，电机惯性旋转，电枢切割磁场将机械能转换为电能，再通过 (R_a+R_H) 以发热形式消耗掉。

2）能耗制动的机械特性。能耗制动的机械特性方程为

$$n=E_a/C_e\Phi_N=[U-I_a(R_a+R_H)]/C_e\Phi_N=-(R_a+R_H)T/C_eC_t\Phi_N^2=-\beta_H T \quad (2-52)$$

式中：β_H 为能耗制动机械特性的斜率，$\beta_H=(R_a+R_H)/C_eC_t\Phi_N^2$。

相应的机械特性曲线如图 2-35 所示，可见：

a. 能耗制动开始时，因机械惯性，电机转速不发生突变，电机由机械特性曲线 1 的点 A 移至机械特性曲线 2 的点 B，其中，机械特性曲线 2 与机械特性曲线 3 平行（斜率相等），机械特性曲线 3 类似电机电枢串接电阻 R_H 的机械特性曲线（相对于机械特性 1 曲线）。

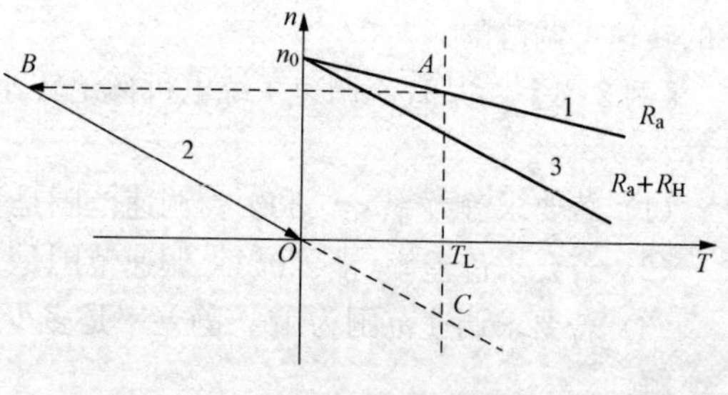

图 2-35 能耗制动的机械特性曲线

b. 电机由 B 点沿机械特性曲线 2 速度下降，直至坐标原点，针对反抗性负载，此时，$n=0$，$T=0$，系统停车，其中，B 至坐标原点即为能耗制动过程。

c. 若拖动的是位能性恒转矩负载，在坐标原点，$n=0$，$T=0$，$(T-T_L)=-T_L<0$，由于位能性恒转矩负载的作用，电机继续减速，出现反转，沿机械特性曲线 2 反向运转至 C 点稳定运行，此时，$T=T_L$ 为正，n 为负，E_a 为负，I_a 为正，T 为制动性转矩，此称作能耗制动运行状态。

d. 能耗制动电阻 R_H 为

$$R_H=E_a/I_a-R_a=C_e\Phi_N n(9.55C_e\Phi_N)/T_{max}-R_a \quad (2-53)$$

式中：T_{max}为最大制动转矩值。

(2) 反接制动。

1) 反接制动的基本原理。反接制动时，电机电源电压反接，同时接入反接制动电阻R_F，此时，电枢电压为$-U_N$，由于机械惯性作用，制动初始瞬间转速n不能突变，仍然保持原来的方向和大小，电枢感应电动势E_a也保持原来的大小和方向，电枢电流为

$$I_a=(-U_N-E_a)/(R_a+R_F)=-(U_N+E_a)/(R_a+R_F) \tag{2-54}$$

由式 (2-54) 可见，I_a变为负值，与电机原来电动运行的方向相反，即电机电磁转矩T与转速方向相反，起制动作用。

由于动态转矩$(T-T_L)=-|T|-T_L<0$，系统减速，E_a逐渐减小，系统减速直至$n=0$停车，此时，立即使电机断开电源，反接制动停车过程结束。反接制动过程中，电机电枢电压反接，电枢电流反向，电源输入功率$P_1=U_N I_a>0$，电磁功率$P_M=E_a I_a<0$，机械功率转换为电功率，电源输入功率、机械转换的电功率通过(R_a+R_F)以发热形式消耗掉。

2) 反接制动的机械特性。反接制动机械特性方程为

$$n=-U_N/C_e\Phi_N-(R_a+R_F)T/C_eC_t\Phi_N^2=-n_0-\beta_F T \tag{2-55}$$

式中：β_F为机械特性曲线斜率，$\beta_F=(R_a+R_F)/C_eC_t\Phi_N^2$。

相应的机械特性曲线如图 2-36 所示，可见

a. 反接制动开始时，因机械惯性，电机转速不发生突变，电机由机械特性曲线 1 的点A移至机械特性曲线 2 的点B，其中，机械特性曲线 2 与机械特性曲线 3 平行（斜率相等），机械特性曲线 3 类似电机电枢串接电阻R_F的机械特性曲线（相对于机械特性曲线 1）。

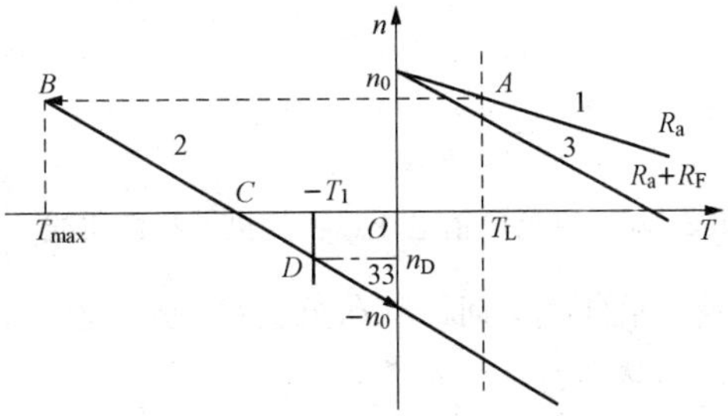

图 2-36　反接制动的机械特性曲线

b. 电机由B点沿机械特性曲线 2 速度下降，直至点C，此时，$n=0$，立即断开电机电源，系统反接制动停车，其中，B至C点即为反接制动过程。

c. 若拖动的是反抗性恒转矩负载，反接制动到达C点时，$n=0$，$T\neq0$，不立即断开电机电枢电源，由于$T<-T_L$[即$T-(-T_L)<0$]，反抗性恒转矩负载的作用是使电机继续减速，出现反转（反向起动），沿机械特性曲线 2 反向运转至D点稳定运行。

d. 能耗制动电阻R_F为

$$R_F\geqslant(U_N+E_a)/I_{amax}-R_a=2U_N/(1.5-2.5)I_N-R_a \tag{2-56}$$

(3) 倒拉反转制动。

1) 倒拉反转制动的基本原理。他励直流电机拖动位能性恒转矩负载处于正向电动运行状态，当电枢回路串入电阻R_D时引起转速降低。当R_D大到一定程度时（如图 2-37 所示），电机出现反转状态（$n<0$，$E_a<0$），并稳定在工作点D。此时，电枢电流为

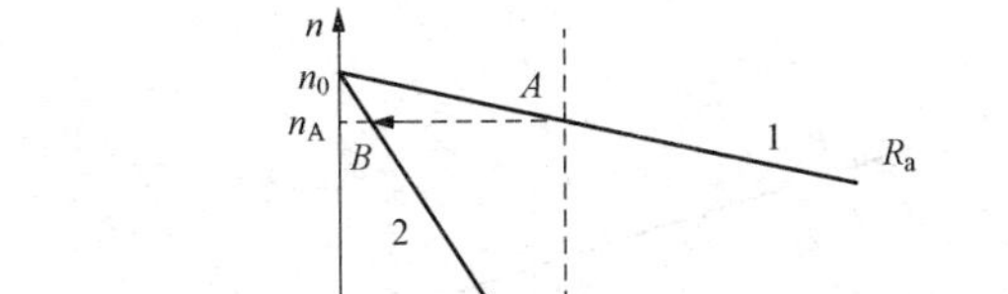

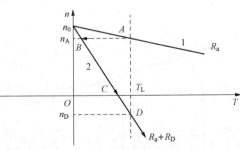

图 2-37　倒拉反转制动的机械特性曲线

$$I_a=(U_N-E_a)/(R_a+R_D)=(U_N+|E_a|)/(R_a+R_D) \tag{2-57}$$

可见，$I_a>0$，$T>0$，电机靠位能性负载拉着反转，T为制动性转矩，此状态称作倒拉反转

制动运行状态。此时，$U_N>0$，$I_a>0$，电源输入功率为正，电磁功率为负，表明电机从电源吸收电能，同时，又将机械能转换为电能，这些电能都消耗在电枢回路电阻（R_a+R_D）上。

2）倒拉反转制动的机械特性。倒拉反转制动的机械特性方程为

$$n=U_N/C_e\Phi_N-(R_a+R_D)T/C_eC_t\Phi_N^2=n_0-\beta_D T \tag{2-58}$$

式中：β_D 为机械特性斜率，$\beta_D=(R_a+R_D)/C_eC_t\Phi_N^2$。

相应的机械特性曲线如图 2-38 所示，可见，电阻 R_D 值越大，机械特性就越软，反向转速就越高。倒拉反转制动运行常用于重物低速下放的场合。

（4）回馈制动。

1）回馈制动的基本原理。他励直流电机处于正向运行状态，由于某种原因，如调压调速时转速由高向低调节，电枢电压突然降低，出现转速 $n>0$ 且 $n>n_0$ 的情况。此时，$E_a>U_N$，$I_a<0$，$T<0$（T 为制动性转矩），电磁功率、输入功率均为负，表明机械功率转换为电功率，电机不从电源获取电功率，电机将机械能转换为电能并回馈到电源，这种制动方式称作回馈制动或再生制动。

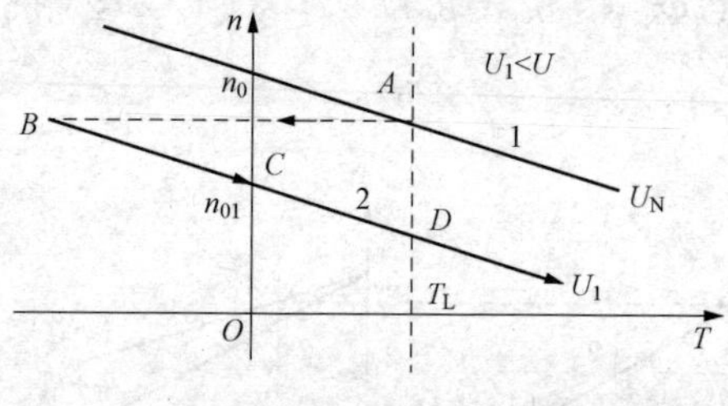

图 2-38 降低电枢电压过程的机械特性曲线

2）回馈制动的机械特性。

a. 调压调速降低电枢电压机械特性。如图 2-38 所示，假定额定电压 U_N 下，恒转矩负载 T_L，电机稳定运行在曲线 1 点 A，电枢电压下降为 U_1 时，机械特性曲线由曲线 1 变为曲线 2，因电机机械惯性，转速不会发生突变，工作点由 A 变为 B，点 B 的转速高于机械特性曲线 2 的理想空载转速 n_{01}，此时，$E_a>U_1$，$I_a<0$，$T<0$（T 为制动性转矩），回馈制动加快系统减速，沿曲线 2 回馈制动至点 C；到达点 C 后，$T<T_L$，系统继续减速，直到点 D，达到电动稳定运行状态。

b. 电机拖动位能性负载、电枢电压反接反向回馈制动机械特性。如图 2-39 所示，负载下放时，电枢电压反向，稳定运行在点 A，A 点的转速 $|n|$ 高于该电枢电压 $-U_1$ 机械特性的理想空载转速 $|n_{01}|$，此时，$|E_a|>|U_1|$，$I_a>0$，$T>0$（T 为制动性转矩），电机反向回馈制动稳定运行。

c. 正向回馈制动机械特性。如图 2-40 所示，电车下坡时，电机处于正向回馈制动运行状态。平地时，负载转矩（摩擦性阻转矩）T_{L1}，电机处于正向电动运行状态工作点 A；下坡时，位能性拖动负载 T_{L2}，此时，电车的正向回馈制动运行在稳定工作点 B，$n>0$，$T<0$ 且 $T=T_{L2}$，电车恒速行驶。

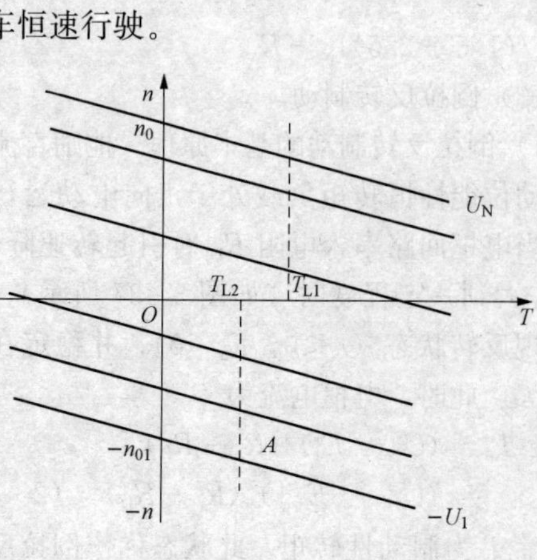

图 2-39 反向回馈制动运行的机械特性曲线

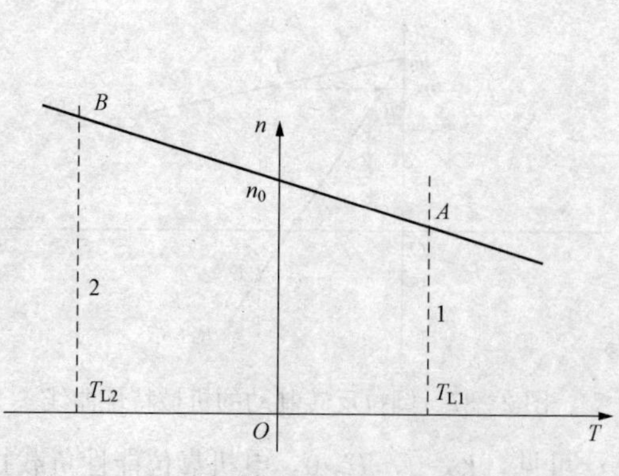

图 2-40 正向回馈制动运行的机械特性曲线

2.3.2　三相异步电机的起动、调速与制动

1. 三相笼型电机及绕线式电机的起动

(1) 异步电机的起动过程。异步电机加上三相对称电压，若电磁转矩大于负载转矩，电机就开始转动，并加速到某一转速下稳定运行，异步电机由静止状态到稳定运行状态的过程称作异步电机的起动过程。

在额定电压下直接起动异步电机，起动瞬间气隙主磁通 Φ_1 减小到额定值的 1/2，转子功率因数 $\cos\varphi_2$ 很低，根据 $T=C_{TJ}\Phi_1 I_2\cos\varphi_2$，起动电流 I_s（也称作堵转电流）势必增大，但 T_s 并不大（如图 2-41 所示）。对于普通笼型三相异步电机，$I_s=(4\sim7)I_N$，$T_s=(0.9\sim1.3)T_N$；对于 Y 系列中小型三相异步电机，$I_s=(5\sim7)I_N$，$T_s=(1.4\sim2.2)T_N$。

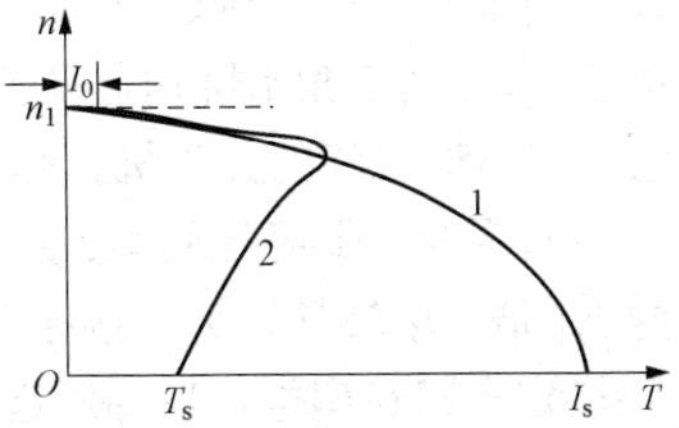

图 2-41　直接起动时的机械特性与电流特性

(2) 起动电流 I_s。对于普通笼型异步电机，起动电流很大，即 $k_I=I_s/I_N$，k_I 通常为 5～7，甚至达到 8～12。一般来说，由于起动时间很短，对于短时间过大的电流，异步电机本身是可以承受的，但会造成以下不良影响。

1) 对电网产生冲击，引起电网电压降低。电机容量越大，产生的影响越大。电网电压的降低，可能达到 15%以上，不仅造成被起动的电机本身的起动转矩减小，甚至无法起动，且影响其他用电设备的正常运行，如电灯不亮、接触器释放、数控设备出现异常、带重载运行的电机停转等，引起变电站欠电压保护动作，造成停电事故。

2) 对于频繁起动的电机，会造成电机过热，影响其使用寿命。

3) 起动瞬间负载冲击，电机绕组（特别是端部）受到大的电动力作用而发生变形。

因此，较大容量的异步电机是不允许直接起动的。

(3) 起动转矩 T_s。对于普通笼型异步电机，起动转矩 T_s 的倍数为 $K_s=T_s/T_N$，K_s 通常为 1～2。异步电机起动时电磁转矩计算公式为 $T=C_{TJ}\Phi_1 I_2\cos\varphi_2$，可见：

1) 起动时转差率 $s=1$，转子功率因数角 $\varphi_2=\arctan\dfrac{sx_2'}{r_2'}$ 最大，$\cos\varphi_2$ 最低为 0.3 左右，转子电流有功分量 $I_2\cos\varphi_2$ 不太大。

2) 由于起动电流很大，定子绕组漏阻抗压降增大，使定子电动势减小，因此，主磁通 Φ_1 也减少，起动时的 Φ_1 是额定值时的一半。

可见，异步电机起动转矩不大，必须采取措施，如通过选择起动方法以改善异步电机的起动性能。降低 I_s 的方法包括降低电源电压、定子串接电抗或电阻、转子串接电阻、软起动等。

(4) 起动要求。生产机械对三相异步电机起动性能的具体要求如下：

1) 起动转矩足够大，$T_s=(1.4\sim2.2)T_N$，$T_s\geqslant1.1T_L$，以保证生产机械的正常起动。

2) 起动电流尽可能小。

3) 起动设备起动操作方便、简单、经济。

4) 起动过程消耗的能量小，功率损耗小。

起动转矩、起动电流是衡量电机起动性能的主要技术指标。

(5) 起动方法。笼型三相异步电机的起动方式见表 2-8，分为传统起动方法和软起动方法。

1) 传统起动方法。传统起动方法包括星形/三角形起动（Y-△起动）、自耦变压器起动、串联电抗器起动和延边三角形起动等，这些方法控制线路简单，能够减小起动电流。但是，起动转矩同时减小，且在切换瞬间产生二次冲击电流，产生破坏性的动态转矩，引起的机械振动对电机

转子、轴连接器、中间齿轮动态转矩及负载等都是非常有害的。

a. 直接起动：是否可以在额定电压下起动，主要考虑电机与变压器的容量比、电机与变压器间的线路长度、其他负载对电压稳定性的要求、起动是否频繁、拖动系统的转动惯量大小等因素。

b. 星形/三角形降压起动：针对正常运行时定子绕组采用三角形接法的三相笼型异步电机，可以采用星形/三角形降压起动方式，即起动时，定子绕组采用星形接法，运行时再改接成三角形接法。星形/三角形降压起动特点为设备简单、经济，但电压不能调节；仅仅适合运行时定子绕组为三角形接法的异步机；起动转矩小，适合空载或轻载起动。

c. 自耦变压器降压起动：特点为电机定子电压下降到直接起动的 K_J 倍；冲击电流为直接起动的 K_J^2 倍；堵转转矩为直接起动的 K_J^2 倍；灵活，但价高、体积大；不适合频繁起动。

d. 定子回路串电抗器降压起动：特点为降低起动电流，不消耗电能，起动转矩下降多，价格贵。

表 2-8　笼型三相异步电机几种起动方式比较

技术参数	传统起动方式				软起动方式
	直接起动	自耦变压器降压起动	定子回路串接电阻起动	星形/三角形降压起动	
起动电流/直接起动电流	1	0.3～0.6	0.58～0.70	0.33	设定，最大 0.9
起动转矩/直接起动转矩	1	0.3～0.64	0.33～0.49	0.33	设定，最大 0.8
转矩级数	1	4、3、2	3、2	2	连续无级
接到电机的线数	3	3	3	6	3
线电流过载倍数	$5I_N$	$(1.5\sim3.2)I_N$	$(3\sim3.5)I_N$	$1.65I_N$	$(1\sim5)I_N$

2）软起动方法。软起动器起源于 20 世纪 50 年代，并于 70 年代末到 80 年代初投入市场，采用调压装置在规定起动时间内，自动地使起动电压连续、平滑地上升，直到额定电压。软起动器的限流特性可有效限制浪涌电流，避免不必要的冲击力矩及对配电网络的电流冲击，有效地减少线路隔离开关和接触器的误触发动作；针对频繁起停的电机，可有效控制其温升并延长使用寿命。

软起动器主电路采用反并联晶闸管模块，通过控制导通角大小，调节电机起动电流变化，如大小、起动方式，减小起动功率损耗。软起动器的功能包括电机软停车、软制动、过载、缺相保护，以及轻载节能运行；设置软起动方式，包括斜坡电压软起动、恒流软起动、斜坡恒流软起动、脉冲恒流软起动（起动初始阶段为一个较大的起动冲击电流，产生起动冲击转矩，克服静摩擦阻转矩）。不足为起动过程产生谐波，影响电网质量。

（6）高起动转矩异步电机。对于三相异步电机起动过程，降压起动有助于降低起动电流，但同时减小了起动转矩，起动性能不理想。为了改善起动性能，通过在电机转子绕组和转子槽形结构上进行改进设计，获得高起动转矩。

1）高转差率异步电机。例如，绕线转子异步电机，通过在转子串接电阻适当增大转子电阻，电机最大转矩向 s 增大的方向移动，堵转转矩增大，同时，堵转电流减小。设计笼型异步电机，采用电阻率较高的导体作为转子笼型绕组，绕组电阻变大。直接起动时，最初的起动转矩加大，起动电流减小，但是，电机运行的机械特性较软，且额定负载下转差率较大，转子铜耗增大，发热增加，电机效率降低。

如图 2-42 所示，高转差率异步电机、起重与冶金用异步电机、力矩异步电机都属于这种类型。其中，高转差率异步电机适合拖动飞轮矩较大、不均匀冲击负载及反转次数较多的机械设备，如锤击机、剪切机、冲压机及小型运输机械等；起重与冶金用三相异步电机用于起重、冶金设备，常常处于频繁起动和制动工作环境；力矩异步电机的最大转矩约在 $s=1$ 处，能在堵转到接近同步速范围内稳定运行，转速随负载大小变化，适合用于恒张力、恒线速传动设备，如卷起机。不足是电机运行时的效率降低。

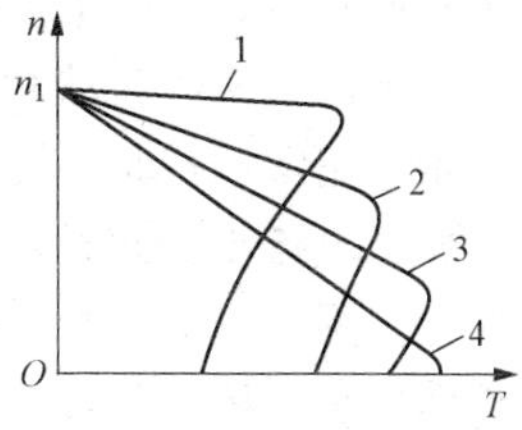

图 2-42 高转差率异步电机的机械特性曲线

1—普通笼型；2—普通高转差率；3—起重、冶金；4—力矩式

2）深槽式异步电机。其转子槽形窄而深，当转子导条中有电流流过时，槽中漏磁通分布如图 2-43（a）所示。可见，槽底部分导体交链的漏磁通比槽口部分导体交链的漏磁通量要大。

电机开始起动时，$s=1$，转子电流频率 $f_2=sf_1=f_1$，为电源频率，转子漏电抗比较大，漏磁通也以此频率交变着，此时槽底部分的漏电抗变大，槽口部分的漏电抗变小。起动时，转子漏阻抗比转子电阻大，在感应电动势作用下，转子电流大小取决于转子漏电抗。由于槽底漏电抗与槽口漏电抗相差甚远，槽导体中的电流分布极不均匀，电流集中在槽口部分，出现电流的集肤效应或趋表效应［如图 2-43（b）中曲线 1］现象。

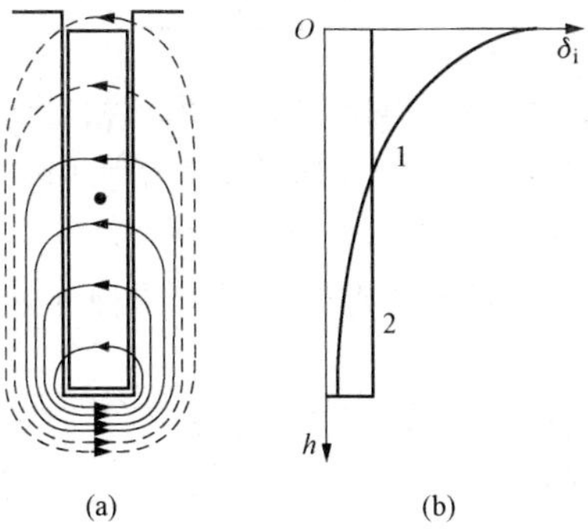

图 2-43 深槽式笼型异步电机

（a）槽漏磁通分布；（b）电流密度

1—起动时导条电流密度；

2—正常运行时导条电流密度

电机正常运行时 s 很小，转子电流频率 $f_2=sf_1$ 也很低，转子漏电抗很小，在感应电动势作用下，转子电流大小取决于转子电阻，槽导体中电流分布均匀，集肤效应（趋表效应）不明显［如图 2-43（b）中曲线 2］。

图 2-44 所示为深槽式笼型异步电机机械特性曲线，电机刚起动时，集肤效应导条内电流比较集中在槽口，相当于减少了导条的有效截面积，使转子电阻增大；随着转速 n 的升高，集肤效应逐渐减弱，转子电阻逐渐减小直到正常运行转子电阻自动变回到正常运行值。可见，深槽式笼型异步电机的特点为起动时转子电阻加大、运行时恢复正常值，增加了电机起动转矩，正常运行时转差率不大，电机效率不降低；同时，其转子槽漏抗较大，功率因数稍低，最大转矩倍数稍小。不足是电机的功率因数降低了。

3）双笼型异步电机。转子上装有两套并联的鼠笼［如图 2-45（a）所示］。其中，外笼导条截面积小，采用电阻率较高的黄铜制成，电阻较大；内笼导条截面积大，采用电阻率较低的纯铜制成，电阻较小。电机运行时，导条内有交流电流通过。内笼漏磁链多，漏电抗较大；外笼漏磁链少，漏电抗较小。

图 2-44 深槽式笼型异步电机机械特性曲线

1—普通笼型；2—深槽式

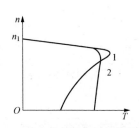

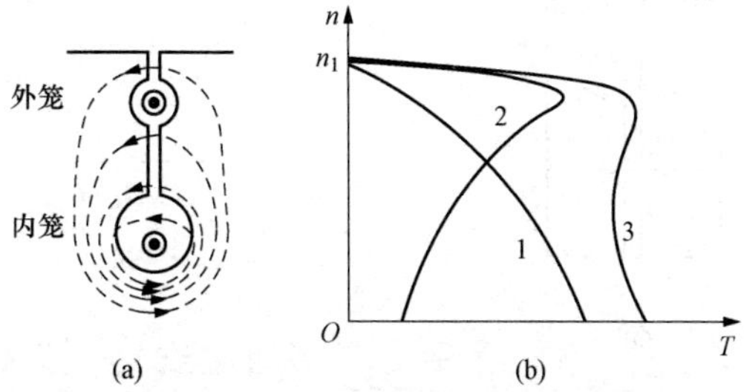

图 2-45 双笼型异步电机

（a）转子槽与槽漏磁通；（b）机械特性曲线

1—外笼；2—内笼；3—双鼠笼

电机起动时，转子电流频率较高，电流的分配主要取决于电抗。内笼电抗大，电流小；外笼电抗小，电流大。因起动时外笼起主要作用，称作起动笼，其机械特性曲线如图 2-45（b）中曲线 1 所示。正常运行时，转子电流频率很低，电流分配取决于电阻，因内笼电阻小、电流大，外笼电阻大、电流小，此时，内笼起主要作用，称作运行笼，其机械特性曲线如图 2-45（b）中曲线 2 所示。图 2-45（b）中曲线 3 所示为双笼型异步机的机械特性曲线，起动转矩增大，但是，相比普通异步电机，其转子漏电抗大，功率因数稍低，效率几乎一样，适合用于高转速大容量电机，如压缩机、粉碎机、小型起重机、柱塞式水泵等。不足是电机的功率因数降低了。表 2-9 列举了高起动转矩特殊笼型电机与普通笼型电机主要技术数据。

表 2-9　高起动转矩特殊笼型电机与普通笼型电机主要技术数据

技术参数 / 型式	额定功率 P_N（kW）	极对数 p	额定电压 U（V）	功率因数 $\cos\varphi$	效率 η（%）
普通笼型	10	4	380	0.87	88
双笼型高起动转矩	10	4	380	0.86	87
高转差率	10	4	380	0.78	79

（7）绕线转子三相异步电机的起动。绕线转子三相异步电机的转子回路可以外串三相对称电阻，以增大电机的起动转矩。选择外串电阻 r_s 的大小，使得 $T_s = T_m$，起动转矩达到最大值；同时，起动电流明显减小。在起动结束后，再切除外串电阻，电机的效率不受影响。绕线转子三相异步电机可以应用于重载和频繁起动的生产机械上。绕线转子三相异步电机主要有两种外串电阻起动方法。

1）转子回路串接电阻起动，分级起动，逐级切换电阻。图 2-46 所示为绕线转子三相异步电机转子串接电阻分级起动接线图与机械特性，起动过程分析如下。

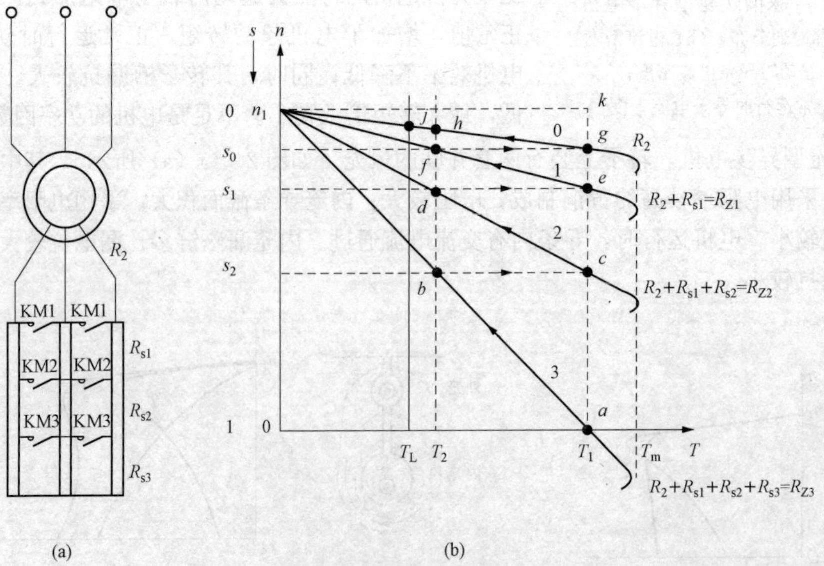

图 2-46　绕线式三相异步电机转子串接电阻分级起动接线图与机械特性曲线

（a）接线图；（b）机械特性曲线

a. 起动：接触器触点 KM1、KM2、KM3 断开，绕线转子三相异步电机定子接额定电压。转子每相串入起动电阻（$R_{s1}+R_{s2}+R_{s3}$），电机开始起动，起动点为曲线 3 的 a 点，起动转矩 $T_1<T_m$。

b. 转速上升到 b 点：$T=T_2(T>T_L)$，为了加快起动过程，接触器触点 KM3 闭合，切除电阻 R_{s3}，忽略电机电磁惯性，考虑拖动系统机械惯性，则电机运行点由 b 变到机械特性曲线 2 的 c 点，此时，$T=T_1$。

c. 转速继续上升到 d 点：$T=T_2(T>T_L)$，为了加快起动过程，接触器触点 KM2 闭合，切除电阻 R_{s2}，忽略电机电磁惯性，考虑拖动系统机械惯性，则电机运行点由 d 变到机械特性曲线 2 的 e 点，此时，$T=T_1$。

d. 转速继续上升到 f 点：$T=T_2(T>T_L)$，为了加快起动过程，接触器触点 KM1 闭合，切除电阻 R_{s1}，忽略电机电磁惯性，考虑拖动系统机械惯性，则电机运行点由 f 变到机械特性曲线 2 的 g 点，此时，$T=T_1$。

e. 转速继续上升，经过 h 点最后稳定运行在 j 点。

至此，转子回路外串电阻分三级切除，称作三级起动。其中，T_1 为最大起动转矩，T_2 为最小起动转矩或切换转矩。

2）转子串接频敏变阻器起动，阻值随转子转速升高而自动减小。自动变阻可以限制起动电流，增大起动转矩，使得起动平稳。

频敏变阻器是一个三相铁心线圈，其铁心是由实心铁板或钢板叠成，板的厚度为 30～50mm，每一相的等效电路与变压器空载运行时的等效电路一致。起动时，电机转子串入频敏变阻器，起动结束后，再切除频敏变阻器，电机进入正常运行。

忽略绕组漏阻抗，频敏变阻器的励磁阻抗 Z_P 为励磁电阻 r_P 与励磁电抗 x_P 串联组成，即 $Z_P=r_P+jx_P$。频敏变阻器与一般的励磁变压器不一样，在高频时，如 50Hz，励磁电阻 r_P 比励磁电抗 x_P 大（$r_P>x_P$），同时，频敏变阻器的励磁阻抗比普通变压器的励磁阻抗小得多，因此，串接在转子回路，既限制了起动电流，又不至于使起动电流过小而减小起动转矩。

绕线转子三相异步电机转子串接频敏变阻器起动时：$s=1$，转子回路电流的频率为 f_1。因 $r_P>x_P$，表明转子回路主要串入了电阻，且 $r_P\gg r_2$，使得转子回路功率因数大大提高，限制了起动电流、转矩增大，但因存在 x_P，电机最大转矩稍有下降。

绕线转子三相异步电机转子串接频敏变阻器起动过程：转速升高，转子回路电流频率 sf_1 逐渐减小，r_P、Z_P 减小，电磁转矩保持较大值。起动结束后，sf_2、Z_p 很小，频敏变阻器不起作用。

如图 2-47 所示，根据频敏变阻器在 50Hz 时 r_P 较大，在 1～3Hz 时 $Z_P\approx0$，有关参数随频率变化，可以获得起动转矩接近最大转矩的人为机械特性。

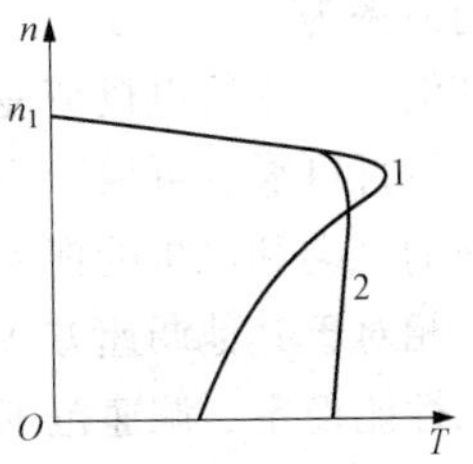

图 2-47　转子串接频敏变阻器起动的机械特性曲线
1—固有机械特性曲线；
2—人为机械特性曲线

2. 三相异步电机的调速

（1）调速原理。交流电机是当前应用最广泛的电机，约占各类电机总数的 85%，具有结构简单、价廉、不需维护等优点，但调速困难，因而在许多应用场合受到限制或借助机械方式来实现调速。

三相异步电机的转速表达式为

$$n=n_1(1-s)=\frac{60f_1}{p}(1-s) \tag{2-59}$$

式中：n_1 为电机同步转速；s 为转差率；f_1 为电源频率；p 为电机

极对数。

根据式（2-59)，异步电机的基本调速方法一般分为改变同步转速、不改变同步转速（亦即改变转差率调速）两类。其中，改变同步转速调速包括变频调速（改变 f_1)、变极调速（改变定子绕组的极对数 p)，不改变同步转速（改变转差率调速，改变电机转差率 s）调速方法，如绕线式电机转子回路串接电阻（转子串接电阻调速)、绕线转子电机转子回路串电动势（串级调速)、定子回路串电抗、改变电机定子电源电压（调压调速)。图 2-48 所示为异步电机各种调速方法及其人为机械特性。其中，T_L 是负载转矩；调压调速、变频调速是无级调速，转子回路串电阻调速、变极调速是有级调速。

电磁调速电机不属于上述基本调速方法。

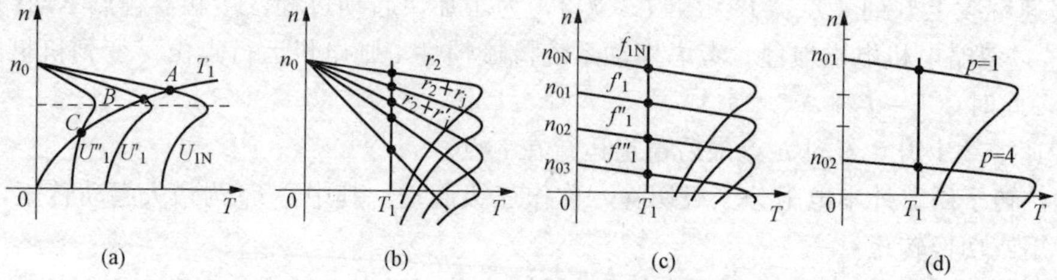

图 2-48　异步电机各种调速方法及其人为机械特性曲线

(a) 改变输入电压 U；(b) 绕线式转子回路串接电阻；(c) 改变电源频率 f；(d) 改变极对数 p

(2) 调速方法。

1) 变频调速。在企业所使用的耗电设备中，风机、水泵、空气压缩机、液压泵、循环泵等电机类负载占绝大多数。由于受到技术条件限制，这类负载的流量、压力或风量控制系统几乎全是阀控系统，即电机由额定转速驱动运转，系统提供的流量、压力或风量恒定，当设备工作需求发生变化时，由设在出口端的溢流、溢压阀或比例调节阀来调节负载流量、压力或风量、从而满足设备工况变化的需要。而经溢流、溢压阀或比例调节阀溢流溢压后，大量的能量得到释放，这部分耗散的能量实际上是电机从电网吸收能量中的一部分，造成了电能的极大浪费。从这类负载的工作特性可知，其电机功率与转速的三次方成正比，而转速又与频率成正比。如果改变电机的工作方式，使其不总是在额定工作频率下运转，而是改由变频调整控制系统进行启停控制和调整运行，则其转速就可以在零速与同步转速范围内连续可调，即输出的流量、压力或风量也随之可在 0～100%范围内连续可调，使之与负载精确匹配，从而达到节能降耗的目的。

电机在我国的实际应用中，同国外相比差距很大，机组效率为 75%，比国外低 10%；系统运行效率为 30%～40%，比国际先进水平低 20%～30%。因此，在我国中小型电机具有极大的节能潜力，推行电机节能势在必行。由于异步电机具有结构简单、制造方便、价格低廉、坚固耐用、运行可靠、可用于恶劣的环境等优点，其在工农业生产中得到了广泛的应用，特别是对各行各业的泵类和风机的拖动上，非它莫属，因此，拖动泵类和风机的电机节能工作备受重视。

相对于其他调速方式（如降压调速、变极调速、滑差调速、交流串级调速等)，交流变频调速的性能稳定、调速范围广、效率高。随着现代控制理论和电力电子技术的发展，交流变频调速技术日臻完善，已成为交流电机调速的最新潮流。变频调速装置（变频器）已在工业领域得到广泛应用。变频调速具有信号传递快、控制系统时滞小、反应灵敏、调节系统控制精度高、使用方便、有利于提高产量、保证质量、降低生产成本等优点，因而是厂、矿企业节能降耗的首选产品。

变频电机节电器是一种革命性的新一代电机专用控制产品，基于微处理器数字控制技术，通过其内置的专用节电优化控制软件，动态调整电机运行工程中的电压和电流，在不改变电机转速的条件下，保证电机的输出转矩与负荷需求精确匹配，从而有效避免电机因输出功率过大造成的电能浪费。

电机的额定频率称为基频，变频调速分为从基频向下调速、基频向上调速两类。

a. 从基频向下调速，适合恒转矩负载应用。输出功率为

$$P_2 = kT_{\mathrm{L}}n \tag{2-60}$$

式中：k 为常系数；T_{L} 为负载转矩。

由式（2-60）可见，轴功率与电机的转速成正比，当由于工艺的需要而调整电机转速时，自然可以获得相应比例的节电效果。

三相异步电机运行时，降低电源频率 f_1、保持电源电压 U_1 不变，势必增加 Φ_1，引起电机磁路过饱和，励磁电流急剧增加，电机无法运行。因此，降低电源频率 f_1 时，需要同时降低 U_1。降低电源电压 U_1 有两种控制方式。

a）恒转矩调速方式，即 E_1/f_1=常数。此时 Φ_1 保持不变（恒磁通控制），电机电磁转矩为

$$T_{\mathrm{L}} \approx C''_{\mathrm{T}} f_1 s \tag{2-61}$$

式中：C''_{T}为常数。

由式（2-61）可见，T_{L} 不变（如恒转矩负载），则 $s \propto 1/f_1$，且

$$\Delta n = sn_1 = \frac{T_{\mathrm{L}}}{C''_{\mathrm{T}} f_1} \frac{60 f_1}{p} = \frac{60 T_{\mathrm{L}}}{C''_{\mathrm{T}} p} \tag{2-62}$$

式（2-62）表明，针对恒转矩负载 T_{L}，不管 f_1 如何变化，Δn 都相等，即机械特性曲线是相互平行的，最大转矩 T_{m} 不变，对应的 s_{m} 满足 $s_{\mathrm{m}} \propto 1/f_1$。

b）近似恒转矩调速方式，即 U_1/f_1=常数。此时，最大转矩 T_{m} 变化，在低频时 T_{m} 下降很多，可能出现带不动负载的现象。

b. 从基频向上调速，适合变转矩/恒功率负载应用。离心风机、泵类属于典型的变转矩负载，其工作特点是长期连续运行，由于负载转矩与转速的二次方成正比，所以一旦转速超过额定转速，就会造成电机严重过载。因此，风机、泵类一般不超过额定转速运行。

基频向上提高频率，保持电源电压 $U_1 = U_{\mathrm{N}}$ 不变，f_1 越高，磁通 Φ_1 越小，类似他励直流电机弱磁调速方法。频率越高，T_{m} 越小，s_{m} 减小。保持工作电流不变，异步电机电磁功率基本不变。

2）变极调速。通过改变三相异步电机定子绕组的接线方式来改变电机的极对数 p，可以改变同步转速 n_1，从而调节电机转速。三相笼型异步电机转子绕组的极对数能自动地随着定子绕组极对数的改变而改变，使定、转子磁场的极对数总是相等而产生平均电磁转矩。由于绕线转子异步电机转子极对数不能自动随定子极对数变化，而同时改变定子、转子绕组极对数比较麻烦，因此，绕线转子异步电机一般不采用变极调速。

此外，为了保证变极调速前后电机的转向不变，当改变定子绕组的接线时，必须同时改变电源的相序。实现变极的接线方式有多种，包括 Y-YY、△-YY 等。

a. Y-YY 变极接法。采用 Y 接法时，每相的两个半相绕组正向串联，极对数为 $2p$，同步转速为 n_1。采用 YY 接法时，每相的两个半相绕组反向并联，极对数为 p，同步转速为 $2n_1$。同时，改变任意两相电源的相序。假定异步电机变极调速运行时，电机的功率因数、效率保持不变，各半相绕组允许流过的额定电流为 I_1，Y 接、YY 接时电机的输出功率与转矩分别为

$$P_{\mathrm{Y}} = \sqrt{3} U_{\mathrm{N}} I_1 \cos\varphi_1 \eta \tag{2-63}$$

$$T_{\mathrm{Y}} = 9.55 \frac{P_{\mathrm{Y}}}{n_{\mathrm{Y}}} \approx 9.55 \frac{P_{\mathrm{Y}}}{n_1} \tag{2-64}$$

$$P_{YY}=\sqrt{3}U_N(2I_1)\cos\varphi_1\eta=2P_Y \tag{2-65}$$

$$T_{YY}\approx 9.55\frac{P_{YY}}{2n_1}=9.55\frac{2P_Y}{2n_1}=T_Y \tag{2-66}$$

式（2-66）表明，Y-YY变极调速属于恒转矩调速方式。

b. △-YY变极接法。采用△接法时，每相的两个半相绕组正向串联，极对数为$2p$，同步转速为n_1。采用YY接法时，每相的两个半相绕组反向并联，极对数为p，同步转速为$2n_1$。同时，改变任意两相电源的相序。假定异步电机变极调速运行时，电机的功率因数、效率保持不变，各半相绕组允许流过的额定电流为I_1，△接、YY接时电机的输出功率与转矩分别为

$$P_{\triangle}=\sqrt{3}U_N(\sqrt{3}I_1)\cos\varphi_1\eta \tag{2-67}$$

$$T_Y=9.55\frac{P_Y}{n_Y}\approx 9.55\frac{P_Y}{n_1} \tag{2-68}$$

$$P_{YY}=\sqrt{3}U_N(2I_1)\cos\varphi_1\eta=\frac{2}{\sqrt{3}}P_{\triangle} \tag{2-69}$$

$$T_{YY}\approx 9.55\frac{P_{YY}}{2n_1}=9.55\frac{\frac{2}{\sqrt{3}}P_{\triangle}}{2n_1}=\frac{1}{\sqrt{3}}T_{\triangle} \tag{2-70}$$

式（2-70）表明，△-YY变极调速不属于恒转矩调速方式，而近似为恒功率调速方式。

上述采用Y-YY、△-YY变极接法的电机都是双速电机，其极数成倍变化，电机的转速也是成倍变化的。还有更加复杂的变极接法，使得一套绕组获得三种及以上的极数。

3）转子串接电阻调速。这种方式属于恒转矩调速方式，在保持$T=T_L$调速过程中，从定子传送到转子的电磁功率$P_M=T\Omega_1$不变，但传送到转子后，P_m、p_{Cu2}两部分功率的分配关系发生变化，即

$$P_M=P_m+p_{Cu2}=(1-s)P_M+sP_M \tag{2-71}$$

式（2-71）表明，转速越低时，s越大，则机械功率P_m部分变小，而转子铜损耗p_{Cu2}增大，损耗大，效率低。从基速向下调速时，主要依靠转子回路串入的电阻多消耗转差功率$P_s=sP_M$，少输出机械功率P_m，使电机转速降低。

如图2-49所示，转子串接电阻调速方式具有以下特点：转子串接电阻，同步转速n_1不变，最大转矩T_m也不变。转子串接电阻越大，机械特性越软。转子串接电阻，临界转差率s_m变化，当$s_m<1$时，串接电阻越大，堵转转矩越大；当$s_m>1$时，串接电阻越大，堵转转矩变小。

转子串接电阻调速方式的优点是调速设备简单，投资不大，易于实现。

其缺点是有级调速；调速平滑性差，空载或轻载时转速变化不大；低速时转子铜损耗大，效率低，机械特性较软。

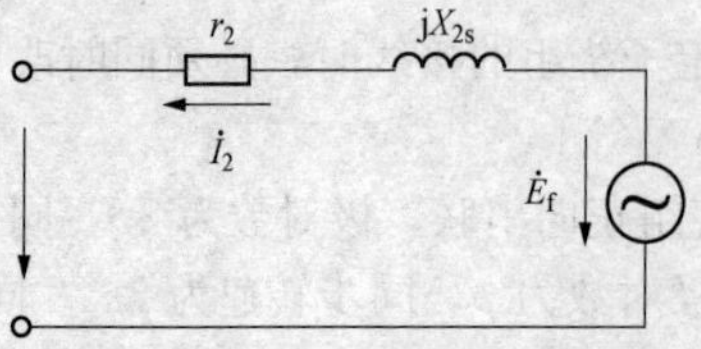

图2-49　转子串入电动势的一相电路图

4）串级调速。如图2-49所示，串级调速方式类似转子串接电阻调速方式，在转子回路串入一个频率与转子频率f_2相同、相位与转子电动势$\dot{E}_{2s}$相反的附加电动势$\dot{E}_f$来吸收转差功率，减少输出的机械功率，达到降低转速的目的。此时，转差功率由提供附加电动势$\dot{E}_f$的装置回收利用。串入的附加电动势$\dot{E}_f$的相位与转子电动势$\dot{E}_{2s}$相反，也可以相同，但频率必须与转子频率f_2相同。

串级调速的特点为效率高，机械特性硬，可实现无级调速，调速平滑性好；缺点是调速设备成本高，低速时过载能力弱，系统的功率因数较低。因此，串级调速适合应用于调速范围不大的

场合，如水泵、风机调速及矿井提升机械。

5）调压调速。如图 2-48（a）所示，其中，$U_{1N}>U_1'>U_1''$。通风机负载在各个不同电压下的稳定工作点分别为 A、B、C。可见，当定子电压降低时，电机转速相应下降，达到调速的目的。调压调速的特点为：对于通风机类负载，调速范围大，但在低转速时，Φ_1 较小、$\cos\varphi_2$ 降低，转子电流 I_2 较大，转子铜耗增大，电机发热严重，因此，电机不能在低速下长期运行。对于恒转矩负载，调速范围很小，实用价值不大。

6）电磁调速。电磁转差离合器的工作原理如图 2-50 所示，当励磁绕组通入直流电流后，沿磁极圆周交替产生 N、S 极，磁力线通过磁极 N→气隙→电枢→气隙→磁极 S→辅助气隙→导磁体→辅助气隙→磁极 N 形成回路，其机械特性如图 2-51 所示。其中，电磁调速电机又称作滑差电机，由三相笼型异步电机、电磁转差离合器、测速发电机和控制装置等组成。三相笼型异步电机驱动电磁调速电机，电磁转差离合器主要由电枢和磁极两部分组成，电枢和磁极之间为气隙，电枢与磁极能够各自独立旋转。电枢与磁极无机械连接，而是通过电磁作用联系。

电枢由笼型异步电机带动，假定其以恒速 n_D 旋转，这时，电枢切割磁力线产生感应电动势并形成涡流，该涡流与磁场作用产生电磁转矩并作用于磁极，电磁转矩的方向与电枢旋转方向相同，使得磁极跟着电枢同方向旋转。

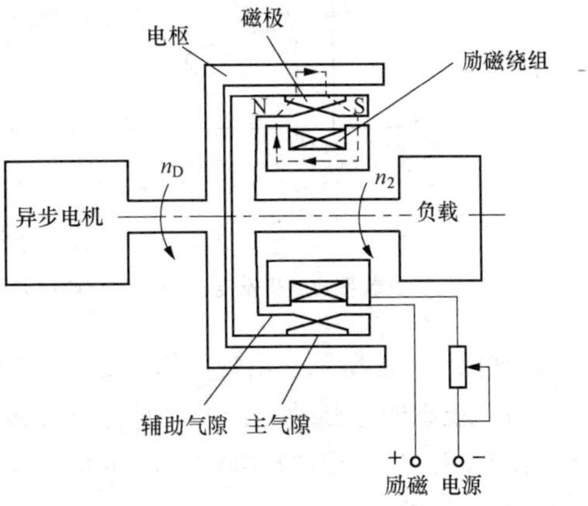

图 2-50　电磁转差离合器的工作原理

同时，磁极的转速 n_2 是电磁转差离合器的转速，即电磁调速电机的输出转速，n_2 的大小取决于磁极电磁转矩的大小，即取决于励磁电流的大小。当负载转矩恒定时，励磁电流越大，n_2 越大，但 n_2 始终低于电枢转速 n_D，因为没有转差（n_2-n_D），电枢不会有感应电动势，就不会有涡流，也就没有电磁转矩了。

电磁调速电机的原动机为笼型异步电机，在额定转矩范围内，其转速变化不大，所以，电磁调速电机的机械特性取决于电磁转差离合器的机械特性。其中，理想空载转速就是异步电机的转速 n_D，随着负载转矩的增大，输出转速 n_2 下降较多，即特性较软；励磁电流 I_L 越小，机械特性越软，且存在一个小的失控区。

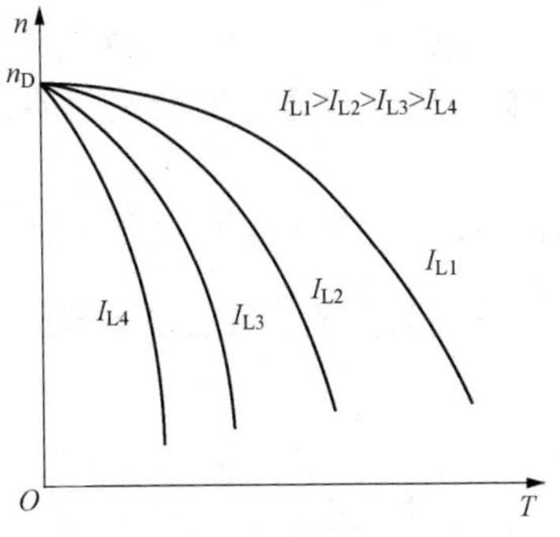

图 2-51　电磁转差离合器的机械特性曲线

3. 三相异步电机的制动

若三相异步电机的电磁转矩 T、转速 n 方向相反，则电机处于制动状态。这时，T 为制动性转矩，起反抗旋转的作用；同时，电机从轴上吸收机械能并将其转换为电能，回馈给电网，或消耗在转子回路。三相异步电机的控制，可以使系统迅速减速停车，即电机从某稳定转速下降到零的过程；或者限制位能性负载下放速度，使电机处于某一稳定制动运行状态，电机的转矩 T 与负载转矩相平衡，系统保持匀速运行。

三相异步电机的制动方法有回馈制动、反接制动、倒拉反转、能耗制动、阻容制动、软停车与软制动几种。

（1）回馈制动。电机转速超过同步转速 n_1，即 $n>n_1$，异步电机处于回馈制动状态（如图 2-52 所示）。此时，$s<0$，等效电路中的$\frac{(1-s)}{s}r_2'$变为负，具有以下特点。

1）电机输出机械功率 $P_m=3I_2'^2\frac{(1-s)}{s}r_2'<0$。

2）定子到转子的电磁功率 $P_M=3I_2'^2\frac{r_2'}{s}<0$。

3）$P_m<0$、$P_M<0$，电机不输出机械功率，负载向电机输入机械功率。

4）电机输入有功功率 $P_1=3U_1I_1\cos\varphi_1<0$，电机向电网输送有功功率。

5）电机无功功率 $Q_1=3U_1I_1\sin\varphi_1>0$，电机从电网输入无功功率，输入无功励磁电流，建立旋转磁通势。

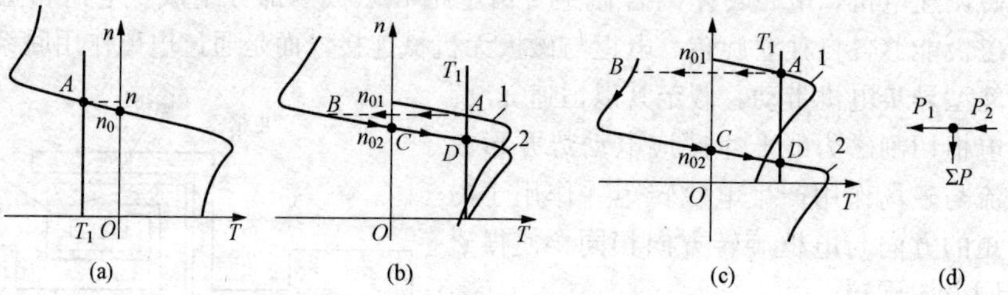

图 2-52 异步电机回馈制动

（a）负载带动电机发电；（b）变频调速时的回馈制动；（c）变极调速时的回馈制动；（d）功率关系

如图 2-52 所示，出现回馈制动的情况有两种。

1）稳态回馈制动运行，这时，负载转矩是与旋转方向同向的拖动性转矩，电机由负载拖动超过同步转速 n_1 旋转，电机运行在Ⅱ象限，并稳定运行在图 2-52（a）A 点，如重物下放、电动汽车下坡等。

2）非稳态回馈制动运行，例如，变频调速时，电机原来运行于图 2-52（b）A 点，若突然降低变频器输出频率，则同步转速由 n_1 变为 n_1'，由于转速不能突变，电机的运行点由点 A 跳至点 B，电机转矩由正（拖动转矩）变为负（制动转矩），负载转矩仍为阻转矩（在Ⅰ象限），系统减速，从 B 点沿曲线 2 减速，经过点 C，直到 D 点稳定运行，其中，BC 段为回馈制动，CD 段为电动。

变极调速时，图 2-52（c）中电机在固有机械特性上运行在稳定点 A，转为多极数运行时，工作点跳至 B 点。BC 段为回馈制动，CD 段为电动。变极回馈制动用于双速电梯减速制动、多速离心机减速制动停车等场合。

（2）反接制动。电机稳定运行，突然改变异步机三相电源相序，产生制动。反接制动时，同步转速为$-n_1$，转差率 $s=\frac{(-n_1-n)}{-n_1}>1$，异步机等效电路中$\frac{(1-s)}{s}r_2'$为负值，具有以下特点。

1）电机输出机械功率 $P_m=3I_2'^2\frac{(1-s)}{s}r_2'<0$。

2）定子到转子的电磁功率 $P_M=3I_2'^2\frac{r_2'}{s}>0$。

3）$P_m<0$、$P_M>0$，电机不输出机械功率而是输入机械功率，定子向转子传递电磁功率。

4）转子回路铜损耗 $p_{Cu2}=3I_2'^2r_2'=P_M-P_m=P_M+|P_m|$，转子回路消耗了定子传送来的电磁功率和负载输入的机械功率，能量损耗很大。

异步电机反接制动机械特性曲线如图 2-53 所示，制动过程从 B 点开始，到 C 点（$n=0$）结束；过点 C 后，电机将反向起动。若反接制动仅仅作为制动停车用，则在 C 点附近应及时切断电源。

可见，反接制动适用于快速制动停车场合，通常在转子回路串接制动电阻，因电流冲击较大，一般只能用于小容量异步电机。

(3) 倒拉反转。绕线转子异步电机拖动位能性恒转矩负载（如吊车重物）下放时，当在转子回路串接电阻时，转速下降，该电阻值超过某数值后，电磁转矩 $T<T_L(0<s<1)$，电机反转（位能性负载拉着电机反转）。

如图 2-54 所示，转子回路串接电阻 r_j 控制下放速度。当串入 r_j'后人为机械特性变成曲线 3，并稳定运行在点 B。此时，电机电磁转矩 $T>0$，转速 $n<0$，电机在第Ⅳ象限倒拉反转制动区运行。

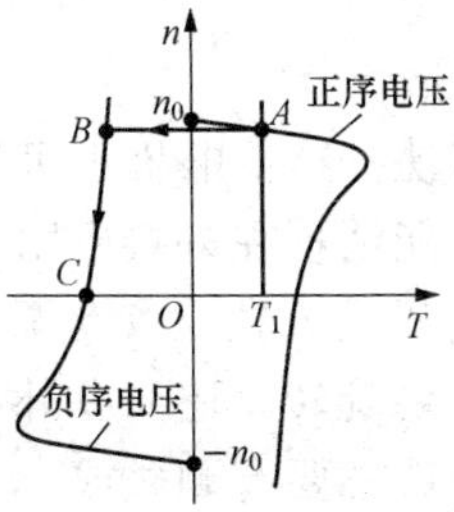

图 2-53　异步电机反接制动机械特性曲线

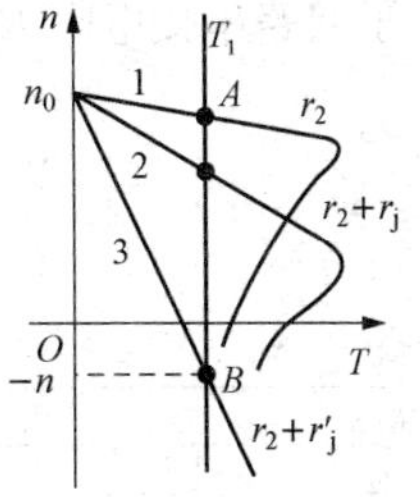

图 2-54　异步电机的倒拉反转制动机械特性曲线

(4) 能耗制动。

1) 能耗制动的原理。如图 2-55 所示，交流接触器 KM1 闭合、KM2 断开时，电机定子绕组接在交流电源上，电机正向电动运行；在电机作正向电动运转时，交流接触器 KM1 断开、KM2 闭合，定子绕组不接交流电源，而是将两相绕组接到直流电源上，电机处于制动状态，此时，在定子绕组中流过一恒定的直流电流，在电机中建立一个相对于定子位置固定、大小不变的恒定磁场，该磁场相对于正向旋转的转子而言，是一个反向旋转磁场，该磁场在转子中感应出的电流所产生的转矩方向是反向的，即为制动性转矩。

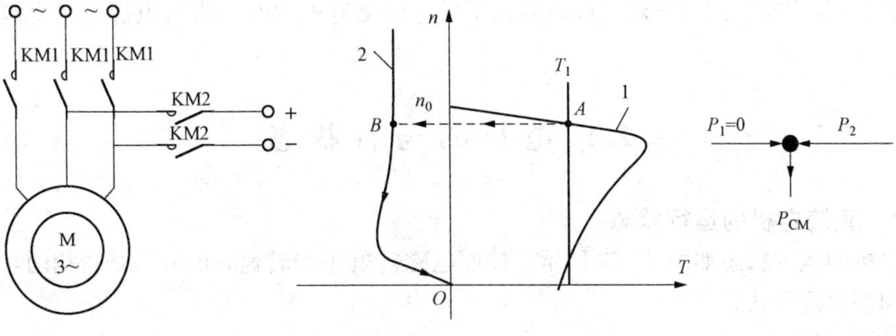

(a)　(b)　(c)

图 2-55　异步电机的能耗制动

(a) 接线电路原理图；(b) 机械特性曲线；(c) 功率关系

2) 能耗制动机械特性的特点。如图 2-55 (b) 所示，电动运行时，电机稳定运行在点 A；电机定子通入直流电，相当于通入频率 f_1 等于零的交流电，这时，电机的机械特性曲线是过原点的曲线，其最大转矩取决于直流电压的大小，机械特性曲线为曲线 2，电机的工作点由点 A 跳到点 B，系统将从 B 点开始沿曲线 2 减速，直到坐标轴原点电机停转。制动时，电机输入的机械能全部转换成转子的电能，最终全部消耗在转子回路的电阻上。

能耗制动机械特性的特点：$T-n$ 过坐标原点；通入定子的直流电流大小不变，T_m不变，但当转子回路的电阻增大时，T_m对应的转速增加；转子回路电阻不变，增大直流电流，T_m相应增大，n_m不变；若拖动位能性负载，当转速减速到零时若要停车，必须用机械抱闸将电机轴刹住，否则，电机将在位能性负载转矩拖动下反转，直到新的稳定运行点（$T=T_L$），电机处于稳定的能耗制动运行状态，使负载保持均匀下降。通过选择在转子回路串入电阻，控制位能性负载作用下重物的下放速度，电阻越大，下放速度越快；改变定子直流电流，可以改变制动转矩大小。通常，要获得较大的制动转矩，又不要使定子、转子回路电流过大而使绕组过热，通常，对于笼型异步电机，取直流电流 $I=(3.5\sim4)I_0$，其中，I_0 为电机空载电流；针对绕线式异步电机，取 $I=(2\sim3)I_0$，转子回路串接电阻 $R_\Omega=(0.2\sim0.4)\dfrac{E_{2N}}{\sqrt{3}I_{2N}}$。

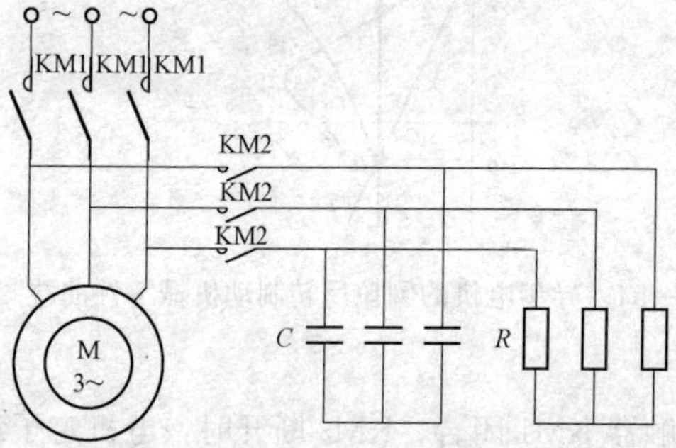

图 2-56 异步电机阻容制动原理电路图

（5）阻容制动。异步电机也可以采用由异步电机发电，把电能消耗在外接电阻上的方法来实现制动。异步电机进入独立（无源）发电要有一定条件，即电机要旋转，还要有外部并联的电容器，且开始时其铁心要有剩磁或有外部的初始励磁。图 2-56 所示为异步电机阻容制动原理电路图，接触器 KM1 闭合、KM2 断开时，电机由交流电源供电，电机正常旋转；KM1 断开、KM2 闭合时，在剩磁及电容作用下，异步电机自励发电，把机械能转换成电能而消耗在外接电阻 R 上，电机运行在阻容制动状态。

（6）软停车与软制动。

1）软停车指电机的工作电压由额定电压逐步减小到零的停车方法，例如，逐渐改变晶闸管的导通角 α，使得电机工作电压逐步降低。

2）软制动采用能耗制动方法，即将向定子供电的交流电源改为直流电源，产生制动转矩使电机快速停车。

2.4 电机的运行状态

2.4.1 直流电机的运行状态

直流电机的运行状态如图 2-57 所示，按照电磁转矩 T 与转速 n 的方向是否相同，分为电动运行状态和制动运行状态。

1. 电动运行状态

电机的机械特性和稳定工作点在Ⅰ、Ⅲ象限，特点为 T、n 方向相同，从电源吸收能量。

（1）正向电动状态，在工作点 A、B，$U>0$，$n>0$ 且 $n<n_0$，则 $I_a>0$，$T>0$，电机工作在正向电动状态。

（2）反向电动状态，在工作点 C、D，$U<0$，$n<0$ 且 $|n|<|n_0|$，则 $I_a<0$，$T<0$，电机工作在反向电动状态。

2. 制动运行状态

电机的机械特性和稳定工作点在Ⅱ、Ⅳ象限，特点为 T、n 方向相反。

(1) $U>0$，正向回馈制动状态（如 E、F 点）或倒拉反转状态（如 K 点）。

工作点在Ⅱ象限内，如图 2-57 中 E、F 点，正向回馈制动。此时，$n>0$ 且 $n>n_0$，则 $I_a<0$，$T<0$，电机工作在正向回馈制动状态，电机将机械能转换为电能并回馈到电源。

工作点在Ⅳ象限内，如图 2-57 中 K 点，电枢回路串入足够大的电阻 R_D，电机在位能负载转矩作用下处于反转—倒拉反转状态。此时，$n<0$，$I_a>0$，$T>0$，电机从电源吸收电能，同时又将机械能转换为电能，这些电能都消耗在电枢回路电阻（R_a+R_D）上。

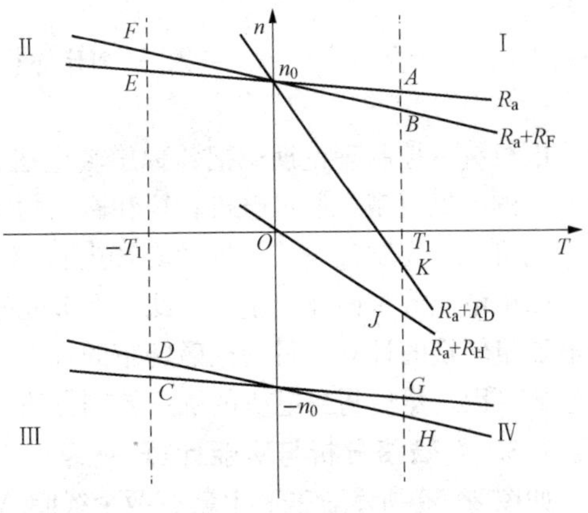

图 2-57　直流电机的运行状态

(2) $U<0$，反向回馈制动状态（如 G、H 点）。工作点在Ⅳ象限，如图 2-57 中 G、H 点，反向回馈制动状态。此时，$n<0$ 且 $|n|>n_0$，则 $I_a>0$，$T>0$，电机工作在反向回馈制动状态，电机将机械能转换为电能并回馈到电源。

(3) $U=0$，能耗制动状态（如 J 点）。工作点在Ⅳ象限，如图 2-57 中 J 点，电枢回路串入电阻 R_H，电机在位能性负载转矩的作用下反转，能耗制动状态。此时，$n<0$，则 $I_a>0$，$T>0$，电机工作在能耗制动状态，电机将机械能转换为电能并消耗在电枢回路电阻（R_a+R_H）上。

2.4.2　三相异步电机的运行状态

三相异步电机的固有机械特性和人为机械特性分布于 $T-n$ 直角坐标平面的 4 个象限，如图 2-58 所示，当异步电机拖动各种负载时，通过改变以下参数或电源接法等，三相异步电机将工作在 4 个象限的各种不同状态：改变异步电机电源电压的大小或相序，改变异步电机定子回路外串阻抗的大小，改变转子回路外串电阻的大小，改变定子极数。

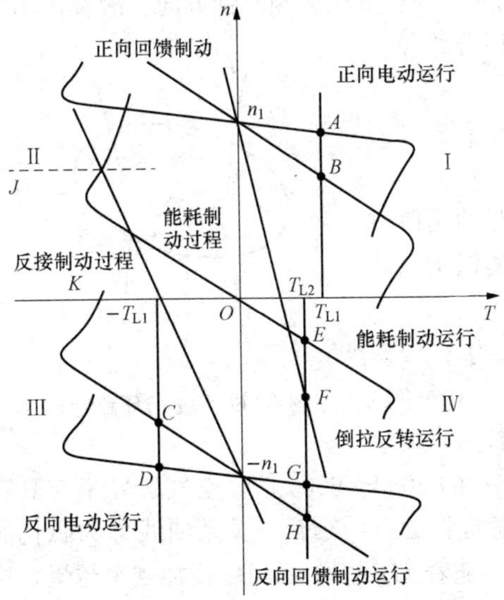

图 2-58　三相绕线式异步电机的各种运行状态

1. 电动运行状态

电机电磁转矩 T、转速 n 方向相同，从电源吸收能量，工作点位于第Ⅰ（正向电动运行）、Ⅲ象限（反向电动运行）。

(1) 第Ⅰ象限，$T>0$，$n>0$，正向电动运行，稳定点 A、B 为正向电动运行点。

(2) 第Ⅲ象限，$T<0$，$n<0$，反向电动运行，稳定点 C、D 为反向电动运行点。

2. 制动运行状态

电机电磁转矩 T、转速 n 方向相反，工作点位于第Ⅱ、Ⅳ象限。

(1) 第Ⅱ象限，$T<0$，$n>0$，J、K 段为反接制动过程。

(2) 第Ⅳ象限，$T>0$，$n<0$，G、H 为反向回馈制动运行点，E 为能耗制动运行点，F 为倒拉反转运行点。

2.5 电机统一控制理论

电机统一控制理论期望把各种旋转电机都等效为具有统一的电磁结构形式的原型电机，利用统一的电机模型，通过电机转矩和磁场的关系，实现对电机的控制。

电机统一控制理论认为各种旋转电机都是基于定子磁场和转子磁场相互作用的结果，而磁场可以由电流或永磁体产生。因此，本节先简单研究磁路和磁能，得到电感和磁能的关系，通过机电能量转换的计算，得到电磁转矩的基本关系，通过电磁转矩的基本关系，得到电磁转矩实际产生的原因，然后得到电机的统一控制方法。

2.5.1 磁路分析与磁能计算

如图 2-59 所示，铁心上装有两个线圈 A 和 B，匝数分别为 N_A 和 N_B。主磁路由铁心磁路和气隙磁路串联构成。假设外加电压 u_A 和 u_B 为任意波形电压，励磁电流 i_A 和 i_B 亦为任意波形电流。

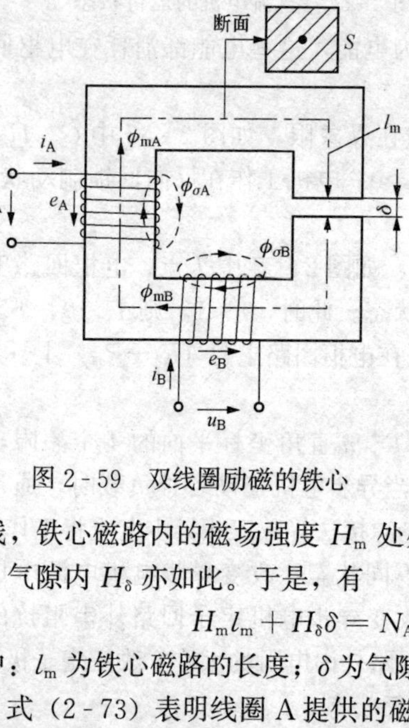

图 2-59 双线圈励磁的铁心

1. 单线圈励磁及磁能计算

先讨论仅有线圈 A 励磁的情况。当电流 i_A 流入线圈后，便会在铁心内产生磁场。根据安培环路定律，有

$$\oint_L H \cdot dl = \sum i \tag{2-72}$$

式中：H 为磁场强度；$\sum i$ 为该闭合回线包围的总电流。

如图 2-60 所示，若电流正方向与闭合回线 L 的环行方向符合右手螺旋关系时，i 便取正号，否则取负号。

闭合回线可任意选取。在图 2-59 中，取铁心断面的中心线为闭合回线，环行方向为顺时针方向。沿着该闭合回线，铁心磁路内的磁场强度 H_m 处处相等，方向与积分路径一致，气隙内 H_δ 亦如此。于是，有

$$H_m l_m + H_\delta \delta = N_A i_A = f_A \tag{2-73}$$

式中：l_m 为铁心磁路的长度；δ 为气隙长度。

式（2-73）表明线圈 A 提供的磁动势 f_A 被主磁路的两段磁压降所平衡。此时，f_A 相当于产生磁场 H 的"源"，类似于电路中的电动势。

在铁心磁路内，磁场强度 H_m 产生的磁感应强度 B_m 为

$$B_m = \mu_{Fe} H_m = \mu_r \mu_0 H_m \tag{2-74}$$

式中：μ_{Fe} 为磁导率；μ_r 为相对磁导率；μ_0 为真空磁导率。

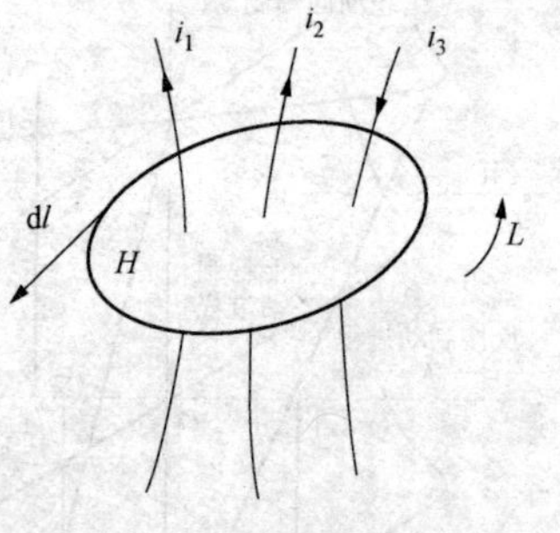

图 2-60 安培环路定律

电机常用的铁磁材料的磁导率 μ_{Fe} 约是真空磁导率 μ_0 的 2000～6000 倍。空气磁导率与真空磁导率几乎相等。铁磁材料的导磁特性是非线性的，通常将 $B_m = f(H_m)$ 关系曲线称为磁化曲线，如图 2-61 所示。可以看出，当 H_m 达到一定值后，随着 H_m 的增大，B_m 增加越来越慢，这种现象称为饱和。

由于铁磁材料的磁化曲线不是一条直线，所以 μ_{Fe} 也随 H_m 值的变化而变化，图 2-61 同时示出了曲线 $\mu_{Fe} = f(H_m)$。

由式（2-74），可将式（2-73）改写为

$$f_A = \frac{B_m}{\mu_{Fe}} l_m + \frac{B_\delta}{\mu_0}\delta \tag{2-75}$$

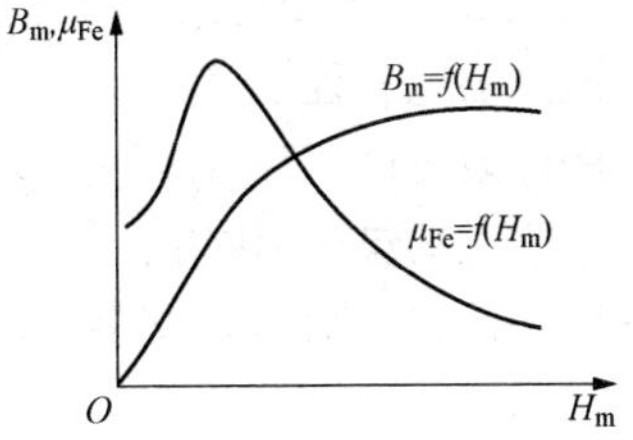

图 2-61　铁磁材料的磁化曲线和 $\mu_{Fe}=f(H_m)$ 曲线

若不考虑气隙 δ 内磁场的边缘效应，气隙内磁场 B_δ 为均匀分布，式（2-75）可写为

$$f_A = (B_m S)\left(\frac{l_m}{\mu_{Fe} S}\right) + (B_\delta S)\left(\frac{\delta}{\mu_0 S}\right) = \phi_{mA} R_m + \phi_\delta R_\delta \tag{2-76}$$

式中：S 为铁心截面积。

由于磁通具有连续性，显然有 $\phi_{mA}=\phi_\delta$。将式（2-76）表示为

$$f_A = \varphi_{mA} R_m + \phi_\delta R_\delta = \phi_{mA} R_{m\delta} = \phi_\delta R_{m\delta} \tag{2-77}$$

式中：$R_{m\delta}$为串联磁路的总磁阻，$R_{m\delta}=R_m+R_\delta$。

通常，将式（2-77）称为磁路的欧姆定律，串联磁路的模拟电路图可用图 2-62 来表示。

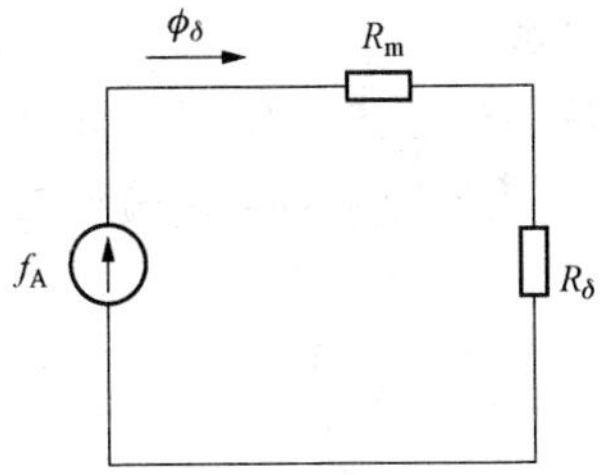

图 2-62　串联磁路的模拟电路图

将式（2-77）表示为另一种形式，即

$$f_A = \frac{\phi_{mA}}{\Lambda_m} + \frac{\phi_\delta}{\Lambda_\delta} = \phi_\delta\left(\frac{1}{\Lambda_m} + \frac{1}{\Lambda_\delta}\right) \tag{2-78}$$

式中：Λ_m 为铁心磁路磁导，$\Lambda_m = \frac{1}{R_m} = \frac{\mu_{Fe} S}{l_m}$；$\Lambda_\delta$ 为气隙磁路磁导，$\Lambda_\delta = \frac{1}{R_\delta} = \frac{\mu_0 S}{\delta}$。

将式（2-78）写为

$$\phi_\delta = \Lambda_{m\delta} f_A \tag{2-79}$$

式中：$\Lambda_{m\delta}$为串联磁路（铁心磁路与气隙磁路）的总磁导 $\Lambda_{m\delta} = \frac{\Lambda_m \Lambda_\delta}{\Lambda_m + \Lambda_\delta}$，$\Lambda_{m\delta} = \frac{1}{R_{m\delta}}$ 是磁路欧姆定律的另一个表达形式。

式（2-77）表明，作用在磁路上的总磁动势恒等于闭合磁路内各段磁压降之和。

对图 2-59 所示的磁路而言，尽管铁心磁路长度比气隙磁路长得多，但由于 $\mu_{Fe} \gg \mu_0$，气隙磁路磁阻还是要远大于铁心磁路的磁阻。对于这个具有气隙的串联磁路，总磁阻将取决于气隙磁路的磁阻，磁动势大部分将降落在气隙磁路中。

在很多情况下，为了问题分析的简化，可将铁心磁路的磁阻忽略不计，此时磁动势 f_A 与气隙磁路磁压降相等，即有

$$f_A = H_\delta \delta = \phi_\delta R_\delta \tag{2-80}$$

在图 2-59 中，因为主磁通 ϕ_{mA}是穿过气隙后而闭合的，它提供了气隙磁通，所以又将 ϕ_{mA}称为励磁磁通。

定义线圈 A 的励磁磁链为

$$\psi_{mA} = \phi_{mA} N_A \tag{2-81}$$

由式（2-77）和式（2-81），可得

$$\psi_{mA} = \frac{N_A^2}{R_{m\delta}} i_A = N_A^2 \Lambda_{m\delta} i_A \tag{2-82}$$

定义线圈 A 的励磁电感 L_{mA} 为

$$L_{mA} = \frac{\psi_{mA}}{i_A} = \frac{N_A^2}{R_{m\delta}} = N_A^2 \Lambda_{m\delta} \tag{2-83}$$

L_{mA}表征了线圈 A 单位电流产生磁链 ψ_{mA}的能力。对于图 2-59，又将 L_{mA}称为线圈 A 的励磁

电感。L_{mA}的大小与线圈 A 匝数的二次方成正比，与串联磁路的总磁导成正比。由于总磁导与铁心磁路的饱和程度（μ_{Fe}值）有关，因此 L_{mA}是一个与励磁电流 i_A 相关的非线性参数。若铁心磁路的磁阻忽略不计（$\mu_{Fe}=\infty$），L_{mA}便是一个仅与气隙磁导和匝数有关的常值，即 $L_{mA}=N_A^2\Lambda_\delta$。

在磁动势 f_A 作用下，还会产生没有穿过气隙主要经由铁心外空气磁路而闭合的磁场，称为漏磁场。它与线圈 A 交链，产生漏磁链 $\psi_{\sigma A}$，可表示为

$$\psi_{\sigma A}=L_{\sigma A}i_A \tag{2-84}$$

式中：$L_{\sigma A}$为线圈 A 的漏电感。$L_{\sigma A}$表征了线圈 A 单位电流产生漏磁链 $\psi_{\sigma A}$的能力。由于漏磁场主要分布在空气中，因此 $L_{\sigma A}$近乎为常值，且在数值上远小于 L_{mA}。

线圈 A 的总磁链为

$$\psi_{AA}=\psi_{\sigma A}+\psi_{mA}=L_{\sigma A}i_A+L_{mA}i_A=L_Ai_A \tag{2-85}$$

式中：ψ_{AA}为线圈 A 电流 i_A 产生的磁场链过自身线圈的磁链，称为自感磁链。

定义 L_A 称为自感，由漏电感 $L_{\sigma A}$和励磁电感 L_{mA}两部分构成。

$$L_A=L_{\sigma A}+L_{mA} \tag{2-86}$$

这样，通过电感就将线圈 A 产生磁链的能力表现为一个集中参数。

当励磁电流 i_A 变化时，磁链 ψ_{AA}将发生变化。根据法拉第电磁感应定律，ψ_{AA}的变化将在线圈 A 中产生感应电动势 e_{AA}。若设 e_{AA}的正方向与 i_A 正方向一致，i_A 方向与 ϕ_{mA}和 $\phi_{\sigma A}$方向之间符合右手法则，则有

$$e_{AA}=-\frac{d\psi_{AA}}{dt} \tag{2-87}$$

根据电路基尔霍夫第二定律，线圈 A 的电压方程为

$$u_A=R_Ai_A-e_{AA}=R_Ai_A+\frac{d\psi_{AA}}{dt} \tag{2-88}$$

在时间 dt 内输入铁心线圈 A 的净电能 dW_{eAA}为

$$dW_{eAA}=u_Ai_A dt-R_Ai_A^2 dt=-e_{AA}i_A dt=i_A d\psi_{AA}$$

若忽略漏磁场，则有

$$dW_{eAA}=i_A d\psi_{mA} \tag{2-89}$$

在没有任何机械运动情况下，由电源输入的净电能将全部变成磁场能量的增量 dW_m，于是

$$dW_m=i_A d\psi_{mA} \tag{2-90}$$

磁场能量为

$$W_m=\int_0^{\psi_{mA}} i_A d\psi \tag{2-91}$$

式（2-91）是线圈 A 励磁的能量公式，考虑了铁心磁路和气隙磁路内总的磁场储能。

若磁路的 ψ—i 曲线如图 2-63 所示，面积 $OabO$ 就代表了磁路的磁场能量，将其称为磁能。

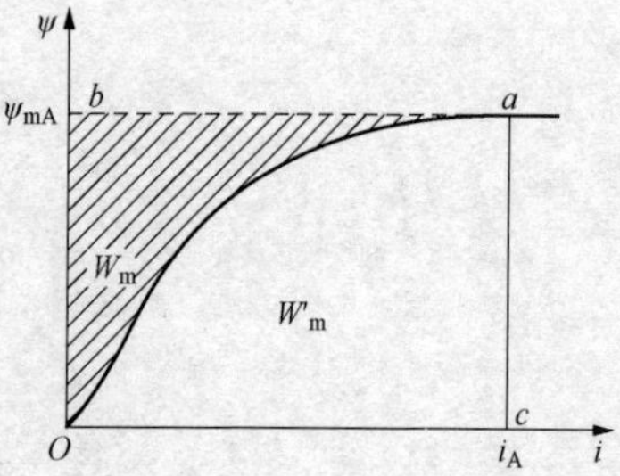

图 2-63 ψ—i 曲线

若以电流为自变量，对磁链进行积分，则有

$$W'_m=\int_0^{i_A}\psi_{mA} di \tag{2-92}$$

式中：W'_m称为磁共能。

在图 2-63 中，磁共能可用面积 $OcaO$ 来表示。显然，在磁路为非线性情况下，磁能和磁共能互不相等。

磁能和磁共能之和等于

$$W_m+W'_m=i_A\psi_{mA} \tag{2-93}$$

若忽略铁心磁路的磁阻，图 2-63 中的 ψ—i 曲线便是一

条直线，则有

$$W_{m}=W'_{m}=\frac{1}{2}i_{A}\psi_{mA}=\frac{1}{2}L_{mA}i_{A}^{2} \tag{2-94}$$

此时磁场能量全部储存在气隙中，则

$$W_{m}=W'_{m}=\frac{1}{2}i_{A}\psi_{mA}=\frac{1}{2}f_{A}B_{\delta}S \tag{2-95}$$

将 $f_{A}=H_{\delta}\delta$ 代入式（2-95）得

$$W_{m}=W'_{m}=\frac{1}{2}H_{\delta}B_{\delta}V_{\delta}=\frac{1}{2}\frac{B_{\delta}^{2}}{\mu_{0}}V_{\delta} \tag{2-96}$$

式中：V_{δ} 为铁心体积。

若计及漏磁场储能，则有

$$W_{m}=W'_{m}=\frac{1}{2}i_{A}\psi_{AA}=\frac{1}{2}L_{A}i_{A}^{2} \tag{2-97}$$

2. 双线圈励磁及磁能计算

考虑线圈 A 和线圈 B 同时励磁的情况，此时忽略铁心磁路磁阻，磁路为线性，故可以采用叠加原理，分别由磁动势 f_{A} 和 f_{B} 计算出各自产生的磁通。

同线圈 A 一样，可求出线圈 B 产生的磁通 ϕ_{mB} 和 $\phi_{\sigma B}$，此时线圈 B 的自感磁链为

$$\psi_{BB}=\psi_{\sigma B}+\psi_{mB}=L_{\sigma B}i_{B}+L_{mB}i_{B}=L_{B}i_{B} \tag{2-98}$$

式中：$L_{\sigma B}$、L_{mB} 和 L_{B} 分别为线圈 B 的漏电感、励磁电感和自感。

且有

$$L_{B}=L_{\sigma B}+L_{mB} \tag{2-99}$$

线圈 B 产生的磁通同时要与线圈 A 交链，反之亦然。这部分相互交链的磁通称为互感磁通。在图 2-59 中，励磁磁通 ϕ_{mB} 全部与线圈 A 交链，则电流 i_{B} 在线圈 A 中产生的互感磁链 ψ_{mAB} 为

$$\psi_{mAB}=\psi_{mB}=\phi_{mB}N_{A}=i_{B}N_{B}\Lambda_{\delta}N_{A} \tag{2-100}$$

定义线圈 B 对线圈 A 的互感 L_{AB} 为

$$L_{AB}=\frac{\psi_{mAB}}{i_{B}}=N_{A}N_{B}\Lambda_{\delta} \tag{2-101}$$

同理，定义线圈 A 对线圈 B 的互感为 L_{BA} 为

$$L_{BA}=\frac{\psi_{mBA}}{i_{A}}=N_{A}N_{B}\Lambda_{\delta} \tag{2-102}$$

由式（2-101）和式（2-102）可知

$$L_{AB}=L_{BA}=N_{A}N_{B}\Lambda_{\delta} \tag{2-103}$$

即线圈 A 和 B 的互感相等。

在图 2-59 中，当电流 i_{A} 和 i_{B} 方向同为正时，两者产生的励磁磁场方向一致，因此两线圈互感为正值。若改变 i_{A} 或 i_{B} 的正方向，或者改变其中一个线圈的绕向，则两者的互感便成为负值。

值得注意的是，如果 $N_{A}=N_{B}$，则有 $L_{mA}=L_{mB}=L_{AB}=L_{BA}$，即两线圈不仅励磁电感相等，且励磁电感又与互感相等。

线圈 A 的全磁链 ψ_{A} 可表示为

$$\psi_{A}=L_{\sigma A}i_{A}+L_{mA}i_{A}+L_{AB}i_{B}=L_{A}i_{A}+L_{AB}i_{B} \tag{2-104}$$

同理可得

$$\psi_{B}=L_{\sigma B}i_{B}+L_{mB}i_{B}+L_{BA}i_{A}=L_{B}i_{B}+L_{BA}i_{A} \tag{2-105}$$

感应电动势 e_A 和 e_B 分别为

$$e_A = -\frac{d\psi_A}{dt} \tag{2-106}$$

$$e_B = -\frac{d\psi_B}{dt} \tag{2-107}$$

在时间 dt 内，由外部电源输入铁心线圈 A 和 B 的净电能 dW_e 为

$$dW_e = -(e_A i_A + e_B i_B)dt = \left(\frac{d\psi_A}{dt}i_A + \frac{d\psi_B}{dt}i_B\right)dt = i_A d\psi_A + i_B d\psi_B \tag{2-108}$$

由电源输入的净电能 dW_e 将全部转化为磁场能量的增量，即有

$$dW_m = i_A d\psi_A + i_B d\psi_B \tag{2-109}$$

当两个线圈磁链由 0 分别增长为 ψ_A 和 ψ_B 时，整个电磁装置的磁场能量为

$$W_m(\psi_A, \psi_B) = \int_0^{\psi_A} i_A d\psi + \int_0^{\psi_B} i_B d\psi \tag{2-110}$$

式（2-110）表明，磁能 W_m 为 ψ_A 和 ψ_B 的函数。

若以电流为自变量，可得磁共能 W'_m 为

$$W'_m(i_A, i_B) = \int_0^{i_A} \psi_A di + \int_0^{i_B} \psi_B di \tag{2-111}$$

显然，磁共能是 i_A 和 i_B 的函数。

可以证明，磁能和磁共能之和为

$$W_m + W'_m = \int_0^{\psi_A} i_A d\psi + \int_0^{\psi_B} i_B d\psi + \int_0^{i_A} \psi_A di + \int_0^{i_B} \psi_B di = i_A\psi_A + i_B\psi_B \tag{2-112}$$

因为磁路为线性，则有

$$W_m = W'_m = \frac{1}{2}i_A\psi_A + \frac{1}{2}i_B\psi_B \tag{2-113}$$

可得

$$W_m = W'_m = \frac{1}{2}L_A i_A^2 + L_{AB}i_A i_B + \frac{1}{2}L_B i_B^2 \tag{2-114}$$

3. 机电能量转换分析

对于图 2-59 所示的电磁装置，当线圈 A 和 B 分别接到电源上时，只能进行电能和磁能之间的转换，改变电流 i_A 和 i_B，只能增加或减少磁场能量，而不能将磁场能量转换为机械能，也就无法将电能转换为机械能。这是因为装置是静止的，其中没有运动部分。亦即，若将磁场能释放出来转换为机械能，前提条件就是要有可运动部件。

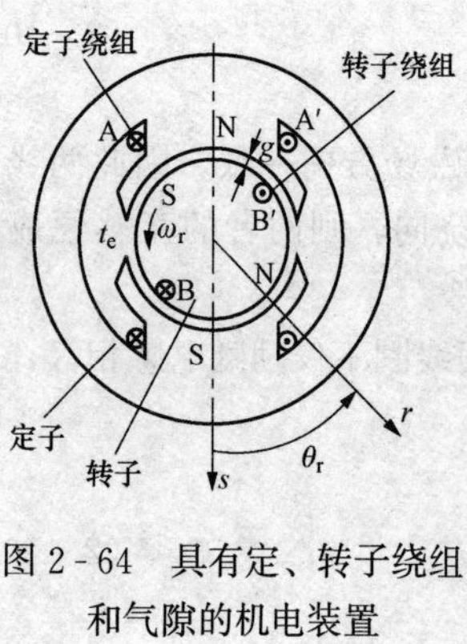

图 2-64 具有定、转子绕组和气隙的机电装置

现将该电磁装置改装为如图 2-64 所示的机电装置，此时相当于在均匀气隙 δ 中加装一个由铁磁材料构成的转子，再将线圈 B 嵌放在转子槽中，成为转子绕组，而线圈 A 成为定子绕组（由两个线圈串联而成，总匝数仍为 N_A），且有 $N_A = N_B$。定子、转子间单边气隙长度为 g，总气隙 $\delta = 2g$。忽略定子、转子铁心磁路的磁阻，这样磁场能量就全部储存在两个气隙中。

图 2-64 给出了绕组 A 和 B 中电流的正方向。当电流 i_A 为正时，产生的励磁磁场的方向由上至下，且假定在气隙中为正弦分布（或取其基波磁场），将该磁场磁感应强度幅值所在处的径向线称为磁场轴线 s。同理，将正向电流 i_B 产生的基波磁场轴线定义为转子绕组轴线 r。取 s 轴为空间参考轴，电角度 θ_r 为转子位置角，因 θ_r

是以转子逆时针旋转而确定的，故转速正方向应为逆时针方向，电磁转矩正方向应与转速正方向相同，也为逆时针方向。

因气隙均匀，故转子在旋转时，定子、转子绕组励磁电感 L_{mA} 和 L_{mB} 保持不变，又因线圈 A 和 B 的匝数相同，故有 $L_{mA}=L_{mB}$。但是，此时绕组 A 和 B 间的互感 L_{AB} 不再是常值，而是转子位置 θ_r 的函数，对于基波磁场而言，可得 $L_{AB}(\theta_r)$ 和 $L_{BA}(\theta_r)$ 为

$$L_{AB}(\theta_r)=L_{BA}(\theta_r)=M_{AB}\cos\theta_r \tag{2-115}$$

式中：M_{AB} 为互感最大值（$M_{AB}>0$）。当定子、转子绕组轴线重合时，绕组 A 和 B 处于全耦合状态，两者间的互感 M_{AB} 达到最大值，显然有 $M_{AB}=L_{mA}=L_{mB}$。

与图 2-59 所示的电磁装置相比，在图 2-64 所示的机电装置中，磁能 W_m 不仅是 ψ_A 和 ψ_B 的函数，同时又是转角 θ_r 的函数；磁共能 W'_m 不仅为 i_A 和 i_B 的函数，同时还是 θ_r 的函数，即有

$$\begin{cases} W_m = W_m(\psi_A, \psi_B, \theta_r) \\ W'_m = W'_m(i_A, i_B, \theta_r) \end{cases} \tag{2-116}$$

于是，由磁链和转子位置变化而引起的磁能变化 dW_m（全微分）应为

$$dW_m=\frac{\partial W_m}{\partial \psi_A}d\psi_A+\frac{\partial W_m}{\partial \psi_B}d\psi_B+\frac{\partial W_m}{\partial \theta_r}d\theta_r \tag{2-117}$$

由式（2-109），可将式（2-117）改写为

$$dW_m=i_A d\psi_A+i_B d\psi_B+\frac{\partial W_m}{\partial \theta_r}d\theta_r \tag{2-118}$$

同理，由定子、转子电流和转子位置变化而引起的磁共能变化 dW'_m（全微分）可表示为

$$dW'_m=\frac{\partial W'_m}{\partial i_A}di_A+\frac{\partial W'_m}{\partial i_B}di_B+\frac{\partial W'_m}{\partial \theta_r}d\theta_r=\psi_A di_A+\psi_B di_B+\frac{\partial W'_m}{\partial \theta_r}d\theta_r \tag{2-119}$$

与式（2-109）相比，式（2-118）多出了第三项，它是由转子角位移引起的磁能变化。这就是说，由于转子的运动引起了气隙储能变化，在磁场储能变化过程中，部分磁场能量转化为了机械能。

设想在 dt 时间内转子转过一个微小的电角度 $d\theta_r$（虚位移或实际位移），这会引起磁能的变化，同时转子将受到电磁转矩 T 的作用，电磁转矩为克服机械转矩所做的机械功 dW_{mech} 为

$$dW_{mech}=Td\theta_r \tag{2-120}$$

根据能量守恒原理，机电系统的能量关系应为

$$dW_e=dW_m+dW_{mech}=dW_m+Td\theta_r \tag{2-121}$$

将式（2-108）和式（2-118）代入式（2-121），则有

$$\begin{aligned} Td\theta_r &= dW_e-dW_m \\ &=(i_A d\psi_A+i_B d\psi_B)-\left(i_A d\psi_A+i_B d\psi_B+\frac{\partial W_m}{\partial \theta_r}d\theta_r\right) \\ &=-\frac{\partial W_m}{\partial \theta_r}d\theta_r \end{aligned} \tag{2-122}$$

于是，可得

$$T=-\frac{\partial W_m(\psi_A, \psi_B, \theta_r)}{\partial \theta_r} \tag{2-123}$$

式（2-123）表明，当转子因微小角位移引起系统磁能变化时，转子将受到电磁转矩作用，电磁转矩方向应为在恒磁链下使系统磁能减小的方向。这是以两绕组磁链和转角为自变量时的转矩表达式。

由式（2-112），可得

$$
\begin{aligned}
T\mathrm{d}\theta_{\mathrm{r}} &= \mathrm{d}W_{\mathrm{e}} - \mathrm{d}W_{\mathrm{m}} \\
&= (i_{\mathrm{A}}\mathrm{d}\psi_{\mathrm{A}} + i_{\mathrm{B}}\mathrm{d}\psi_{\mathrm{B}}) - \mathrm{d}(i_{\mathrm{A}}\psi_{\mathrm{A}} + i_{\mathrm{B}}\psi_{\mathrm{B}} - W'_{\mathrm{m}}) \\
&= -(\psi_{\mathrm{A}}\mathrm{d}i_{\mathrm{A}} + \psi_{\mathrm{B}}\mathrm{d}i_{\mathrm{B}}) + \mathrm{d}W'_{\mathrm{m}}
\end{aligned} \tag{2-124}
$$

将式（2-119）代入式（2-124），则有

$$
T = \frac{\partial W'_{\mathrm{m}}(i_{\mathrm{A}},\ i_{\mathrm{B}},\ \theta_{\mathrm{r}})}{\partial \theta_{\mathrm{r}}} \tag{2-125}
$$

式（2-125）表明，当转子因微小位移引起系统磁共能发生变化时，转子会受到电磁转矩的作用，转矩方向应为在恒定电流下使系统磁共能增加的方向。

应该指出，式（2-123）和式（2-125）对线性磁路和非线性磁路均适用，具有普遍性。在式（2-123）和式（2-125）中，当 W_{m} 和 W'_{m} 对 θ_{r} 求偏导数时，令磁链或电流为常值，这只是因自变量选择带来的一种数学约束，并不是对系统实际的电磁约束。

忽略铁心磁路磁阻，图 2-64 所示机电装置的磁场储能可表示为

$$
W_{\mathrm{m}} = W'_{\mathrm{m}} = \frac{1}{2}L_{\mathrm{A}}i_{\mathrm{A}}^2 + L_{\mathrm{AB}}(\theta_{\mathrm{r}})i_{\mathrm{A}}i_{\mathrm{B}} + \frac{1}{2}L_{\mathrm{B}}i_{\mathrm{B}}^2 \tag{2-126}
$$

对比式（2-116）和式（2-126）可以看出，式（2-126）中的互感 L_{AB} 为转角 θ_{r} 的函数，此时磁场储能将随转子位移而变化。

显然，对于式（2-126），利用磁共能求取电磁转矩更容易。将式（2-126）代入式（2-125），可得

$$
T = i_{\mathrm{A}}i_{\mathrm{B}}\frac{\partial L_{\mathrm{AB}}(\theta_{\mathrm{r}})}{\partial \theta_{\mathrm{r}}} = -i_{\mathrm{A}}i_{\mathrm{B}}M_{\mathrm{AB}}\sin\theta_{\mathrm{r}} \tag{2-127}
$$

对于图 2-64 所示的转子位置，电磁转矩方向应使 θ_{r} 减小、磁共能 W'_{m} 增加。因此，实际转矩方向为顺时针方向。

在图 2-64 中，已设定电磁转矩 T 正方向为逆时针方向，在如图 2-64 所示的时刻，式（2-127）给出的转矩值为负值，说明实际转矩方向应为顺时针方向。在实际计算中，若假定 T 正方向与 θ_{r} 正方向相反，即为顺时针方向，式（2-127）中的负号应去掉。

对比图 2-59 所示的电磁装置和图 2-64 所示的机电装置，可以看出，后者的气隙磁场已作为能使电能与机械能相互转换的媒介，成为两者的耦合场。

若转子不动，则 $\mathrm{d}W_{\mathrm{mech}}=0$，由电源输入的净电能将全部转换为磁场储能，此时图 2-64 所示的机电装置就与图 2-59 所示的电磁装置相当。

若转子旋转，转子位移将会引起气隙中磁能变化，并使部分磁场能量释放出来转换为机械能。这样，通过耦合场的作用，就实现了电能和机械能间的转换。

此时，绕组 A 和 B 中产生的感应电动势 e_{A} 和 e_{B} 分别为

$$
\begin{aligned}
e_{\mathrm{A}} &= -\frac{\mathrm{d}\psi_{\mathrm{A}}}{\mathrm{d}t} = -\frac{d}{\mathrm{d}t}[L_{\mathrm{A}}i_{\mathrm{A}} + L_{\mathrm{AB}}(\theta_{\mathrm{r}})i_{\mathrm{B}}] \\
&= -\left[L_{\mathrm{A}}\frac{\mathrm{d}i_{\mathrm{A}}}{\mathrm{d}t} + L_{\mathrm{AB}}(\theta_{\mathrm{r}})\frac{\mathrm{d}i_{\mathrm{B}}}{\mathrm{d}t} + i_{\mathrm{B}}\frac{\partial L_{\mathrm{AB}}(\theta_{\mathrm{r}})}{\partial \theta_{\mathrm{r}}}\frac{\mathrm{d}\theta_{\mathrm{r}}}{\mathrm{d}t}\right]
\end{aligned} \tag{2-128}
$$

$$
\begin{aligned}
e_{\mathrm{B}} &= -\frac{\mathrm{d}\psi_{\mathrm{B}}}{\mathrm{d}t} = -\frac{d}{dt}[L_{\mathrm{B}}i_{\mathrm{B}} + L_{\mathrm{AB}}(\theta_{\mathrm{r}})i_{\mathrm{A}}] \\
&= -\left[L_{\mathrm{B}}\frac{\mathrm{d}i_{\mathrm{B}}}{\mathrm{d}t} + L_{\mathrm{AB}}(\theta_{\mathrm{r}})\frac{\mathrm{d}i_{\mathrm{A}}}{\mathrm{d}t} + i_{\mathrm{A}}\frac{\partial L_{\mathrm{AB}}(\theta_{\mathrm{r}})}{\partial \theta_{\mathrm{r}}}\frac{\mathrm{d}\theta_{\mathrm{r}}}{\mathrm{d}t}\right]
\end{aligned} \tag{2-129}
$$

在式（2-128）和式（2-129）中，等式右端括号内第一项和第二项是当 θ_{r} 为常值，即绕组 A 和 B 相对静止时，由电流变化所引起的感应电动势，称为变压器电动势；括号内第三项是因

转子运动使绕组 A 和 B 相对位置发生位移（θ_r 变化）而引起的感应电动势，称为运动电动势。

由式（2-128）和式（2-129），可得在 dt 时间内，由电源输入绕组 A 和 B 的净电能为

$$dW_e = -(i_A e_A + i_B e_B)dt = \psi_A di_A + \psi_B di_B + 2i_A i_B \frac{\partial L_{AB}(\theta_r)}{\partial \theta_r} d\theta_r \tag{2-130}$$

由式（2-126），可得 dt 时间内由磁场储能转换的机械能为

$$dW_{mech} = T d\theta_r = i_A i_B \frac{\partial L_{AB}(\theta_r)}{\partial \theta_r} d\theta_r \tag{2-131}$$

由式（2-130）和式（2-131），可得

$$dW_m = dW_e - dW_{mech} = \psi_A di_A + \psi_B di_B + i_A i_B \frac{\partial L_{AB}(\theta_r)}{\partial \theta_r} d\theta_r \tag{2-132}$$

由式（2-130）～式（2-132）可知，时间 dt 内磁场的能量变化，是由绕组 A 和 B 中变压器电动势从电源所吸收的全部电能加之运动电动势从电源所吸收电能的 1/2 所提供；由运动电动势吸收的另外 1/2 电能则成为转换功率，这部分功率由电能转换为了机械功率。可见：

（1）产生感应电动势是耦合场从电源吸收电能的必要条件。

（2）产生运动电动势是通过耦合场实现机电能量转换的关键。

与此同时，转子在耦合场中运动将产生电磁转矩，运动电动势和电磁转矩构成了一对机电耦合项，是机电能量转换的核心部分。

2.5.2　电机转矩的统一公式

下面讨论图 2-64 所示机电装置电磁转矩生成的实质。

设定转矩正方向为顺时针方向，可将式（2-127）改写为

$$T = \frac{1}{L_{mB}}(L_{mB} i_B)(L_{mA} i_A)\sin\theta_r = \frac{1}{L_{mB}}\psi_{mB}\psi_{mA}\sin\theta_r \tag{2-133}$$

式（2-133）表明，电磁转矩可看成定子励磁磁场和转子磁场相互作用的结果，转矩的大小和方向决定于两个正弦分布磁场的幅值和磁场轴线间的相对位置。当转子电流 i_B 为零时，气隙磁场仅为由定子电流 i_A 建立的励磁磁场，其轴线与 s 轴一致。当转子电流 i_B 不为零时，产生了转子磁场，它与励磁磁场共同作用，产生了新的气隙磁场，使原有气隙磁场发生了变化，从而产生电磁转矩，实现了机电能量转换。换言之，转子磁场对气隙磁场的影响，决定了电磁转矩的生成和机电能量转换过程。

当转子磁场轴线与励磁场轴线一致或相反（$\theta_r=0°$或 $\theta_r=180°$）时，电磁转矩为零。或者说，只有在转子磁场作用下，气隙磁场轴线发生偏移时，才会产生电磁转矩。

如果将这种轴线偏移视为气隙磁场发生了“畸变”，那么气隙磁场的“畸变”是转矩生成的必要条件，也是机电能量转换的必然现象。转子磁场的作用引起气隙磁场畸变，电磁转矩作用于转子，并通过转子将电能转化为机械能。同时，由于受到电磁转矩的作用，转子磁场轴线与励磁磁场轴线趋向一致（$\theta_r=0$）的方向，减小和消除气隙磁场的畸变。

如图 2-65（a）所示，线圈 B 处于定子励磁磁场 B_{mA} 中。线圈边 B 流有正电流 i_B后，在其周围会产生磁场，该磁场与定子励磁磁场 B_{mA}合成［如图 2-65（b）所示］，引起线圈边 B 左侧的磁通密度减小，右侧的磁通密度增大。这意味着，在线圈边磁场 B 的作用下，磁力线发生了弯曲，气隙磁场发生了畸变，而磁力线总是力图取直，会迫使线圈 B 向左运动，由此产生了磁场力 f_{eB}。

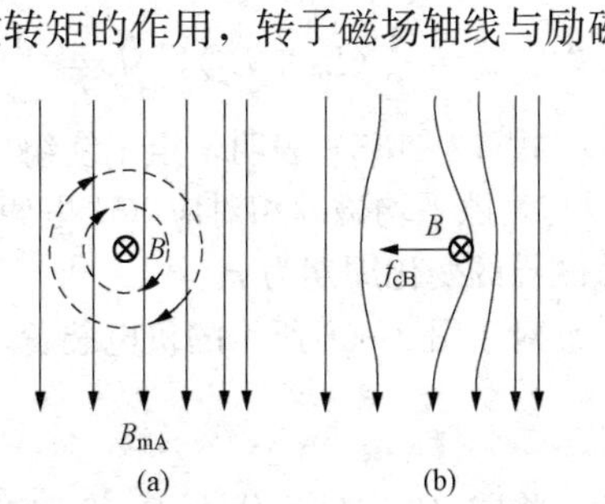

图 2-65　线圈边 B 在定子励磁磁场中
（a）线圈边 B 产生的磁场；（b）合成磁场

将式（2-127）改写为

$$T = \psi_{mA} i_B \sin\theta_r \tag{2-134}$$

式（2-134）在形式上反映了载流导体在磁场中会受到电磁力的作用。式（2-133）在形式上反映了电磁转矩是定子、转子磁场间相互作用的结果。两者在转矩生成实质上是一致的。下面讨论磁阻转矩的生成。

在图2-64中，如果将转子绕组去除，由于转子磁场不存在了，气隙磁场不会发生畸变，自然就不能产生电磁转矩。

现将图2-64中的圆柱形转子改造为图2-66所示的凸极式转子。与图2-64比较，此时电机气隙不再是均匀的。当$\theta_r=0°$时，转子凸极轴线d与定子绕组轴线s重合，此时气隙磁导最大，将转子在此位置时的定子绕组的自感定义为直轴电感L_d。

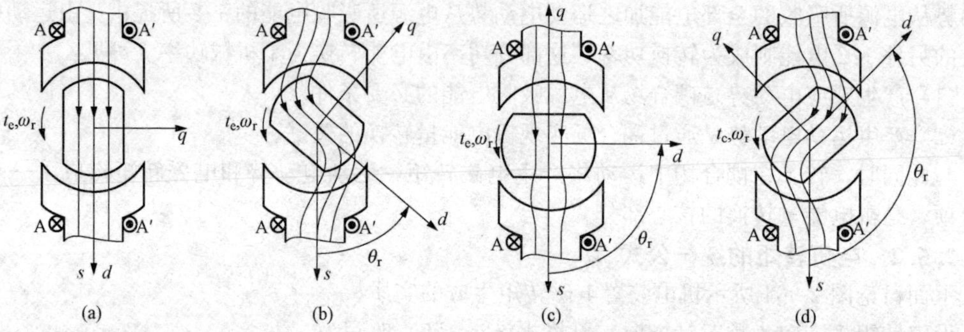

图2-66　磁阻转矩的生成

(a) $\theta_r=0°$；(b) $\theta_r<\frac{\pi}{2}$；(c) $\theta_r=\frac{\pi}{2}$；(d) $\theta_r>\frac{\pi}{2}$

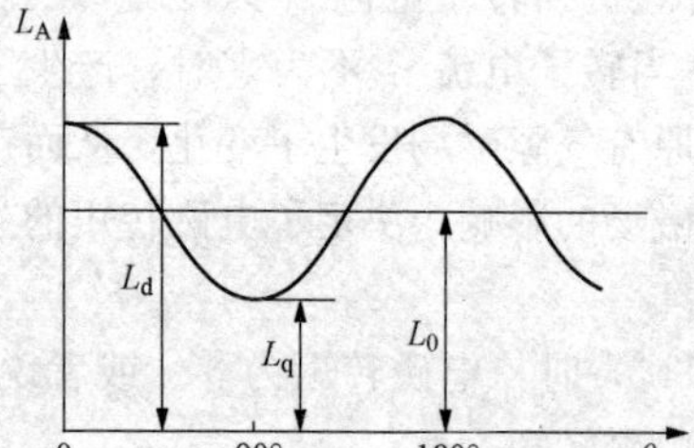

图2-67　定子绕组自感的变化曲线

随着转子逆时针方向旋转，气隙逐步变大，当$\theta_r=90°$时，转子交轴与定子绕组轴线重合，此时气隙磁导最小，将转子在此位置时定子绕组的自感定义为交轴电感L_q。转子在旋转过程中，定子绕组自感L_A值要在L_d和L_q间变化，其变化规律如图2-67所示。当$\theta_r=0°$或180°时，L_A达到最大值L_d；当$\theta_r=90°$或270°时，L_A达到最小值L_q。实际上，L_d和L_q间的变化规律不是正弦的，当仅计及其基波分量时，可认为它随转子角度θ_r按正弦规律变化，即

$$L_A(\theta_r) = L_0 + \Delta L\cos 2\theta_r \tag{2-135}$$

式中：$L_0=\frac{1}{2}(L_d+L_q)$，$\Delta L=\frac{1}{2}(L_d-L_q)$。

式（2-135）表明，定子绕组电感有一个平均值L_0和一个幅值为ΔL的正弦变化量，其中L_0与气隙平均磁导相对应（这里假定定子漏磁导不变），ΔL与气隙磁导的变化幅度相对应，气隙磁导的变化周期为π。

对于图2-66所示的机电装置，可将式（2-94）表示为

$$W_m = W'_m = \frac{1}{2}L_A(\theta_r)i_A^2 \tag{2-136}$$

将式（2-136）代入式（2-125），可得

$$T = -\Delta L i_A^2 \sin 2\theta_r = -\frac{1}{2}(L_d - L_q)i_A^2 \sin 2\theta_r \tag{2-137}$$

转矩方向是使系统磁共能增大的方向。此转矩不是由转子绕组励磁引起的，而是由转子运动使气隙磁导发生变化引起的，将由此产生的电磁转矩称为磁阻转矩。相应地，将由转子励磁产生的电磁转矩称为励磁转矩。

如图 2-67 所示，式（2-137）中的 θ_r 是按转子逆时针方向旋转而确定的，转矩的正方向与 θ_r 正方向相同，也为逆时针方向。在图 2-66（b）所示的时刻，式（2-137）给出的转矩为负值，表示实际转矩方向为顺时针方向，实际转矩应使 θ_r 减小。若设定顺时针方向为转矩正方向，可将电磁转矩表示为

$$T = \frac{1}{2}(L_d - L_q)i_s^2\sin 2\theta_r \tag{2-138}$$

由图 2-66（a）可以看出：

（1）当 $\theta_r=0°$时，气隙磁场的轴线没有产生偏移，即气隙磁场没发生畸变，不会产生电磁转矩。

（2）当 $0°<\theta_r<90°$时，由于磁力线总是力图由磁导最大处穿过，使气隙磁场轴线产生偏移，因此产生了电磁转矩，电磁转矩的方向应使转子恢复到图 2-66（a）的位置。

（3）当 $\theta_r=90°$时，虽然气隙磁场轴线没有偏移，不会产生电磁转矩，但是此时转子将处于不稳定状态。

（4）当 $90°<\theta_r<180°$时，电磁转矩使转子逆时针旋转。

（5）当 $\theta_r=180°$时，转子凸极轴线 d 轴与 s 轴相反，此时情形与 $\theta_r=0°$时完全相同。

可见，凸极转子的位置变化使气隙磁场的磁力线发生了扭曲，而磁场的磁力线总是力图取直，d 轴总是要靠向 s 轴，以此可以判断磁阻转矩的作用方向。磁阻转矩的最大值取决于 L_d 和 L_q 的差值及定子电流 i_A 的二次方值。

因此，对于 p 对极的电机，结合励磁转矩有

$$T = \frac{1}{L_{mB}}(L_{mB}i_B)(L_{mA}i_A)\sin\theta_r = \frac{1}{L_{mB}}\psi_{mB}\psi_{mA}\sin\theta_r \tag{2-139}$$

磁阻转矩有

$$T' = \frac{1}{2}(L_d - L_q)i_s^2\sin 2\theta_r \tag{2-140}$$

经过合成，得到

$$T = p\left[M_{AB}i_Bi_A\sin\theta_r + \frac{1}{2}(L_d - L_q)i_s^2\sin 2\theta_r\right] \tag{2-141}$$

式中：M_{AB}为一对极情况下，定子电流 i_A 与转子电流 i_B 之间的互感。

考虑定子电流的空间分布情况，以及定子电流的大小与方向，将具有大小和方向的量考虑为矢量，由于空间位置不同，因此认为一对极情况下，定子电流的合成磁动势为 $\boldsymbol{F}_s$，等效的定子绕组等效匝数为 $N_s=N$，则有

$$\boldsymbol{F}_s = N_si_s = Ni_s \tag{2-142}$$

转子也一样，并考虑转子等效绕组匝数 $N_r=N_s=N$，则有

$$\boldsymbol{F}_r = N_ri_r = Ni_r \tag{2-143}$$

定子等效绕组和转子等效绕组之间的互感磁链 $\boldsymbol{M}_{sr}=L_m$，则合成的转矩为

$$T = p\left[L_mi_ri_s\sin\theta_r + \frac{1}{2}(L_d - L_q)i_s^2\sin 2\theta_r\right] \tag{2-144}$$

考虑矢量的乘积与转矩的方向后，上述转矩表达为矢量关系，即

$$T = p\left[L_mi_ri_s + \frac{1}{2}(L_d - L_q)i_s^2\sin\theta_r\right] \tag{2-145}$$

式（2-145）即为电机转矩的统一表达式，i_s 和 i_r 为一对极下产生的定子和转子的等效电流，转矩的方向从转子电流到定子电流，符合右手定则时，转矩大小为正，否则为负。

2.5.3 电机的数学模型

根据前面章节的讨论，任何电机在控制时，对位置的控制可以转换为对电机速度的控制；对电机速度的控制，可以通过动力学方程，考虑为对电机转矩的控制；而对转矩的控制可以考虑为对电机的等效定子电流、等效转子电流或定子磁链、转子磁链或定子磁链与转子磁链之间夹角的控制等来对电机进行控制。

因此，在任何情况下，对任意电机（直流电机、交流电机），都可以将其等效为 p 对极的定子电流为 i_s、转子电流为 i_r 的电机进行控制，为了保证电机稳态时能产生恒定的电磁转矩，则要求保证定子电流为 i_s、转子电流为 i_r 之间的夹角 θ_r 保持恒定。对于直流电机，需要有换向器来确保定子上的励磁电流 i_f、转子上的电枢电流 i_a 之间的夹角始终不变，达到稳态时所产生的电磁转矩不变，由于其夹角通过机械方式来保证，因此动态时其转矩主要通过调节励磁电流 i_f 或电枢电流 i_a 来调节；对于交流电机，稳态时需要保持等效的定子电流 i_s、转子电流 i_r 及夹角 θ_r 恒定。因此，稳态时其定子电流 i_s 和转子电流为 i_r 都必须以同步角速度 ω_s 旋转；动态时，原理上可以调节等效定子电流 i_s、转子电流 i_r 或夹角 θ_r 之间的任意一个进行快速调节。

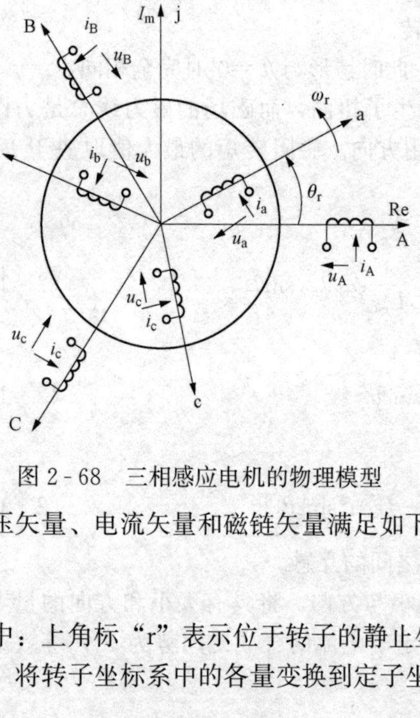

图 2-68 三相感应电机的物理模型

通过上述描述，只要能将任一电机等效为 p 对极的定子电流为 i_s、转子电流为 i_r 的电机，就可以实现对电机的控制，从而实现电机的统一控制。

三相感应电机的物理模型如图 2-68 所示，转子的旋转速度为 ω_r，转子 a 相绕组与定子 A 相绕组之间的夹角为 θ_r。

而对于任意多相的交流电机，同样假定转子的旋转速度为 ω_r，转子 a 相绕组与定子 A 相绕组之间的夹角为 θ_r，基于定子静止坐标系，定子绕组的电压矢量、电流矢量和磁链矢量满足如下数学关系

$$\boldsymbol{u}_s = R_s\boldsymbol{i}_s + \frac{d\psi_s}{dt} \tag{2-146}$$

转子绕组位于转子的静止坐标系时，转子绕组的电压矢量、电流矢量和磁链矢量满足如下数学关系

$$\boldsymbol{u}_r^r = R_r\boldsymbol{i}_r^r + \frac{d\psi_r^r}{dt} \tag{2-147}$$

式中：上角标“r”表示位于转子的静止坐标系中。

将转子坐标系中的各量变换到定子坐标系时有如下关系

$$\boldsymbol{u}_r^r = \boldsymbol{u}_r e^{-j\theta_r} \tag{2-148}$$

$$\boldsymbol{i}_r^r = \boldsymbol{i}_r e^{-j\theta_r} \tag{2-149}$$

$$\boldsymbol{\psi}_r^r = \boldsymbol{\psi}_r e^{-j\theta_r} \tag{2-150}$$

将式（2-148）～式（2-150）代入式（2-147），可以得到转子电压在定子静止坐标系下的关系为

$$\boldsymbol{u}_r = R_r\boldsymbol{i}_r + \frac{d\psi_r}{dt} - j\omega_r\boldsymbol{\psi}_r \tag{2-151}$$

定子磁链方程为

$$\boldsymbol{\psi}_s = L_s\boldsymbol{i}_s + L_m\boldsymbol{i}_r \tag{2-152}$$

转子磁链方程为

$$\boldsymbol{\psi}_r = L_m \boldsymbol{i}_s + L_r \boldsymbol{i}_r \tag{2-153}$$

将转子磁链表示为极坐标形式

$$\boldsymbol{\psi}_r = \psi_r e^{j\theta_r} \tag{2-154}$$

式中：ψ_r 为转子磁链矢量 $\boldsymbol{\psi}_r$ 的幅值。

将式（2-154）代入式（2-147），可以得到

$$\boldsymbol{u}_r = R_r i_i + P\boldsymbol{\psi}_r + j(\omega_s - \omega_r)\boldsymbol{\psi}_r \tag{2-155}$$

式中：$P\boldsymbol{\psi}_r$ 表示仅对 $\boldsymbol{\psi}_r$ 的幅值微分。

而 $\omega_s - \omega_r = \omega_f = s\omega_s$，代入式（2-155），得到

$$\boldsymbol{u}_r = R_r i_i + P\boldsymbol{\psi}_r + js\omega_s \boldsymbol{\psi}_r \tag{2-156}$$

$$\boldsymbol{u}_r = R_r \boldsymbol{i}_i + P\boldsymbol{\psi}_r + j\omega_f \boldsymbol{\psi}_r \tag{2-157}$$

综上，交流电机基于其定子的静止坐标系的数学模型如下。

（1）电压方程有

$$\boldsymbol{u}_s = R_s \boldsymbol{i}_s + \frac{d\boldsymbol{\psi}_s}{dt} \tag{2-158}$$

$$\boldsymbol{u}_r = R_r \boldsymbol{i}_r + \frac{d\boldsymbol{\psi}_r}{dt} - j\omega_r \boldsymbol{\psi}_r \tag{2-159}$$

$$\boldsymbol{u}_r = R_r i_i + P\boldsymbol{\psi}_r + js\omega_s \boldsymbol{\psi}_r \tag{2-160}$$

$$\boldsymbol{u}_r = R_r i_i + P\boldsymbol{\psi}_r + j\omega_f \boldsymbol{\psi}_r \tag{2-161}$$

（2）磁链方程有

$$\boldsymbol{\psi}_s = L_s \boldsymbol{i}_s + L_m \boldsymbol{i}_r \tag{2-162}$$

$$\boldsymbol{\psi}_r = L_m \boldsymbol{i}_s + L_r \boldsymbol{i}_r \tag{2-163}$$

（3）转矩方程有

$$T = p[L_m i_r i_s + \frac{1}{2}(L_d - L_q) i_s^2 \sin\theta_r] \tag{2-164}$$

（4）动力学方程有

$$T - T_L = \frac{GD^2}{375} \times \frac{dn}{dt} \tag{2-165}$$

（5）转速方程有

$$n = \frac{60}{2\pi}\omega_r = \frac{60}{2\pi}\frac{d\theta_r}{dt} \tag{2-166}$$

2.5.4　坐标变换

2.5.3 节中的交流电机数学模型是基于定子坐标系的，同时也是基于各相的等效电路的，因此，参数和变量较多，而对于电机统一控制理论，定子和转子需要等效于产生相同电动势的定子电流和转子电流，等效后的定子电流和转子电流在稳态时都是同步转速旋转。如果建立一个同步的旋转坐标系，则可以将定子电流和转子电流都看成直流电流，这样对交流电机的控制可以等效为对直流电机的控制，达到与直流电机可以媲美的控制效果。

为了将交流电机等效为直流电机，需要对 2.5.3 节中的基于定子坐标系的交流电机各变量进行简化和变换。首先将任意多相的电压、电流变换到静止的两相坐标系中，这个变换称为 Clarke 变换；然后建立同步的旋转坐标系，将两相静止坐标系中的电压、电流和磁链变换到同步的旋转坐标系中，这个变换称为 Park 变换。转矩和磁链的计算和控制都可以在同步旋转坐标系中进行，而实际控制时还需要对各相的电压或电流进行单独控制，因此最终的控制还需要进行相应的反

变换。先将旋转坐标系中的各量反 Park 变换到两相静止坐标系中，然后将两相静止坐标系中的各量反 Clarke 变换到多相静止坐标系中，对各相的电压和电流进行控制。下面以三相交流电机为例，简单描述坐标变换和反变换的方法，以及各相应坐标系的建立方法。

1. 坐标变换的原则

坐标变换的原则是将多相交流电机等效为两相电机，电机内部的定子电流磁动势、转子电流磁动势保持不变，定子磁链和转子磁链保持不变，合成的电磁转矩保持不变，电机的功率保持不变。因此，坐标变换的原则是保持变换后的等效电机，磁动势保持不变，电机的功率保持不变。

2. 定子静止坐标系到两相静止 $\alpha\beta$ 坐标系变换（Clarke 变换）

三相交流电机定子静止坐标系到两相静止 $\alpha\beta$ 坐标系如图 2-69 所示。其中 α 轴与 A 相重合，β 轴沿 α 轴逆时针旋转 90°得到。对于三相交流电机，为满足功率不变的约束，设定两相坐标系中的定子绕组匝数及转子绕组匝数都是定子静止坐标系每相匝数的 $\sqrt{3}/\sqrt{2}$ 倍，这样两相坐标系中的各电感量对应为三相系统中各相电感量的 3/2 倍，而两相系统中的电阻值与三相系统中的电阻值相同，这样两相系统中合成的电流矢量有效值为三相系统中相电流有效值的 $\sqrt{3}$ 倍，两相系统中合成电压矢量有效值为三相系统中相电压有效值的 $\sqrt{3}$ 倍，保证了坐标变换后磁动势和功率都保持不变。

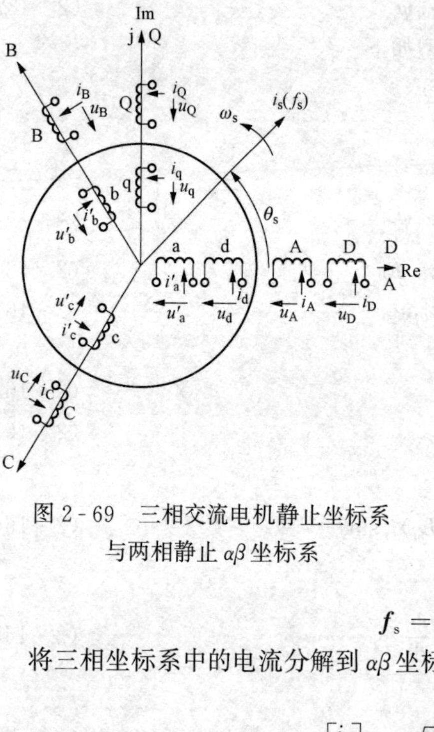

图 2-69 三相交流电机静止坐标系与两相静止 $\alpha\beta$ 坐标系

以最终的磁动势相同为原则，则有两相系统中的定子电流磁动势为

$$\boldsymbol{f}_s = \sqrt{\frac{3}{2}}N_s\boldsymbol{i}_{s\alpha} + \sqrt{\frac{3}{2}}N_s\boldsymbol{i}_{s\beta} \tag{2-167}$$

三相系统中的定子电流磁动势为

$$\boldsymbol{f}_s = N_s\boldsymbol{i}_A + N_s\boldsymbol{i}_B + N_s\boldsymbol{i}_C \tag{2-168}$$

将三相坐标系中的电流分解到 $\alpha\beta$ 坐标系，可得

$$\begin{bmatrix} i_\alpha \\ i_\beta \end{bmatrix} = \sqrt{\frac{2}{3}}\begin{pmatrix} 1 & -\frac{1}{2} & -\frac{1}{2} \\ 0 & \frac{\sqrt{3}}{2} & -\frac{\sqrt{3}}{2} \end{pmatrix}\begin{pmatrix} i_A \\ i_B \\ i_C \end{pmatrix} \tag{2-169}$$

由于在三相电机中，$i_A + i_B + i_C = 0$，实际控制时，为降低成本，仅检测两相电流 i_A 和 i_B，将静止定子上的两相电流直接写为 i_α 和 i_β，因此通常的 Clarke 变换矩阵为

$$\begin{bmatrix} i_\alpha \\ i_\beta \end{bmatrix} = \begin{pmatrix} \sqrt{\frac{3}{2}} & 0 \\ \frac{\sqrt{2}}{2} & \sqrt{2} \end{pmatrix}\begin{bmatrix} i_A \\ i_B \end{bmatrix} \tag{2-170}$$

3. 静止 $\alpha\beta$ 坐标系到任意同步旋转 MT 坐标系变换（Park 变换）

由于静止两相坐标系中的磁动势、电流、电压和磁链等都是以同步转速旋转的，因此在静止坐标系上的分量仍然是交流变量，不便于采用直流电机相应的控制策略进行控制，因此需要建立与合成矢量同步旋转的坐标系 MT。在 MT 坐标下，这个合成矢量的分量为直流变量，相对于

MT 坐标系不再作旋转运动，则可以将这些变量采用类似直流电机的控制策略进行控制。

如图 2-70 所示，建立任意的同步旋转坐标系 *MT*，*MT* 与 $\alpha\beta$ 坐标之间的夹角为 θ_M，则有

$$\begin{bmatrix} i_M \\ i_T \end{bmatrix} = \begin{bmatrix} \cos\theta_M & \sin\theta_M \\ -\sin\theta_M & \cos\theta_M \end{bmatrix} \begin{bmatrix} i_\alpha \\ i_\beta \end{bmatrix} \quad (2-171)$$

式（2-171）即为 Park 变换的矩阵。

4. 任意同步旋转 *MT* 坐标系到静止 $\alpha\beta$ 坐标系变换（Park 反变换）

根据图 2-70，可以得到任意同步旋转 *MT* 坐标系到静止 $\alpha\beta$ 坐标系的 Park 反变换为

$$\begin{bmatrix} i_\alpha \\ i_\beta \end{bmatrix} = \begin{bmatrix} \cos\theta_M & -\sin\theta_M \\ \sin\theta_M & \cos\theta_M \end{bmatrix} \begin{bmatrix} i_M \\ i_T \end{bmatrix} \quad (2-172)$$

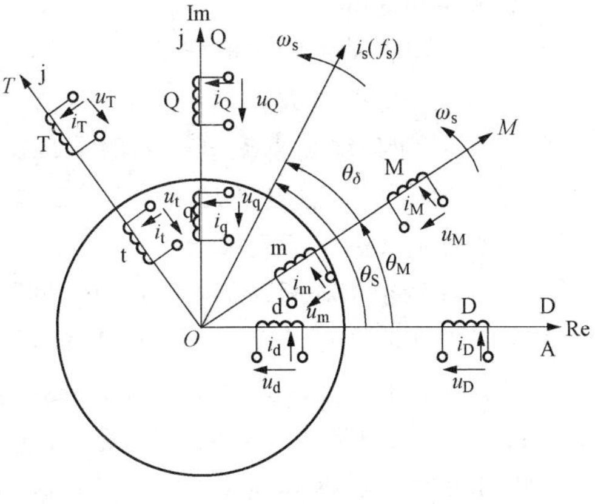

图 2-70　静止 $\alpha\beta$ 坐标系与同步 *MT* 坐标系

5. 两相静止 $\alpha\beta$ 坐标系到定子静止坐标系变换（Clarke 反变换）

根据图 2-70，可以得到静止 $\alpha\beta$ 坐标系到定子静止坐标系的 Clarke 反变换为

$$\begin{bmatrix} i_A \\ i_B \end{bmatrix} = \begin{bmatrix} \sqrt{\dfrac{2}{3}} & 0 \\ -\dfrac{1}{\sqrt{6}} & \dfrac{\sqrt{2}}{2} \end{bmatrix} \begin{bmatrix} i_\alpha \\ i_\beta \end{bmatrix} \quad (2-173)$$

习　题

2-1　请说明直流电机处于倒拉反转运行的功率关系，其与能耗制动、反接制动的情况有何异同？

2-2　已知一台三相异步电机的额定功率 $P_N=7.5\text{kW}$，额定电压 $U_N=380\text{V}$，额定功率因数 $\cos\theta_N=0.75$，额定效率 $\eta_N=86\%$，则其额定电流 I_N 为多少？

2-3　异步电机转子绕组短路并堵转时，如果定子绕组加额定电压，则会有什么后果？

2-4　异步电机的转差率 s 是如何定义的？电机运行时，转子绕组感应电动势、电流的频率 f_2 与定子频率 f_1 是什么关系？

2-5　三相异步电机运行时，为什么总是从电源吸收落后的无功电流？

2-6　某三相笼型异步电机铭牌上标注的额定电压为 380/220V，Y/△。该电机能否接在 380V 的交流电网上空载起动？能否采用 Y-△降压起动？

2-7　在基频以下变频调速时，为什么要保持 $E_1/f_1=$常数，其机械特性有何特点？它属于什么调速方式？当采用 $U_1/f_1=$常数的方式时，它与前者有何异同？

2-8　绕线式异步电机反接制动时，为什么要在转子回路串入较大的电阻值？

2-9　某台他励直流电机的数据如下：$P_N=15\text{kW}$，$U_N=220\text{V}$，$n_N=1000\text{r/min}$，$P_{Cua}=1210\text{W}$，$P_0=950\text{W}$，忽略杂散损耗。请计算额定运行时电机的电磁转矩 T_N、电磁功率 P_M、电枢电阻 R_a 及效率 η_N。

2-10　一台他励直流电机的额定功率 $P_N=100\text{kW}$，$U_N=220\text{V}$，$I_N=510\text{A}$，$n_N=1000\text{r/min}$，电枢回路总电阻 $R_a=0.0219\Omega$，忽略磁路饱和影响，求：

（1）理想空载转速。

（2）固有机械特性曲线的斜率。

(3) 额定转速降。

(4) 若电机拖动恒转矩负载 $T_L=0.84T_N$ 运行（T_N 为额定电磁转矩），则电机的转速、电枢电流及电枢电动势为多大？

2-11 已知某他励直流电机的额定数据如下：$P_N=30$kW，$U_N=440$V，$I_N=78.7$A，$n_N=1000$r/min，电枢回路总电阻 $R_a=0.510\Omega$，求：

(1) 直接起动时的起动电流。

(2) 拖动额定负载起动，若采用电枢回路串电阻起动（$I_s\leqslant 2.0I_N$），则应串入多大电阻？

(3) 若采用降电压起动（$I_s\leqslant 2.0I_N$），电压应降到多大？

2-12 已知他励直流电机的额定数据如下：$P_N=17$kW，$U_N=110$V，$I_N=186$A，$n_N=1500$r/min，电枢回路总电阻 $R_a=0.029\Omega$，电机在额定转速下拖动额定恒转矩负载运行，求：

(1) 电枢电压降低到 90V，但电机转速还来不及变化的瞬间，电机的电枢电流及电磁转矩各为多少？

(2) 电压调低后电机稳定运行转速是多少？

(3) 若电枢电压保持额定不变，仅把磁通减少到 $0.8\Phi_N$，此时电机运行转速是多少？电枢电流为多大？若电枢电流不允许超过额定值，电机所允许拖动的负载转矩应为多大？

2-13 一台他励直流电机的额定功率 $P_N=75$kW，额定电压 $U_N=220$V，额定电流 $I_N=385$A，额定转速 $n_N=1000$r/min，电枢回路总电阻 $R_a=0.01824\Omega$，电机拖动反抗性负载转矩运行于正向电动状态时，$T_L=0.86T_N$。求：

(1) 采用能耗制动停车，并且要求制动开始时最大电磁转矩为 $2.2T_N$，电枢回路应串入多大电阻？

(2) 采用反接制动停车，要求制动开始时最大电磁转矩不变，电枢回路应串入多大电阻？

(3) 采用反接制动，若转速接近零时不及时切断电源，则电机最后的运行结果如何？

2-14 一台三相异步电机，额定功率 $P_N=15$kW，额定电压 $U_N=380$V，额定转速 $n_N=1460$r/min，额定效率 $\eta_N=0.89$，额定功率因数 $\cos\theta_N=0.85$，求电机额定运行时的输入功率 P_1 和额定电流 I_N。

2-15 一台六级三相异步电机，额定功率 $P_N=30$kW，额定电压 $U_N=380$V，额定电流 $I_N=58.0$A，额定负载运行时，电机的定子铜损耗 $P_{Cu1}=878$W，铁损耗 $P_{Fe}=636$W，转子铜损耗 $P_{Cu2}=878$W，机械损耗 $p_m=321$W，附加损耗 $p_s=450$W，求额定负载运行时：

(1) 额定转速。

(2) 电磁转矩。

(3) 输出转矩。

(4) 空载转矩。

(5) 效率。

2-16 三相笼型异步电机 $P_N=110$kW，定子△接法，额定电压 $U_N=380$V，额定转速 $n_N=740$r/min，额定效率 $\eta_N=0.94$，额定功率因数 $\cos\theta_N=0.82$，堵转电流倍数 $k_I=6.4$，堵转转矩倍数 $k_s=1.8$。试求：

(1) 直接起动时的堵转电流和堵转转矩。

(2) 若供电变压器允许起动电流限定在 480A 以内，负载起动阻转矩 $T_L=750$Nm 时，则能否采用 Y-△降压起动方法起动？

2-17 一台三相绕线式异步电机，定子绕组 Y 接法，其主要数据如下：$P_N=22$kW，$U_{1N}=380$V，$I_{1N}=49.8$A，$n_N=710$r/min，$E_{2N}=161$V，$I_{2N}=90$A，$k_m=2.8$，电机拖动反抗性恒转矩

负载 $T_L=0.82T_N$，要求反接制动开始时 $T=2.0T_L$，求：

（1）转子每相串入的电阻值。

（2）若电机停车时不及时切断电源，电机最后结果如何？

2-18　一台三相八级同步电机，定子绕组 Y 接法，额定功率 $P_N=500\text{kW}$，额定电压 $U_N=6000\text{V}$，额定效率 $\eta_N=0.92$，额定功率因数 $\cos\theta_N=0.8$，定子每相电阻 $r_1=1.38\Omega$。当电机额定运行时，求：

（1）输入功率 P_1。

（2）额定电流 I_N。

（3）电磁功率 P_M。

（4）额定电磁转矩 T_N。

2-19　某龙门刨床工作台，采用 V-M 调速系统，已知他励直流电机 $P_N=30\text{kW}$，$U_N=220\text{V}$，$I_{dN}=160\text{A}$，$n_N=1000\text{r/min}$，主回路总电阻 $R=0.25\Omega$，$C_e\Phi=0.204\text{V}\cdot\text{min/r}$，求：

（1）电流连续时，额定负载下的速度降落 Δn_N 是多少？

（2）开环系统机械特性连续段，在额定负载、额定转速下的静差率是多少？

（3）若要满足调速比 $D=20$，静差率 $s_D\leqslant10\%$的要求，额定负载下的转速降落 Δn 又是多少？

第3章　控制电机的原理及特性

本章将介绍伺服电机、力矩电机、测速发电机、自整角机和步进电机等控制电机的基本结构、工作原理和运行特性。

在自动控制系统中，用于检测、放大、执行和计算的这类旋转电机称为控制电机。就电磁规律而言，控制电机和普通电机没有本质区别，它们都是在普通电机的理论基础上发展起来的小功率电机。但是由于控制电机和普通电机的用途不同，所以它们对特性要求和性能评价指标就有较大差别。普通电机侧重于起动和运转时的性能指标，而控制电机的性能指标侧重精度和灵敏度（快速响应）、运行可靠性及线性程度等方面。控制电机的容量一般在1kW以下，小到几微瓦。当然也有容量较大的，在大功率的自控系统中，控制电机的容量可达几千瓦。

随着新材料和新技术的出现，性能优越的新型控制电机不断出现，同时新的控制技术应用于传统的控制电机、新型控制电机上，使控制系统的性能不断得以提高。

3.1　伺　服　电　机

伺服电机亦称执行电机，在自动控制系统中作为执行元件。它具有一种服从控制信号的要求而动作的特性，即：在控制信号到来前，转子静止不动；控制信号一来，转子立即转动；当控制信号消失时，转子能即时自行停转。伺服电机也因这种“伺服”的功能而得名。伺服电机的惯量小，时间常数小，响应速度快。伺服电机按其使用的电源性质不同，可分为直流伺服电机和交流伺服电机两大类。

3.1.1　直流伺服电机

1. 直流伺服电机的概念

直流伺服电机是指使用直流电源驱动的伺服电机。它的结构与普通的小型直流电机相同，由固定不动的定子和旋转的转子两大部分组成。其中，定子由机壳、磁极和电刷装置等组成，转子由电枢铁心、电枢绕组、转向器和转轴组成。

直流伺服电机具有良好的调速特性、较大的起动转矩、相对较大的功率及快速响应等优点，尽管有结构复杂、成本较高的缺点，但它在国民经济中仍占有重要地位，在自动控制系统中也获得了广泛的应用。特别是近年来，大功率晶闸管元件及其整流放大电路的成功运用、高性能磁性材料的不断问世，以及其新的结构设计，使得直流伺服电机控制性能更加完善。

2. 直流伺服电机的分类

直流伺服电机按结构可分为普通型、直流力矩型和低惯量型等几类。

（1）普通型直流伺服电机。普通型直流伺服电机的结构和普通直流电机的结构基本相同，也是由定子、转子两大部分组成的，一般分为永磁式和电磁式两种。

定子：永磁式直流伺服电机的定子上装置了由永久磁钢做成的磁极，目前我国生产的SY系列直流伺服电机就属于这种结构；电磁式直流伺服电机的定子通常由硅钢片冲制叠压而成，磁极和磁矩整体相连，在磁极铁心上套有励磁绕组，目前我国生产的SZ系列直流伺服电机属于这种结构。

转子：这两种结构的直流伺服电机的转子铁心均由硅钢片冲制而成，在转子冲片的外圆周上开有均匀分布的齿槽，和普通直流电机转子冲片相同。转子槽中放置电枢绕组，并经换向器、电刷引出。

(2) 直流力矩型直流伺服电机。直流力矩型直流伺服电机是一种永磁式低速直流伺服电机。它的工作原理和普通直流伺服电机毫无区别，但它们的外形完全不同。为了使直流力矩型直流伺服电机在一定的电枢体积和电枢电压下能产生较大的转矩和较低的转速，其通常做成扁平式结构，电枢长度与直径之比一般仅为 0.2 左右，并选用较多的极对数。

(3) 低惯量型直流伺服电机。普通直流伺服电机的转子带有铁心，并且在铁心上有齿有槽，因而带来性能上的缺陷，影响了电机的使用寿命，使之在应用上受到一定的限制。

低惯量型直流伺服电机是在普通直流伺服电机的基础上发展起来的，主要形式有空心杯电枢直流伺服电机、盘形电枢直流伺服电机和无槽电枢直流伺服电机。

直流电机按励磁方式不同，可分为他励直流电机和自励直流电机。其中，自励直流电机又可分为并励直流电机、串励直流电机、复励直流电机。而直流伺服电机励磁方式几乎只采取他励式。

3. 直流伺服电机的控制方式

直流伺服电机的控制方式和普通直流电机相同，有励磁控制法和电枢电压控制法两种控制方式。

直流伺服电机的励磁绕组和电枢绕组分别装在定子和转子上，工作时可以由电枢绕组励磁，用励磁绕组来进行控制，即励磁控制法；或由励磁绕组励磁，用电枢绕组来进行控制，即电枢电压控制法。两种控制方式的特性有所不同，通常应用电枢控制法。如图 3-1 所示，由励磁绕组进行励磁，即将励磁绕组接于恒定电压 U_f 的直流电源上，绕组中通过电流 I_f 以产生磁通 Φ。电枢绕组接入控制电压 U_a，作为控制绕组。当控制绕组接入控制电压 U_a 之后，电机就转动起来；控制电压消失，电机立即停转，无自转现象。电枢控制时，直流伺服电机的机械特性和他励直流电机改变电枢电压时的人为机械性相似，也是线性的。另外，励磁绕组励磁时，所消耗的功率较小，电枢回路电感小，因而时间常数小，响应迅速。这些特性非常有利于将其作为执行元件使用。

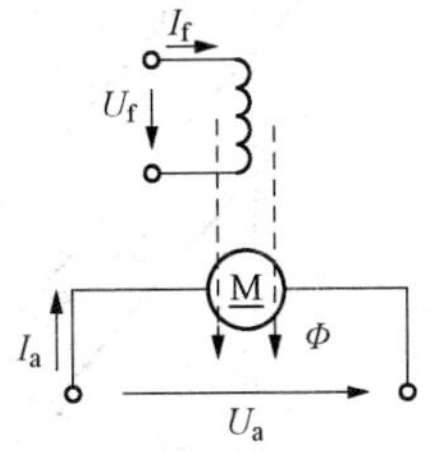

图 3-1　电枢控制时直流伺服电机的工作原理图

4. 直流伺服电机的特性

(1) 静态特性。直流伺服电机的静态是当控制电压 (U_a) 和负载转矩 (T_L) 均不变的情况下，伺服电机运行在一定转速 (n) 时所对应的稳定工作状态，简称稳态。控制静态特性是研究元件处于稳定状态时，各状态参量之间关系的物理规律，即一个稳态的各状态参量与另一个稳态的各状态参量之间的变化关系。式 (3-1) 描述了电机稳态运行的物理规律，是直流伺服电机的静态四大关系式。

$$\begin{cases} U_a = E_a + I_a R_a \\ T = T_0 + T_L = T_c \\ E_a = C_e \Phi n = K_e n \\ T = C_T \Phi I_a = K_t I_a \end{cases} \tag{3-1}$$

式中：U_a 为控制电压；T_L 为负载转矩；T 为电磁转矩；T_c 为总阻转矩；T_0 为电机的空载阻转矩；E_a 为感应电动势；Φ 为主磁场每极下磁通；I_a 为电枢电流；K_e 为电动势常数；K_t 为转矩常数；C_e 为电机的电动势系数；C_T 为电机转矩系数；n 为电机的转速。

将式 (3-1) 进行简单的变换，可得

$$n=\frac{U_a}{C_e\Phi}-\frac{TR_a}{C_eC_T\Phi^2} \tag{3-2}$$

当转矩平衡时，$T=T_c$，所以

$$n=\frac{U_a}{C_e\Phi}-\frac{T_cR_a}{C_eC_T\Phi^2}$$

将 $n_0=\dfrac{U_a}{C_e\Phi}$，$\beta=\dfrac{R_a}{C_eC_T\Phi^2}$ 代入式（3-2），得

式中：β 为机械特性斜率。

$$n=n_0-\beta T \tag{3-3}$$

式（3-3）表明 T、n 的关系为直线关系，它描述了直流伺服电机的机械特性。又因为 n_0 与 U_a 有关，β 与 U_a 无关，所以当控制电压变化时，这条直线的斜率是不变的。

由图 3-2 可以看出直流伺服电机在负载阻转矩 T_c 一定的条件下，稳态转速随着控制电压的改变而变化，这个变化的规律就是直流伺服电机的控制特性。

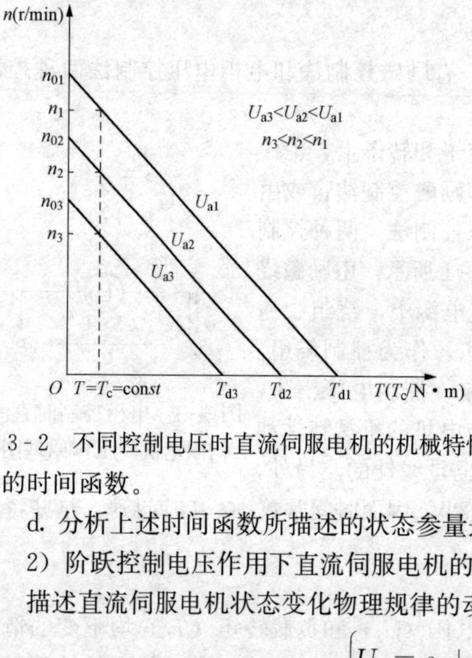

图 3-2　不同控制电压时直流伺服电机的机械特性

（2）动态特性。直流伺服电机的动态特性一般是指当改变控制电压时，电机从原稳态到新稳态的变化过程，即它的状态参量（速度、感应电动势、电流等）随时间变化的规律，可利用相应元件的动态方程——微分方程来研究其规律。

1）研究动态特性的基本步骤如下：

a. 找出元件运行于过渡过程中所遵循的物理规律。用动态方程来描述这些规律。

b. 根据动态方程组，消去中间变量，求取要研究的输出量和输入量关系的微分方程，并将其标准化。

c. 按照初始条件解微分方程，求得相应输出量的时间函数。

d. 分析上述时间函数所描述的状态参量过渡过程的特点，并画出过渡过程曲线。

2）阶跃控制电压作用下直流伺服电机的转速的过渡过程。

描述直流伺服电机状态变化物理规律的动态方程组为

$$\begin{cases}U_a=e_a+R_ai_a(t)+L_a\dfrac{\mathrm{d}i_a(t)}{\mathrm{d}t}\\T(t)=T_c+J\dfrac{\mathrm{d}\Omega(t)}{\mathrm{d}t}\\e_a(t)=K_en(t)\\T(t)=K_ti_a(t)\end{cases} \tag{3-4}$$

式中：J 为转动惯量。

式（3-4）经过简单的变换，得

$$i_a(t)=\frac{T_c}{K_t}+\frac{2\pi J}{60K_t}\frac{\mathrm{d}n(t)}{\mathrm{d}t}$$

$$\frac{\mathrm{d}i_a(t)}{\mathrm{d}t}=\frac{2\pi J}{60K_t}\frac{\mathrm{d}^2n(t)}{\mathrm{d}t^2}$$

将 $i_a(t)$、$\dfrac{\mathrm{d}i_a(t)}{\mathrm{d}t}$、$e_a(t)$ 代入电压平衡方程式，消去中间变量，整理可得

$$\frac{2\pi JL_a}{60K_tK_e}\frac{d^2n(t)}{dt^2}+\frac{2\pi JR_a}{60K_tK_e}\frac{dn(t)}{dt}+n(t)=\frac{U_a}{K_e}-\frac{R_aT_c}{K_tK_e} \tag{3-5}$$

将 $\tau_e=\frac{L_a}{R_a}$，$\tau_m=\frac{2\pi JR_a}{60K_tK_e}$，$k_c=\frac{1}{K_e}$，$k_f=\frac{R_a}{K_tK_e}$代入式（3-5），可得

$$\tau_e\tau_m\frac{d^2n(t)}{dt^2}+\tau_m\frac{dn(t)}{dt}+n(t)=k_cU_a-k_fT_c \tag{3-6}$$

式中：τ_e 为电磁时间常数；τ_m 为机械时间常数；k_c 为控制特性曲线斜率；k_f 为机械特性曲线斜率。

假设为理想空载，$T_c=0$，将其代入式（3-6），得

$$\tau_e\tau_m\frac{d^2n(t)}{dt^2}+\tau_m\frac{dn(t)}{dt}+n(t)=k_cU_a \tag{3-7}$$

其特征方程为

$$\tau_e\tau_m p^2+\tau_m p+1=0 \tag{3-8}$$

解得

$$p_{1,2}=-\frac{1}{2\tau_e}\left(1\mp\sqrt{1-\frac{4\tau_e}{\tau_m}}\right)$$

在 $4\tau_e<\tau_m$ 的情况下，转速的解为

$$n(t)=n_0+A_1e^{p_1t}+A_2e^{p_2t} \tag{3-9}$$

式中：$n_0=k_cU_a$ 是控制电压为 U_a 时的理想空载转速。

由于存在电机的机械惯性和电磁惯性，当 $t=0$ 时，有

$$n(0)=0$$
$$i_a(0)=0$$
$$e_a(0)=0$$
$$T(0)=0$$
$$\frac{dn(0)}{dt}=0$$

将上述初始条件代入式（3-9），得方程组

$$\begin{cases}A_1+A_2+n_0=0\\A_1p_1+A_2p_2=0\end{cases}$$

解得

$$\begin{cases}A_1=\dfrac{p_2}{p_1-p_2}n_0\\A_2=\dfrac{-p_1}{p_1-p_2}n_0\end{cases}$$

将 A_1、A_2 值代入式（3-9），整理可得直流伺服电机转速的过渡过程方程式

$$n(t)=n_0+\frac{n_0}{2\sqrt{1-\frac{4\tau_e}{\tau_m}}}\left[\left(1-\sqrt{1-\frac{4\tau_e}{\tau_m}}\right)e^{p_2t}-\left(1+\sqrt{1-\frac{4\tau_e}{\tau_m}}\right)e^{p_1t}\right] \tag{3-10}$$

3.1.2　交流伺服电机

直流伺服电机有电刷和换向器，导致其容易发生故障，需要经常维修，并且电刷和转向器之间的摩擦转矩使电机产生的死区比较大等问题，使直流伺服电机的应用受到了一定的限制，而交流伺服电机结构简单，没有电刷和换向器，避免了直流伺服电机的缺点。交流伺服电机的结构坚固，应用广泛，可分为两相伺服电机和永磁同步电机。

1. 两相伺服电机的控制原理及方法

图 3-3 是两相伺服电机的工作原理图，其中励磁绕组 N_f 和控制绕组 N_c 均装在定子上，它们在空间相差 90°电角度。励磁绕组由定值的交流电压励磁，控制绕组由输入信号（交流控制电压 U_c）供电。

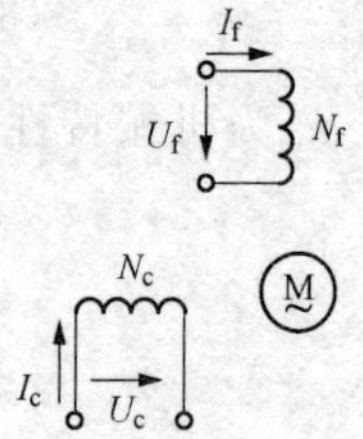

图 3-3 两相伺服电机的工作原理图

两相伺服电机的工作原理与具有辅助绕组的单相异步电机相似。其励磁绕组接到单相交流电源上，当控制电压为零时，气隙内磁场仅有励磁电流 I_f 产生的脉振磁场，电机无起动转矩，转子不转；当控制绕组有控制信号输入时，则控制绕组内有控制电流 I_c 通过，若使 I_c 与 I_f 不同相，则在气隙内建立了一定大小的旋转磁场，电机就能自行起动，但一旦伺服电机起动后，即使控制信号消失，电机仍能继续运行，电机就失去了控制。伺服电机这种失控而自行旋转的现象，称为自转。显然，自转现象是不符合可控性要求的。可以通过增大电机转子电阻，使伺服电机在控制信号消失（控制电压为零）处于单相励磁状态时，电磁转矩为负值，以制动转子旋转，克服自转现象。当然，过大的转子电阻将会降低电机的起动转矩，以致影响速应性。为了使电机在输入信号值改变时，其转子转速能迅速地跟着改变而达到与输入信号值所相应的转速值，必须减少转子惯量和增大起动转矩。因此，转子结构采用空心杯形，在转子电路上适当增大转子电阻。这种结构除了有与一般异步电机相似的定子外，还有一个内定子，由硅钢片叠成圆柱体，其上通常不放绕组，只是代替笼型转子铁心，作为磁路的一部分；内、外定子之间有一个细长的、装在转轴上的杯形转子，它通常用非磁性材料（铝或铜）制成，能在内、外定子间的气隙中自由旋转。这种电机的工作原理是靠杯形转子（可以认为其由无数多的转子导条组成）在旋转磁场作用下而感应电动势及电流，电流又与旋转磁场作用而产生电磁转矩，使转子旋转。

杯形转子交流伺服电机的优点是转子惯量小，摩擦转矩小，速应性强，运行平滑，无抖动现象；其缺点是有内定子存在，气隙大，励磁电流大，体积也大。目前采用这种结构的交流伺服电机较多。

两相伺服电机不仅具有起动和停止的伺服性，而且必须具有转速的大小和方向的可控制性。如果励磁绕组接入额定电压进行励磁，控制绕组加以输入信号（控制电压），当改变控制电压的大小和相位时，电机的气隙磁场也随之改变，可能是圆形磁场，也可能是椭圆磁场或脉振磁场，因而伺服电机的机械特性改变，转速随之改变。为了获得圆形磁场，在控制绕组和励磁绕组上加上幅值相等而相位相差 90°的两相对称电压。

两相伺服电机的控制方式有幅值控制、相位控制、幅一相控制三种，不同控制方式下的接线图如图 3-4 所示。

(1) 幅值控制。这种控制方式下，控制电压和励磁电压相位相差始终保持 90°，通过调节控制电压的幅值来改变电机的转速。当控制电压 $U_c=0$ 时，电机停转。

(2) 相位控制。这种控制方式下，控制电压的幅值保持不变，通过调节控制电压的相位（即调节控制电压与励磁电压之间的相位差）来改变电机的转速。当该相位差为零时，电机停转。这种控制方式很少采用。

(3) 幅一相控制（或称电容控制）。这种控制方式是在励磁绕组中串联电容器，同时调节控制电压 U_c 的幅值及它与励磁电压 U_f 之间的相位差来调节电机的转速。

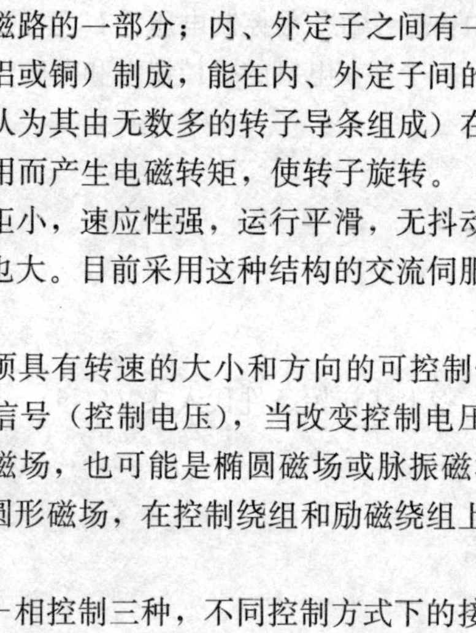

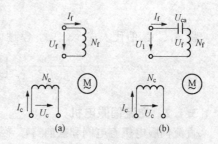

图 3-4 两相伺服电机不同控制方式下的接线图

(a) 幅值控制方式；(b) 幅一相控制方式

励磁绕组和电容器串联后接到稳定电源 U_1 上，控制电压 U_c 的相位始终与 U_1 相同，当调节控制电压的幅值时，电机转速发生变化，此时，由于转子的耦合作用，励磁绕组的电流也随之发生变化，引起励磁绕组电压 U_f 及其与控制电压 U_c 之间的相位差随之改变，所以这是一种幅值和相位的复合控制方式。这种控制方式的机械特性和调节特性不如前两种方式，但由于它利用串联电容器来移相，设备简单、成本较低，在实际中应用较广。

2. 两相伺服电机的静态特性

两相伺服电机的静态特性主要有机械特性和控制特性。采用不同的控制方法，电机的静态特性也有所不同。

（1）幅值控制时的机械特性与控制特性。采用幅值控制方式时，当实际控制电压 U_k 不变时，电磁转矩与转差率 s（或转速 n）的关系曲线 $T=f(s)$ ［或 $T=f(s)$］是一条椭圆旋转磁场作用下的电机机械特性曲线。

在图 3-5 中，α_e 是有效信号系数，有

$$\alpha_e = \frac{U_k}{U_{kN}} \tag{3-11}$$

式中：U_k 为实际控制电压；U_{kN} 为额定控制电压。

当 $\alpha_e=1$ 时，磁场为圆形旋转磁场，此时，反向旋转磁场磁密为零，理想空载转速为 n_t，堵转转矩为 T_d。随着 α_e 的减小，磁场椭圆度增大，反向旋转磁场磁密也随着增大，机械特性曲线下降，理想空载转速 n_0 和堵转转矩 T_d 也随着下降，经过证明可得

$$T_d = \alpha_e T_{dm} \tag{3-12}$$

$$n_0 = \frac{\alpha_e}{1+\alpha_e^2} n_t \tag{3-13}$$

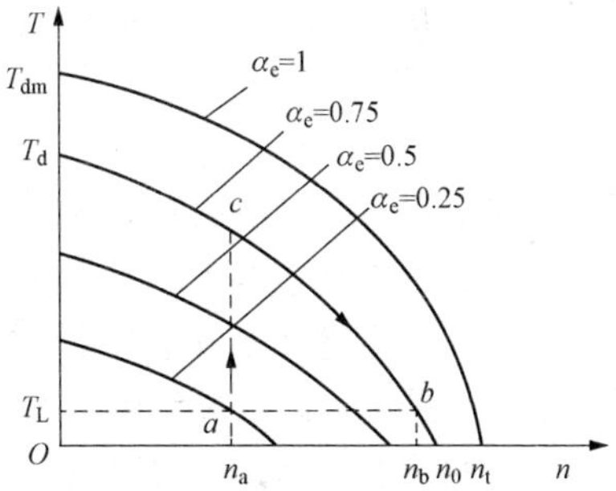

图 3-5　不同 α_e 时的电机机械特性曲线

交流伺服电机通过改变电机运行的不对称度来达到控制目的，通过改变 α_e 使电机磁场的不对称度发生变化。在实际中，制造厂会提供给用户对称状态下（$\alpha_e=1$）的机械特性曲线，但在系统设计时，一般需要的是不对称状态下的电机机械特性曲线，可由对称状态下的机械特性曲线求出不对称状态下的特性曲线。

获得交流伺服电机的机械特性曲线后，其控制特性曲线可以由机械特性曲线求得。当交流伺服电机的负载转矩 T_L 恒定时，转速随控制电压（或 α_e）的变化曲线，即 $n=f(U_k)$ ［或 $n=f(\alpha_e)$］称为控制特性曲线。

在图 3-5 中，当电机的负载转矩为 T_L、有效信号系数 $\alpha_e=0.25$ 时，电机在机械特性曲线的 a 点运行，转速为 n_a。这时，电机给出的电磁转矩与负载转矩平衡。如果控制电压突然升高，例如，有效信号系数 α_e 从 0.25 突变到 0.75，若忽略电磁惯性，电磁转矩的增大可以认为瞬时完成，而此刻转速未来得及改变，因此，电机运行的工作点就从 a 点突跳到 c 点。这样，电机给出的电磁转矩将大于负载转矩，于是电机加速，使工作点从 c 点沿着 $\alpha_e=0.75$ 的机械特性曲线下移，电磁转矩随之减小，直至电磁转矩重新与负载转矩平衡。最终，电机将稳定运行在 b 点，电机转速则上升为 n_b，实现了转速的控制。

实际上，常用控制特性来描述转速随控制信号连续变化的关系。

（2）幅相控制时的机械特性和控制特性。交流伺服电机采用幅相控制方式时，由于励磁绕组两端的电压随转速升高而升高，磁场的椭圆度也随着增大，其中反向磁场的阻转矩作用在高速

段更为严重，从而使机械特性曲线在低速段随着转速的升高转矩下降得很慢，而在高速段转矩下降得快，即在低速段机械特性曲线负的斜率值降低。此时电机的机械特性曲线的非线性度比幅值控制时更为严重，这使得阻尼系数下降，时间常数增大，影响电机运行的稳定性及反应的快速性。与幅值控制时比较，在控制电压比较大时，幅相控制时电机的控制特性曲线的斜率降低。

在三种控制方式中，对电机机械特性曲线的线性度进行比较，相位控制最好，幅相控制最差；幅相控制线路简单，不需要复杂的移相装置，只需要电容进行分相，成本低，输出功率较大，因而该方式为使用最多的控制方式。

3. 两相伺服电机的动态特性

两相伺服电机的动态特性一般是指控制信号变化时电机从原稳态到新稳态的过程。由于两相伺服电机的机械特性曲线和控制特性曲线都是非线性的，要准确地分析电机的动态特性就变得非常困难。因此，在工程上常常将这些非线性的特性进行线性化处理，也就是假设这些特性为线性的，这样就方便分析不同控制作用下电机的动态特性。

在幅值控制时，将对称状态时的机械特性曲线理想化，进行线性化处理，即把堵转点（$n=0$，$T=T_{dm}$）和同步转速点（$n=n_t$，$T=0$）用直线连接起来，这样其就和直流伺服电机的机械特性曲线一样，其转速随时间而变换的规律仍为指数函数关系。

3.2 力 矩 电 机

力矩电机是一种由伺服电机和驱动电机结合起来发展的特殊电机，通常使用在堵转或低速状态下。其特点是它不经过齿轮减速而直接驱动负载，堵转力矩大，空载转速低，过载能力强，因而它具有精度高（无齿轮间隙引起的误差）、耦合刚度高、线性度高、快速响应性好、噪声低等优点，有助于提高系统的稳定性、静态控制精度及动态控制精度。

在采用位置控制方式的伺服系统中，它可以工作在堵转状态；在采用速度控制方式的伺服系统中，它又可以工作在低速状态，且输出较大的转矩。现在力矩电机已广泛用在各种雷达天线的驱动、光电跟踪等高精度传动系统及一般仪器仪表的驱动装置的自动控制系统中。

3.2.1 直流力矩电机的结构和工作原理

1. 直流力矩电机的结构

直流力矩电机是一种永磁式低速直流伺服电机，它在原理和结构上与普通永磁式直流伺服电机相同，但在外形尺寸比例上与普通直流伺服电机不同，后者为了减小其转动惯量，一般做成细长圆柱形，而直流力矩电机为了能在一定的电枢体积和电枢电压下产生比较大的转矩和较低的转速，一般做成扁平形状，电枢长度和直径之比一般仅为0.2左右。力矩电机的总体结构按形状可以分为分装式和内装式。分装式直流力矩电机结构示意图如图3-6所示，包括定子、转子和电刷架，转子直接套在负载轴上，用户根据需要自行选配机壳。内装式直流力矩电机的结构与一般电机相同，机壳和轴由制造厂在出厂时装配好。

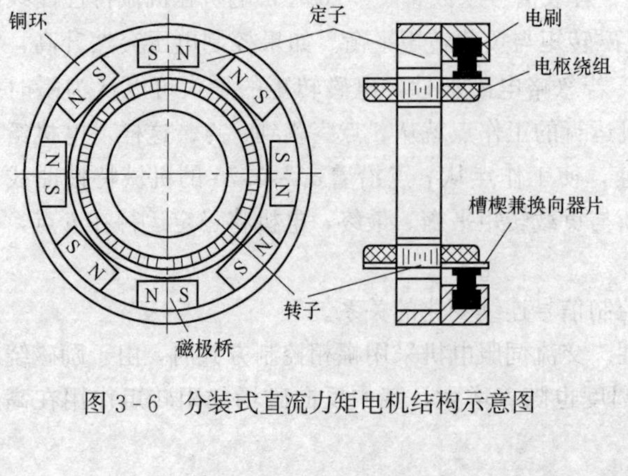

图3-6 分装式直流力矩电机结构示意图

永磁式直流力矩电机为一种常用的力矩电机，其定子部分是钢制的带槽圆环，槽中嵌入铝镍永久磁钢，组成环形的桥式磁路。为了固定好磁钢，又在其外圆上套上一个铜环。两个磁极间的磁极桥使得磁场在气隙中近似地呈现正弦分布。转子由铁心、绕组和换向器三部分组成，铁心和绕组与普通直流电机相似，而换向器结构则有所不同，它采用导电材料做槽楔，槽楔和绕组用环氧树脂浇铸成一个整体，槽楔的一端接线，另一端加工成一换向器。电刷架是环状的，它紧贴于定子一侧，电刷装在电刷架上，可按需要调节电刷位置。

2. 直流力矩电机的工作原理

直流力矩电机的工作原理与普通直流伺服电机基本相同。力矩电机之所以做成圆盘状，是为了能在相同的体积和控制电压下产生较大的转矩和较低的转速。直流力矩电机是一种低速、大转矩永磁式直流伺服电机。由永久磁铁产生的励磁磁通和电枢绕组中的电流相互作用产生电磁转矩，电磁转矩的大小和方向则由电枢绕组所加的控制电压决定。结构上的特点使得它的转矩和转子速度与普通直流伺服电机不同。现概述如下。

直流力矩电机的电枢直径为普通直流伺服电机电枢直径的两倍时，前者在电枢相的导体数为后者的四倍。如果令每根导体中的电流为 i_a，气隙平均磁密为 B_δ，电枢绕组的导体数为 N，则直流电机产生的电磁转矩为

$$T = NB_\delta L_a i_a \frac{D_a}{2} = (NL_a)B_\delta i_a \frac{D_a}{2} \tag{3-14}$$

式中：D_a 为电枢直径。

对于直流电机，在体积、气隙磁密、导体中的电流都相同的条件下，如果把电枢直径扩大 1 倍，相应地，电枢长度变为原来的 1/4，但电枢铁心面积增大了 4 倍，相应地，槽面积和电枢总导体数也近似增大 4 倍，因此由式（3-14）可知，它所产生的电磁转矩将增大 1 倍。增大电枢直径，会使电机的运行速度降得很多。一个极下一根导体的平均电动势为

$$e = B_\delta lv = B_\delta l \frac{\pi D_a n}{60} \tag{3-15}$$

式中：l 为导体在磁场的长度；v 为导体运动的线速度。

如果电枢绕组并联支路对数为 a，则每条支路串联导体数为 $N/2a$。那么 $N/2a$ 根导体串联后产生的电枢电动势为

$$E_e = B_\delta lN \frac{\pi D_a n}{120a} \approx U_a \tag{3-16}$$

式（3-16）说明电枢电压 U_a、气隙磁密 B_δ 及导线直径都相同时，电机转速与电枢直径成反比。

3.2.2 直流力矩电机的特点

相比其他伺服电机结构，直流力矩电机减小了系统体积和质量，固定磁极，转子槽中嵌装电枢绕组，采用单波绕组，减小了轴向尺寸，转子的全部结构用高温环氧树脂浇铸成整体，因而其具有以下的特点。

1. 可直接与负载连接，耦合刚度高

直流力矩电机直接与负载连接，中间没有齿轮装置，使得直流力矩电机具有较高的耦合刚度、转矩和惯量比；不存在齿轮减速，消除了齿隙，提高了传动精度，也提高了整个传动装置的自然共振频率。

2. 反应速度快，动态特性好

直流力矩电机在设计中采用了高度饱和的电枢铁心，以降低电枢自感，因此电磁时间常数很小，一般在几毫秒甚至在 1ms 以内。同时，这种电机的机械特性设计得较硬，所以总的机电时间常数也较小，约十几毫秒至几十毫秒。

3. 力矩波动小，低速时能平衡运行

力矩波动是指力矩电机转子处于不同位置时，堵转力矩的峰值与平均值之间存在的差值。它是力矩电机的重要性能指标。直流力矩电机转速通常在每分钟几转到几十转时，其力矩波动约为5%（其他电机约20%），甚至更小。

4. 线性度好，结构紧凑

力矩电机电磁转矩的大小正比于控制电流，与速度和角位置无关。同时，由于省去了减速机构，消除了齿隙造成的“死区”特性，摩擦力减小了。再加上选用的永磁材料具有回复线较平的磁滞回线，并设计得使磁路高饱和，使得力矩电机的电流特性具有很高的线性度。由于有这一特点，它特别适用于尺寸、质量和反应时间小，而位置与转速控制精度要求高的伺服系统。

直流力矩电机也可以做成无刷结构，即无刷直流力矩电机。它具有直流力矩电机低速、大转矩的特点，又具备无刷直流电机无换向火花、寿命长、噪声低的特点。在空间技术、位置和速度控制系统、录像机及一些特殊环境的装置中，无刷直流力矩电机得到了广泛的应用。这种电机的结构特点和工作原理均与直流力矩电机、无刷直流伺服电机相类似。

3.3 测速发电机

测速发电机是一种将转子速度转换为电气信号的机电信号元件，是伺服系统中的基本元件之一，广泛用于各种速度和位置控制系统中。根据结构和工作原理的不同，测速发电机分为直流测速发电机、异步测速发电机和同步测速发电机，但同步测速发电机用得很少。

对测速发电机的主要要求如下。

（1）输出电压与转速呈严格的线性关系，以达到较高的精确度。

（2）工作状况变化而引起的输出电压相位移的变化小。

（3）静态放大系数大，即输出电动势曲线斜率要大；转速变化所引起的电动势的变化要大，以满足灵敏度的要求。

（4）转动惯量小。

（5）电磁时间常数小。

（6）剩余电压（速度为零时的输出电压）低。

（7）输出电压的极性或相位能随转动方向的改变而改变。

其中，（3）～（5）项要求是为了提高测速发电机的灵敏度，（1）、（2）、（6）、（7）项要求是为了提高测速发电机的精度。只有在满足这些要求后，输出电压才能精确地反映转速。

3.3.1 直流测速发电机

直流测速发电机的工作原理同普通的直流发电机的工作原理一样，它的稳定工作状态也将完全遵循直流发电机的静态四大关系。根据励磁方式不同，直流测速发电机又分电磁式和永磁式两大类。目前，常用的是永磁式，其定子上有永久磁钢制成的磁极和电刷，转子上有电枢铁心、电枢绕组和换向器。永磁式直流测速发电机的电枢分为有槽电枢、无槽电枢和圆盘电枢等。这些测速发电机的结构虽然各不相同，但基本工作原理是一样的。亦即转子在定子恒定磁场中旋转时，电枢绕组中产生交变电动势，经换向器和电刷转换成与转子速度近似成正比的直流电动势。在恒定磁场下，电枢以速度 n 旋转时，电枢导体切割磁力线产生感应电动势，其值为

$$E_a = C_e\Phi n = U_a + I_aR_a \tag{3-17}$$

在空载情况下，直流测速发电机的输出电流为零，则输出空载电压与感应电动势相等，即

$$U_0 = E_a = C_e\Phi n \tag{3-18}$$

式（3 - 18）说明直流测速发电机空载时的输出电压与转速呈线性关系。当接上负载后，如果负载电阻为 R_L，在不计电枢反应的条件下，输出电压 U_a 为

$$U_a = \frac{C_e \Phi}{1 + R_a / R_L} n \qquad (3-19)$$

可见，如果电枢回路总电阻 R_a（包括电枢绕组电阻与换向器接触电阻）、负载电阻 R_L 和磁通 Φ 都不变，则直流测速发电机的输出电压 U_a 与转速呈线性关系，特性曲线是一条过原点的直线，称为直流测速发电机的输出特性曲线，如图 3 - 7 所示。若负载增大（即负载电阻减小），则斜率减小。

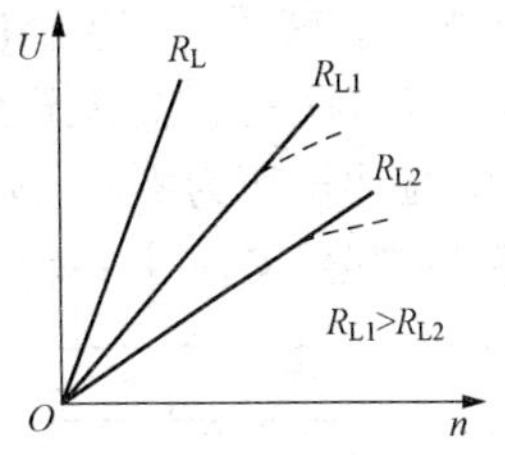

图 3 - 7　直流测速发电机的输出特性

直流测速发电机的动态特性是指输入一个阶跃转速时，输出信号电压随时间的变化规律。

当测速发电机处于空载状态，输出电压为

$$U_a = C_e \Phi n(t) = \frac{60}{2\pi} C_e \Phi \Omega(t) \qquad (3-20)$$

当测速发电机在有感性负载的情况下工作，而且考虑电枢回路电感时，有

$$\frac{L_a + L_f}{R_a + R_L} \frac{du_a(t)}{dt} + u_a(t) = \frac{U_{aN}}{\Omega_N} \Omega(t) \qquad (3-21)$$

将 $\tau = \frac{L_a + L_f}{R_a + R_L}$，$K'_e = \frac{U_{aN}}{\Omega_N}$ 代入式（3 - 21）中，得

$$\tau \frac{du_a(t)}{dt} + u_a(t) = K'_e \Omega(t) \qquad (3-22)$$

解微分方程式（3 - 22），求得输出电压的过渡过程的时间函数为

$$U_a(t) = U_{aN}(1 - e^{-\frac{1}{\tau}}) \qquad (3-23)$$

根据式（3 - 23）可画出直流测速发电机的输出电压过渡过程曲线。

实际上，直流测速发电机在运行时，有一些因素会引起某些物理量的变化。例如，周围环境温度变化使各绕组电阻发生变化，特别是励磁绕组电阻变化，引起励磁电流及其磁通 Φ 的变化，而造成线性误差；直流发电机存在电枢反应，必然影响发电机内部磁场变化，也会引起线性误差，实际输出特性曲线并不是理想的直线，如图 3 - 7 中虚线所示。另外，接触电阻上的电刷压降会使低速时出现失灵区，几乎无电压输出，影响线性关系。采用金属电刷可使失灵区大大减小。

直流测速发电机的主要优点是，不存在输出电压相位移问题；转速为零时，无零位电压；输出特性曲线的斜率较大，负载电阻较小。其主要缺点是，由于有电刷和换向器，结构比较复杂，维护较麻烦；电刷的接触电阻不恒定，使输出电压波动；电刷下的火花对无线电有干扰。

在选择直流测速发电机时，如果直流测速发电机作为高精度速度伺服系统中的测量元件使用，则要考虑线性度、纹波电压及灵敏度；如果直流测速发电机作为解算元件使用，则重点考虑纹波电压和线性度；如果直流测速发电机作为阻尼元件使用，则重点考虑灵敏度。

3.3.2　交流异步测速发电机

目前被广泛应用的交流异步测速发电机的转子都是杯形结构。因为测速发电机在运行时，经常与伺服电机的轴连接在一起，为提高系统的快速性和灵敏度，采用杯形转子要比采用笼型转子的转动惯量小且精度高。在机座号较小的测速发电机中，定子槽内放置空间上相差 90°电角度的两套绕组，一套为励磁绕组 N_1，另一套为输出绕组 N_2；当机座号较大时，常把励磁绕组放在外定子上，而把输出绕组放在内定子上，以便调节内、外定子间的相对位置，使剩余电压

最小。

交流异步测速发电机的工作原理如图3-8所示。定子上的励磁绕组接入频率为 f_1 的恒定单相电压 U_f。转子不动时，励磁绕组与杯形转子之间的电磁关系和二次侧短路的变压器一样，励磁绕组相当于变压器的一次绕组，杯形转子就是短路的二次绕组（杯形转子可以看成导条无数多的笼型转子绕组）。励磁绕组的轴线上产生直轴（d 轴）方向的脉振磁动势，其磁通 Φ_d 以频率 f_1 脉振，在转子上产生感应电动势 E_d 和电流（涡流）I_{Rd}，I_{Rd}形成反向磁动势，但合成磁动势不变，磁通仍是直轴脉振磁通 Φ_d，与交轴上的输出绕组没有交链，故输出绕组中不产生感应电动势，输出电压为零。当转子旋转时，转子绕组中仍将沿 d 轴感应一变压器电动势，同时转子导体将切割磁通 Φ_d，并在转子绕组中感应一旋转电动势 E_R，其有效值为 $E_R=C_q n\Phi_d$。

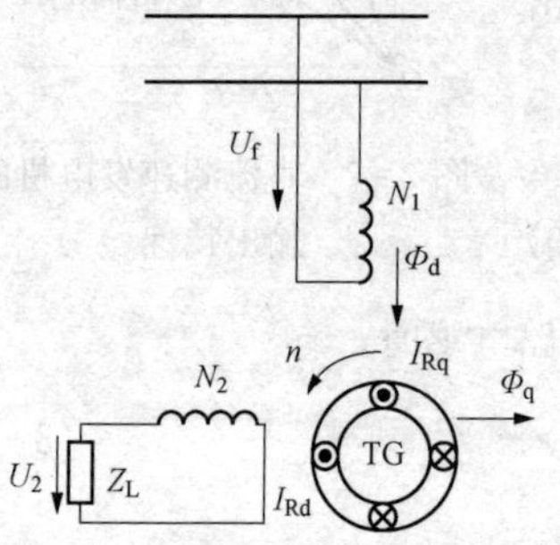

图3-8 交流异步测速发电机的工作原理

由于 Φ_d 按频率 f_1 交变，所以 E_R 也按频率 f_1 交变。当 Φ_d 为恒定值时，E_R 与转速 n 成正比。在 E_R 的作用下，转子将产生电流 I_{Rq}，并在交轴方向（q 轴）上产生一频率为 f_1 的交变磁通 Φ_q。由于 Φ_q 作用在 q 轴，将在定子输出绕组 N_2 中感应变压器电动势，即输出电动势，其有效值为

$$E_2 = 4.44 f_1 N_2 K_{N_2} \Phi_q \tag{3-24}$$

由于 Φ_q 与 E_R 成正比，而 E_R 又与 n 成正比，故输出电动势为

$$E_2 = C_n n \approx U_2 \tag{3-25}$$

式（3-25）表明杯形转子测速发电机的输出电压 U_2 与转速 n 成正比，当电机反转时，输出电压的相位也相反。另由式（3-24）可知，输出电压的频率仅取决于 U_f 的频率 f_1，而与转速无关。

以上分析交流测速发电机的输出特性时，忽略了励磁绕组阻抗和转子漏阻抗的影响，实际上这些阻抗对测速发电机的性能影响是比较大的。即使是输出绕组开路，实际的输出特性与直线性输出特性仍然存在着一定的误差，如幅值、相位误差和零位误差。

3.4 自整角机

自整角机是一种对角位移或角速度的偏差能自动整步的控制电机，用于测量机械转角。在自动控制系统中，总是两台以上的自整角机组合使用。这种组合自整角机能将转轴上的转角变换为电信号，或者再将电信号变换为转轴的转角，使机械上互不相连的两根或几根转轴同步偏转或旋转，以实现角度的传输、变换和接收。

在自动控制系统中使用的自整角机一般为单相。自整角机的基本结构与一般小型同步电机相似，定子铁心上嵌有一套与三相绕组相似的三个互成120°电角度的绕组，称为同步绕组。转子上放置单相的励磁绕组，转子有凸极结构，也有隐极结构。励磁电源通过电刷和集电环施加于励磁绕组。

自整角机按其工作原理的不同，分为力矩式和控制式两种。力矩式自整角机主要用在指示系统中，以实现角度的传输；控制式自整角机主要用在传输系统中，做检测元件用，其任务是将角度信号变换为电压信号。

3.4.1 力矩式自整角机

1. 工作原理

力矩式自整角机按其用途可分为力矩式发送机、力矩式接收机、力矩式差动发送机、力矩

式差动接收机四种。力矩式发送机发送指令转角，并将该转角转换为电信号输出；力矩式接收机用来接收发送机输出的电信号，产生与失调角对应的转矩，使其转子自动转到与发送机转子相对应的位置；力矩式差动发送机在传递两个或数个转角之和或之差的系统中，串接于发送机与接收机之间，将发送机的转角及自身转角之和或之差变成电信号输出给接收机；力矩式差动接收机串接于两台发送机之间，接收它们输出的电信号，使其转角为两台发送机转角之和或之差。

如图 3-9 所示为力矩式自整角机的工作原理。其中左方的自整角机称为发送机，右方的自整角机为接收机。它们的转子励磁绕组 Z_1-Z_2 和 $Z_1'-Z_2'$ 接到同一单相电源上，同步绕组的出线端按顺序依次连接。当发送机和接收机的励磁绕组相对于本身的同步绕组偏转角分别为 θ_1 和 θ_2 时，则两者相对偏转角为 $\theta=\theta_1-\theta_2$，这个相对偏转角 θ 称为失调角。当 $\theta=0°$ 时（谐调状态），励磁绕组 Z_1-Z_2 和 $Z_1'-Z_2'$ 产生的脉振磁场轴线分别与各自同步绕组之间的耦合位置关系相同，故发送机和接收机对应同步绕组感应电动势相等，即等电位，它们之间没有电流。

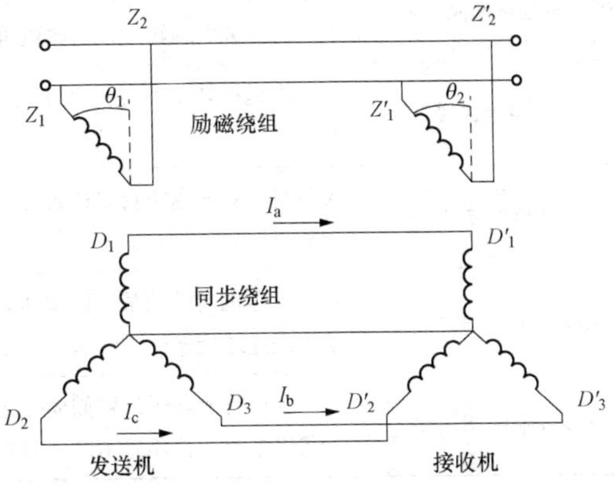

图 3-9　力矩式自整角机的工作原理

当发送机转子绕组及其脉振磁场轴线，由主令轴带动向逆时针方向偏转 θ 角时，即 $\theta_1=\theta$，而 $\theta_2=0°$，便出现失调状态，这样，Z_1-Z_2 和 $Z_1'-Z_2'$ 的脉振磁场轴线与各自同步绕组的耦合位置关系不再相同，感应电动势大小不等，发送机和接收机同步绕组之间便产生电流，此电流流过两个同步绕组，与励磁磁场作用产生整步转矩，其方向使 Z_1-Z_2 顺时针转动，使 $Z_1'-Z_2'$ 逆时针转动，即力图使失调角 θ 趋于零。由于发送机的转子与主令轴相接，不能任意转动，因此整步转矩只能使接收机转子跟随发送机转子逆时针转过 $\theta_2=\theta$ 角，使失调角为零，差额电动势、电流消失，整步转矩变为零，系统进入新的谐调位置，实现了转角 θ 的传输。

2. 技术指标

力矩式自整角机的主要技术指标如下。

（1）比整步转矩。力矩式自整角接收机的角度指示功能主要取决于失调角很小时的整步转矩值。通常用发送机和接收机在协调位置附近失调角为 1°时所产生的整步转矩值来衡量。这个指标称为比整步转矩，是力矩式自整角机的重要性能指标。

（2）零位误差。力矩式自整角机发送励磁后，发送机转子的转角为零处，即基准电气零位开始，转子每转过 60°，就有一相同步绕组对准励磁绕组，另外两相同步绕组线间电势为零。此位置称为理论电气零位，由于设计及工艺原因，实际电气零位与理论电气零位有差异，这个差值为零位误差。力矩式自整角机零位误差一般为 0.2°～1°。

（3）静态误差。在静态协调位置时，接收机与发送机转子转角之差，称为静态误差。力矩式接收机的精度由静态误差来确定，大约为 1°的数量级。

（4）阻尼时间。力矩式接收机与相同电磁性能指标的标准发送机同步连接后，失调角为 (177±2)°时，力矩式接收机由失调位置进入离协调位置±0.5°范围，并且不再超过这个范围时所需要的时间称为阻尼时间。这项指标仅对力矩式接收机有要求，阻尼时间越短，接收机的跟踪性能越好。为此，力矩式接收机上都装有阻尼绕组（电气绕组），也有在接收机轴上装机械阻尼器的。

3. 故障分析

自整角机的故障有很多种，其对应的原因也各不相同，自整角机常见故障原因及现象见表 3 - 1。

表 3 - 1　自整角机常见故障原因及现象

故障原因	故障现象
接收机励磁断路故障	对于发送机转子的每个位置，接收机转子有两个稳定平衡位置与之相对应，且它们彼此相差 180°；当发送机旋转时，接收机可以随之同步旋转，转矩比正常时小很多，转角跟踪误差较大
励磁绕组错接	对于发送机转子的每一个位置，接收机转子均存在 180°的偏差角；接收机能跟踪发送机正常转动
整步绕组错接	接收机相对发送机稳定位置有 120°初始偏差角；接收机能跟踪发送机转动，其转速相同，但转向相反
整步绕组一相断路	对于发送机转子的某一位置 θ_1，接收机转子有两个平衡位置 $\theta_2=\pm\theta_1$ 与之相对应；当发送机转子缓慢连续旋转时，接收机能跟随其同步转动，但是跟踪方向随机
整步绕组两相短路	无论发送机的转子位置如何变化，接收机转子稳定在两个稳定平衡位置中的一个位置上，这两个稳定平衡相位相差 180°，且位于未短路相的轴线上

3.4.2 控制式自整角机

1. 工作原理

控制式自整角机可分为控制式自整角发送机、控制式自整角变压器、控制式差动发送机。控制式自整角发送机和力矩式自整角发送机功能一样，但是控制式自整角发送机有较高的空载输入阻抗、较多的励磁绕组匝数和较低的磁密，适用于精度要求高的控制系统；控制式自整角变压器只输出电压信号，与力矩式自整角接收机直接驱动负载不同，工作状态类似于变压器；控制式差动发送机的结构功能与力矩式差动发送机相同。

如图 3 - 10 所示，把发送机和接收机的转子绕组（即励磁绕组）互相垂直的位置作为谐调位置（$\theta=0°$），并将接收机的转子绕组 $Z_1'-Z_2'$ 从电源断开，这样接线的自整角机系统便成为控制式的自整角机。当发送机转子由主令轴转过 θ 角，即出现失调角时，接收机转子绕组即输出一个与失调角 θ 具有一定函数关系的电压信号，这样就实现了转角信号的变换，此时，接收机是变压器状态，故在控制式自整角机系统中的接收机亦称为自整角变压器。

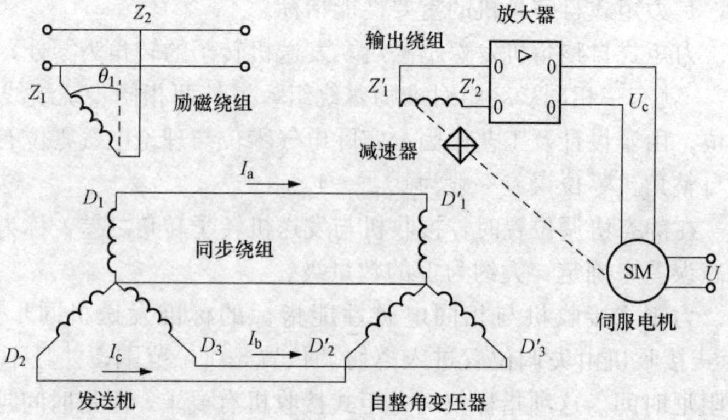

图 3 - 10　控制式自整角机的工作原理

在谐调位置上，当发送机转子与单相励磁电源接通时，产生脉振磁场。按变压器原理，定子三个空间对称的同步绕组中都产生感应电动势。这三个电动势频率相同，相位相同，但由于与转子绕组耦合位置不同，3 个电动势幅值不同，有

$$\begin{cases} E_{D1} = E \\ E_{D2} = E\cos 120^\circ \\ E_{D3} = E\cos 240^\circ \end{cases} \tag{3-26}$$

三个电动势分别产生三个同相电流，它们流经发送机和接收机定子的三个绕组，产生两组三个脉振磁动势。在发送机中，三个脉振磁动势的脉振频率相同，相位也相同，但幅值不同，且在空间位置上互差 120°电角度，则合成磁动势仍为一脉振磁动势，轴线在 D_1 绕组轴线上。同理，在接收机中，合成磁动势也是一脉振磁动势，轴线在定子 D_1' 绕组轴线上。由于接收机转子绕组磁场轴线与之垂直，合成脉振磁动势不会使其转子绕组产生感应电动势，即转子绕组输出电压为零。

当发送机转子被主令轴转过 θ 角时，同步绕组因耦合位置发生变化，三个绕组的感应电动势大小亦发生变化。电流和磁动势也是这样，但三个磁动势在空间各相差 120°电角度，频率相同，不难将其合成，且合成脉振磁动势的轴线也跟着转过 θ 角。因为接收机同步绕组中的电流就是发送机中同步绕组的电流，而两者绕组结构又完全相同，接收机同步绕组合成脉振磁动势轴线必然从 D_1' 绕组的轴线位置也转过 θ 角。在未出现失调时，接收机转子绕组轴线与其同步绕组合成磁动势轴线互相垂直，两者无耦合作用；而出现失调角 θ 时，接收机同步绕组的脉振磁场磁通就会穿过其转子绕组而感生电动势 E_2

$$E_2 = E_{2m}\sin\theta \tag{3-27}$$

式中：E_{2m} 为 $\theta=90^\circ$ 电角度时转子绕组的最大输出电动势。

显然，E_2 只与失调角 θ 有关，而与发送机和接收机转子本身位置无关。E_2 经放大后加到交流伺服电机的控制绕组上，使伺服电机转动。伺服电机一方面拖动负载，另一方面通过减速器转动接收机转轴，一直到 Z_1-Z_2 与 $Z_1'-Z_2'$ 再次垂直谐调，接收机转子绕组中的电动势消失，伺服电机停转且使负载的转轴处于发送机所要求的位置，此时接收机与发送机的转角相同，系统又进入新的谐调位置。

力矩式自整角机系统的整步转矩比较小，只能带动指针、刻度盘等轻负载，而且它仅能组成开环的自整角机系统，系统精度不高。由于控制式自整角机组成的闭环控制系统有功率放大环节，所以控制精度和负载能力均能得到提高。

2. 技术指标

控制式自整角机的主要技术指标如下。

(1) 比电压。当自整角变压器（接收机）在协调位置附近，失调角为 1°时的输出电压值称为比电压。比电压越大，自整角变压器的灵敏度越高。

(2) 零位电压。零位电压是指自整角机处于电气零位时的输出电压，而电气零位是指控制式发送机转子位置为零，而自整角变压器转子位置为 90°电角度时的输出电压。其理论应为零，但实际电机加工过程中产生的定转子的偏心、铁心冲片的毛刺所形成的短路等原因，使其输出不为零。

(3) 电气误差。自整角变压器的输出电压应符合正弦函数的关系，但由于设计、制造工艺等原因，其输出电压对应的实际转子转角与理论曲线存在差异，这个差值就是电气误差。控制式自整角机的精度优于力矩式自整角机。

(4) 输出相位移。在控制式自整角机系统中，自整角变压器输出电压的基波分量与励磁电压

的基波分量之间的时间相位差，称为输出相位移。自整角变压器的输出电压的相位移直接影响系统中的移相措施。

3. 控制式自整角机与力矩式自整角机的比较

控制式自整角机只输出电压信号，属于信号元件，在它工作时温度相当低。与力矩式自整角机相比，控制式自整角机在随动系统中具有较高的精度。另外，在一台发送机分别控制多个伺服机构的系统中，即使有一台接收机发生故障，通常也不至于影响其他接收机的正常运行。力矩自整角机属于功率元件，阻抗低，温升将随负载转矩的增大而快速上升。力矩自整角机角度传递的精度不够高，力矩自整角机系统没有力矩的放大作用，若有一台接收机卡住，则系统中所有其他并联工作的接收机都会受到影响。

控制式自整角机和力矩式自整角机的参数比较见表 3-2。

表 3-2　控制式自整角机和力矩式自整角机的参数比较

参数 自整角机	带负载	精度	系统结构	励磁功率	励磁电流	成本
力矩式	接收机的负载能力受到精度及比整步转矩的限制，只能带动指针、刻度盘等轻负载	较低，一般为 0.3°～2°	较简单，不需要其他辅助元件	一般为 3～10W，最大可达 16W	一般大于 100mA，最大可达 2A	较低
控制式	自整角变压器输出电压信号、负载能力取决于系统中的伺服电机及放大器的功率	较高，一般为 3′～20′	较复杂，要用伺服电机、放大器、减速装置等	一般小于 2W	一般小于 200mA	较高

3.5 步进电机

3.5.1 步进电机的基本结构、原理及运行方式

1. 步进电机的基本结构、原理

步进电机是一种数字电机，本质上属于断续运转的同步电机。它可作为数字控制系统中的执行元件，其功能是将输入的脉冲电信号变换为阶跃性的角位移或直线位移，亦即给一个脉冲信号，电机就转动一个角度或前进一步，因此，这种电机称为步进电功机。又因为它输入的既不是正弦交流，又不是恒定直流，而是脉冲电流，所以又称它为脉冲电机。

步进电机受电脉冲信号控制，它的直线位移量或角位移量与电脉冲数成正比，所以电机的直线速度或转速也和脉冲频率成正比，通过改变脉冲频率的高低就可以在一定的范围内调节电机的转速，并能快速起动、制动和反转。另外，电机的步距角和转速大小不受电压波动和负载变化的影响，也不受环境条件如温度、气压、冲击和振动等影响，它仅和脉冲频率有关。它每转一周都有固定的步数，在不失步的情况下运行，其步距误差不会长期积累，因而它具有精度高、惯性小的特点，特别适合于数字控制系统。它既可用作驱动电机，又可用作伺服电机，并主要用于

开环系统，也可用作闭环系统的控制元件。步进电机的运动增量或步距是固定的，采用普通驱动器时效率低，很大一部分的输入功率转为热能消耗掉，步进电机需要专门的电源和驱动器。同时，步进电机承受惯性负载能力较弱，输出功率小，在低速运行时会发生振荡现象，需要加入阻尼机构或采取其他特殊措施。

步进电机种类繁多，按其运动形式分为旋转式步进电机和直线步进电机；按其工作原理分为永磁式（PM型）、磁阻式（反应式，VR型）、永磁感应子式（混合式，HB型）等类型。有时也常常将HB型归为PM型。

（1）三相混合式步进电机。三相混合式步进电机的定子为三相六极，三相绕组分别绕在相对的两个磁极上，且这两个磁极的极性是相同的。它的每段转子铁心上有8个小齿。从电机的某一端看，当定子的一个磁极与转子齿的轴线重合时，相邻磁极与转子齿的轴线就错开1/3齿距。

三相混合式步进电机的转子磁钢充磁以后，一端为N极，并使得与之相邻的转子铁心的整个圆周都呈N极性；另一端为S极，并使得与之相邻的转子铁心的整个圆周都呈S极性。定子控制绕组通电后产生定子磁势，在转子磁势与定子磁势相互作用下，才产生电磁转矩，使步进电机转动。若控制绕组中无电流，则控制绕组电流产生的磁动势为零，气隙中只有转子永磁体产生的磁动势。如果电机结构弯曲对称，定子各磁极下的气隙磁动势完全相等，则此时电机无电磁转矩。永磁体磁路方向为轴向，永磁体产生的磁通总是沿着磁阻最小的路径闭合，使转子处于一种稳定状态，保持不变，因此只具有定位转矩。

（2）多相混合式步进电机。混合式步进电机可以有不同的相数。除前面讲的三相外，还可以做成四相、五相、九相和十五相等。以四相混合式步进电机为例，其定子是四相八极，转子上有18个小齿。从电机的某一端看，当定子的一个磁极的小齿与转子的小齿轴线重合时，相邻极上定、转子的齿就错开1/4齿距。

与三相混合式步进电机的工作原理一样，转子磁钢没有充磁或定子绕组不通电时，电机不产生转矩，只有在转子磁势与定子磁势相互作用下，才产生电磁转矩。

（3）三相反应式步进电机。传统的交直流电机依靠定、转子绕组电流所产生的磁场间的相互作用形成转矩与转速，而反应式步进电机与传统电机的工作原理不同，它遵循磁通总是沿磁阻最小的路径闭合的原理，产生磁拉力形成转矩，即磁阻性质的转矩。反应式步进电机也称为磁阻式步进电机。以三相反应式步进电机为例，它的定子上有6个极，每个极上都装有控制绕组，每相对的两极组成一相。转子由4个均匀分布的齿组成，齿上没有绕组。当A相控制绕组通电时，因磁通要沿着磁阻最小的路径闭合，在磁力作用下，将使对应的转子齿和定子极A—A′对齐；当A相断电，B相控制绕组通电时，转子将在空间逆时针转过30°，使另一对转子齿与定子极B—B′对齐；如果再将B相断电，C相控制绕组通电，转子又在空间逆时针转过30°，使另一对转子齿和定子极C—C′对齐。如此循环往复，按A—B—C—A顺序通电，电机便按一定的方向转动。电机的转速取决于控制绕组与电源接通或断开的变化频率。若按A—C—B—A的顺序通电，则电机将反向转动。

（4）永磁式步进电机。

1）结构特点。永磁式步进电机的定子和反应式步进电机的定子的结构相似，都有凸极式磁极，磁极上装有两相或多相控制绕组。转子是具有一对极或多对极的凸极式永久磁钢，每一相控制绕组的极对数与转子的极对数相等。例如，以定子为两相集中绕组为例，每相有两对磁极，因此转子也是两对极的永磁转子。这种电机的特点是步距角较大，起动频率和运行频率较低，并且需要采用正、负脉冲供电，但它消耗的功率比反应式步进电机小。由于有永久磁极的存在，其在断电时具有定位转矩（是指电机各相绕组不通电且处于开路状态时，由永磁磁极产生磁场而产生的转矩)。永磁式步进电机主要应用在新型自动化仪表制造领域。

2) 工作原理。由图 3-11 可知,如 A 相绕组输入正脉冲信号,脉冲电流由 A 进 O 出,此时,磁极 1、3、5、7 分别呈现 S、N、S、N 极性,定子、转子磁场相互作用,产生整步转矩,使转子转到定子、转子磁极吸引力最大的位置。当 A 相绕组断开正脉冲信号,B 相绕组输入正脉冲信号时,脉冲电流由 B 进 O 出,此时,磁极 2、4、6、8 分别呈现 S、N、S、N 极性,亦即定子磁场轴线沿顺时针方向转动 45°(机械角度),整步转矩使转子也顺时针方向转动 45°(机械角度),以保持定子、转子磁极间吸引力最大。当 B 相绕组断开正脉冲,A 相输入负脉冲时,脉冲电流由 O 进 A 出,磁极 1、3、5、7 分别呈现 N、S、N、S 极性,定子磁场轴线又沿顺时针方向转动 45°,转子也转动 45°。依此类推,当定子绕组按 A^+—B^+—A^-—B^-—A^+ 的顺序输入和断开脉冲信号时,转子将按顺时针方向作步进运动。其步进的速度取决于控制绕组通电和断电的频率,即输入脉冲的频率。旋转方向取决于轮流通电的顺序。如通电顺序改为 A^+—B^-—A^-—B^+—A^+,则电机将按逆时针方向旋转。

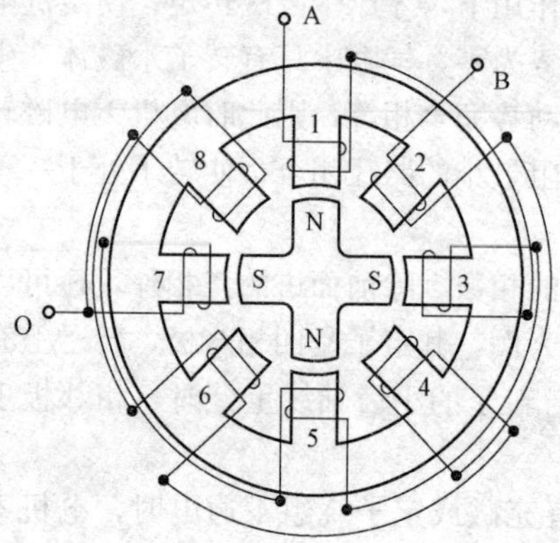

图 3-11 永磁式步进电机

(5) 直线步进电机。很多自动控制装置(如自动绘图机、自动打印机等)要求能快速地做直线运动,而且要保证精确的定位。一般旋转式的反应式步进电机就可以完成这样的动作,但旋转式步进电机由旋转运动变成直线运动需要专用的机械转换机构,会使系统结构复杂、惯量增大、出现机械问题和磨损,从而影响系统的快速性和精度。为了克服这些缺点,在旋转式步进电机的基础上,直线步进电机应运而生。直线步进电机主要可以分为反应式和永磁式两种,它们的结构特点如下。

以四相反应式直线步进电机为例,其定子和动子都是由硅钢片叠成的。定子上、下两表面都开有均匀分布的齿槽。动子是一对具有 4 个极的铁心,极上套有四相控制绕组,每个极的表面也开有齿槽,齿距与定子上的齿锯相同。当某相动子齿与定子齿对齐时,相邻的动子齿轴线与定子齿轴线错开 1/4 齿锯。上、下两个动子铁心用支架刚性连接起来,可以一起沿着定子表面滑动。反应式直线步进电机的工作原理与旋转式步进电机相同。

永磁式直线步进电机的定子(亦称反应板)和动子都用磁性材料制成。定子开有均匀分布的矩形齿和槽,槽中填满非磁性材料(如环氧树脂),使整个定子表面非常光滑。动子上装有永久磁铁 A 和 B,每一磁极端部装有用磁性材料制成的 Ⅱ 形极片,每块极片上有两个齿。

2. 步进电机的运行方式

步进电机的运行方式是指其控制绕组的通电方式。常用的运行方式有单拍运行方式、双拍运行方式、单双拍运行方式。定子控制绕组每改变一次通电方式,称为一拍。每一拍转过的机械角度称为步距角。选用不同的运行方式,可使步进电机具有不同的工作性能,例如,对于同一台步进电机,如果运行方式不同,其步距角也不相同。下面以三相步进电机为例,进一步说明其运行方式。

(1) 单拍运行方式。“单”是指每次只有一相控制绕组通电。例如,有如下的通电顺序:A—B—C—A,称为“三相单三拍”运行方式,“三拍”是指经过 3 次切换后控制绕组回到原来的通电状态,完成了一个循环。

(2) 双拍运行方式。单三拍运行方式容易造成步进电机失步,运行稳定性较差,因此在实际中应用较少。为此,改成“双三拍”。“双”是指每次有两相控制绕组通电。例如,AB—BC—

CA—AB 的通电方式即为双三拍方式。

(3) 单双拍运行方式。这种方式下，单相控制绕组和两相控制绕组交叉通电。例如，A—AB—B—BC—C—CA—A 的通电方式为“单双六拍”方式，有时是单个控制绕组通电，有时又为两个控制绕组通电，且定子三相控制绕组需经过 6 次切换，通电状态才能完成一个循环。

步进电机除三相外，还有四相、五相、六相等几种，每一种都可工作于上述运行方式。

3. 步进电机的主要性能指标

(1) 步距角。步距角定义为每输入一个电脉冲信号转子转过的角度。它是实际的机械角度，其大小直接影响步进电机的起动和运行频率。外形尺寸相同的电机，步距角小的往往起动及运行频率较高，但转速和输出功率不一定高。步距角的计算公式为

$$\theta_s = \frac{360°}{mZ_r C} \tag{3-28}$$

式中：C 为通电状态系数，采用单拍或双拍通电方式时为 1，采用单双拍通电方式时为 2；Z_r 为转子齿数；m 为控制绕组的相数。

(2) 静态步距角误差。静态步距角误差是指实际的步距角与理论的步距角之间的差值，通常用理论步距角的百分数或绝对值来衡量。静态步距角误差小，表示步进电机精度高。

(3) 最大静转矩。最大静转矩是指步进电机在规定的通电相数下步距特性上的转矩最大值。通常技术数据中所规定的最大静转矩是指每相绕组通上额定电流时所得的值。一般来说，最大静转矩较大的电机，可以带动较大的负载。

(4) 起动频率和起动矩频特性。起动频率又称突跳频率，是指步进电机能够不失步起动的最高脉冲频率，它是步进电机的一项重要指标。产品铭牌上一般给的是空载起动频率，但实际应用时步进电机都要带负载起动，因此，负载起动频率是一项重要指标。在一定负载惯量下，起动频率随负载转矩变化的特性称为起动转矩特性，在产品资料中以表格或曲线的形式给出。

(5) 运行频率和运行矩频特性。步进电机起动后，在控制脉冲频率连续上升时，能维持不失步运行的最高频率称为运行频率。产品铭牌上一般给的也是空载运行频率。当电机带着一定负载运行时，运行频率与负载转矩大小有关，两者的关系称为运行矩频特性，在技术数据中通常也以表格或曲线形式给出。提高步进电机的运行频率对于提高生产效率和系统的快速性具有很大的实际意义。另外，步进电机的起动频率、运行频率及它们的矩频特性都与电源形式有密切关系。

(6) 额定电流。额定电流是指电机静止时每相绕组允许的最大电流。当电机运行时，每相绕组通的是脉冲电流，电流表指示的读数是脉冲电流的平均值，而非额定值。

(7) 额定电压。额定电压是指驱动电源提供的直流电压。一般它不等于加在绕组两端的电压。步进电机的额定电压规定如下。

1) 单一电压型电源：6、12、24、48、60、80V。

2) 高低压切换型电源：60/12、80/12V。

3.5.2 步进电机的运行特性与开环控制

步进电机是一种将电脉冲信号转换成角位移（或线位移）的机电换能器。步进电机的运行涉及电、磁及机械系统的各有关参数，是一个较为复杂的过程。近年来，随着步进电机在各领域的广泛应用，围绕其静态及动态特性进行了深入研究。可精确预测步进电机静态特性及电感、旋转电动势等主要参数的齿层比磁导法和齿层比磁导数据库已逐步完善，为精确计算预测步进电机动态特性提供了有效的理论方法基础。本小节重点介绍步进电机动态特性的基本分析方法及其理论基础。

1. 步进电机的基本方程

步进电机动态方程包括运动方程和电压平衡方程，即

$$\begin{cases} T-T_{\mathrm{L}}=J\dfrac{\mathrm{d}^2\theta}{\mathrm{d}t^2} \\ \dfrac{\mathrm{d}\psi_{\mathrm{k}}}{\mathrm{d}t}+i_{\mathrm{k}}R=U_{\mathrm{k}} \quad (k=1,2,\cdots,m) \end{cases} \tag{3-29}$$

式中：m 为电机相数；T 为电机的电磁转矩；T_{L} 为负载转矩，且 $T_{\mathrm{L}}=T_{\mathrm{l1}}+T_{\mathrm{l2}}+T_{\mathrm{l3}}$，$T_{\mathrm{l1}}$ 为干摩擦转矩，T_{l2} 为固定方向的负载转矩，T_{l3} 为粘性负载转矩（外部阻尼转矩）；J 为转动部分转动惯量；ψ_{k} 为 k 相磁链；i_{k} 为 k 相电流；R 为相绕组电阻；U_{k} 为 k 相电压。

步进电机的电磁转矩可以看成由同步转矩 T_{e1} 和阻尼转矩（或称异步转矩）T_{e2} 两个分量组成，$T=T_{\mathrm{e1}}+T_{\mathrm{e2}}$。$T_{\mathrm{e1}}$ 是绕组电流与失调角的函数，$T_{\mathrm{e1}}=f(i,\ \theta_{\mathrm{e}})$；$T_{\mathrm{e2}}$ 是绕组电流与角速度的函数，$T_{\mathrm{e2}}=f(i,\ \mathrm{d}\theta_{\mathrm{e}}/\mathrm{d}t)$。在静止情况下，$\mathrm{d}\theta_{\mathrm{e}}/\mathrm{d}t=0$，$T_{\mathrm{e2}}$ 不存在，故静转矩实际上相当于同步转矩分量。也就是说，在一定电流值时，同步转矩就是矩角特性。

矩角特性的波形比较复杂，与齿层尺寸、磁路饱和度、绕组连接及通电方式等因素有关。为分析方便起见，在分析动态特性时，一般把矩角特性看成是正弦波形，即

$$T=-T_{\mathrm{k}}\sin(\theta_{\mathrm{e}}-\gamma) \tag{3-30}$$

式中：$\theta_{\mathrm{e}}-\gamma$ 为失调角，等于定子磁轴与转子齿中心线之间的夹角。

2. PM 型步进电机和 VR 型步进电机的动态方程

(1) PM 型步进电机的动态方程。设永磁体交链的磁通为 Φ_{m}，则

1）电流 i_{A} 产生的 A 相齿下的转矩为

$$T_{\mathrm{A}}=-p\Phi_{\mathrm{m}}i_{\mathrm{A}}\sin(p\theta) \tag{3-31}$$

2）B 相齿下的转矩为

$$T_{\mathrm{B}}=-p\Phi_{\mathrm{m}}i_{\mathrm{B}}\sin[p(\theta-\lambda)] \tag{3-32}$$

式中：p 为转子极对数，对于混合式步进电机来说，p 就是转子齿数；λ 为极距角。

于是，转子的运动方程式为

$$J\frac{\mathrm{d}^2\theta}{\mathrm{d}t^2}+D\frac{\mathrm{d}\theta}{\mathrm{d}t}+p\Phi_{\mathrm{m}}i_{\mathrm{A}}\sin(p\theta)+p\Phi_{\mathrm{m}}i_{\mathrm{B}}\sin[p(\theta-\lambda)]=0 \tag{3-33}$$

式中：D 是粘性摩擦系数，$D(\mathrm{d}\theta/\mathrm{d}t)$ 是包括风损、机械损在内的摩擦转矩，它也包含磁滞涡流所致的二次电磁效应。

A、B 两相的电压平衡方程式为

$$\begin{cases} U-Ri_{\mathrm{A}}-L\dfrac{\mathrm{d}i_{\mathrm{A}}}{\mathrm{d}t}-M\dfrac{\mathrm{d}i_{\mathrm{B}}}{\mathrm{d}t}+\dfrac{\mathrm{d}}{\mathrm{d}t}[\Phi_{\mathrm{m}}\cos(p\theta)]=0 \\ U-Ri_{\mathrm{B}}-L\dfrac{\mathrm{d}i_{\mathrm{B}}}{\mathrm{d}t}-M\dfrac{\mathrm{d}i_{\mathrm{A}}}{\mathrm{d}t}+\dfrac{\mathrm{d}}{\mathrm{d}t}\{\Phi_{\mathrm{m}}\cos[p(\theta-\lambda)]\}=0 \end{cases} \tag{3-34}$$

式中：U 为相绕组端电压；L 为相绕组自感；M 为 A、B 两相间互感；R 为相绕组电阻。不失一般性，设电感 L 和 M 与 θ 无关。

以上是两相通电情况，一相通电时，可令 $\lambda=0$，即 A、B 两相将重合。

步进电机的工作状态远比直流电机复杂，对其特性进行解析是相当困难的，即使在上述简化模型基础上得到的微分方程也是非线性的，需进行线性化处理。设 A、B 两相都流过恒定电流 I_0，可利用下式对式（3-34）进行线性化，即

$$\begin{cases} \theta=\dfrac{\lambda}{2}+\Delta\theta \\ i_{\mathrm{A}}=I_0+\Delta i_{\mathrm{A}} \\ i_{\mathrm{B}}=I_0+\Delta i_{\mathrm{B}} \end{cases}$$

求解线性化后的微分方程可利用拉普拉斯变换，获得步进电机的传递函数，进行求解。因篇幅所限，具体内容请参阅有关文献。

(2) VR 型步进电机的动态方程。以单段式 VR 型步进电机为例进行分析，但所得的结论也适用于互感等于零的多段式步进电机。A、B 两相的自感及两相间的互感为

$$\begin{cases} L_A = L_0 + L_1\cos(2p\theta) \\ L_B = L_0 + L_1\cos[2p(\theta-\lambda)] \\ M_{AB} = -M_0 + M_1\cos\left[2p\left(\theta-\dfrac{\lambda}{2}\right)\right] \end{cases} \tag{3-35}$$

VR 型电机的转矩可表示为

$$\begin{aligned} T &= \frac{1}{2}i_A^2\frac{dL_A}{d\theta} + \frac{1}{2}i_B^2\frac{dL_B}{d\theta} + i_Ai_B\frac{dM}{d\theta} \\ &= i_A^2pL\sin(2p\theta) + i_B^2pL\sin[2p(\theta-\lambda)] + 2i_Ai_BpM\sin\left[2p\left(\theta-\frac{\lambda}{2}\right)\right] \end{aligned} \tag{3-36}$$

其运动方程式可表示为

$$J\frac{d^2\theta}{dt^2} + D\frac{d\theta}{dt} + i_A^2pL\sin(2p\theta) + i_B^2pL\sin[2p(\theta-\lambda)] + 2i_Ai_BpM\sin\left[2p\left(\theta-\frac{\lambda}{2}\right)\right] = 0 \tag{3-37}$$

L_A、L_B 和 M_{AB} 是时间的函数，故电压方程式为

$$\begin{cases} U - Ri_A - \dfrac{d}{dt}(L_Ai_A) - \dfrac{d}{dt}(Mi_B) = 0 \\ U - Ri_B - \dfrac{d}{dt}(L_Bi_B) - \dfrac{d}{dt}(Mi_A) = 0 \end{cases} \tag{3-38}$$

同理，可将上述方程线性化。可以看出，上述方程与 PM 型步进电机的方程形式相同。

3. 步进电机的传递函数

步进电机的传递函数定义为

$$G(s) = \frac{\theta_o}{\theta_i} \tag{3-39}$$

式中：θ_i 为目标值机械角，为输入值；θ_o 为控制量机械角，为输出值。

步进电机的传递函数可根据以上动态方程（特别是利用线性化后的方程），通过拉普拉斯变换获得。变换时，需要根据具体情况（一相励磁，还是两相励磁），获得不同的动态方程，从而得到它们的传递函数。例如，一相励磁或定流源运行的传递函数可表示为

$$G(s) = \frac{\theta_o}{\theta_i} = \frac{\omega_n^2}{s^2 + 2\xi\omega_n s + \omega_n^2} \tag{3-40}$$

式中：ξ 为衰减系数，且

$$\xi = \frac{D}{2J\omega} \tag{3-41}$$

4. 步进电机的矩频特性

(1) 运行矩频特性。对于同步运行的步进电机，如果慢慢增大输入频率，则转速随频率而上升，当频率上升到一定值时，步进电机就会出现失步。矩频特性与负载惯量有关，通常给出的矩频特性曲线都是在确定负载惯量条件下测得的。

以四相混合式步进电机为例进行分析。四相混合式步进电机也可看作两相电机，即具有 A、B 两相绕组，双极性供电，其 $\lambda=\pi/2$，得到转矩为

$$T = T_A + T_B = -p\Phi_m[i_A\sin(p\theta) + i_B\cos(p\theta)] \tag{3-42}$$

设A、B两相间互感为零，则其电压平衡方程为

$$\begin{cases} U_A = Ri_A + L\dfrac{di_A}{dt} + \dfrac{d}{dt}[\Phi_m\cos(p\theta)] \\ U_B = Ri_B + L\dfrac{di_B}{dt} + \dfrac{d}{dt}[\Phi_m\sin(p\theta)] \end{cases} \tag{3-43}$$

这里仅考虑其基波分量

$$\begin{cases} U_A = U\cos(\omega t) \\ U_B = U\cos\left(\omega t - \dfrac{\pi}{2}\right) \end{cases} \tag{3-44}$$

上述简化的目的是便于导出其基本性质及相关问题。根据上述分析，稳态转矩为

$$T = \frac{p\Phi_m}{\sqrt{R^2+\omega^2L^2}}U\sin(\varphi+\gamma) - \frac{\Phi_m^2 p\omega}{R^2+\omega^2L^2} \tag{3-45}$$

式中：$\gamma=\arctan(t/\omega L)$；$\varphi$ 为转子负载角。

最大转矩为

$$T_m = \frac{p\Phi_m U}{\sqrt{R^2+\omega^2L^2}} - \frac{p\Phi_m^2\omega}{R^2+\omega^2L^2} \tag{3-46}$$

最大静转矩 T_k（即 $\omega=0$ 时的转矩）为

$$T_k = \frac{p\Phi_m U}{R} = p\Phi_m I_m \tag{3-47}$$

（2）起动特性。步进电机起动时，转子要从静止状态加速，电机的电磁转矩除了克服负载转矩之外，还要使转子加速，所以起动时步进电机的负担要比连续时重。当起动频率过高时，转子的运动速度跟不上定子磁场的变化，转子就要落后稳定平衡位置一个角度，当落后角度使转子的位置在动稳定区之外时步进电机就要失步或振荡，电机就不能运动。为此，对起动频率要有一定的限制。当电机带着一定的负载转矩起动时，作用在电机转子上的加速度转矩为电磁转矩与负载转矩之差。负载转矩越大，加速度转矩越小，电机就不容易起动，其起动的脉冲频率就越低。另外，在负载转矩一定时，转动惯量越大，转子速度的增加越慢，起动频率也越低。

要提高起动频率，一般可以从以下几个方面考虑：

1）增加电机的相数、运行的拍数和转子的齿数。

2）增大最大静转矩。

3）减少电机的负载和转动惯量。

4）减少电路的时间常数。

5）减少电机内部或外部的阻尼转矩等。

5．步进电机开环控制

步进电机的开环控制是一种低成本而简单的控制方案，应用较为广泛。图3-12是一种典型的开环控制系统框图。在开环控制方案中，负载位置对控制电路没有反馈，因此，步进电机必须正确地响应每次励磁变化。如果励磁变化太快，电机不能够移动到新的要求位置，那么，实际的负载位置相对控制器所期待的位置将出现永久误差。如果负载参数基本上不随时间变化，则相控制信号的定时比较简单。但是，在负载可能变化的应用场合中，定时必须以最坏（即最大负载）情况进行设定。相控制信号（电脉冲信号）由图3-12中的控制器发出。通常控制器主要指脉冲分配器（过去常称为环形分配

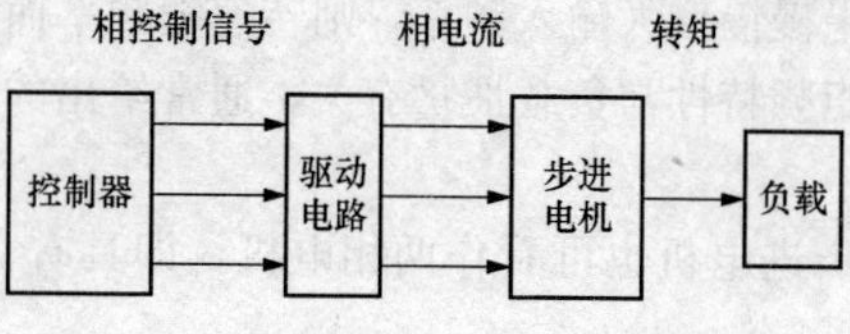

图3-12　典型的开环控制系统框图

器），它按规定的方式将电脉冲信号分配给步进电机的各相励磁绕组。脉冲分配器过去多由电子电路做成，包括脉冲发生器、整形反相电路、脉冲放大器、计数器等。现在通常由微处理机（如单片机）和适当的软件构成。

步进电机的控制主要是速度控制，从运动过程来看，一般来说有加速、匀速（工作速度）和减速三个主要过程。速度控制主要通过控制进给脉冲频率来实现，该脉冲信号产生相应的相控制信号，对驱动电路进行控制，使步进电机按一定的转速运转。最简单的开环控制方式是进给脉冲频率恒定，电机在达到目标位置之前都以这个频率转动。它仅有“起动”和“停止”信号来控制时序发生电路，产生相应的相控制信号，使电机运转或停止。确定进给脉冲频率十分重要，如果频率调得太高，电机不能把负载惯量加速到对应的步进频率，系统或完全不能工作，或在行程的开始阶段失步。把从静止开始，电机能响应而不失步的最高的进给脉冲频率称为“起动频率”。以此类似，“停止频率”是系统控制信号突然关断，而电机不冲过目标位置的最高进给脉冲频率。对任何电机负载组合来讲，起动频率和停止频率之间的差别都很小。不过，在简单的恒频系统中，时钟必须调整在两者之中较低的那个频率上，以此确保可靠地起动和停止。因为步进电机系统的起动频率比它的正常工作最高运行频率低得多，因此，为了减少定位时间，以及保证系统正常的稳定运行，常常通过加速使电机以接近最高的速度运行。

步进电机的加速可以通过控制进给脉冲时间间隔从大到小来实现，即进给脉冲频率由小到大。为了获得接近线性上升的加速过程（即匀加速），需要计算出各时间间隔。若设 T_i 为相邻两个进给脉冲的时间间隔，v_i 为进给一步后的末速度，a 为进给一步的加速度，则有

$$v_i = \frac{1}{T_i}$$

$$v_{i+1} = \frac{1}{T_{i+1}}$$

$$v_{i+1} - v_i = \frac{1}{T_{i+1}} - \frac{1}{T_i} = aT_{i+1}$$

因此有

$$T_{i+1} = \frac{-1 + \sqrt{1 + 4aT_i^2}}{2aT_i} \tag{3-48}$$

式（3-48）可以计算出所需的各时间间隔。显然，只要进给脉冲的时间间隔保持不变，即进给脉冲频率不变，步进电机就会匀速运行。若时间间隔由小到大变化，则步进电机减速运行。

3.5.3　步进电机的驱动控制电路

1. 单电压驱动电路

单电压驱动是指在电机绕组工作过程中，只用一个方向电压对绕组供电。其电路如图 3-13 所示。当信号脉冲输入时，前面推动级输出信号作用于晶体管 VT 的基极，其集电极接电机的一相绕组，绕组另一端直接与电源电压连接。这样，晶体管 VT 导通时，电源电压全部作用在电机绕组上。

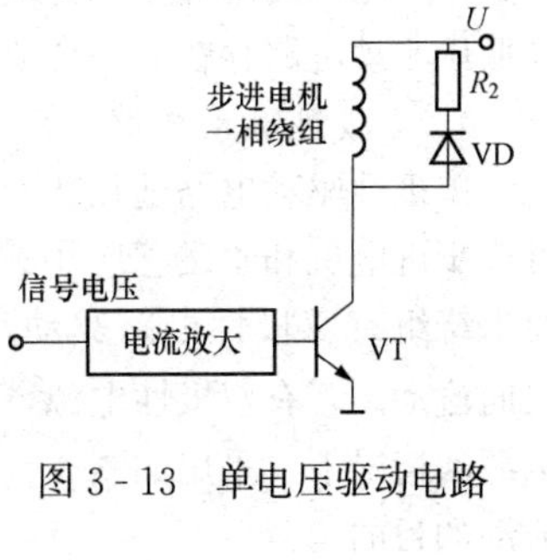

图 3-13　单电压驱动电路

单电压驱动电路有如下特点：

（1）线路简单，成本低。

（2）低频时响应较好。

（3）有共振区。

（4）绕组导通的回路电气时间常数较大，致使导通时绕组电流上升较慢，使在导通脉宽接近时绕组电流迅速下降。高频时带

载能力迅速下降。

单电压驱动性能较差，实际应用较少，只有在小机座号电机且简单应用中才用到。

2. 单电压串联电阻驱动电路

单电压驱动的绕组导通的回路电气时间常数 τ 较大，由于 $\tau=L/R$，故减小电气时间常数 τ 的方法是减小绕组的电感 L 或增加绕组回路的电阻 R。对于确定的步进电机，绕组电感已经确定，因此在电路中只有用增加回路电阻的方法。可在电枢绕组回路中串联电阻 R_1，增加绕组回路总电阻，如图 3-14 所示。当信号脉冲输入时，晶体管 VT 导通，电容 C 在开始充电瞬间相当于将电阻 R_1 短接，使控制绕组电流迅速上升。当电流达到稳态状态后，利用串联电阻 R_1 来限流。当晶体管 VT 关断时，R_2 与 VD 组成续流回路，防止过电压击穿功率管。这种线路的特点是结构简单，电阻 R_1 和控制绕组串联后可减少回路的时间常数，控制绕组电流上升迅速，但由于电阻 R_1 要消耗功率，所以电源的效率降低，步进电机起动和运行频率较低。

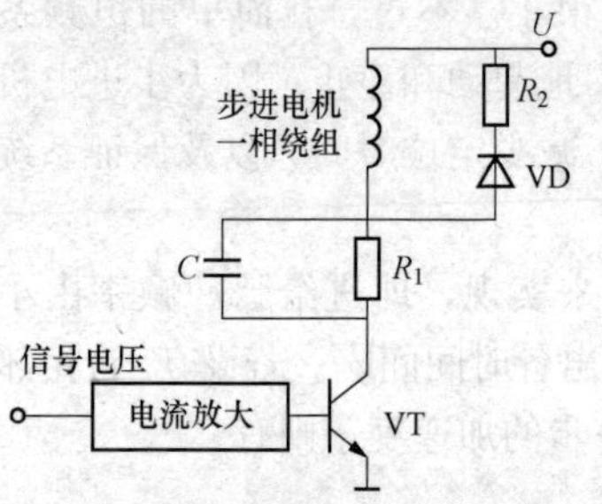

图 3-14 单电压串电阻驱动电路

采用串联电阻的办法虽可提高绕组导通电流上升的前沿，从而可以提高高频时绕组电流的平均值，改善高频特性，但增加了损耗，引起通风散热等一系列问题。

3. 高低压驱动电路

高低压驱动电路有两种电源电压。接通或截止相电流时使用高电压；继续励磁期间使用低电压，把电流维持在额定值上。

图 3-15 是单极性高低压驱动电路中的一相电路。开始激励绕组时，两只晶体管 VT1 和 VT2 导通，因此，加在相绕组上的电压等于两个电源电压之和（U_L+U_H），二极管 VD2 受 U_H 反偏。因没有串联电阻限制电流，因此，它开始迅速上升。经过很短时间，晶体管 VT1 截止，绕组电流沿电源电压 U_L、二极管 VD1 和晶体管 VT2 流动。绕组额定电流由电压 U_L 维持，经过选择可使 U_L/R = 额定电流。相励磁结束时，晶体管 VT2 也截止。绕组电流沿着经过二极管 VD1 和 VD2 的通路流动。因为释放通路包含很高的电源电压 U_H，所以电流迅速衰减。

高低压驱动电路比较简单，只要求控制电路正确控制每次励磁开始阶段晶体管 VT1 的导通和关断时刻。因为这个晶体管的导通时间由绕组时间常数（固定值）决定，所以，可用相励磁信号触发一个固定周期的单稳电路来实现。另外，考虑到转子运动感应的电压，而绕组电流建立后，只有低压电源有效，这个电压也许不足以克服其余励磁时间间隔里由感应产生的电压。这是高低压驱动电路存在的一个缺点。

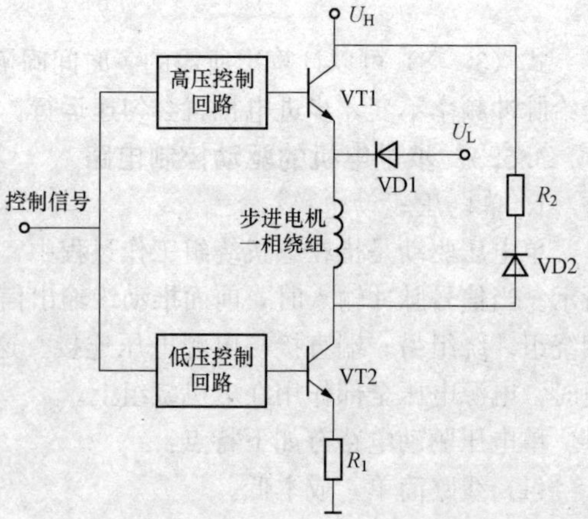

图 3-15 单极性高低压驱动电路

4. 双极性驱动电路

单极性驱动电路适用于反应式步进电机，永磁式步进电机和永磁感应子式步进电机工作时则要求绕组有双极性电路驱动，即绕组电流能正、反向流动。若有双极性电源，可采用如图 3-16 所示的正负电源的双极性驱动电路；没有双极性电源的情况下，采用如图 3-17 所示的 H 桥式的双极性驱动电路，也可以达到绕组电流正、反向流动的目的。

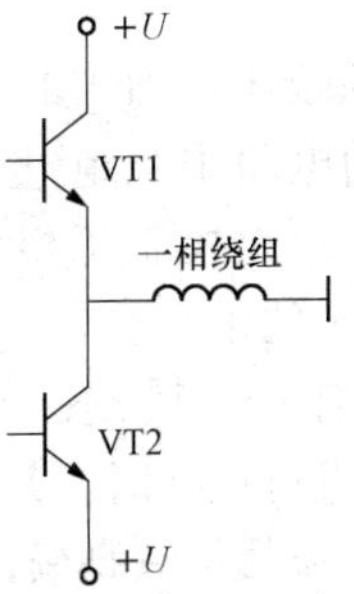

图 3-16　正负电源的双极性驱动电路

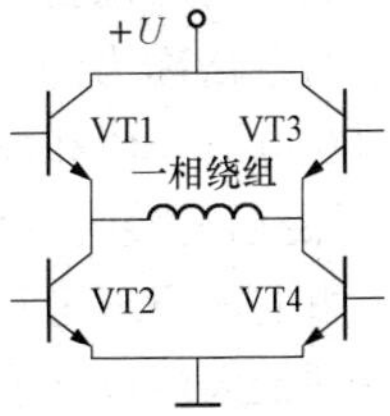

图 3-17　H 桥式的双极性驱动电路

5. 斩波恒流驱动电路

斩波恒流驱动电路如图 3-18 所示。主回路由高压晶体管、电机绕组、低压晶体管串联而成。与高低压驱动器不同的是，低压管发射极串联一个小的电阻接地，电机绕组的电流经这个小电阻通地，小电阻的压降与电机绕组电流成正比，所以这个电阻称为取样电阻。IC1 和 IC2 分别是两个控制门，控制 VT1 和 VT2 两个晶体管的导通和截止（注意 IC1 和 IC2 是一种功能示意，具体实现请参见其他文献）。

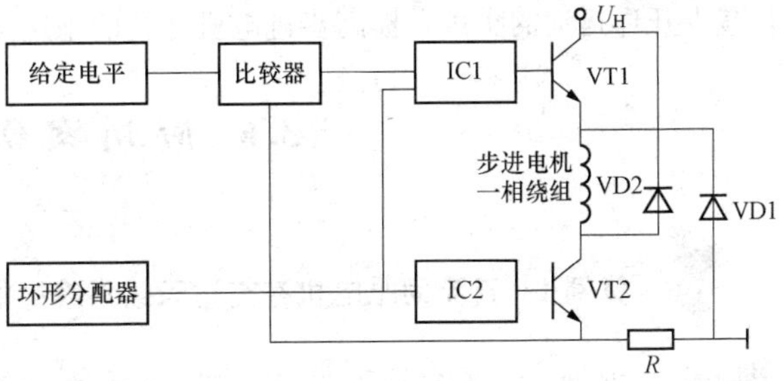

图 3-18　斩波恒流驱动电路

在斩波恒流驱动电路中，由于驱动电压较高，电机绕组回路又不串联电阻，所以电流上升很快，当到达所需要的数值时，由于取样电阻的反馈控制作用，绕组电流可以恒定在确定的数值上，而且不随电机的转速而变化，从而保证在很大的频率范围内电机都能输出恒定的转矩。这种驱动电路有很高的效率。它的另一优点是减少电机共振现象的发生。由于电机共振的基本原因是能量过剩，而斩波恒流驱动输入的能量自动随着绕组电流调节。能量过剩时，续流时间延长，而供电时间减小，因此可减小能量的积聚。实验线路的测试表明，用这种驱动器驱动步进电机，低频共振现象基本消除，在任何频率下电机都可稳定运行。

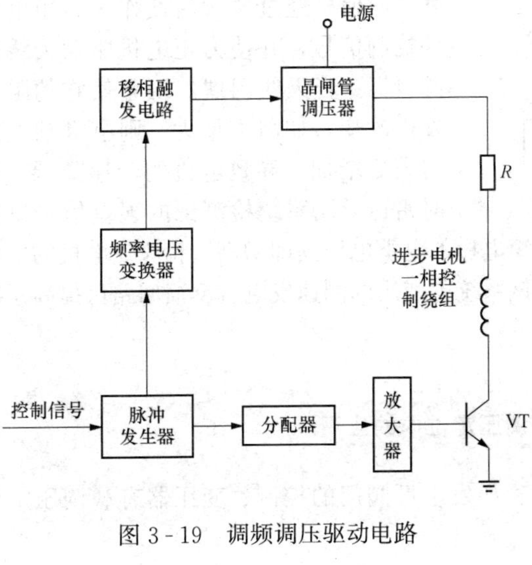

图 3-19　调频调压驱动电路

6. 调频调压驱动电路

调频调压驱动电路如图 3-19 所示，其特点是电源随着脉冲频率的变化，控制回路的输入电压按一定函数关系变化。在步进电机处于低频运行时，为了减小低频振动，应使低速绕组电流上升的前沿较平缓，这样才能使转子在到达新的稳定平衡位置时不产生过冲，避免产生明显的振荡，这时驱动电源用较低的电压供电；而在步进电机高速运行时希望电流波形的前沿较陡，以产生足够的绕组电流，才能提高步进电机的带载能力，这时驱动电源用较高的电压供电。

7. 细分驱动电路

在实际应用中，某些系统会要求步进电机的步距角必须很小，加工的产品才会达到工艺的要求。在不改变步进电机结构的前提下，可以通过改变驱动电路中绕组电流的控制方式来获得更小的步距角，所采用的电路称为细分驱动电路。其基本思想是控制每相绕组电流的波形按阶梯上升或下降变化，即在电流 0 值和最大值之间给出多个稳定的中间状态（相绕组的电流不再只取 0 值或最大值），定子磁场的旋转过程也就多出了多个稳定的中间状态，步进电机的转子旋转步数增加，步距减少。由上述原理可知，在绕组的输入脉冲进行切换时，并不是将绕组额定电流全部加入或完全切除（即最大值或 0 值），而是每次改变的电流数值只是额定电流数值的一部分。这样绕组中的电流是阶梯式地逐渐增加至额定值，切除电流时也是从额定值开始阶梯式地逐渐切除。电流波形不是方波，而是阶梯波。电流分成多少个阶梯，转子转一个原步距角就需要多少个脉冲。因此，一个脉冲所对应的电机的步距角就要小得多。

步进电机的细分驱动技术过去主要由硬件来实现，现在基本采用微处理器（如单片机）来实现。微处理器很容易根据要求的步距角计算出各相绕组中通过的电流值，控制外部驱动电路给各相绕组通以相应的电流，以实现步进电机的细分。步进电机细分驱动技术主要优点如下。

（1）在不改变步进电机的结构前提下，大幅度提高步进电机的分辨率，实现微步驱动。

（2）由于电机绕组中的电流变化幅度变小，引起低频振荡的过冲能量减少，改善了低频性能，减少开环运动的噪声，提高步进电机运行的稳定度。

3.6 应用案例分析

［算例 1］直流伺服电机在雷达天线系统中的应用

如图 3 - 20 所示，在雷达天线系统中，主传动系统由直流力矩电机组成，是一个典型的位置控制方式的随动系统。

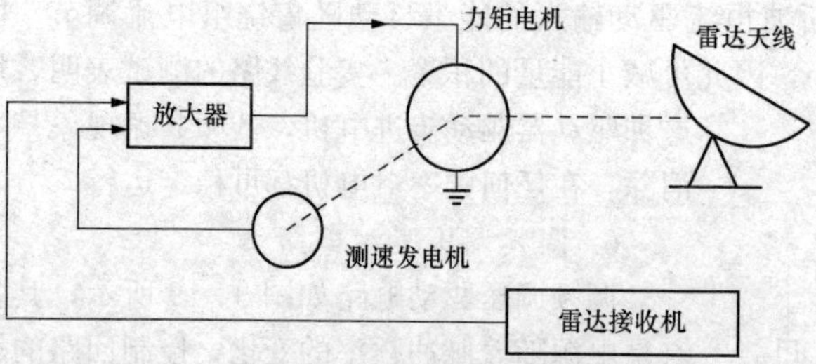

图 3 - 20 雷达天线系统原理图

在雷达天线系统中，被跟踪目标的位置经雷达天线系统检测并发出误差信号，此信号经过放大后便作为力矩电机的控制信号，并使力矩电机驱动天线跟踪目标。若天线因偶然因素使它的阻力发生改变，如阻力增大，则电机轴上的阻力矩增加，导致电机的转速降低。这时雷达天线系统检测到的误差信号也随之增大，它通过自动控制系统的调节作用，使力矩电机的电枢电压立即增高，相应使电机的电磁转矩增加，转速上升，天线又能重新跟踪目标。该系统中使用的测速发电机反馈回路可提高系统的运行稳定性。

［算例 2］直流伺服电机在变压器有载调压定位中的应用

在工业上，直流伺服电机也应用得非常广泛，如发电厂阀门的控制、变压器有载调压定位等，如图 3 - 21 所示。

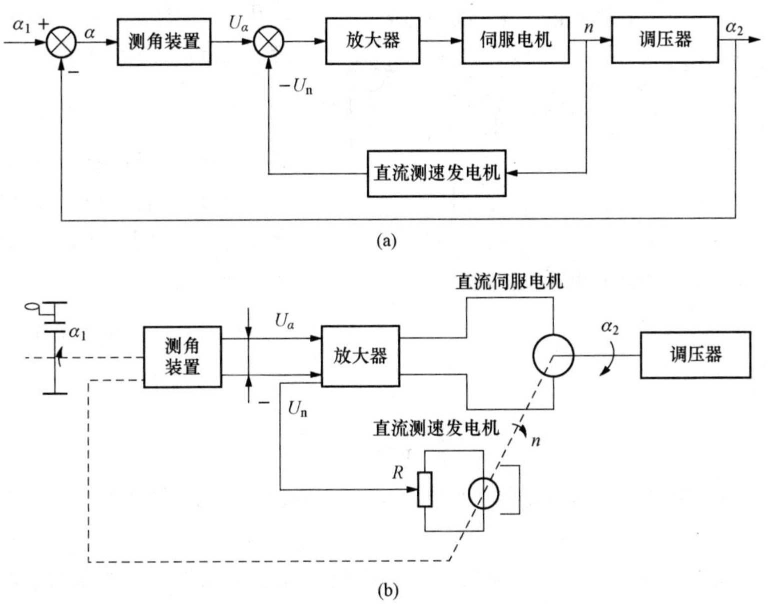

图 3-21　变压器有载调压器随动系统

(a) 原理框图；(b) 原理结构图

变压器有载调压随动系统可视为混合控制系统，即包括位置和速度两种控制方式，该控制系统的任务是使变压器的调压器的转角 α_2 与手轮（或控制器）经减速后所给出的指令角 α_1 相等。当 $\alpha_1 \neq \alpha_2$ 时，测角装置就输出一个与角差 $\alpha=\alpha_1-\alpha_2$ 近似成正比的电压 U_α，此电压经过放大器放大后，驱动直流伺服电机，带动电力变压器的调压器触头转动机构向着减小角差的方向移动，使变压器绕组抽头达到要求的位置，这就是位置控制系统。为了减小在随动过程中可能出现的转速变化，可在电机轴上连接一个测量电机转速的直流测速发电机，它输出的电压与转子转速成正比，这个电压加到电位器上，从电位器上取出一部分电压 U_n 反馈到放大器的输入端，其极性应与 U_α 相反（负反馈）。若某种原因使电机转速降低，则直流测速发电机的输出电压降低，反馈电压减小，并与 U_α 比较后使输入到放大器的电压升高，直流伺服电机及变压器的调压器转动机构的转速也随着升高，起着稳速作用，这就是速度控制。

[算例 3] 直流测速发电机作为微分或积分解算元件

直流测速发电机在系统中作为阻尼元件产生电压信号以提高系统的稳定性和精度，因此要求其输出曲线斜率大，而对其线性度等精度要求是次要的；作为微分或积分解算元件，对其线性度等精度要求高；此外，它还用作测速元件。

总之，由于直流测速发电机的输出曲线斜率大，没有相位误差，尽管有电刷和换向器造成可靠性较差的缺点，但仍在控制系统中尤其是在低速测量的装置中得到较为广泛的应用。

图 3-22 所示为恒速控制系统原理图。若欲实现输入量对时间的积分，可将调速系统中的负载机械换成一个累加转角的计数器，即组成了一个对输入电压 $u_1(t)$ 实现积分的系统。

当输入电压为 $u_1(t)$ 时，加到放大器上的电压为 $[u_1(t)-u_m]$，而加到直流伺服电机电枢的电压为

$$u_a = C[u_1(t) - u_m]$$

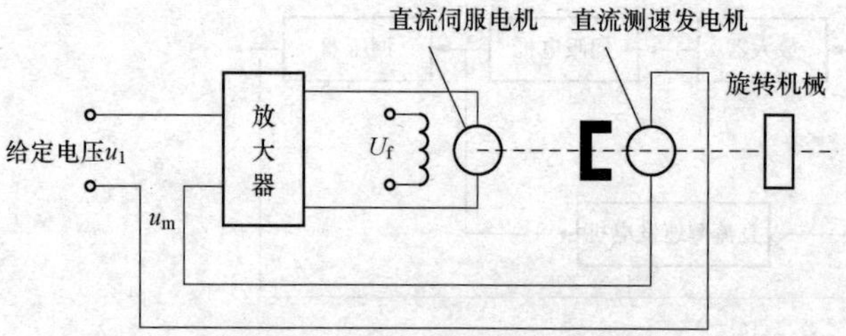

图 3-22 恒速控制系统原理图

式中：C 为放大器的放大倍数；u_m 为测速发电机的输出电压。

有 $$u_m = Kn = K' \frac{d\theta}{dt}$$

式中：θ 为电机输出轴的转角。

当放大器的放大倍数很大时，放大器的输入电压可以近似地认为等于零，即

$$u_1 - u_m = 0 \text{ 或 } u_1(t) = u_m = K' \frac{d\theta}{dt}$$

于是可得

$$\theta = \frac{1}{K'}\int u_1(t)\,dt$$

可见输出轴转角是输入量对时间的积分，从轴上累加转角的计数器，就可测得输入变量对时间的积分。

其他控制电机（如步进电机）的应用则更加广泛，如在机械加工、绘图机、机器人、计算器的外部设备、自动记录仪表等方面的应用。以绘图仪为例，它是能按照人们要求自动绘制图形的设备，对绘图精度有较高要求，可绘制各种管理图标和统计图、大地测量图、建筑设计图、电路布线图、各种机械图与计算机辅助设计图等，这类绘图仪一般由步进电机、插补器、控制电路、绘图台、笔架、机械传动等部分组成。

再如，交流伺服电机作为控制电机，在位置控制系统中，可以像应用步进电机一样采用开环控制方式，用脉冲信号作为输入信号，一个脉冲对应很小的一步，控制方法简单。数字式交流伺服系统在数控机床、机器人等领域已经获得了广泛的应用。在一些场合，交流伺服电机也可以作为驱动电机使用。例如，在电梯驱动系统中的应用，利用交流伺服电机构成的全数字交流伺服系统响应快、精度高。电梯主驱动系统主要由位置控制器、光电编码器、变频驱动器和永磁同步伺服电机等组成。永磁同步伺服电机体积小、质量轻、高效节能，采用扁平式多极结构，去除齿轮减速器，低速大转矩，可方便地实现平滑宽调速，通过微型化牵引机直接驱动轿厢。位置控制器根据位置指令输出满足速度和方向要求的速度指令，在反馈作用下，永磁同步伺服电机按照指令带动轿厢运行。永磁同步伺服电机实现低速大转矩运行，结合高分辨率光电编码器，可牵引电梯准确、平稳运行。

习 题

3-1 什么是“自转”现象？为什么两相伺服电机的转子要选得相当大？

3-2 简述直流力矩电机的结构及特点。

3-3 简要说明力矩式自整角接收机中的整步转矩是怎样产生的？它与哪些因素有关？

3-4 简述步进电机的运行原理和特点。它有哪些技术指标？它们的具体含义是什么？

3-5 步进电机的驱动电路一般由哪几部分组成，它们的主要功能是什么？

3-6 为什么步进电机一般只用于开环控制？画出步进电机计算机控制的流程图。

3-7 设计一个步进电机具体的应用实例，包括电路图和程序流程图，并对设计原理进行说明。

3-8 设计一个交流伺服电机具体的应用实例，包括电路图和程序流程图，并对设计原理进行说明。

第4章 直流传动控制系统

直流传动控制系统以直流电机为动力，具有良好的调速性能，可以在很宽的范围平滑调速。本章将介绍直流电机控制系统的一般问题（如调速系统特性和优化、闭环调速系统和可逆调速系统），并结合典型应用案例进行分析。

4.1 直流电机调速系统的特性与优化

任何一台需要控制转速的设备，其生产工艺对调速性能都有一定的要求。例如，最高转速与最低转速之间的范围有多大，是有级调速还是无级调速，在稳态运行时允许转速波动的大小，从正转运行变到反转运行的时间间隔，突加或突减负载时允许的转速波动范围，运行停止时要求的定位精度等。归纳起来，对调速系统转速控制的要求有以下三个方面。

（1）调速：在一定的最高转速和最低转速范围内，分挡地（有级）或平滑地（无级）调节转速。

（2）稳速：以一定的精度在所需转速上稳定运行，在各种干扰下不允许有过大的转速波动，以确保产品质量。

（3）加速、减速：频繁起动、制动的设备要求加速、减速尽量快，以提高生产率；不宜经受剧烈速度变化的设备则要求起动、制动尽量平稳。

为了进行定量的分析，可以针对前两项要求定义两个调速指标，称为“调速范围”和“静差率”。这两个指标合称调速系统的稳态性能指标详见式（2-49）和式（2-50）。

静差率是用来衡量调速系统在负载变化下转速的稳定度的。它和机械特性的硬度有关，特性越硬，静差率越小，转速的稳定度就越高。调速范围和静差率这两项指标并不是彼此孤立而是相互制约的。若对静差率的要求指标越高，则调速范围就越小；反之，若要求调速范围越大，则静差率也越大，故两者必须同时予以说明才有意义。

在调速过程中，若额定速降相同，则转速越低，静差率越大。如果低速时的静差率能满足设计要求，则高速时的静差率就更满足要求了。因此，调速系统的静差率指标应以最低速时所能达到的数值为准。

直流电机由于具有良好的调速特性、较宽广的调速范围，长期以来在要求调速的地方，特别是对调速性能指标要求较高的场合（如轧钢机、龙门刨和高精度机床等）中得到了广泛应用。

以前直流电机调速系统采用直流发电机组供电，不仅重量大、效率低、占地多，而且控制的快速性比较差，维护也比较麻烦。近年来随着电力电子技术的迅速发展，已普遍采用由晶闸管整流器供电的直流电机调速系统，以取代以前广泛采用的交流电机—直流发电机组供电的系统。

电机主要是用来拖动生产机械的。根据某些生产机械的要求，需要电机在运行中能调节转速，而且要求转速调节范围宽、调节平稳、运行可靠，调节方法简单、经济。直流电机在调速方面具有显著优点。

直流电机的转速公式为

$$n = f(R_a, U, \phi) \tag{4-1}$$

可以看出，直流电机调速方法有电枢串电阻调速、改变电枢电源电压的调压调速及弱磁调速三种。本章只讨论前两种方法。

4.1.1 电枢回路电阻变动的调速特性

保持电源电压及励磁电流为额定值不变，在电枢回路中串入不同的电阻值，电机将运行于不同的转速，如图 4-1 所示，图中的负载为恒转矩负载。

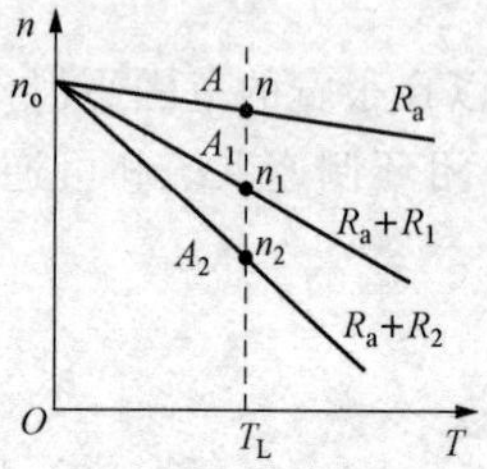

图 4-1 改变电枢电阻调速时的机械特性曲线

从图 4-1 可以看出，在电枢回路中串入一个电阻 R 时，电机和负载的机械特性曲线的交点将下移，线段的斜率 $\left(\beta=\dfrac{R_a+R}{C_e C_T \Phi_N^2}\right)$将增大，即电机稳定运行转速降低。电枢回路串入的电阻值 R 越大，电机的机械特性曲线的斜率 β 越大，电机和负载的机械特性曲线的交点越下移，电机稳定运行转速越低。如果串入的电阻 $R_2>R_1$，交点 A_2 的转速 n_2 低于交点 A_1 的转速 n_1，两点都比原来没有外串电阻的交点 A 的转速 n 低。

通常把电机运行于固有机械特性上的转速称为基速，那么电枢回路串接电阻调速方法的调速范围只能在基速与零转速之间调节。

电枢回路串接电阻调速时，如果拖动的是恒转矩负载 T_L，根据电磁转矩公式 $T=C_T\Phi_N I_a=T_L$ 可知，不管电枢回路串接多大电阻，电机运行于多大转速下，电机电枢电流 I_a 的大小将不变。可见，电机励磁磁通保持恒定的情况下，电枢电流 I_a 的大小仅取决于负载转矩 T_L。T_L 大，I_a 也大；T_L 小，I_a 也小；T_L 不变，I_a 也不变。电机拖动恒转矩负载采用电枢回路串接电阻调速时，虽然电枢电流大小不变，但转速越低，串接电阻上的损耗 I_a^2R 将越大，电机的效率越低。

电枢回路串接电阻调速方法的优点是设备简单、调节方便；缺点是调速效率较低，而且电枢回路串入电阻后电机的机械特性变软，使负载变动时电机产生较大的转速变化，即转速稳定性差。

4.1.2 电枢电压变动的调速特性

连续改变电枢供电电压，可以使直流电机在很宽的范围内实现无级调速。改变电枢供电电压的方法有两种：一种是采用晶闸管变流器供电的调速系统，另一种是采用发电机—电机组供电的调速系统。采用发电机—电机组供电的调速系统需要两台与调速电机容量相当的旋转电机和一台容量小一些的励磁发电机，因而设备多、体积大、费用高、效率低、安装需另打基础、运行噪声大、维护不方便。为克服这些缺点，目前已采用更经济、可靠的晶闸管变流装置所取代。下面介绍采用晶闸管变流器供电的调速系统。

图 4-2 给出了 V-M 系统（晶闸管整流器—电机调速系统）的原理图，调节控制电压 U_c 就可以改变电机的转速。晶闸管整流器和 PWM 变换器都是可控的直流电源（UPE），它们的输入是交流电压，输出是可控的直流电压 U_d。用 UPE 来统一表示可控直流电源，则开环调速系统的结构原理图如图 4-3 所示。

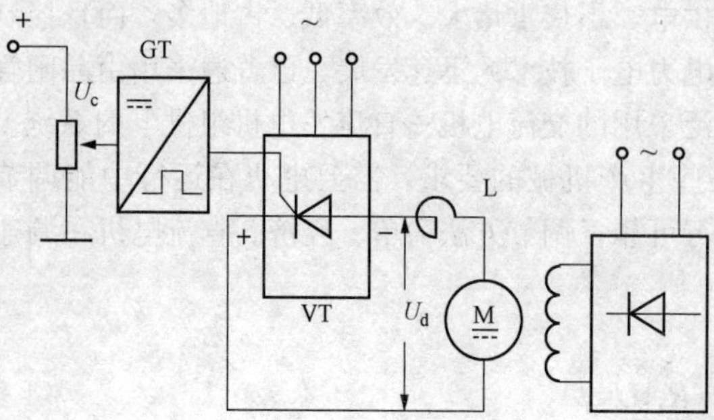

图 4-2 V-M 系统原理图

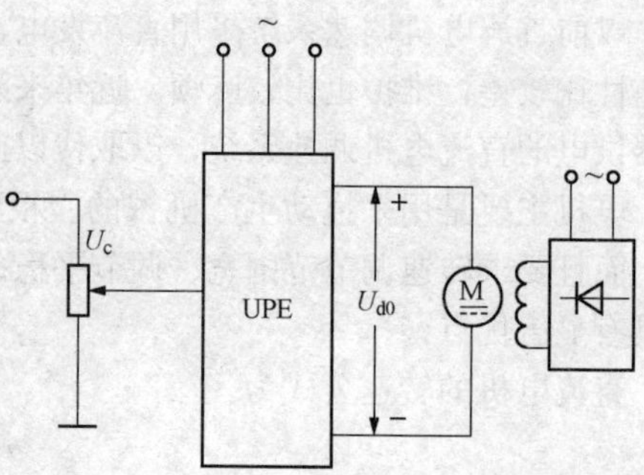

图 4-3 开环调速系统的结构原理图

下面分析开环调速系统的机械特性，以确定其稳态性能指标。为了突出主要矛盾，先做如下的假定。

(1) 忽略各种非线性因素，假定系统中各环节的输入—输出关系都是线性的，或只取线性工作段。

(2) 忽略控制电源和电位器的内阻。

开环调速系统中各环节的稳态关系如下：

UPE 输出为

$$U_{d0} = K_s U_c \tag{4-2}$$

直流电机转速为

$$n = \frac{U_{d0} - I_d R}{C_e} \tag{4-3}$$

开环调速系统的机械特性为

$$n = \frac{U_{d0} - I_d R}{C_e} = \frac{K_s U_c}{C_e} - \frac{I_d R}{C_e} \tag{4-4}$$

式中：K_s 为电力电子变换器的放大系数；U_{d0} 为 UPE 的理想空载输出电压。

由于给定电压可以线性平滑地调节，所以 UPE 的输出电压 U_{d0} 也平滑可调，能实现直流电机的平滑调速，在不计 UPE 装置在电动势负载下引起的轻载工作电流断续现象时，随着给定电压 U_c 的不同，可获得一簇平行的机械特性曲线，如图 4-4 所示，其中电机在额定电压和额定励磁下的机械特性称为电机固有机械特性。可见，这些机械特性都有较大的由于负载引起的转速降落，它制约了开环调速系统中的调速范围 D 和静差率 s_D。

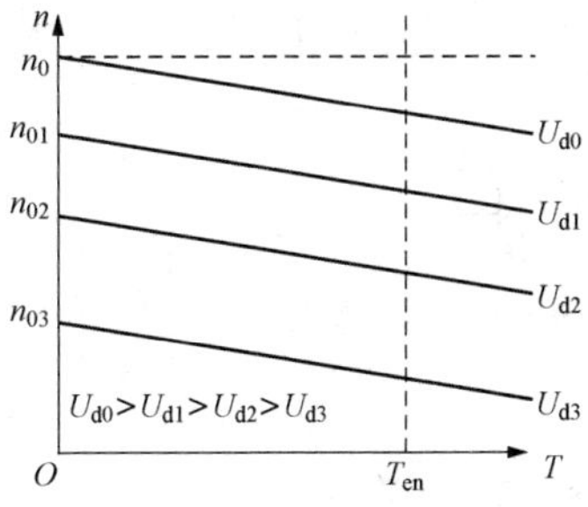

图 4-4　开环直流调速系统的机械特性曲线

改变电枢外加电压调速有如下特点。

(1) 当电源电压连续变化时，转速可以平滑无级调节，一般只能在额定转速以下调节。

(2) 调速特性曲线与固有特性曲线互相平行，机械特性硬度不变，调速的稳定度较高，调速范围较大。

(3) 调速时，因电枢电流与电压无关，且 $\Phi = \Phi_N$，转矩 $T = K_m \Phi_N I_a$ 不变。

(4) 可以靠调节电枢电压来起动电机，而不用其他起动设备。

4.2　他励直流电机闭环调速系统

直流电机的励磁方式是指励磁绕组的供电方式。供电方式不同，电机的性能也不同。直流电机根据励磁绕组和电枢绕组的连接方式不同，可分为他励电机、并励电机、串励电机、复励电机和永磁直流电机 5 类。他励直流电机原理图如 4-5 所示，从图 4-5 中可以看出：他励直流电机的励磁电流由其他直流电源单独供给，他励直流发电机的电枢电流和负载电流相同，即

$$I = I_a$$

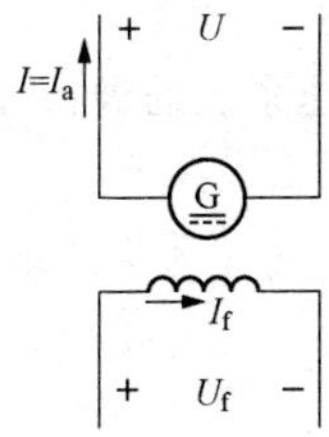

图 4-5　他励直流电机原理图

这种直流电机的励磁电流由独立电源供给，励磁绕组和电磁绕

组互不相连，多用于调速应用。

4.2.1 单闭环直流调速系统

图4-2所示的V-M系统靠调节触发器的控制电压来改变电机的转速，虽然能够达到调节转速的目的，但对有些生产设备提出的性能指标则难以满足。例如，龙门刨床传动控制系统仅采用开环控制调节转速，就不能满足性能指标的要求。

若想使某一物理量基本保持不变，就应当引入该物理量的负反馈调节。因此，当调速系统的转速受负载变化、电网电压变化等因素的干扰而不能达到性能指标时，就应当引入转速负反馈，用转速闭环系统来代替原来的转速开环系统。

单闭环直流调速系统常分为有静差调速系统和无静差调速系统两类。单纯由被调量负反馈组成的按比例控制的单闭环系统属于有静差的自动调节系统，简称有静差调速系统；而按积分（或比例积分）控制的系统，则属无静差调速系统。

1. 有静差调速系统

在电机轴上安装一台测速发电机TG（或其他测速装置），其输出是一个电压信号U_{tg}，U_{tg}正比于电机的转速n，U_{tg}经过信号调理后得到转速反馈信号U_n，该信号与转速给定信号U_n^*的差值经过放大器放大后，产生触发器的控制电压U_{ct}，晶闸管整流器根据U_{ct}，改变直流电机的电枢电压，实现对电机转速n的控制。转速负反馈闭环调速系统的结构如图4-6所示。

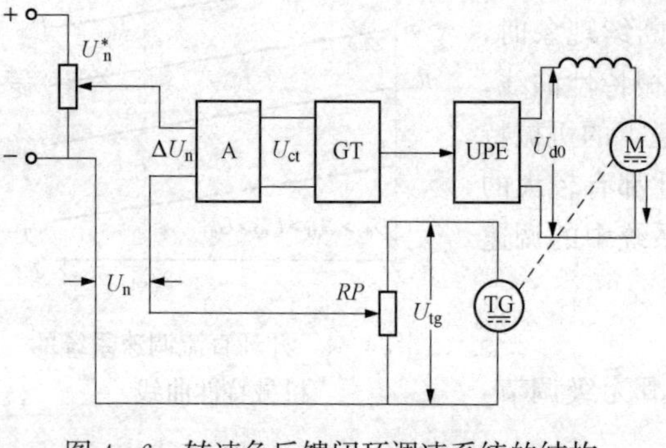

图4-6 转速负反馈闭环调速系统的结构

在图4-6中，测速发电机输出电压U_{tg}与电机M的转速成正比，即$U_{tg}=C_n n$，C_n为测速发电机的电动势常数。由图4-6可以看出，转速反馈信号U_n和转速n之间的关系为

$$U_n = K_f U_{tg} = \alpha n \tag{4-5}$$

式中：K_f为电位器RP的分压系数；α为转速反馈系数，$\alpha=K_f C_n$。

U_n与U_n^*的极性相反，以满足负反馈关系。

加了负反馈后，系统的转速调节是按给定量和反馈量的偏差进行的，其偏差的大小$\Delta U_n=U_n^*-U_n$，该信号经放大器放大后，通过控制触发器输出的触发脉冲相位角，改变电枢电压来控制电机的转速。只要系统的被调量与给定值之间存在偏差，放大器就会产生纠正偏差的作用，也就起到了稳速的作用。

当电机轴上的负载增大时，电枢电流I_d随之增加，电枢回路总电阻R_Σ的压降增加，速降$\Delta n=\frac{I_d R_\Sigma}{C_e}$增加，从而使电机的转速下降，转速反馈值$U_n$随之减少，调节器的偏差$\Delta U_n$增大，触发器控制电压$U_{ct}$增大，整流器输出电压$U_{d0}$随之增加，电机转速$n=(U_{d0}-I_d R_\Sigma)/C_e$也就增加了，这个反馈控制过程使电机的转速基本保持不变。

同样，当电机轴上的负载减小时，经过反馈控制，电机转速基本保持不变。

从以上分析可以看出，利用转速负反馈闭环控制的方法有效提高了调速系统的静特性硬度。下面分析系统的稳态性能。

（1）放大器。触发器的控制电压为

$$U_{ct} = \frac{R_1}{R_0}(U_n^* - U_n) = K_p \Delta U_n \tag{4-6}$$

式中：K_p为放大器的电压放大倍数，$K_p=\frac{R_1}{R_0}$；ΔU_n为偏差信号，$\Delta U_n=U_n^*-U_n$。

（2）检测环节。转速反馈信号为

$$U_n = \alpha n$$

式中：α 为转速反馈系数。

（3）晶闸管整流器和触发器。理想空载电压为

$$U_{d0} = K_s U_{ct}$$

式中：K_s 为整流器和触发器总的放大倍数。

（4）电机。开环机械特性为

$$n = \frac{U_{d0} - I_d R_\Sigma}{C_e} \tag{4-7}$$

式中：R_Σ 为电枢回路总电阻，其中

$$R_\Sigma = R_x + R_a$$

$$R_x = R_{rec} + R_p$$

式中：R_a 为电机电枢绕组电阻；R_x 为可控整流电源的等效内阻；R_{rec} 为整流器内阻；R_p 为电抗电阻。

以上的公式推导过程忽略了各种非线性因素，而且假设 V-M 系统工作在开环机械特性曲线的连续段。

根据以上给出的各环节的稳态关系，可以推导出闭环系统的稳态结构图，如图 4-7 所示。

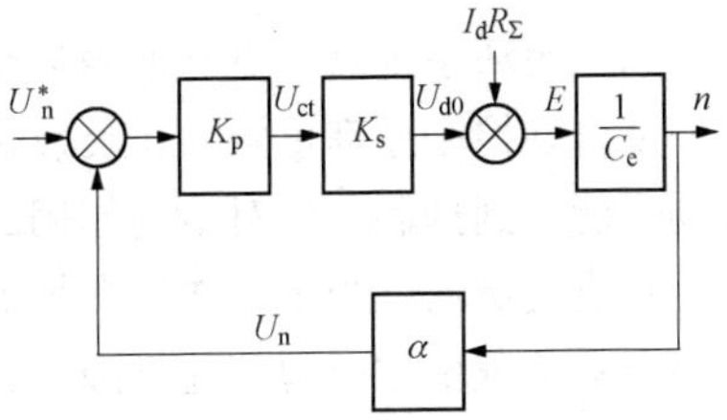

图 4-7　系统稳态结构图

通过稳态结构图可以方便地推导出转速闭环调速系统的静特性方程为

$$n = \frac{K_p K_s}{C_e(1+K)} U_n^* - \frac{1}{C_e(1+K)} I_d R_\Sigma \tag{4-8}$$

式中：K 为开环放大系数，$K=\dfrac{K_p K_s \alpha}{C_e}$。

比较开环系统的机械特性与闭环系统的静特性，可以清楚地看出反馈控制的优越性。如果断开反馈回路，则上述系统的开环机械特性为

$$n = \frac{U_{d0} - I_d R_\Sigma}{C_e} = \frac{K_p K_s U_n}{C_e} - \frac{R_\Sigma I_d}{C_e} = n_{0op} - \Delta n_{op} \tag{4-9}$$

而闭环系统的静特性为

$$n = \frac{K_p K_s}{C_e(1+K)} U_n^* - \frac{1}{C_e(1+K)} I_d R_\Sigma = n_{0cl} - \Delta n_{cl} \tag{4-10}$$

式中：n_{0op}、n_{0cl} 分别为开环、闭环系统的理想空载转速；Δn_{op}、Δn_{cl} 为开环、闭环系统的稳态速降。

比较式（4-9）、式（4-10）可以得出以下结论。

（1）闭环系统的静特性比开环系统的机械特性硬得多。

在同样的负载扰动下，两者稳态速降分别为

$$\Delta n_{op} = \frac{R_\Sigma I_d}{C_e},\ \Delta n_{cl} = \frac{R_\Sigma I_d}{C_e(1+K)} \tag{4-11}$$

它们的关系是

$$\Delta n_{cl} = \frac{\Delta n_{op}}{1+K} \tag{4-12}$$

显然，当 K 越大时，Δn_{cl} 比 Δn_{op} 小得多。也就是说，闭环系统的静特性要比开环系统的机械

特性硬得多。

(2) 当 K 值较大时，闭环系统的静差率较小。

闭环系统和开环系统的静差率分别为

$$s_{Dcl} = \frac{\Delta n_{cl}}{n_{0cl}},\ s_{Dop} = \frac{\Delta n_{op}}{n_{0op}} \tag{4-13}$$

在同一理想转速下有

$$s_{Dcl} = \frac{s_{Dop}}{1+K}$$

(3) 当生产工艺要求的静差率一样时，在同一额定转速 n_N 下，闭环系统的调速范围是开环系统的 $1+K$ 倍。

开环系统的调速范围为

$$D_{op} = \frac{n_N s_D}{\Delta n_{op}(1-s_D)}$$

闭环系统的调速范围为

$$D_{cl} = \frac{n_N s_D}{\Delta n_{cl}(1-s_D)}$$

根据式 (4-12)，得

$$D_{cl} = (1+K)D_{op} \tag{4-14}$$

(4) 闭环系统具有更好地服从给定、抑制扰动的性质。

从自动控制原理可知，在负反馈闭环控制系统中，对被负反馈环包围的前向通道上的一切扰动都能得到抑制，但对给定作用的变化则无法控制。

在直流调速系统中，作用在控制系统上的一切引起被调量变化的因素都可以称为“扰动”。上面只对负载变化引起转速下降这种扰动进行了讨论，除此以外，交流电源的电压波动、电机励磁磁通的变化、放大器输出电压的漂移、由温升引起的主电路电阻的增大等，所有这些因素都和负载变化一样会引起被调量的变化，因而都是调速系统的扰动。

抗扰性能优良是反馈系统最突出的特征，正因为这一特征，在设计一闭环系统时，一般只考虑一种主要的扰动，如在调速系统中只考虑负载扰动。按照克服负载扰动的要求对系统进行设计，则其他扰动也就自然都受到抑制了。

(5) 系统的精度依赖于给定信号和反馈检测环节的精度。

反馈闭环控制系统对给定电源和反馈检测环节中的干扰是无能为力的，因此，控制系统的精度依赖于给定稳压电源和反馈量检测元件的精度。

如果给定稳压电源发生了不应有的波动，则被调量也要跟着变化。反馈控制系统无法鉴别是正常的给定电压变化，还是给定电源波动引起的给定量的变化。因此，高精度的调速系统需要使用高精度的给定稳压电源。

反馈控制系统也无法抑制反馈检测元件本身的误差和噪声造成的影响，对于调速系统来说就是测速发电机的误差。例如，如果直流测速发电机的励磁发生了变化，反馈电压 U_n 也要改变，通过系统的调节作用，反而使电机的转速偏离了原应保持的数值。此外，测速发电机输出电压中的换向纹波，由于制造或安装原因造成的偏心误差等都会给系统带来周期性的干扰。因此，高精度的控制系统还必须使用高精度的反馈检测元件。

实现上述指标的前提是放大器的放大倍数要足够大。在放大器为比例放大器的情况下，调速系统的静差是不可能被消除的，这时该系统称为有静差调速系统。

2. 无静差调速系统

有静差调速系统所采用的调节器是比例调节器，系统按比例控制规律工作。存在静差是有静差调速系统有效工作的必要条件，若偏差 $\Delta U_n = U_n^* - U_n = 0$，则比例调节器的输出电压 $U_{ct} = 0$，整流器电压 $U_{d0} = 0$，电机便不能转动，因而系统无法工作。系统的稳态精度完全取决于比例调节器的放大倍数 K_p 值，即取决于比例控制作用的强弱。

在实际现场中，还有很多生产设备和生产工艺要求起动、制动过程要平稳缓慢（如在龙门刨床切削工件的过程中，切入时要平稳，逐步升速，以防过快吃刀造成刀具或工件的损坏）。一般在调速系统的给定环节中，都设有作为“软起动”用的给定装置，常用的给定装置是给定积分器。

图 4 - 8 为常用的具有比例积分（PI）调节器的无静差调速系统。这种系统的特点是静态时系统的反馈量总等于给定量，即偏差等于零。要实现这一点，系统中必须接入无差元件。它在系统出现偏差时动作，以消除偏差；当偏差为零时，它停止动作。比例积分调节器由比例运算电路和积分运算电路并列组合而得，如图 4 - 9 所示。在零初始状态和阶跃输入下，其输出电压的时间特性曲线如图 4 - 10 所示。电路的数学模型为

$$u_o = -\frac{R_1}{R_i}u_i - \frac{1}{R_iC_i}\int u_i \mathrm{d}t \tag{4-15}$$

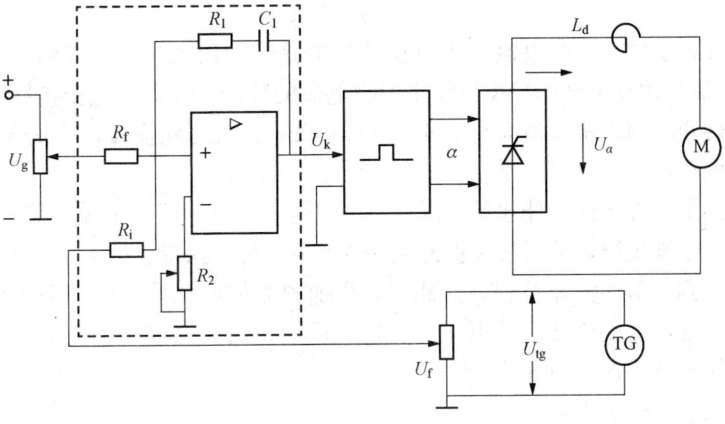

图 4 - 8　具有比例积分调节器的无静差调速系统

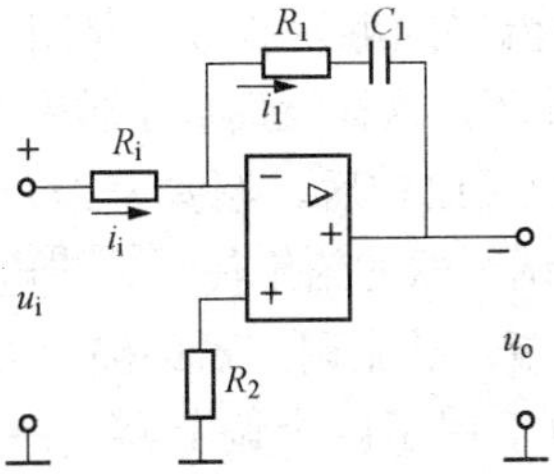

图 4 - 9　PI 运算电路

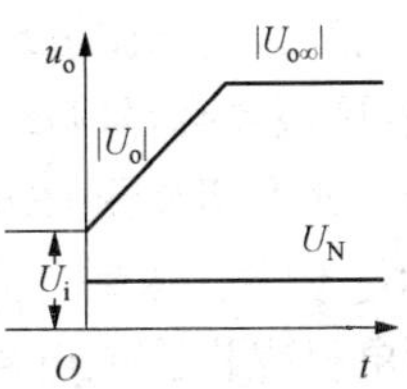

图 4 - 10　输出电压的时间特性曲线

下面着重分析当负载发生变化时系统的调节作用。例如，当电机负载增加时，设在 t_1 瞬间负载突然由 T_{L1} 增加到 T_{L2}，则电机的转速将由 n_1 开始下降而产生转速偏差 Δn，它通过测速发电机反馈到 PI 调节器的输入端，产生偏差电压 $\Delta U = U_g - U_f > 0$，于是开始消除偏差的调节过程。

（1）比例输出部分的调节。它的输出等于 $\Delta UR_1/R_i$，控制角 α 减小，使可控整流电压增加

ΔU_{a1}，由于比例输出没有惯性，故这个电压使电机转速迅速回升。偏差 Δn 越大，ΔU_{a1} 也越大，它的调节作用也就越强，电机转速回升也就越快。而当转速回升到给定值 n_1 时，$\Delta n=0$，$\Delta U=0$，故 ΔU_{a1} 也等于零。

（2）积分部分的调节。积分输出部分的电压 $\Delta U_{\alpha 2}$ 的增长率与偏差电压 ΔU（或偏差 Δn）成正比。开始时 Δn 很小，$\Delta U_{\alpha 2}$ 增加很慢，当 Δn 最大时，$\Delta n_{\alpha 2}$ 增加得最快，在调节过程的后期 Δn 逐渐减小了，$\Delta U_{\alpha 2}$ 的增加趋势也逐渐减慢了，一直到电机转速回升到 n_1，当 $\Delta n=0$ 时，$\Delta U_{\alpha 2}$ 就不再增加了，且以后就一直保持这个数值不变。

把比例作用与积分作用综合起来考虑，不管负载如何变化，系统一定会自动调节，在调节过程的开始和中间阶段，比例调节起主要作用，它首先阻止 Δn 继续增大，而后使转速回升，在调节过程的末期，Δn 很小了，比例调节的作用就不明显了，而积分调节作用就上升到主要地位，依靠它来最后消除转速偏差 Δn，使转速回升到原来值。这就是无静差调速系统的调节过程。所以，采用比例积分调节器的自动调速系统综合了积分调节器和比例调节器的特点，既能获得较高的静态精度，又能具有较快的动态响应，因而得到了广泛的应用。

4.2.2 双闭环调速系统

根据对单闭环调速系统的分析可知，采用转速负反馈和 PI 调节器的单闭环调速系统可以在保证系统稳定的条件下，实现对转速的无静差控制，那么，单闭环调速系统能否满足最佳起动、制动的要求呢？

在单闭环调速系统中，只有电流截止负反馈环节是专门用来控制电流的，但它只是在超过临界电流 I_{dcr} 值以后，才靠强烈的负反馈作用限制电流的冲击，并不能完全按照需求来控制动态过程中的电流或转矩，使之维持最大值不变。这样，加速过程必然拖长，其显然不能满足系统的最佳起动、制动的要求。

为了实现在约束条件下的最佳起动、制动，关键是要获得一段使电流保持为最大值 I_{dm} 的恒流过程。按照反馈控制规律，采用某一物理量的负反馈就可以保持该量基本不变，那么采用电流负反馈就应该能得到近似的恒流过程，为此，要增加独立的电流控制回路来实现转速以最大加速度呈线性增长，这样电流负反馈就不能和转速负反馈同时加到同一个调节器的输入端，双闭环调速系统正是用来解决这个问题的。

1. 双闭环调速系统的组成

为了实现转速和电流两种负反馈分别起作用，系统中设置了两个调节器，分别调节转速和电流，两者之间实行串级连接，如图 4-11 所示，把转速调节器（ASR）的输出当作电流调节器（ACR）的输入，再用电流调节器的输出去控制晶闸管整流器的触发装置。从闭环结构上看，电流调节环在里面，称为内环；转速调节环在外边，称为外环。这样就形成了转速与电流双闭环调速系统。来自速度给定电位器的信号 U_{gn} 与速度反馈信号 U_{fn} 比较后，偏差为 $\Delta U_n=U_{gn}-U_{fn}$，送到速度调节器的输入端。速度调节器的输出 U_{gi} 作为电流调节器的给定信号，与电流反馈信号 U_{fi} 比较后，偏差为 $\Delta U_i=U_{gi}-U_{fi}$，送到电流调节器的输入端。电流调节器的输出 U_k 送到触发器，以控制可控整流器，为电机提供直流电压 U_α。系统中由于用了两个调节器（一般采用 PI 调节器），分别对转速和电流两个参量进行调节，这样，一方面使系统的参数便于调整，另一方面更能实现接近于理想的过渡过程。

2. 双闭环调速系统的分析

先对双闭环调速系统的静态特性进行分析。在分析系统静态特性时，首先要掌握 PI 调节器的两种工作状态：一种是不饱和状态，输出未达到限幅值，此时调节器起调节作用，稳态时输入偏差为零；另一种是饱和状态，输出达到限幅值，输入量的变化不再影响输出，此状态相当于使

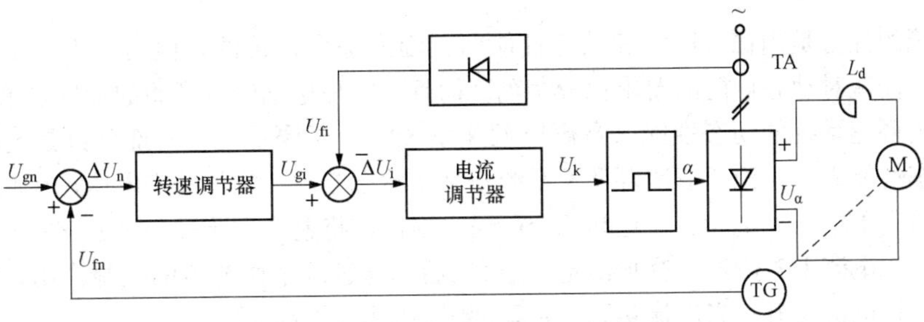

图 4 - 11　转速与电流双闭环调速系统结构图

该调节器开环，只有当调节器的输入信号反向时（偏差信号），才能使调节器退出饱和状态，重新起调节作用。PI 调节器的这些特征是分析双闭环调速系统静态特性的关键所在。

实际上，在正常运行时，电流调节器是不会达到饱和状态的，因此，对于静态特性来说，只有转速调节器饱和与不饱和两种情况。

（1）转速调节器不饱和。这时，两个调节器都不饱和，稳态时它们的输入偏差均为零，即

$$\begin{cases}\text{电压环比较环节 } \Delta U_n = U_{gn}^* - U_{fn} = 0 \Rightarrow U_{gn} = U_{fn} = \alpha n \\ \text{电流环比较环节 } \Delta U_i = U_{gi}^* - U_{fi} = 0 \Rightarrow U_{gi} = U_{fi} = \beta I_d\end{cases} \tag{4-16}$$

式中：U_{gn}为电压给定；U_{gi}为电流给定；U_{fn}为测速反馈环节；U_{fi}为电流反馈环节；α 为转速反馈系数；β为电流反馈系数。

由式（4 - 16）中的第一个关系式可得

$$n = \frac{U_{gn}}{\alpha} = n^* \tag{4-17}$$

式中：n^* 为转速给定。

由于转速调节器不饱和，其输出信号 $|U_{gi}| \leqslant |U_{gim}|$，从式（4 - 16）的第二个关系式可知，电枢电流小于最大允许值，即有 $I_d < I_{dm}$，即得到图 4 - 12 中双闭环系统静态特性曲线的 n^*—A 段，该段直线从 $I_d = 0$（理想空载状态）一直延伸到 $I_d = I_{dm}$，把 n^*—A 段称为静态特性的运行段。在 n^*—A 段转速是无静差的。

（2）转速调节器饱和。当负载电流 I_{dl}增大到 I_{dm}（图 4 - 12 中的 A 点）时，转速调节器输出达到限幅值U_{gim}，转速外环饱和，失去调节作用，转速环呈开环状态，此时电流调节器在最大电流给定电压U_{gim}的条件下进行恒流调节。

当负载电流继续增大，将使 $I_{dl} \geqslant I_{dm}$，电机已带不动负载了，其转速 n 迅速下降，最后出现堵转现象，即转速 n 降为零。在此过程中U_{fn}小于基级定值，转速调节器输出 U_{gi}维持恒值 U_{gim}。

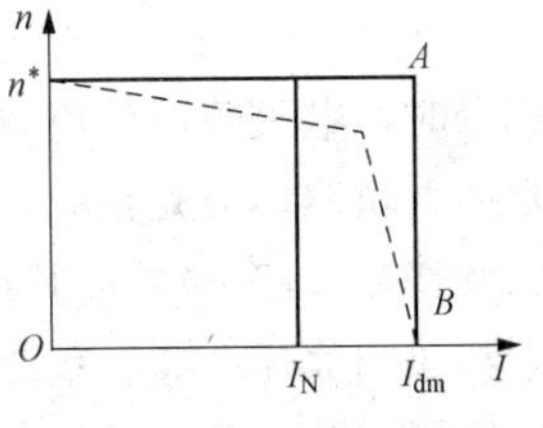

图 4 - 12　双闭环系统调速静态特性曲线

在最大电流给定下，依靠电流调节器对电流进行无静差调节，双闭环系统变成了一个电流无静差的单闭环系统，稳态时

$$I_d = \frac{U_{fim}}{\beta} = I_{dm} \tag{4-18}$$

式（4 - 18）所描述的静态特性是图 4 - 16 中的 A- B 段，即下垂段。

综上所述，双闭环调速系统的静态特性在负载电流小于 I_{dm}时表现为转速无静差，这时，转速反馈起主要调节作用，电流控制环使电流 I_d 跟随其给定 U_{gi}而变化；当负载电流达到 I_{dm}后，转速调节器饱和，系统控制结果表现为最大电流给定条件下的电流无静差控制，起到过电流保

护的作用。

调速系统的优劣是用稳态性能和动态性能两方面来综合评价的，但是对于一个高质量的调速系统来说，往往对动态性能的要求比较苛刻，而且不容易达到较为理想的指标要求，所以，如何改进和提高调速系统的动态性能，是研究调速系统的主要课题。这一部分只是定性地对双闭环系统的动态性能进行讨论。双闭环调速系统由静止状态起动，突加给定电压，在起动过程中转速调节器经历了不饱和、饱和、退饱和三个阶段，因此，将整个过渡过程分成三阶段。

第Ⅰ阶段：电流上升阶段。突加给定电压U_{gn}后，通过两个调节器的控制作用，使得加在电机的电压和电枢电流上升，当电流达到一定程度时，电机开始转动。

由于机电惯性的作用，转速的增长不会很快，因而转速调节器的输入偏差电压$\Delta U_n=U_{gn}-U_{fn}$数值较大，其输出很快达到限幅值U_{im}^*，强迫电流I_d迅速上升。当电流接近最大电流时，电流反馈电压接近限幅值U_{gim}，电流调节器的作用使I_d不再迅猛增长，标志着这一阶段的结束。这一阶段中，转速调节器由不饱和很快达到饱和，而电流调节器一般应该不饱和，以保证电流环的调节作用。

第Ⅱ阶段：恒流升速阶段。从电流上升到最大值I_{dm}开始，到转速升到给定值n_0为止，属于恒流升速阶段，是起动过程的主要阶段。在这个阶段中，转速调节器一直是饱和的，转速环相当于开环状态，系统表现为在恒值电流给定U_{gim}作用下的电流调节系统，基本上保持电流I_d恒定（电流可能超调，也可能不超调，取决于电流调节器的结构和参数），因而拖动系统的加速度恒定，转速呈线性增长。与此同时，电机的反电动势也按线性增长。对于电流调节系统来说，这个反电动势是线性渐增的扰动量。为了克服这个扰动，电流调节器的输出也必须按线性增长，才能保持I_d恒定。由于电流调节器是PI调节器，要使它的输出量按线性增长，其输入偏差电压$\Delta U_n=U_{gn}-U_{fn}$必须维持一定的恒值，即I_d应略低于I_{dm}。此外还应指出，为了保证电流环的这种调节作用，在起动过程中，电流调节器是不能饱和的，同时整流装置的最大电压也须留有余地，即晶闸管装置也不应是饱和的。

第Ⅲ阶段：转速调节阶段。在这个阶段开始时，转速已经达到给定值，转速调节器的给定电压与反馈电压平衡，输入偏差为零，但其输出电压由于积分作用还维持在限幅值U_{gim}，所以电机仍在最大电流下加速，必然使转速超调。转速超调以后，转速调节器输入端出现负的偏差电压，使它退出饱和状态，其输出电压至电流调节器的给定电压U_{gi}立即从限幅值降下来，电枢电流I_d也因而下降。但是，由于I_d仍大于负载电流，在一段时间内，转速仍继续上升。当I_d与负载电流相等时，电磁转矩与负载转矩相等，则$dn/dt=0$，转速n达到峰值。此后，电机才开始在负载的阻力下减速。与此相应，电流I_d也出现一段小于负载电流的过程，直到稳定（假设调节器参数已调整好）。在最后的转速调节阶段内，转速调节器和电流调节器都不饱和，同时起调节作用。由于转速调节在外环，转速调节器处于主导地位，而电流调节器起的作用则是力图使I_d尽快地跟随转速调节器的输出量U_{gi}。

由上述分析可得双闭环调速系统的起动过程特点：

（1）饱和非线性控制。随着转速调节器出现饱和与不饱和状态，整个系统处于完全不同的两种状态。当转速调节器饱和时，转速环开环，系统表现为恒值电流调节的单闭环系统；当转速调节器不饱和时，转速环闭环，整个系统是一个无静差调速系统，而电流内环则表现为电流随动系统。在不同情况下表现为不同结构的线性系统，这就是饱和非线性控制的特征。

（2）准时间最优控制。起动过程中主要的阶段是第Ⅱ阶段，即恒流升速阶段。它的特征是电流保持恒定，一般选择为允许的最大值，以便充分发挥电机的过载能力，使起动过程尽可能最快。这个阶段的控制属于电流受限制条件下的最短时间控制，或称时间最优控制。

采用饱和非线性控制方法实现准时间最优控制是一种很有实用价值的控制策略，已在各种多环控制系统中普遍得到应用。

（3）转速超调。由于采用饱和非线性控制，起动过程结束进入第Ⅲ阶段（转速调节阶段）后，必须使转速调节器退出饱和状态。按照 PI 调节器的特性，只有使转速超调，转速调节器的输入偏差电压 ΔU_n 为负值，才能使转速调节器退出饱和。这就是说，采用 PI 调节器的双闭环调速系统的转速动态响应必然有超调。

总结转速调节器和电流调节器在双闭环调速系统中的作用：转速调节器的作用是使电机转速跟随转速给定电压 U_{gn} 变化，稳态无误差；对负载变化起抗扰作用；其输出限幅值决定允许的最大电流。电流调节器的作用是对电网电压波动起及时抗扰作用；起动时保证获得允许的最大电流；在转速调节过程中，使电流跟随其给定电压 U_{gi} 变化；当电机过载甚至堵转时，限制电枢电流的最大值，从而起到快速安全保护作用。如果故障消失，系统能够自动恢复正常。

3. 双闭环调速系统的设计

现代的电力拖动自动控制系统，除电机外，都是由惯性很小的电力电子器件、集成电路等组成的。经过合理的简化处理，整个系统可以近似为低阶系统，而用运算放大器或微机数字控制可以精确地实现比例、积分、微分等控制规律，于是就有可能将多种多样的控制系统简化或近似成少数典型的低阶结构。如果事先对这些典型系统做比较深入的研究，把它们的开环对数频率特性当作预期的特性，弄清楚它们的参数与系统性能指标的关系，写成简单的公式或制成简明的图表，则在设计时，只要把实际系统校正或简化成典型系统，就可以利用现成的公式和图表来进行参数计算，设计过程就要简便得多，这就是工程设计方法。

作为工程设计方法，首先要使问题简化，突出主要矛盾。简化的基本思路是把调节器的设计过程分为以下两步。

第一步：选择调节器的结果，以确保系统稳定，同时满足所需的稳态精度。

第二步：选择调节器的参数，以满足动态性能指标的要求。

这样就把稳、准、快、抗干扰之间互相交叉的矛盾问题分成两步来解决。第一步先解决主要矛盾，即稳态性精度；然后在第二步中再进一步满足其他动态性能指标。

图 4-13 为双闭环调速系统动态结构图，对于多环系统，一般是先内环、后外环，逐环进行设计。当设计外环时，可以把内环看作外环中的一个环节。对于每一个闭环，总是先按工艺提出的性能指标，确定要设计的典型系统，然后选择适当的调节器，再按性能指标选择调节器参数。由于电流检测信号通常含有交流分量，须加低通滤波，其滤波时间常数按需要选定。滤波环节可以抑制反馈信号的交流分量，同时也给反馈信号带来延迟。为了平衡这一延迟，在给定信号通道中加入一个相同时间常数的惯性环节，称作给定滤波环节。其意义是，让给定信号和反馈信号经过同样的延迟，使两者在时间上得到恰当的配合，从而带来设计上的方便。

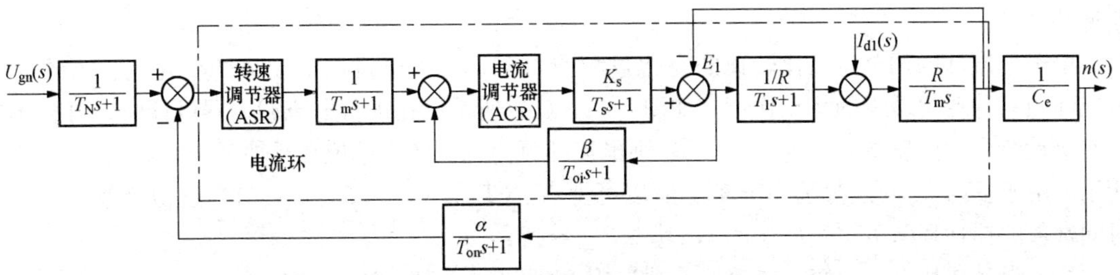

图 4-13　双闭环调速系统动态结构图

一般来说，控制系统的开环传递函数都可表示为

$$W(s)=\frac{K(\tau_1 s+1)(\tau_2 s+1)}{s^r(T_1 s+1)(T_2 s+1)} \tag{4-19}$$

式中：T_i、τ_i 为系统的时间常数；K 为系统的开环增益。

根据 r 取 0、1、2 等不同数值，将系统分别称为 0 型、Ⅰ型、Ⅱ型等系统。为了使系统对阶跃给定无稳态误差，不能使用 0 型系统（$r=0$），至少是Ⅰ型系统（$r=1$）；当给定是斜坡输入时，则要求是Ⅱ型系统（$r=2$）才能实现稳态无差。选择调节器的结构，使系统能满足所需的稳态精度。由于Ⅲ型（$r=3$）和Ⅲ型以上的系统很难稳定，而 0 型系统的稳态精度低，因此常把Ⅰ型系统和Ⅱ型系统作为系统设计的目标。

作为典型Ⅰ型系统，其开环传递函数为

$$W(s)=\frac{K}{s(Ts+1)} \tag{4-20}$$

作为典型Ⅱ型系统，其开环传递函数为

$$W(s)=\frac{K(\tau s+1)}{s^2(Ts+1)} \tag{4-21}$$

Ⅰ型系统和Ⅱ型系统又有多种多样的结构，它们的区别在于除原点以外的零点、极点具有不同的个数和位置。如果在Ⅰ型系统和Ⅱ型系统中各选择一种结构作为典型结构，把实际系统校正成典型系统，显然可使设计方法简单得多。因为只要事先找到典型系统的参数和系统动态性能指标之间的关系，求出计算公式或制成备查的表格，在具体选择参数时，只需按现成的公式和表格中的数据计算就可以了。这样就使设计方法规范化，大大减少设计工作量。

下面对双闭环调速系统进行设计。系统设计的一般原则为：先内环后外环。即从内环开始，逐步向外扩展。在这里，首先设计电流调节器，然后把整个电流环看作是转速调节系统中的一个环节，再设计转速调节器。

（1）电流环设计。电流环在系统中起着很重要的作用。

1）作为内环的调节器，在外环（转速调节环）的调节过程中，它的作用是使电流紧紧跟随其给定电压 U_{gi}（即外环调节器的输出量）变化。

2）对电网电压的波动起及时抗扰的作用。

3）在转速动态过程中，保证获得电机允许的最大电流，从而加快动态过程。

4）当电机过载甚至堵转时，限制电枢电流的最大值，起快速的自动保护作用。一旦故障消失，系统立即自动恢复正常。这个作用对于系统的可靠运行来说是十分重要的。

电流环动态结构如图 4-14 所示。一般情况下，希望电流环的稳态性能为无静差的，以获得理想的堵转特性，对于动态性能，要求电枢电流的超调量尽可能小。所以，电流环一般校正成典型Ⅰ系统，但典型Ⅰ系统的抗扰动性能较差，对于抗电网电压扰动要求较高的场合，则应校正成典型Ⅱ系统。

由于电流环的调节过程比转速的变化过程快得多，所以电机反电动势的变化仅仅看作是对电流环的一种变化缓慢的扰动作用，如图 4-14（a）所示。在进行电流调节器设计时，可暂不考虑反电动势变化的影响，认为 $\Delta U_n=0$，则电流环可简化等效成单位负反馈系统，如图 4-14（b）所示，由于 T_s、T_{oi} 一般都远小于 T_l，所以可把 $K_s/(T_s s+1)$ 和 $\beta/(T_{oi}s+1)$ 近似等效成一个小时间常数的惯性环节 $K_s\beta/(T_{\Sigma i}s+1)$，其中 $T_{\Sigma i}=(T_s+T_{oi})$。

系统设计成典型Ⅰ系统，电流调节器选用 PI 调节器，其传递函数为

$$W_{ACR}(s)=K_i\,\frac{\tau_i s+1}{\tau_i s} \tag{4-22}$$

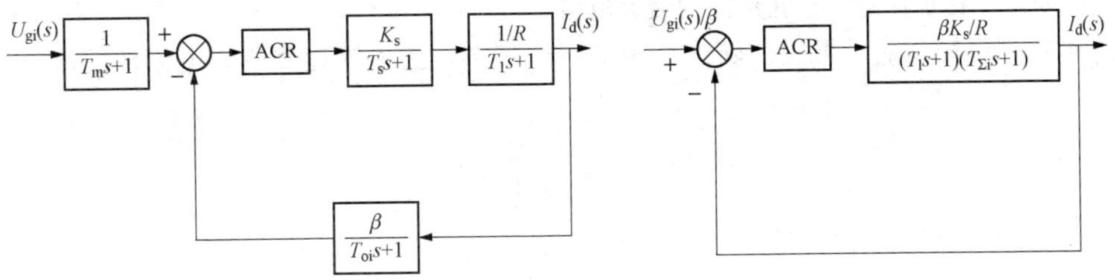

(a)　　(b)

图 4-14　电流环动态结构

（a）简化前的结构图；（b）简化后的结构图

式中：K_i 为电流调节器的比例系数；τ_i 为电流调节器的时间常数。

选择 $\tau_i = T_l$，消去对象中的大惯性环节。开环传递函数为

$$W(s) = \frac{K_i K_s \beta / R_\Sigma}{T_l s(T_{\Sigma i} s + 1)} = \frac{K}{s(T_{\Sigma i} s + 1)} \tag{4-23}$$

开环增益 K 为

$$K = \frac{K_i K_s \beta}{T_l R_\Sigma} \tag{4-24}$$

式中：K_s 为晶闸管的内置放大系数；β 为电流反馈系数；R_Σ 为电枢回路的总电阻。

大多数工业系统均可以用典型二阶闭环系统表示，即

$$W_{cl}(s) = \frac{\omega_n^2}{s^2 + 2\xi\omega_n s + \omega_n^2} \tag{4-25}$$

式中：ω_n 为系统自然频率；ξ 为阻尼系数。

有如下经验计算公式：

上升时间为

$$t_r \approx \frac{1.8}{\omega_n} \tag{4-26}$$

调节时间为

$$t_s \approx \frac{4.6}{\xi\omega_n} \tag{4-27}$$

超调量为

$$\sigma\% \approx e^{-\pi\xi/\sqrt{1-\xi^2}} \tag{4-28}$$

式中：t_r 为上升时间；t_s 为调节时间；$\sigma\%$为超调量。

显然，给定系统的性能指标要求后，可计算出 ω_n 和 ξ，确定系统的闭环传递函数。由式（4-23）构成闭环后应与式（4-25）恒等，有

$$\begin{cases} K = \omega_n^2 T_{\Sigma i} \\ \xi\omega_n = \dfrac{1}{2T_{\Sigma i}} \end{cases} \tag{4-29}$$

由（4-24）可计算出电流调节器的比例系数 K_i。

（2）转速环设计。转速环的作用如下。

1）转速调节器是调速系统的主导调节器，它使转速 n 很快地跟随给定电压 U_{gn}，稳态时可减小转速误差，如果采用 PI 调节器，则可实现无静差。

2）对负载变化起抗扰作用。

(3) 其输出限幅值决定电机允许的最大电流。

1) 电流环经简化后，可视作转速环中的一个环节，接入转速环内，电流环的闭环传递函数为

$$W_{\mathrm{cli}}=\frac{K}{T_{\Sigma\mathrm{i}}s^2+s+K} \tag{4-30}$$

若 $\xi=0.707$，由式 (4-29) 得

$$K=\frac{1}{2T_{\Sigma\mathrm{i}}} \tag{4-31}$$

代入式 (4-30)，得

$$W_{\mathrm{cli}}=\frac{1}{2T_{\Sigma\mathrm{i}}^2s^2+2T_{\Sigma\mathrm{i}}s+1} \tag{4-32}$$

这是一个二阶振荡环节，其频率特征为

$$\frac{1}{2T_{\Sigma\mathrm{i}}^2(\mathrm{j}\omega)^2+2T_{\Sigma\mathrm{i}}\mathrm{j}\omega+1}=\frac{1}{(1-2T_{\Sigma\mathrm{i}}^2\omega^2)+2\mathrm{j}T_{\Sigma\mathrm{i}}\omega} \tag{4-33}$$

当满足 $2T_{\Sigma\mathrm{i}}^2\omega^2\leqslant 0.1$ 时，可使误差小于 10%。所以，当转速环的截止频率小于 $1/(3\sqrt{2}T_{\Sigma\mathrm{i}})$ 时（这通常是可以满足的），电流环的等效传递函数简化成

$$W_{\mathrm{cli}}=\frac{1}{2T_{\Sigma\mathrm{i}}s+1} \tag{4-34}$$

实际上这是一种特征方程忽略高次项的近似处理方法，具体方法可参阅有关文献。

2) 转速环动态结构图的变换。用电流环的等效环节代替电流闭环后，整个转速调节系统的结构图如图 4-15 (a) 所示。和前面一样，把给定滤波和反馈滤波环节等效地移到环内，同时将给定信号改为 $U_{\mathrm{gn}}(s)/\alpha$；再把时间常数为 T_{on} 和 $2T_{\Sigma\mathrm{i}}$ 的两个小惯性环节合并起来，近似成一个时间常数为 $T_{\Sigma\mathrm{n}}$ 的一个惯性环节，且 $T_{\Sigma\mathrm{n}}=T_{\mathrm{on}}+2T_{\Sigma\mathrm{i}}$，则转速环结构图可简化为图 4-15 (b)。

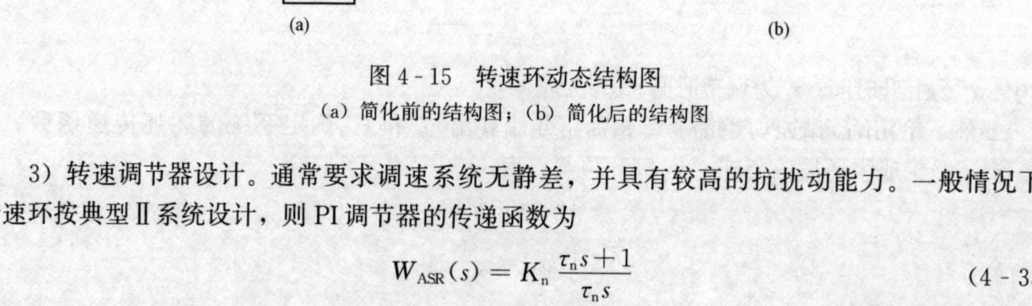

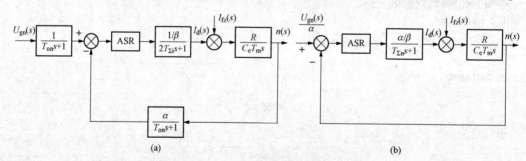

图 4-15 转速环动态结构图

(a) 简化前的结构图；(b) 简化后的结构图

3) 转速调节器设计。通常要求调速系统无静差，并具有较高的抗扰动能力。一般情况下，转速环按典型Ⅱ系统设计，则 PI 调节器的传递函数为

$$W_{\mathrm{ASR}}(s)=K_{\mathrm{n}}\frac{\tau_{\mathrm{n}}s+1}{\tau_{\mathrm{n}}s} \tag{4-35}$$

因此，调速系统开环传递函数为

$$W_{\mathrm{n}}=\frac{K_{\mathrm{n}}(\tau_{\mathrm{n}}s+1)}{s^2(T_{\Sigma\mathrm{n}}s+1)} \tag{4-36}$$

选择转速调节器的积分时间常数为

$$\tau_{\mathrm{n}}=hT_{\Sigma\mathrm{n}} \tag{4-37}$$

式中：h 是斜率为 -20dB/dec 的典型Ⅱ系统的开环对数幅频特性的中频宽，取值 3～10。

转速环开环增益为

$$K_N = \frac{K_n \alpha\beta}{\tau_n \beta C_e T_m} = \frac{h+1}{2h^2 T_{\sum n}^2} \tag{4-38}$$

所以转速调节器的比例系数为

$$K_n = \frac{h+1}{2h} \frac{\beta C_e T_m}{\alpha R T_{\sum n}} \tag{4-39}$$

至于中频宽 h 选多大合适，应视对系统的具体要求而定。

一般来说，h 值越小，抗扰动性能越好，但随着 h 值减小，系统振荡次数的增加，使得系统的恢复时间反而拖长了，则查表 4-1 得：$h=5$ 是较好的选择，超调量 37.6%，为最小系统。实际运行中，由于速度调节器具有饱和特性，系统超调量远没有那么大。

表 4-1　典型Ⅱ型系统阶跃输入跟随性能指标（按 M_{min} 准则确定参数关系）

h	3	4	5	6	7	8
α	52.6%	43.6%	37.6%	33.2%	29.8%	27.2%
t_f/T	2.4	2.65	2.85	3.0	3.1	3.2
t_s/T	12.15	11.65	9.55	10.45	11.30	12.25
K	3	2	2	1	1	1

4.3　可逆直流调速系统

前两节所讨论的单闭环直流和双闭环直流系统，都是由一组晶闸管装置向电机供电，因此电流不能反向，电机拖动系统只能在单一方向运行，是不可逆系统，且不能满足快速制动的要求，只能单象限运行。

但在实际生产生活中，许多生产机械要求电机既能正转，又能反转，而且常需要快速地起动和制动，这就需要电气传动系统具有四象限运行的特性，也就是说，需要可逆的直流调速系统。

怎样实现电机的可逆传动呢？由电机工作原理可知，要改变直流电机的转向，或要实现电机的制动，就必须改变电机电磁转矩的方向。由电机的转矩公式 $T=C_T\Phi I_a$ 可知，改变电磁转矩的方向有两种方法：一种是改变电枢电流的方向，即改变电枢供电电压的方向，形成电枢可逆自动调速系统；另一种是改变电机励磁电流的方向，形成磁场可逆自动调速系统。

4.3.1　可逆直流调速中的环流及其控制方法

在工程实际中应用比较多的是采用两组晶闸管装置反并联可逆线路来实现电流的反向。由于晶闸管的单向导电性，需要电流反向的可逆运行时经常采用两组晶闸管可控整流装置反并联的线路，如图 4-16 所示。

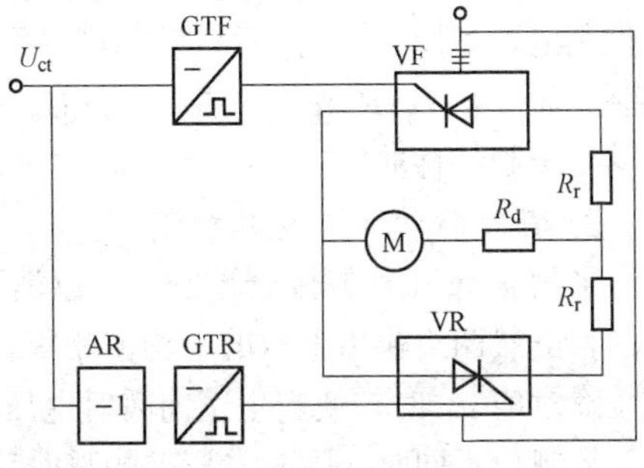

图 4-16　反并联可逆线路中的环流

两组晶闸管分别由两套触发装置控制，都能灵活地控制电机的起动、制动和升速、降速。但是，不允许两组晶闸管同时处于整流状态，否则将造成电源短路，从而影响系统安全工作。这就是决定可逆系统性质的一个重要问题：环流问题。环流是指不流过负载，只在两组晶闸管之间流通的短路电流。环流的存在会加重晶闸管和变压器的负担，消耗无用的功率，环流太大甚至会导致晶闸管损坏，因此必须予以抑制。但环流也并非一无是处，只要控制得好，保证晶闸管安全工作，可以利用环流作为流过晶闸管的基本负载电流，即使在电机空载或轻载时也可使晶闸管装置工作在电流连续区，避免了电流断续引起的非线性现象对系统静、动态性能的影响。另外，在可逆系统中存在少量环流，可以保证电流的无间断反向，加快反向的过渡过程。

环流可分为静态环流和动态环流两大类。

(1) 静态环流为可逆系统中晶闸管装置在一定的控制角下稳定工作时所出现的环流。静态环流又可分为脉动环流（又称交流环流）和直流环流两种。

(2) 动态环流是晶闸管触发相位突然改变时系统由一种工作状态变为另一种工作状态的过渡过程中产生的环流。

这里主要分析静态环流的形成原因，并讨论其控制方法和抑制措施。

1. 直流平均环流的抑制与配合控制

由图 4-16 可以看出：如果让正组晶闸管 VF（简称正组 VF）和反组晶闸管 VR（简称反组 VR）都处于整流状态，正组整流电压 U_{dof} 和反组整流电压 U_{dor} 正负相连，将造成电源短路，此短路电流即为直流平均环流。为了防止产生直流平均环流，当正组晶闸管 VF 处于整流状态时，其整流电压 U_{dof} 为正，这时应该让反组晶闸管 VR 处于逆变状态，此时 U_{dor} 为负，输出一个逆变电压把它顶住，而且幅值与 U_{dof} 相等，于是

$$U_{dof}=U_{dor} \tag{4-40}$$

若正组晶闸管 VF 的控制角 $\alpha_f<90°$，其输出平均电压 $U_{dof}=K_1U_2\cos\alpha_f$，而反组晶闸管 VR 的控制角 $\alpha_r>90°$，即逆变角 $\beta_r<90°$，其输出平均电压 $U_{dor}=K_1U_2\cos\beta_r$，式中 K_1 的值取决于整流电路的形式，U_2 为整流变压器二次侧相电压有效值。由式 (4-40) 得

$$K_1U_2\cos\alpha_f=K_1U_2\cos\beta_r$$

有

$$\alpha_f+\alpha_r=180°,\ \alpha_f=\beta_r \tag{4-41}$$

按照这样的条件来控制两组晶闸管，就可以消除直流平均环流。这样的控制方式称为 $\alpha=\beta$ 工作制配合控制。为了更可靠地消除直流环流，可采用

$$\alpha_f\geqslant\beta_r \tag{4-42}$$

实现 $\alpha=\beta$ 工作制配合控制是比较容易的。只要将两组晶闸管装置触发脉冲的零位都定在 90°，即当控制电压 $U_{ct}=0$ 时，使 $\alpha_{f0}=\alpha_{r0}=\beta_{r0}=90°$，则 $U_{dof}=U_{dor}=0$，电机处于停车状态；增大控制电压 U_{ct} 移相时，只要使两组触发装置的控制电压大小相等、方向相反就可以了。这样的触发控制电路如图 4-17 所示，它用同一个控制电压 U_{ct} 去控制两组触发装置。正组 GTF 由 U_{ct} 直接控制，而反组 GTR 由 $-U_{ct}$ 控制。$-U_{ct}$ 是经过放大系数为 -1 的反号器 AR 得到的。图 4-18 为其移相控制特性曲线。

2. 瞬时脉动环流及其抑制

采用 $\alpha=\beta$ 工作制配合控制，可以消除直流环流。但是由于晶闸管整流装置的输出电压是脉动的，虽然两组输出电压的平均值相等，但瞬时值不一定相等。当整流电压瞬时值 u_{dof} 大于逆变电压瞬时值 u_{dor} 时，便产生正向瞬时电压差 Δu_{do}，从而产生瞬时环流。

控制角不同时，瞬时电压差的瞬时环流也不同。在三相零式反并联可逆线路中，当 $\alpha_f=\beta_r=60°$ 时，正组瞬时整流电压 u_{dof} 与反组瞬时逆变电压 u_{dor} 瞬时值并不相等，而其平均值相同。瞬时电压差 $\Delta u_{do}=u_{dof}-u_{dor}$。由于这个瞬时电压差的存在，两组晶闸管之间产生了瞬时脉动环流 i_{cp}。

由于晶闸管装置的内阻 R_r 是很小的，环流回路的阻抗主要是电感，所以 i_{cp} 不能突变，并且落后于环流电压 Δu_{do}，它是交流的。由于晶闸管的单向导电性，i_{cp} 只能在一个方向脉动，所以称为瞬时脉动环流。

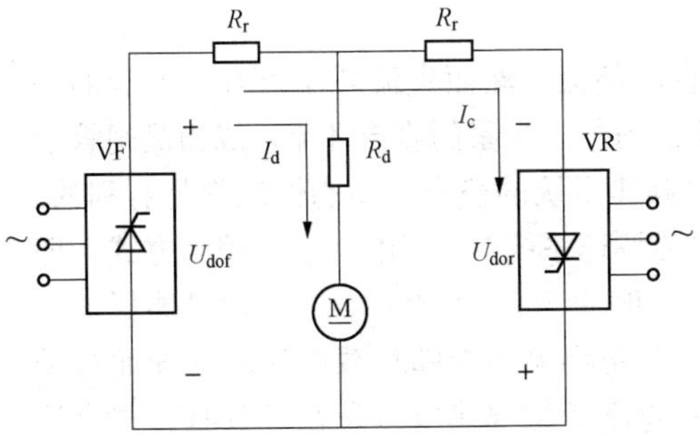

图 4-17　$\alpha=\beta$ 工作制配合控制的可逆线路

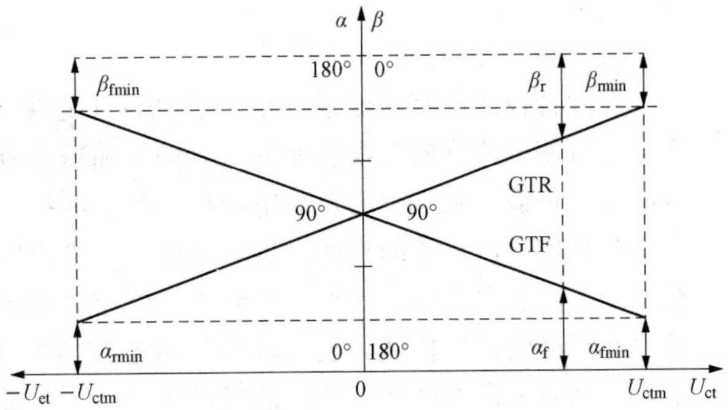

图 4-18　移相控制特性曲线

瞬时脉动环流存在直流分量 I_{cp}，它和平均电压差所产生的直流平均环流是有根本区别的。为限制脉动环流，需在环流回路中设置电抗器，此电抗器称为均衡电抗器。当正组 VF 组工作时，L_{c1} 中通过负载电流，使铁心饱和，失去限制环流的作用，此时只能依靠无负载电流通过的 L_{c2} 来限制环流。同理，当反组 VR 组工作时，则依靠 L_{c1} 限制环流。

4.3.2　电枢可逆有环流调速系统

1. 配合控制的有环流可逆调速系统

在 $\alpha=\beta$ 工作制配合控制下，可逆线路中存在瞬时脉动环流，所以这样的系统称为有环流可逆调速系统。由于脉动环流是自然存在的，没有施加任何控制，所以又称其为自然环流系统。其原理框图如图 4-19 所示。其中，主电路采用两组三相桥式晶闸管装置反并联的线路，因为有两条并联的环流通路，所以要用四个环流电抗器。由于环流电抗器流过较大的负载电流时就要饱和，因此电枢回路中还设有平波电抗器。

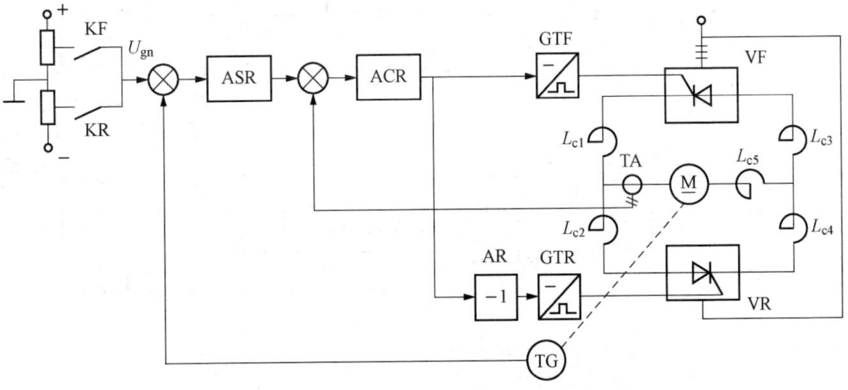

图 4-19　$\alpha=\beta$ 工作制配合控制的有环流可逆调速系统原理框图

控制回路采用典型的转速、电流双闭环系统。转速调节器 ASR 和电流调节器 ACR 都设置了双向输出限幅，以限制正向、反向最大动态电流和最小控制角 α_{min} 与最小逆变角 β_{min}，为了在任何控制角时都保持 $\alpha_f+\beta_r=180°$ 的配合关系，应始终保持控制电压 $-U_{ct}$。在 GTR 之前加放大倍数为 1 的反号器 AR 可以满足这一要求。根据可逆系统正反向运行的需要，给定电压 U_{gn} 应有正、负极性，这可由继电器 KF 和 KR 来切换。为保证转速和电流的负反馈，必须使反馈信号也能反映出相应的极性。因此，采用霍尔电流变换器从直流侧得到电流反馈信号。必须注意，简单地采用一套交流互感器或直流互感器都不能反映电枢电流极性。图 4-19 中标出的 U_{gn} 为正时各处的极性。

2. 可控环流可逆调速系统

在配合控制的有环流系统中，总是设法避免出现直流环流。然而直流环流也有它有利的一面。它可使电流反向时没有死区，有助于缩短过渡过程。另外，少量的直流环流，成为晶闸管装置的基本负载，则实际的负载电流可以越过断续区，对调速系统的静态、动态性能都是有利的。于是从利用直流环流的目的出发，提出了“给定环流可逆调速系统”。采用 $\alpha<\beta$ 的控制方式，即在两组变流装置之间，保留一个较小的恒定直流环流，一般为 5%～10%I_n。这样做虽能保证系统具有平滑的过渡特性，也能减小环流电抗器的体积，但是环流不能随负载电流的增加而自动下降，因而无谓地增加了环流造成的损耗。一个理想的环流变化规律应该是在轻载时有些直流环流，以保证电流连续，而当负载大到一定数值后使环流减小到零，形成 $\alpha>\beta$ 的控制方式。这种根据负载实际情况来控制环流的大小和有无的系统就是可控环流可逆调速系统。

(1) 具有两个电流调节器的可控环流可逆调速系统。可控环流可逆调速系统的工作原理图如图 4-20 所示。主回路采用两组晶闸管交叉连接线路。控制线路仍为典型的转速、电流双闭环系统，但电流互感器和电流调节器都用了两套，分别组成正反向各自独立的电流闭环，并且正组、反组电流调节器 1ACR、2ACR 输入端分别加上了控制环流的环节。控制环流的环节包括环流给定电压电路（$-U_{gc}$）和二极管 VD、电容 C、电阻 R 组成的环流抑制电路。为了使 1ACR 和 2ACR 的给定信号极性相反，U_{gi} 经过放大系数为 -1 的反号器 AR 输出 $-U_{gi}$，作为 2ACR 的电流给定信号。这样，当一组整流时，另一组就可以作为控制环流来用。

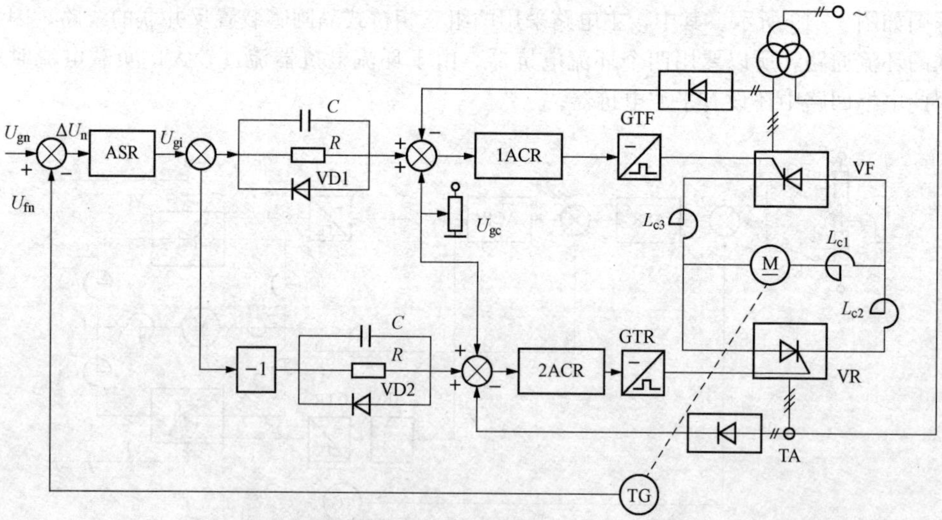

图 4-20 可控环流可逆调速系统的工作原理

系统工作原理为当速度给定信号 $U_{gn}=0$ 时，ASR 输出电压 $U_{gi}=0$，此时 1ACR 和 2ACR 仅依靠环流给定电压 $-U_{gc}$（其值可根据实际情况整定）使两组晶闸管同时处于微导通的整流状态，输出电流 $I_f=I_r=I_c^*$（给定环流），在原有的瞬时脉动环流之外，又加上恒定的直流平均环流，其大小可控制在额定电流的 5%～10%，而电机的电枢电流 $I_d=I_f=I_r=0$。正向运行时，U_{gi} 为负，二极管 VD1 导通，负的U_{gi}加在正组电流调节器 1ACR 上，使正组控制角 α_f 更小，输出电压 u_{dof}升高，正组流过的电流 I_f 也增大；与此同时，反组的电流给定$-U_{gi}$为正电压，二极管 VD2 截止，正电压$-U_{gi}$通过与 VD2 并联的电阻R加到反组电流调节器 2ACR 上，$-U_{gi}$抵消了环流给定电压$-U_{gc}$的作用，抵消的程度取决于电流给定信号的大小。稳态时，电流给定信号基本上和负载电流成正比，因此，当负载电流小时，正的$-U_{gi}$不足以抵消$-U_{gc}$，所以反组有很小的环流电流流过，电枢电流 $I_d=I_f-I_r$；随着负载电流的增大，正的$-U_{gi}$继续增大，抵消$-U_{gc}$的程度增大，当负载电流增大到一定程度时，$-U_{gi}=+U_{gc}$，环流就完全被抑制住了。这时正组流过负载电流，反组则无电流通过，与R、VD2 并联的电容C则是对遏制环流的过渡过程起加快作用。反向运行时，反组提供负载电流，正组控制环流。

(2) 交叉反馈可控环流系统。上述可控环流可逆调速系统采用了两个电流调节器 1ACR、2ACR，而且这两个电流调节器交替进行负载电流控制和环流控制。这样每一个电流调节器都要承担对负载电流 I_L 和对环流 I_c 的调节任务。当正组晶闸管处于工作状态时，1ACR 承担负载电流 I_L 的调节任务，而 2ACR 则承担环流 I_c 的调节任务，或反之，但是负载电流回路和环流回路的参数是完全不同的。要使 1ACR、2ACR 的动态参数同时满足两个回路的要求，以及使 I_L 和 I_c 的调节过程同时具有良好的动态品质是不可能的，除非赋予电流调节器自适应能力。总的环流给定值随负载电流给定值U_{gi}的增加而减小，而不受负载电流实际值 I_L 影响。但 I_L 的变化一般均滞后于U_{gi}的变化，这样在动态过程中，就可能造成配合失误，使环流变化规律发生混乱现象，影响系统过渡特性的平滑性。

综上所述，因采用两个电流调节器的可控环流可逆调速系统存在缺点，所以在实际中较少应用。下面介绍一种应用较多的交叉反馈控制环流系统。

图 4 - 21 为交叉反馈控制环流系统结构原理图。该系统的特点如下。

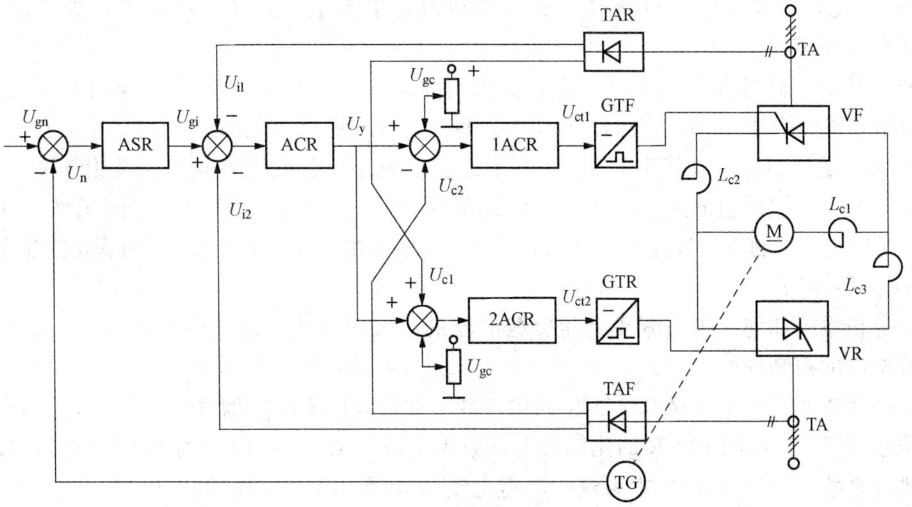

图 4 - 21　交叉反馈控制环流系统结构原理图

1）主回路采用交叉接线。变压器有两个二次绕组，其中一组接成 Y 形，另一组接成△形。两个二次绕组的相位错开 30°，使环流电动势的频率增加 1 倍。这样可使系统处于零位时（$U_{gn}=0$），避开瞬时脉动环流的峰值，从而可以大大减小环流电抗器的尺寸和价格。

2）除了转速调节器（ASR）和电流调节器（ACR）外，还增设了两个环流调节器 1ACR 和 2ACR。ASR 和 ACR 采用 PI 调节器，环流调节器采用比例调节器（P 调节器），1ACR 的比例系数为+1，2ACR的比例系数为−1。

3）每个环流调节器上都施加了恒定的环流给定信号U_{gc}和交叉的电流反馈信号U_{c1}、U_{c2}，而且1ACR的环流给定信号为正，电流反馈U_{c2}为负，2ACR的环流给定信号为负，电流反馈U_{c1}为正。

4）电流反馈信号U_{i1}总为正，U_{i2}总为负，与负载电流极性无关，它们合成电流反馈信号为

$$U_i = U_{i1} - U_{i2} = \beta I_f - \beta I_r = \beta(I_f - I_r) = \beta I_d \tag{4-43}$$

式（4-43）表明，合成电流反馈信号U_i不仅反映电枢电流的大小，而且可以反映电枢电流的极性，其环流电流相互抵消了，使电流环在任何时刻都具有负反馈特性。

该系统的电枢电流调节与环流调节是各自独立进行的。各调节环的参数可以根据各自调节对象进行选择，从而获得较为理想的动态性能。

环流调节器1ACR和2ACR的输入端有三个信号，分别为ACR的输出信号U_y、环流给定信号U_{gc}和交叉电流反馈信号U_{c2}或U_{c1}。采用交叉电流反馈，是为了实现环流随负载电流增大而逐渐降低，直至完全消失。

当转速给定信号$U_{gn}=0$时，ASR和ACR的输出均为零，此时环流调节器进行给定环流调节。因为1ACR的给定信号只有最大环流给定值$+U_{gc}$，并且1ACR的比例系数为+1，故其输出U_{ct1}为正值，使正组VF的控制角$\alpha<90°$，VF处于整流状态；2ACR的给定信号只有负向最大环流给定值$-U_{gc}$，由于其比例系数为−1，故其输出U_{ct1}为正值，使反组VR的控制角也是$\alpha<90°$，VR也处于整流状态。如果系统参数完全对称，环流给定值$\pm U_{gc}$的绝对值相等，且数值较小，那么此时正组VF和反组VR均处于微导通的整流状态，并输出相等的直流环流，即$I_f=I_c=I_c^*$，此时的环流为最大值。该值是由正组VF和反组VR整流电压之和$U_{dof}+U_{dor}$产生的。这样，系统在原有脉动环流之上，又加上了由正组VF流向反组VR的直流环流。直流环流的大小取决于环流给定电压U_{gc}，通常取5%～10%I_n。此时电机电枢电流$I_d=I_f-I_r=0$，电机处于静止状态，系统处于环流调节状态。

电机正转时，转速给定信号U_{gn}为正，ASR的输出U_{gi}为负，ACR的输出U_y为正，致使1ACR的输入正向增加，$+U_{ct1}$增加，正组VF的α减小，使U_{dof}增加；2ACR的输入也正向增加，但由于2ACR是反相器，故其输出U_{ct2}由原来的正值减小，甚至变成负值。反组VR的α增大，甚至进入逆变区，但反组的逆变电压小于正组的整流电压，因此在两组桥之间仍然存在着由正组VF流向反组VR的直流环流I_c。此时，正组VF输出电流$I_f=I_d+I_c$，反组VR输出电流$I_r=I_c$，电机电枢电流$I_d=I_f-I_r$。

下面分析系统如何实现直流环流随负载电流的增加而减小，以及当负载大到一定程度时环流完全被抑制的控制规律。

如果在环流调节器1ACR和2ACR的输入端不加最大环流给定信号$+U_{gc}$、$-U_{gc}$和交叉电流反馈信号U_{c2}、U_{c1}，则因1ACR的比例放大系数为+1，1ACR的引入对系统不产生影响，2ACR的比例放大系数为−1。此时，本系统中电枢电流调节器ACR的输出信号U_y实质上是保持系统基本工作状态（保持$\alpha=\beta$配合控制）的移相控制信号，它是本系统的主要移相信号，这个信号和环流给定信号U_{gc}、交叉电流反馈信号U_{c1}、U_{c2}综合，可实现环流可控的功能。

对于处于整流状态的正组晶闸管而言，最大环流给定信号U_{gc}和交叉电流反馈信号U_{c2}实质上可看作电枢电流调节环前向通道中的干扰信号。具有PI调节器的电枢电流调节闭环的功能是克服正向通道的干扰，使电枢电流跟踪电流给定信号U_{gi}的变化，并在稳态时没有偏差。由此可知，转速调节环和电枢电流调节环通过工作组晶闸管装置对系统进行的调节过程和获得的性能，基本上与自然环流系统相同。

可控环流的调节过程是由待工作组的环流调节闭环实现的。待工作组环流调节器的输入信号为（$U_y-U_{gc}+U_{cl}$）。如前所述，U_y 是维持 $\alpha=\beta$ 配合控制所需要的移相控制信号，而（$-U_{gc}+U_{cl}$）是在配合控制基础上附加的环流给定信号和环流反馈信号。在它们的作用下，使待工作组的触发脉冲从配合控制的位置前移或后移，以改变待工作组变流装置的电压，从而调节环流的大小。

由于

$$U_{cl}=\beta_c I_f=\beta_c(I_d+I_c)=\beta_c I_d+\beta_c I_c=\beta_c I_d+U_c \tag{4-44}$$

式中：β_c 为环流调节环的电流反馈系数；U_c 为环流反馈信号。

所以

$$-U_{gc}+U_{cl}=(-U_{gc}+\beta_c I_d)+U_c \tag{4-45}$$

式（4-45）等号右边第一项为合成环流给定信号，它由最大环流给定信号$-U_{gc}$和电枢电流反馈 $\beta_c I_d$ 组成。当电枢电流 $I_d=0$ 时，合成环流给定信号为$-U_{gc}$，这时的环流最大，即 $I_c=I_{cm}=I_c^*$，因此称U_{gc}为最大环流给定信号。当 I_d 增加时，合成环流给定信号下降，环流亦随之下降。当 I_d 增大到一定程度后，环流则自动消失。

由以上分析，可把交叉反馈可控环流系统归纳为转速环用以实现速度无静差调节；电流环调节电枢回路电流，使系统具有良好的起动、制动性能和获得堵转特性；环流调节环采用交叉电流反馈，是为了保证直流环流能随电机负载电流的增加而自动减小，当负载电流达到一定数值后，环流自动消失。这样，既可防止轻载时电流断续，使过渡特性平滑，又可减少损耗和设备投资。因此，该系统无论从静态调节精度、动态品质，还是从经济性方面来说，都是一种比较理想的调速系统。它广泛用于快速性要求较高的可逆调速系统。

4.3.3　电枢可逆逻辑无环流调速系统

在有环流系统中，不仅系统的过渡特性平滑，而且由于两组晶闸管变流装置同时工作，两组变流装置之间切换时不存在控制死区。因而，除系统过渡特性更加平滑之外，其还有快速性能好的优点。但是，有环流系统中需设置笨重而价格昂贵的环流电抗器，而且环流将造成额外的有功损耗和无功损耗，因此，当工艺过程对系统滤波特性的平滑性要求不高时，特别是对于大容量的系统，从生产可靠性要求出发，常采用既没有直流平均环流，又没有瞬时脉动环流的无环流系统。按实现无环流原理的不同，无环流系统分为错位控制无环流系统和逻辑控制无环流系统两大类。错位控制无环流系统的基本控制思路借用配合控制的有环流系统的控制。对于一组晶闸管整流 $\alpha=\beta$ 配合控制的有环流系统的控制，当一组晶闸管整流时，另一组晶闸管处于待逆变状态，但是两组触发脉冲的零位错开得比较远，彻底杜绝了脉动环流的产生；逻辑控制无环流系统的特点是当一组晶闸管变流装置工作时，用逻辑装置封锁另一组晶闸管变流装置的触发脉冲，使其完全处于阻断状态，从根本上切断了环流通路。本小节只讨论逻辑控制的无环流可逆调速系统。

系统的组成及工作原理：逻辑控制的无环流可逆调速系统（以下简称逻辑无环流系统）是目前在生产中应用最为广泛的可逆系统，其原理框图如图 4-22 所示。主电路采用两组晶闸管装置反并联连接，由于没有环流，不用再设置环流电抗器。但为了保证稳定运行时电流波形的连续，仍应保留平波电抗器 L_d。控制线路采用典型的转速、电流双闭环系统，只是电流环分设了两个电流调节器。1ACR 用来控制正组触发装置 GTF，2ACR 控制反组触发装置 GTR。1ACR 的给定信号 U_{gi}经过反相器作为 2ACR 的给定信号，这样可以使电流反馈信号 U_{fi}的极性在正转、反转时都不必改变，从而可采用不反映极性的交流电流互感器。由于主电路不设均衡电抗器，一旦出现环流，将造成严重的短路事故，所以对工作时的可靠性要求特别高。

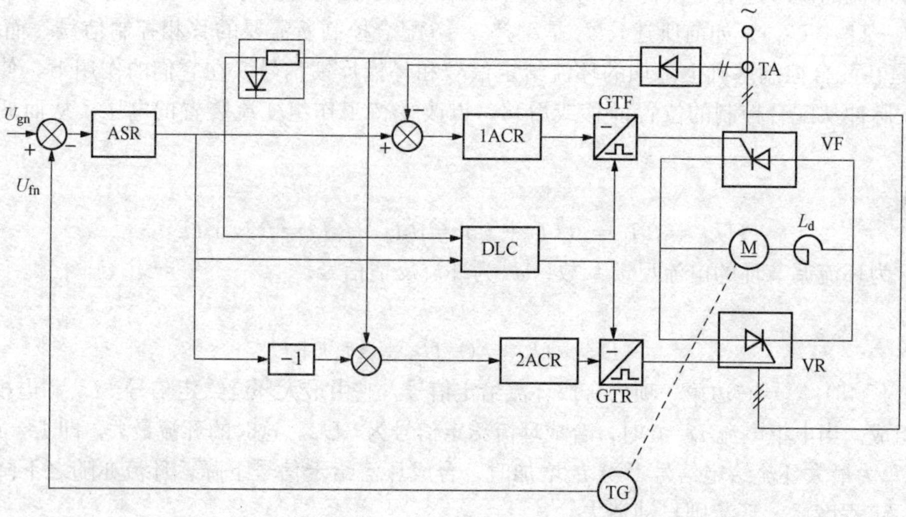

图 4-22 逻辑控制的无环流可逆调速系统的原理框图

该系统的工作原理与自然环流系统没有多大区别，只是用了无环流逻辑控制器 DLC 来控制两组触发脉冲的封锁和开放。DLC 是系统中最关键的部件，必须保证可靠地工作。它按照系统的工作状态指挥系统进行自动切换，或允许正组发出触发脉冲而封锁反组，或允许反组发出触发脉冲而封锁正组。在任何情况下，两组晶闸管装置绝对不允许同时加触发脉冲。一组晶闸管变流装置工作时，另一组的触发脉冲必须严格封锁；用转速调节器输出电流给定的信号，作为转矩极性鉴别信号，以其极性来决定开放哪一组晶闸管的触发脉冲，但必须等到零电流检测器给出的零电流信号为零以后，方可正式发出逻辑切换指令。发出逻辑切换指令之后，要经过 2～3ms 的封锁延时，封锁原导通组的触发脉冲，而后经过 5～7ms 的开放延时，再开放原封锁组的 5～7ms 的开放延时，再开放原封锁组的触发脉冲。为保证两组脉冲绝对可靠工作，还应设置保护环节，以防止两组脉冲同时出现而造成电源短路。

电枢可逆逻辑无环流调速系统与有环流可逆调速系统相比，主要优点是不需要设置环流电抗器，没有附加的环流损耗，从而可减少变压器和晶闸管装置的设备容量；另外，因换流失败而造成的事故率比有环流系统要低。其不足之处是有换向死区，影响过渡过程的快速性。

4.4 典型应用案例分析——直流调速系统的 MATLAB 仿真

4.4.1 开环直流调速系统的仿真

开环直流调速系统的电气原理图如图 4-23 所示。直流电机的电枢由三相晶闸管整流电路经平波电抗器 L 供电，通过改变触发器移相控制信号 U_c 调节晶闸管的控制角 α，从而改变整流器的输出电压，实现直流电机的调速。开环直流调速系统的仿真模型如图 4-24 所示。

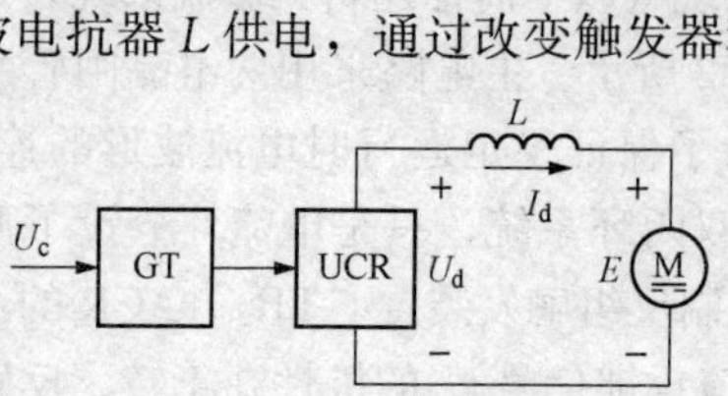

图 4-23 开环直流调速系统的电气原理图

为了减小整流器谐波对同步信号的影响，假设三相交流电源电感 $L_s=0$，直流电机励磁由直流电源直接供电。触发器（6-Pulse）的控制角（alpha _ deg）由移相控制信号 U_c 决定，移相特性的数学表达式为

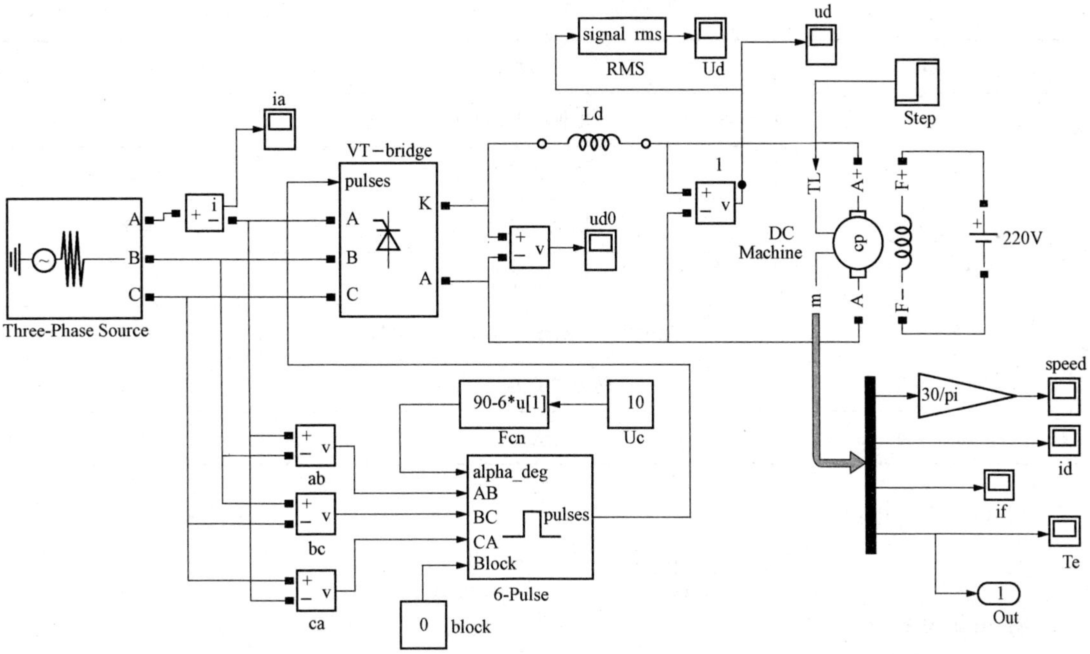

图 4-24　开环直流调速系统的仿真模型

$$\alpha = 90^\circ - \frac{90^\circ - \alpha_{min}}{U_{cmax}} U_c \qquad (4-46)$$

在本模型中取 $\alpha_{min}=30°$，$U_{cmax}=10V$，所以 $\alpha=90-6U_c$。在直流电机的负载转矩输入端 T_L 用 Step 模块设定加载时刻和加载转矩。

[仿真算例 1]

已知一台 4 极直流电机额定参数为 $U_N=220V$，$I_N=136A$，$n_N=1460r/min$，$R_a=0.2\Omega$，$GD^2=22.5N\cdot m^2$。励磁电压 $U_f=220V$，励磁电流 $I_f=1.5A$。采用三相桥式整流电路，设整流器内阻 $R_{rec}=0.3\Omega$。平波电抗器 $L_d=20mH$。仿真该晶闸管一直流电机开环调速系统，观察电机在全压起动和起动后加额定负载时的电机转速 n、电磁转矩 T、电枢电流 I_d 及电枢电压 U_d 的变化情况。

仿真步骤：

(1) 绘制系统的仿真模型（图 4-24）。

(2) 设置模块参数（表 4-2）。

表 4-2　　开环直流调速系统主要模型参数

模块	参数名	参数
三相电源 (Three-Phase Source)	Phase-to-phase rms voltage(V)	$130\sqrt{3}$
	Phase angle of phase A(degrees)	0
	Frequency(Hz)	50
	Internal connection	Y
	Source resistance(Ω)	0.001
	Source inductance(H)	0

续表

模块	参数名	参数
直流电机（DC Machine）	电枢电阻 $R_a(\Omega)$	0.20
	电枢电感 L_a(H)	0.0021
	励磁电阻 $R_f(\Omega)$	146.7
	励磁电感 L_f(H)	0
	电枢绕组与励磁绕组间互感 L_{af}(H)	0.84
	转动惯量 $J(kg\cdot m^2)$	0.57
平波电抗器(Inductance)	电感 L_d(H)	0.02

1）供电电源电压。

$$U_2=\frac{U_N+R_{rec}I_N}{2.34\cos\alpha_{min}}=\frac{220+0.3\times136}{2.34\times\cos30^\circ}\approx130(V)$$

2）电机参数。

励磁电阻为

$$R_f=\frac{U_f}{I_f}=\frac{220}{1.5}\approx146.7(\Omega)$$

励磁电感在恒定磁场控制时可取 0。

电枢电阻为

$$R_a=0.2\Omega$$

电枢电感由下式估算，即

$$L_a=19.1\frac{CU_N}{2pn_NI_N}=19.1\times\frac{0.4\times220}{2\times2\times1460\times136}\approx0.0021(H)$$

式中：p 为极对数；C 为计算系数，对于无补偿电机 $C=0.1$，补偿电机 $C=0.4$。

电枢绕组和励磁绕组间的互感 L_{af} 为

$$K_e=\frac{U_N-R_aI_N}{n_N}=\frac{220-0.2\times136}{1460}\approx0.132(V\cdot min/r)$$

$$K_T=\frac{60}{2\pi}K_e=\frac{60}{2\pi}\times0.132\approx1.26$$

$$L_{af}=\frac{K_T}{I_f}=\frac{1.26}{1.5}=0.84(H)$$

电机转动惯量为

$$J=\frac{GD^2}{4g}=\frac{22.5}{4\times9.81}\approx0.57(kg\cdot m^2)$$

3）额定负载转矩为

$$T_L=K_TI_N=1.26\times136\approx171.4(N\cdot m)$$

(3) 设置仿真参数：仿真算法 odel5s，仿真时间 5.0s，直流电机空载起动，起动 2.5s 后加额定负载 $T_L=171.4N\cdot m$。

(4) 进行仿真并观察、分析结果（图 4-25）。可以用语句 plot（tout，yout）进行示波器的曲线处理。

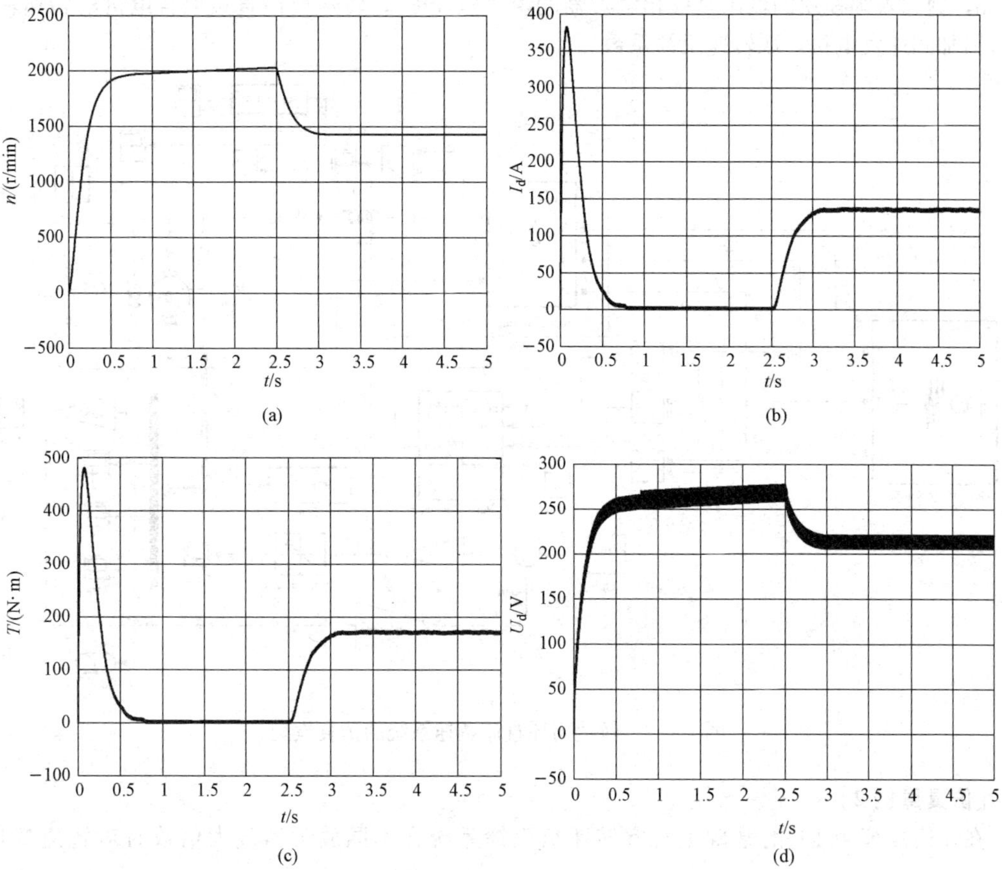

图 4-25　开环直流调速系统的仿真结果

（a）转速响应；（b）电枢电流响应；（c）电磁转矩响应；（d）电枢电压响应

4.4.2　转速闭环直流调速系统的仿真

转速闭环直流调速系统的电气原理图如图 4-26 所示，系统由转速给定环节 U_n^*、转速调节器 ASR（放大系数）、移相触发器 GT、晶闸管整流器 UCR 和直流电机 M 和测速发电机 TG 等组成。

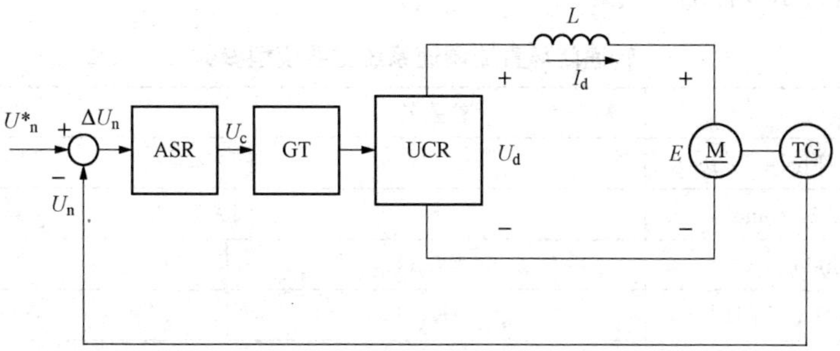

图 4-26　转速闭环直流调速系统的电气原理图

转速闭环直流调速系统的仿真模型如图 4-27 所示，模型在开环调速系统的基础上，增加了转速给定信号 U_n^*，转速反馈 n-feed、放大器 Gain 和反映放大器输出限幅的饱和特性模块 Saturation，饱和限幅模块的输出是移相触发器的控制电压 U_c，转速反馈直接取自电机的转速输出，没有另加测速发电机，取转速反馈系数。

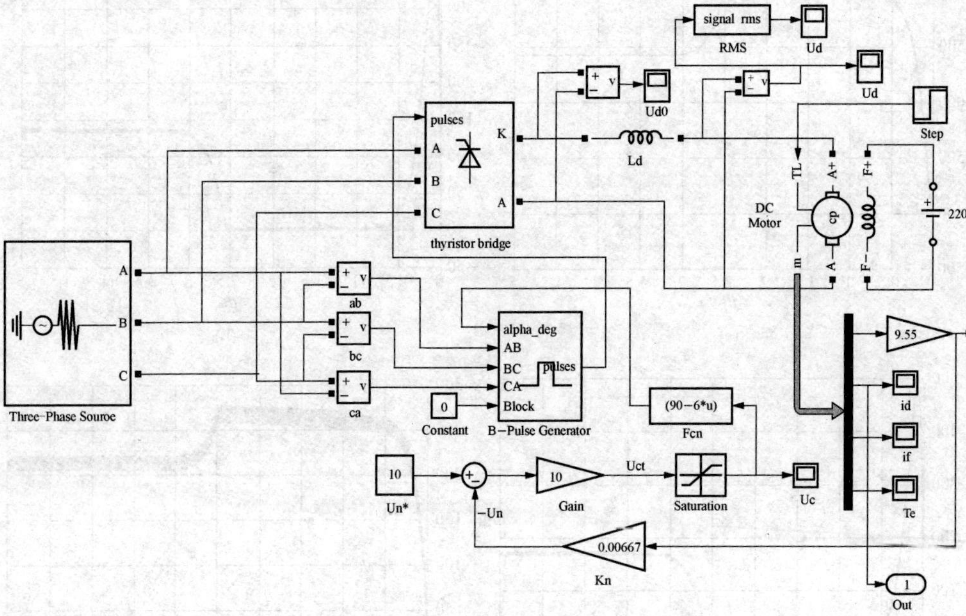

图 4-27 转速闭环直流调速系统的仿真模型

[仿真算例 2]

在［仿真算例 1］的基础上观察转速负反馈系统在不同放大器放大倍数时对转速变化的影响。

仿真步骤：

(1) 绘制系统的仿真模型（图 4-27）。

(2) 设置模块参数（表 4-3）。

(3) 设置仿真参数为仿真算法 odel5s，仿真时间 1.5s，直流电机空载起动，起动 0.5s 后加额定负载 $T_L = 171.4\text{N} \cdot \text{m}$。

(4) 进行仿真并观察、分析结果（图 4-28），用语句 plot（tout1，yout1，tout2，yout2，tout3，yout3）进行示波器的曲线处理。

表 4-3 转速闭环直流调速系统主要模型参数

模块	参数名	参数
三相电源（Three-Phase Source）	同表 4-2	
直流电机（DC Machine）	同表 4-2	
平波电抗器（Inductance）	电感 L_d(H)	0.02
转速反馈系数（n-feed）	K_n	0.00667
放大器（Gain）	K_p	10（可调整）
饱和限幅（Saturation）	Upper limit	10
	Lower limit	−10

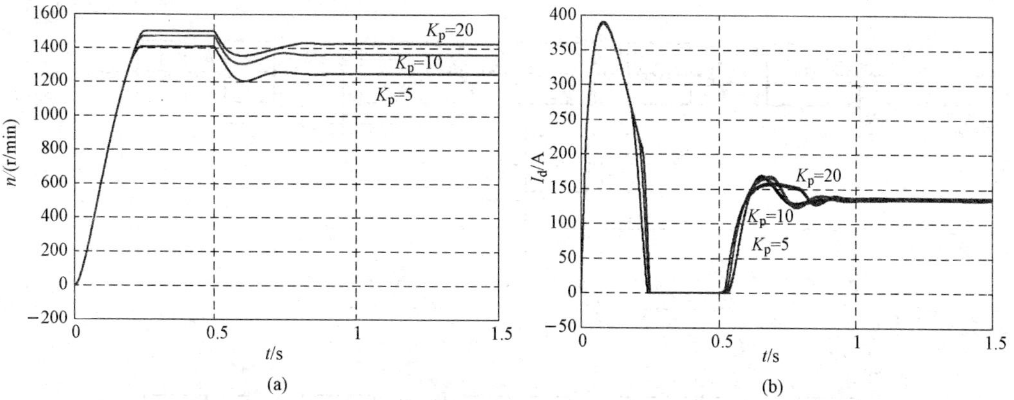

图 4-28　转速闭环直流调速系统的仿真结果

(a) 不同 K_p 时的转速响应情况；(b) 不同 K_p 时的电流响应情况

4.4.3　转速电流双闭环直流调速系统的仿真

转速电流双闭环直流调速系统的电气原理图如图 4-29 所示，由于晶闸管整流器不能通过反向电流，因此不能产生反向制动转矩而使电机快速制动。

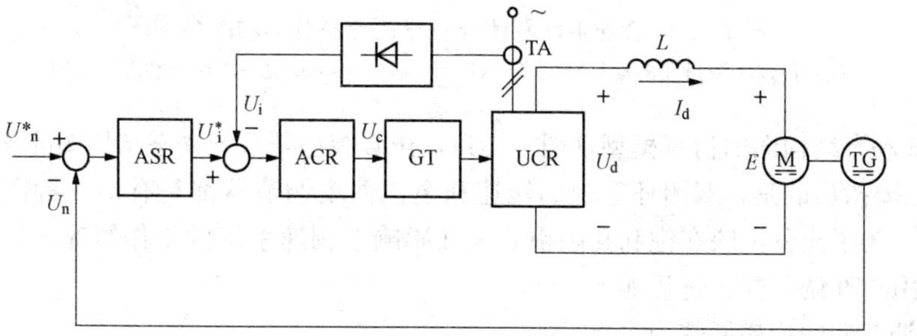

图 4-29　转速电流双闭环直流调速系统的电气原理图

双闭环直流调速系统的仿真可以依据系统的动态结构图进行，也可以用 SIMULINK 的 Power System 模块来组建。两种仿真的不同在于主电路，前者晶闸管和电机用传递函数来表示，后者晶闸管和电机使用 Power System 模块，而控制部分则是相同的。下面对这两种方法分别进行介绍。

1. 基于动态结构图的双闭环直流调速系统仿真

双闭环直流调速系统的实际动态结构图如图 4-30（b）所示，它与图 4-30（a）的不同之处在于增加了滤波环节，包括电流滤波、转速滤波和两个给定信号的滤波环节。这是因为电流检测信号常含有交流分量，为了不使它影响调节器的输入，需加低通滤波。这样的滤波环节的传递函数可用一阶惯性环节来表示，其滤波时间常数 T_{oi} 可按需要选定，以滤平电流检测信号为准。然而，在抑制交流分量的同时，滤波环节也延迟了反馈信号的作用，为了平衡这个延迟作用，在给定信号通道上加入一个同等时间常数的惯性环节，称为给定滤波环节。其意义是，让给定信号和反馈信号经过相同的延时，使二者在时间上得到恰当的配合，从而带来设计上的方便。同样，由测速发电机得到的转速反馈电压信号含有换向纹波，因此也需要滤波，滤波时间常数用 T_{on} 表示。根据和电流环一样的道理，在转速给定通道上也加入时间常数为 T_{on} 的给定滤波环节。

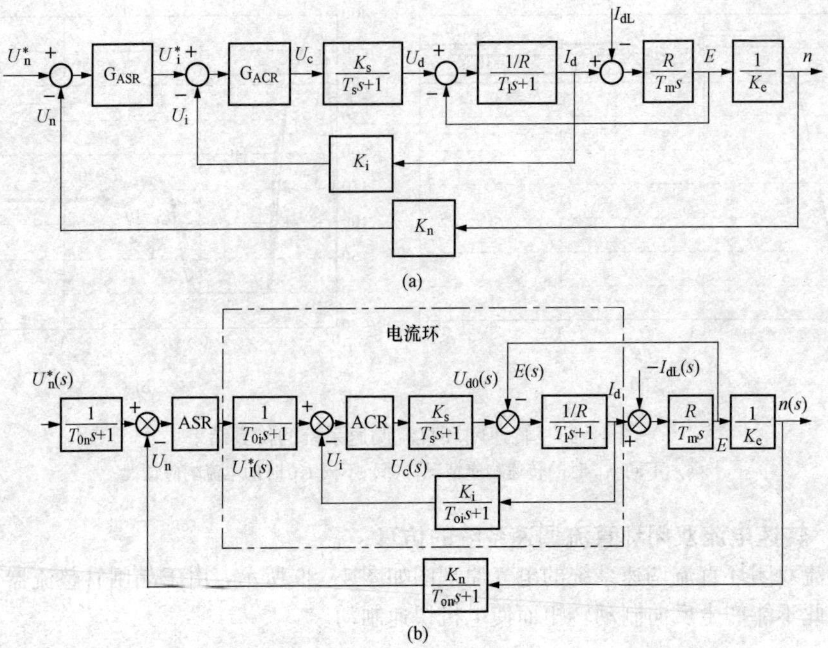

图 4-30 转速电流双闭环直流调速系统的动态结构图

(a) 传递函数搭建的动态结构图；(b) Power System 模块搭建的动态结构图

依据系统动态结构图的仿真模型（图 4-31），仿真模型与系统动态结构图的各个环节基本上是对应的。需要指出的是，双闭环系统的转速和电流两个调节器都是有饱和特性和带输出限幅的 PI 调节器，为了充分反映在饱和和限幅非线性影响下调速系统的工作情况，需要构建考虑饱和和输出限幅的 PI 调节器，过程如下。

线性 PI 调节器的传递函数为

$$W_{pi}(s) = K_p + \frac{K_i}{s} = K_p \frac{1+\tau s}{\tau s}$$

式中：K_p 为比例系数，K_i 为积分系数，时间常数 $\tau = K_p/K_i$。

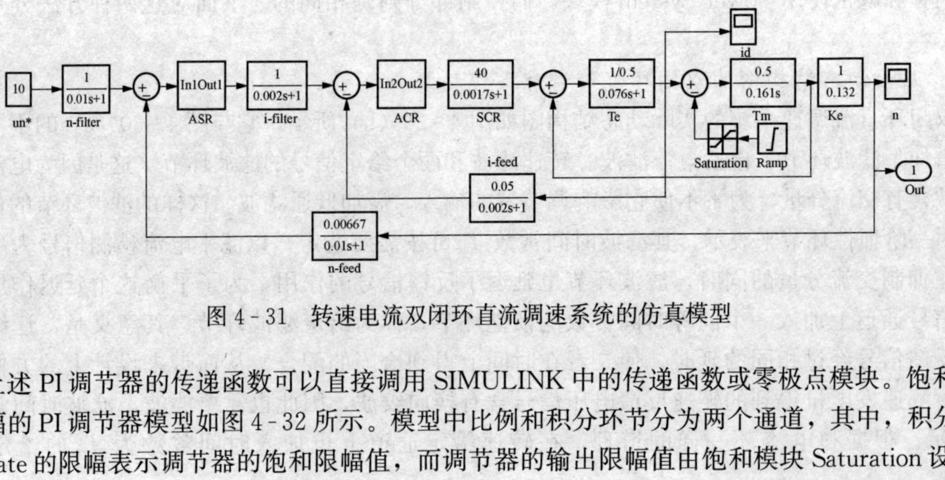

图 4-31 转速电流双闭环直流调速系统的仿真模型

上述 PI 调节器的传递函数可以直接调用 SIMULINK 中的传递函数或零极点模块。饱和和输出限幅的 PI 调节器模型如图 4-32 所示。模型中比例和积分环节分为两个通道，其中，积分模块 Integrate 的限幅表示调节器的饱和限幅值，而调节器的输出限幅值由饱和模块 Saturation 设定。

［仿真算例 3］

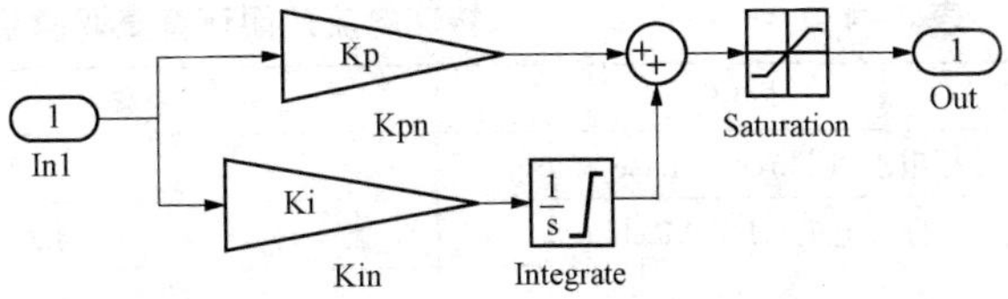

图 4-32　带饱和和输出限幅的 PI 调节器模型

以［仿真算例 1］的晶闸管—直流电机系统为基础，设计一个转速电流双闭环控制的调速系统，设计指标为：转速超调量 $\sigma_n\%\leqslant10\%$，电流超调量 $\sigma_i\%\leqslant10\%$，过载倍数 $\lambda=1.5$，取电流反馈滤波时间常数 $T_{oi}=0.002$s，转速反馈滤波时间常数 $T_{on}=0.01$s，取转速调节器和电流调节器的饱和值为 12V，输出限幅值为 10V。额定转速时转速给定电压 $U_{nm}^*=10$V。通过仿真观察系统的转速、电流响应，以及参数变化（主要是调节器参数）对系统响应的影响。

仿真步骤：

（1）构建系统的仿真模型。

（2）设置模块参数（调节器参数计算和设定）。

1）机电时间常数：$T_m=0.161$s。

电磁时间常数：$T_l=0.076$s。

三相晶闸管整流电路平均失控时间：$T_s=0.0017$s。

2）电流调节器 ACR 参数的计算。

电流反馈系数：$K_i=\dfrac{U_{nm}^*}{\lambda I_N}=\dfrac{10}{1.5\times136}\approx0.05(\text{V/A})$。

电流环时间常数之和：$T_{\Sigma i}=T_s+T_{oi}=0.0017+0.002=0.0037(\text{s})$。

ACR 的传递函数：$W_{ACR}(s)=K_{pi}+K_{ii}\dfrac{1}{s}=K_{pi}\dfrac{1+\tau_i s}{\tau_i s}$，其中

时间常数 $\tau_i=T_l=0.076$s。

比例系数 $K_{pi}=\dfrac{\tau_i R}{2T_{\Sigma i}K_sK_i}=\dfrac{0.076\times0.5}{2\times0.0037\times40\times0.05}\approx2.57$。

式中：R_Σ 为主电路总电阻，$R_\Sigma=R_a+R_x=0.5\Omega$。

积分系数 $K_{ii}=\dfrac{K_{pi}}{\tau_i}=\dfrac{2.57}{0.076}\approx33.8$。

3）转速调节器 ASR 参数的计算。

转速反馈系数：$K_n=\dfrac{U_{nm}^*}{n_N}=\dfrac{10}{1500}\approx0.00667(\text{V}\cdot\text{min/r})$。

式中：n_N 为起动后加额定负载时的电机转速，由图 4-25（a）可知 $n_N=1500$r/min。

电流环等效时间常数：$2T_{\Sigma i}=2\times0.0037=0.0074(\text{s})$。

转速环时间常数之和：$T_{\Sigma n}=2T_{\Sigma i}+T_{on}=2\times0.0037+0.01=0.0174(\text{s})$。

ASR 的传递函数：$W_{ASR}(s)=K_{pn}+K_{pi}\dfrac{1}{s}=K_{pn}\dfrac{1+\tau_n s}{\tau_n s}$，其中

时间常数 $\tau_n=hT_{\Sigma n}=5\times0.0174=0.087(\text{s})$。

比例系数 $K_{pn}=\dfrac{(h+1)K_iK_eT_m}{2hK_nRT_{\Sigma n}}=\dfrac{6\times0.05\times0.132\times0.161}{2\times5\times0.00667\times0.5\times0.0174}\approx10.99$（选择中频段宽度 $h=5$）。

积分系数 $K_{in}=\dfrac{K_{pn}}{\tau_n}=\dfrac{10.99}{0.087}\approx126.3$。

模型调节器参数见表 4-4，调节器积分环节限幅值为±12V，调节器输出限幅值为±10V。

表 4-4　转速电流双闭环直流调速系统主要模型参数

模块	参数名	参数
三相电源（Three-Phase Source）	同表 4-2	
直流电机（DC Machine）	同表 4-2（电枢回路总电阻 $R=0.5\Omega$）	
平波电抗器（Inductance）	电感 L_d（H）	0.02
机电时间常数	T_m（s）	0.161
电磁时间常数	T_l（s）	0.076
UCR 失控时间	T_s（s）	0.0017
转速调节器（ASR）	$K_{pn}=10.99$，$K_{in}=126.3$	
电流调节器（ACR）	$K_{pi}=2.57$，$K_{ii}=33.8$	

4）设置仿真参数：仿真算法 odel5s，仿真时间 2.0s，电机空载起动，起动 0.8s 后突加额定负载（$I_{dL}=I_N=136A$）。

5）进行仿真并观察、分析结果（图 4-33）。

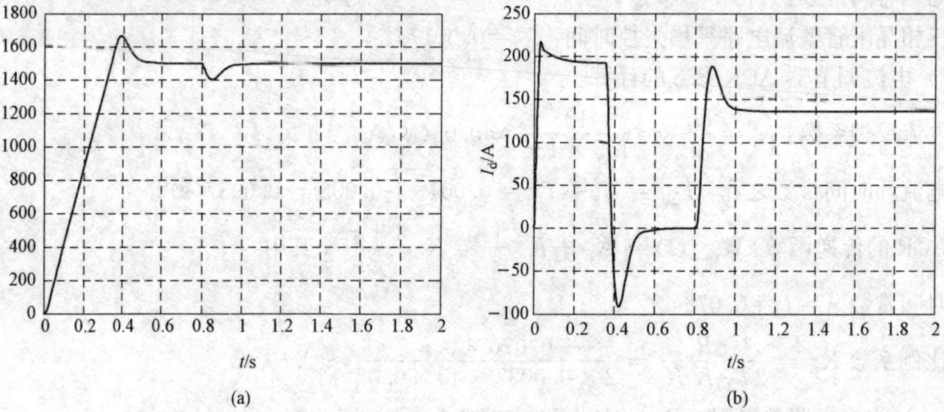

图 4-33　基于动态结构图的双闭环直流调速系统仿真结果

（a）转速响应；（b）电流响应

2. 基于 Power System 模块的双闭环直流调速系统仿真

采用 SIMULINK 的基于 Power System 的双闭环直流调速系统的仿真模型如图 4-34 所示，模型由晶闸管—直流电机组成的主电路和转速、电流调节器组成的控制电路两部分构成。其中，主电路部分的交流电源、晶闸管整流器、触发器、移相控制和电机等环节使用 Power System 模型库中的模块。控制电路的主体是转速和电流两个调节器，以及反馈滤波环节，这部分与前述基于动态结构图的双闭环系统仿真相同。将这两部分拼接起来即组成晶闸管—电机转速电流双闭环控制的直流调速系统的仿真模型。

模型中转速反馈和电流反馈均直接取自电机测量单元的转速和电流输出端，这样减少了测速和电流检测环节，但并不影响仿真的真实性。电流调节器 ACR 的输出端接移相特性模块（Shifter）的输入端，而 ACR 的输出限幅值决定了控制角的 α_{min}（30°）和 α_{max}（150°）。

应该注意，图 4-34 与图 4-31 仿真模型的不同在于以晶闸管整流器和电机模型取代了动态结构图中的晶闸管整流器和电机传递函数，由于动态结构图中的晶闸管整流器和电机传动函数是线性的，其电流可以反向，因此转速调节过程要快一些，而实际的晶闸管整流器不能通过反向电流，所以仿真的结果略有不同，采用晶闸管整流器和电机模型的仿真可以更好地反映系统的工作情况，如图 4-35 所示。

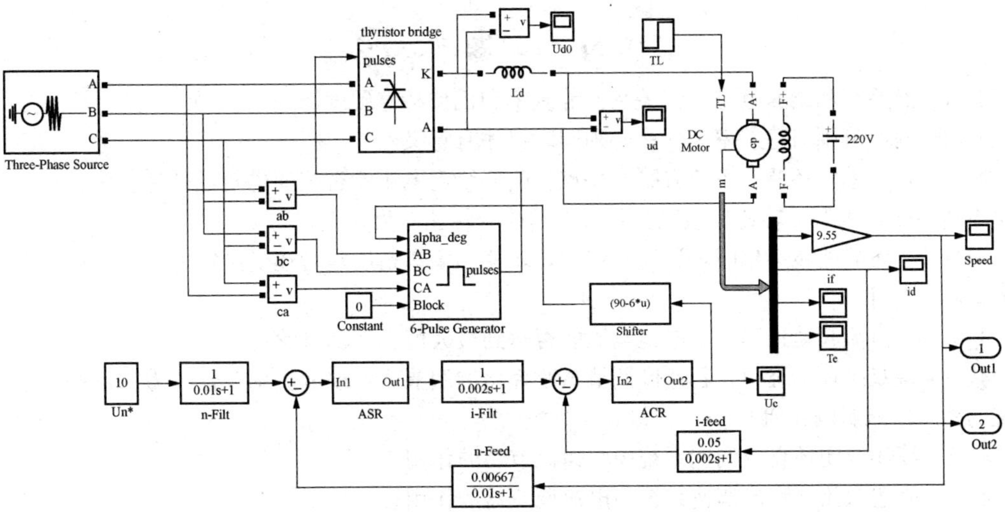

图 4 - 34　基于 Power System 的双闭环直流调速系统的仿真模型

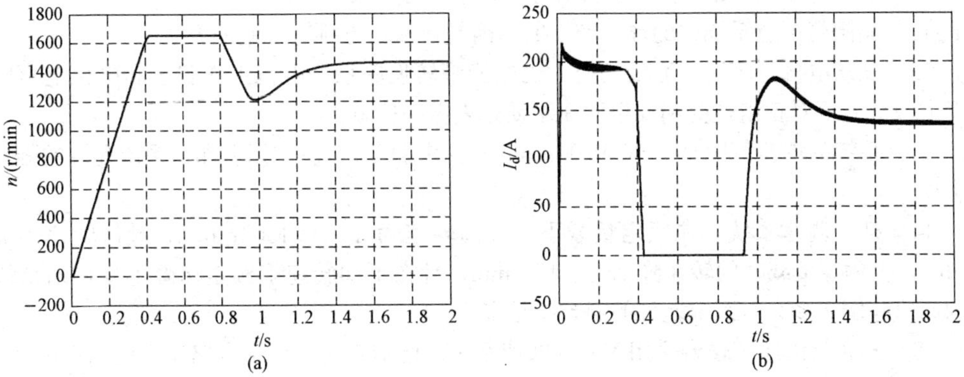

图 4 - 35　基于 Power System 的双闭环直流调速系统仿真结果

（a）转速响应；（b）电流响应

改变调节器 ASR、ACR 参数的仿真结果如图 4 - 36 所示，可见转速、电流的仿真结果基本满足设计指标的要求。其中，$K_{pn}=20$，$K_{in}=60$；$K_{pi}=5$，$K_{ii}=15$。

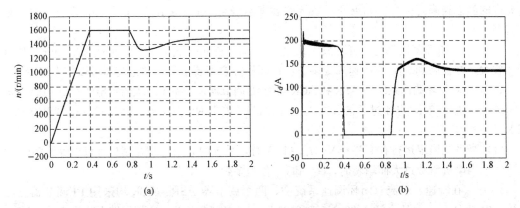

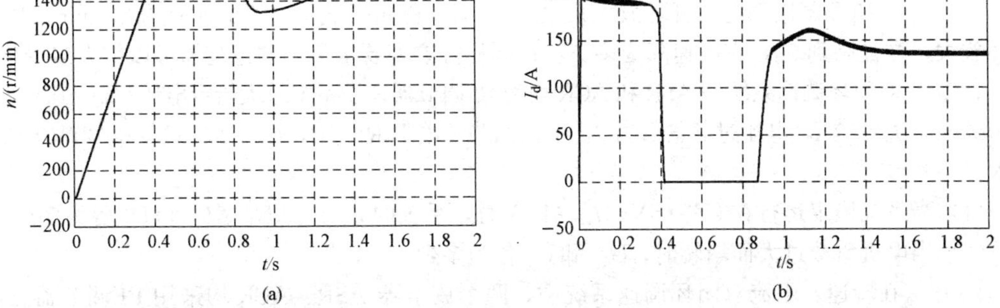

图 4 - 36　改变调节器 ASR、ACR 参数的仿真结果

（a）转速响应；（b）电流响应

习 题

4-1 静差率和调速范围有何关系？静差率和机械特性硬度是一回事吗？

4-2 调速范围与静差率为什么必须同时提才有意义？

4-3 转速单闭环调速系统有哪些特点？改变给定电压能否改变电机的转速？为什么？如果给定电压不变，则调节转速反馈系数是否能够改变转速？为什么？

4-4 在无静差转速单闭环调速系统中，转速的稳态精度是否还受给定电源和测速发电机精度的影响？为什么？

4-5 在恒流起动过程中，电枢电流能否达到最大值 I_{dm}？为什么？

4-6 在双闭环系统中，若速度调节器改为比例调节器，或电流调节器改为比例调节器，对系统的稳态性能影响如何？

4-7 简述双闭环直流调速系统中转速调节器的作用。

4-8 简述双闭环直流调速系统中电流调节器的作用。

4-9 分析直流脉宽调速系统的不可逆电路和可逆电路的区别？

4-10 V-M系统需要快速回馈制动时，为什么必须采用可逆线路？

4-11 晶闸管可逆系统中的环流产生的原因是什么？有哪些抑制的方法？

4-12 试从电机与电网的能量交换、机电能量转换关系、电机工作状态和电机电枢电流是否改变方向等方面对正组逆变和反组回馈制动列表做一比较。

4-13 系统的调速范围是1000～100r/min，要求静差率 $s_D=2\%$，那么系统允许的静差转速降是多少？

4-14 某一调速系统，在额定负载下，最高转速为 $n_{0max}=1500$r/min，最低转速为 $n_{0min}=150$r/min，带额定负载时的转速降 $\Delta n_N=15$r/min，且在不同转速下额定速降不变，则系统能够达到的调速范围有多大？系统允许的静差率是多少？

4-15 某龙门刨床工作台采用V-M调速系统。已知直流电机主电路总电阻 $R=0.18\Omega$，$C_e=0.2$V·min/r，试求：

(1) 当电流连续时，在额定负载下的转速降 Δn_N 为多少？

(2) 开环系统机械特性连续段在额定转速时的静差率 s_N 为多少？

(3) 若要满足 $D=20$，$s_D\leqslant 5\%$的要求，额定负载下的转速降 Δn_N 又为多少？

4-16 某闭环调速系统的调速范围是1500～150r/min，要求系统的静差率 $s_D\leqslant 5\%$，那么系统允许的静态速降是多少？如果开环系统的静态速降是100r/min，则闭环系统的开环放大系数应有多大？

4-17 某闭环调速系统的开环放大系数为15时，额定负载下电机的速降为8r/min，如果将开环放大系数提高到30，它的速降为多少？在同样静差率要求下，调速范围可以扩大多少倍？

4-18 双闭环调速系统的ASR和ACR均为PI调节器，设系统最大给定电压 $U_{nm}^*=15$V，$n_N=1500$r/min，$I_n=20$A，电流过载倍数为2，电枢回路总电阻 $R=2\Omega$，$K_s=20$，$C_e=0.127$V·min/r，试求：

(1) 当系统稳定运行在 $U_n^*=5$V，$I_{dl}=10$A时，系统的 n、U_n、U_i^*、U_i 和 U_c 各为多少？

(2) 当电机负载过大而堵转时，U_i^* 和 U_c 各为多少？

4-19 在转速、电流双闭环调速系统中，两个调节器ASR、ACR均采用PI调节器。已知参数：电机 $P_N=3.7$kW，$U_N=220$V，$I_N=20$A，$n_N=1000$r/min，电枢回路总电阻 $R=1.5\Omega$，设 $U_{nm}^*=U_{im}^*=U_{cm}=8$V，电枢回路最大电流 $I_{dm}=40$A，电力电子变换器的放大系数 $K_s=40$。试求：

（1）电流反馈系数 β 和转速反馈系数 α。

（2）当电机在最高转速发生堵转时的，U_{d0}、U_i^*、U_i、U_c 各为多少？

4-20　在转速、电流双闭环调速系统中，调节器 ASR、ACR 均采用 PI 调节器。当 ASR 输出达到 $U_{im}^*=8V$ 时，主电路电流达到最大电流 80A。当负载电流由 40A 增加到 70A 时，试问：

（1）U_i^* 应如何变化？

（2）U_c 应如何变化？

（3）U_c 值由哪些条件决定？

4-21　有一个闭环系统，其控制对象的传递函数为 $W_{obj}(s)=\dfrac{K_1}{s(T_s+1)}=\dfrac{10}{s(0.02s+1)}$，要求校正为典型Ⅱ型系统，在阶跃输入下系统超调量 $\sigma\leqslant 30\%$（按线性系统考虑）。试决定调节器结构，并选择其参数。

4-22　在一个由三相零式晶闸管整流装置供电的转速、电流双闭环调速系统中，已知电机的额定数据为：$P_N=60kW$，$U_N=220V$，$I_N=308A$，$n_N=1000r/min$，电动势系数 $C_e=0.196V\cdot min/r$，主回路总电阻 $R=0.18\Omega$，触发整流环节的放大系数 $K_s=35$。电磁时间常数 $T_l=0.012s$，机电时间常数 $T_m=0.12s$，电流反馈滤波时间常数 $T_{0i}=0.0025s$，转速反馈滤波时间常数 $T_{0n}=0.015s$。额定转速时的给定电压 $(U_n^*)_N=10V$，调节器 ASR、ACR 饱和输出电压 $U_{im}^*=8V$、$U_{cm}=6.5V$。系统的静态、动态指标如下：稳态无静差，调速范围 $D=10$，电流超调量 $\sigma_i\leqslant 5\%$，空载起动到额定转速时的转速超调量 $\sigma_n\leqslant 10\%$。试求：

（1）确定电流反馈系数 β（假设起动电流限制在 $1.1I_N$ 以内）和转速反馈系数 α。

（2）试设计电流调节器 ACR，计算其参数 R_i、C_i、C_{oi}。画出其电路图，调节器输入回路电阻 $R_0=40k\Omega$。

（3）设计转速调节器 ASR，计算其参数 R_n、C_n、C_{on}（$R_0=40k\Omega$）。

（4）计算电机带 40%额定负载起动到最低转速时的转速超调量 σ_n。

（5）计算空载起动到额定转速的时间。

第 5 章　交流传动系统与电机变压变频调速

本章介绍交流传动系统的基本类型，异步电机调速原理及调速方法选择的基本依据，异步电机变压变频调速方法，转速开环、转速闭环的异步电机变频调速系统，同步电机变压变频调速的控制方式与特点，变频调速同步电机的工作特性、同步电机变压变频调速控制，以及电机弱磁控制技术。

5.1　概　　述

5.1.1　交流传动系统的发展

直流传动系统具有优越的调速性能，因而在可调电机传动系统中，特别是在深调速和快速可逆电机传动系统中大多采用直流电机传动装置。但是，直流电机价格高，需要直流电源，维护、检修复杂，而交流电机具有结构简单、运行可靠、维护方便等一系列优点。鉴于上述情况，直至 20 世纪 70 年代末，针对具体应用采取了以下设计方案：高性能的可调速传动系统采用直流传动系统，而约占电气传动总容量 80%的定速传动系统则采用交流传动系统。尽管如此，人们还是希望尽可能采用交流电机变速传动系统，以取代直流电机传动系统。交流电机的调速比直流电机的调速要困难得多，特别是要想在交流传动装置上获得较理想的调速特性，更是如此。多年来人们曾提出过许多种调速方法，从改变电机的参数到改变电机的结构，从多电机传动系统到特殊交流电机传动系统等，但由于其经济技术指标不够高，因而其应用范围受到了一定的限制。近年来，由于半导体技术和数控技术的不断发展，以及微型计算机在自动控制领域内应用的不断扩大和完善，某些交流调速方案得以简化和完善，从而扩大了这些调速方法在生产实践中获得应用的可能性。目前，交流传动系统主要沿着下述三个方向发展和应用。

1. 一般性能的交流传动系统

工业界消耗大量电能，而相对不复杂的机械，如泵、风机、鼓风机、研磨机、压缩机等，过去大多采用不变速交流传动方式，在大多数情况下确实没有高动态性能的调速要求。但是，通过调节转速可以明显节省能量消耗。因为过去的交流电机本身不能调速，配置的传动系统是恒速的，若要调节风量或供水流量，只能依靠外加的挡板和阀门来调节，往往会造成许多电能白白浪费。一旦交流电机可以调速后，即使挡板和阀门处于同一开度下（如全开，或者去掉这些挡板和阀门），只需通过调节交流电机的转速便能调节风量或供水流量，同时，也将消耗在挡板和阀门上的能量节省下来。

2. 高性能交流传动系统

高性能交流传动系统（如机床、电梯传动）需要精确的转矩和位置控制。20 世纪 80 年代以来提出了许多复杂的控制方法，如矢量控制、直接转矩控制、解耦控制等，使交流电机的调速技术获得突破性进展，形成了一系列在性能上可以和直流调速系统相媲美的高性能交流调速系统。

3. 特大容量、极高转速的交流传动系统

特大容量的传动系统（如厚板轧机、矿井卷扬机等）、极高速的传动系统（如高速磨头、离心机等）都不宜采用直流传动系统，主要原因是直流电机换向器的换向能力限制了电机的容量和转速大小，且大容量直流电机价格昂贵。采用交流传动系统则不存在这些问题。

5.1.2　交流传动系统的基本类型与控制方法

交流电机直接驱动或通过齿轮箱、同步带等传动链驱动机械负载，加上有关的控制设备，如功率变换器、开关、继电器、传感器和微处理器等，构成一个交流传动系统。根据采用电机的不同，交流传动系统又分为交流异步电机传动系统和交流同步电机传动系统两大类。

1. 交流异步电机传动系统的基本类型

交流异步电机传动系统种类繁多，根据异步电机采用的调速方法的不同，有调压调速、滑差离合器调速、绕线转子异步电机转子回路串电阻调速、绕线转子异步电机串级调速、变极调速、变频调速等。从交流异步电机运行的原理上看，无论采用何种调速方法，电磁功率 P_m 包含了转差功率 $P_s=sP_m$，根据调速系统中这部分功率是否变化，是被消耗掉了还是被回收，即从能量转换角度来分，可以将交流异步电机调速系统分成以下三类。

（1）转差功率消耗型调速系统。调压调速、滑差离合器调速、绕线转子异步电机转子回路串电阻调速系统都属于这类系统。因为这类系统的转差功率都转换成热量的形式被消耗掉，所以其效率较低，另外调速时通过增加转差功率的消耗来换取转速的降低，越向下调速，效率越低。这类系统的优点是结构简单，因此还有一定的应用场合。

（2）转差功率回馈型调速系统。绕线转子异步电机串级调速系统属于这类系统。这类系统的转差功率的一部分消耗掉，大部分则通过变流装置回馈给电网或转化为机械能加以利用，转速越低，回收的功率越多。显然，它的效率要比转差功率消耗型调速系统高，但需要增加变流装置，且这个装置也要消耗一定的电能。

（3）转差功率不变型调速系统。变极调速、变频调速属于这类系统。在这类系统中，无论转速高低，消耗的转差功率仅是转子的铜损耗，基本可以认为转差功率不变，因此效率高。这类系统，特别是变频调速系统应用最广，可以构成高动态性能的交流传动系统，取代直流传动系统，因此最有发展前途。

2. 交流同步电机传动系统的基本类型

同步电机没有转差，相当于转差功率为零，所以同步电机调速系统只有转差功率不变型，且其转子的极对数又是固定的，只能通过变频方式进行调速。从控制频率的方式分，交流同步电机传动系统有他控变频调速传动系统和自控变频调速传动系统两类。

3. 交流电机的控制方法

交流电机的直轴和交轴具有磁耦合现象，导致感应电机动态模型是非线性的。因此，交流电机的控制较直流电机更复杂。常见的控制方法有变压变频控制、矢量控制和直接转矩控制等。

（1）变压变频控制。变压变频控制是指当频率低于基频值时，需要运用恒压频比方法进行控制，当频率位于基频以上时，利用变频恒压方法控制。在频率很低时，定子阻抗下降，通过提高电压来补偿电源电压与感应电动势之间的压降。交流感应电机的特性曲线如图 5-1 所示，分为三段：

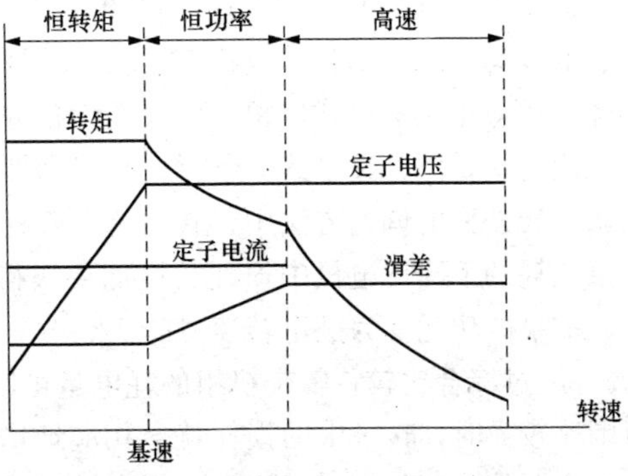

图 5-1　交流感应电机的特性曲线

1）第一段，在电机频率低于基频时，产生额定转矩，称为恒转矩区。

2）第二段，定子电压保持恒定时滑差增加到极值，电机的功率将一直保持为恒功率。

3）第三段，属于高速区，滑差维持常数，而定子电流衰减，转矩以速度的二次方减少。

（2）矢量控制。首先需要对电机的定子电流矢量进行测量，必要时进行控制，然后按照磁场定向原理控制异步电机的转矩电流，最后达到控制电机转矩的效果。详细流程是先将测得的异步电机的定子电流矢量分为两种电流分量：一种分量用于产生磁场，另一种分量用于产生转矩，接着控制以上电流分量；同时，控制两种电流分量之间的幅值及相位。因此，把这种控制方法叫作矢量控制技术。该方法的控制性能易受参数变化的影响。

（3）直接转矩控制。利用空间矢量和定子磁场定向的分析方法，可以在相应的定子坐标系下分析并搭建异步电机数学模型，计算异步电机的磁链和转矩并进行相应的控制。采用的调节器为离线型两点式调节器，将检测到的转矩值和给定值比较，控制转矩波动不要超出一定的容差范围。该方法直接控制转矩，简单、易于实现。

5.2 交流异步电机调速方法

5.2.1 异步电机调速方法的理论基础

异步电机的转速公式为

$$n = n_1(1-s) = \frac{60f_1}{p}(1-s) \tag{5-1}$$

可见，异步电机的调速方法实际上只有两大类：一类是在电机中旋转磁场的同步速度 n_1 恒定的情况下调节转差率 s；而另一种则是调节电机旋转磁场的同步速度 n_1。异步电机的这两种调速方法与直流电机的串接电阻调速和调压调速相类似，前者属于高效的调速方法，而后者属于耗能的低效调速方法。

要让异步电机输出一定的转矩，则需要从定子侧通过旋转磁场输送一定的功率到转子。根据电机学原理，该由定子输送到转子的电磁功率与转矩和旋转磁场的同步速度 n_1 的乘积成正比。在一定转矩下进行调速，若同步转速不变，则从定子侧输送到转子的电磁功率是不变的。此时，若要使电机的转速降低、输出功率减少，根据异步电机的输出功率公式 $P_2=P_M-sP_M$，只有增加转差率 s，通过增加转子回路中的电阻损耗来实现。其中，sP_M 称为异步电机的转差功率，就是消耗在转子电阻上的损耗。转差率 s 直接反映了电机转子损耗的大小，所以，通过采用增大转差率的办法进行调速是一种耗能的低效调速方法。如果采用改变旋转磁场同步速度的办法进行调速，在一定的转矩下 s 基本不变，随着同步转速的降低，电机的输入电磁功率和输出功率成比例下降，损耗没有增加，所以这是高效的调速方法。

一般说来，低效的调速方法是耗能的调速方法，从节能的观点看来，这种调速方法是不经济的。但是由于这类调速方法比较简单，设备价格比较便宜，故仍然广泛应用于一些调速范围不大、低速运行时间不长、电机容量较小的场合。这里需要特别指出的是，调节转差率这种耗能的调速方法应用在透平式风机、水泵类设备的小范围调速中，仍能产生一定的节能效果，因而被广泛采用。这是因为透平式（包括离心式和轴流式）风机、水泵的功耗和转速的三次方成正比，而在调节转差率的调速方法中，转子的损耗只和转差的一次方成正比。当电机转速降低时，风机、水泵能耗的下降比电机中损耗的增加要快得多。例如，当电机转速降到额定转速的 90%时，风机、水泵的功耗变为额定转速时的 72.9%，减少了 27.1%；而转子中的损耗约只有额定功率的 8%。经过综合比较，整个机组的耗电量可以减少近 20%，具有显著的节能效果。但是，当调速范围比较大时，转子中的损耗就会相应地增大。例如，当电机转速降到额定转速的 70%时，风机、水泵的输出功率减少到只有额定转速时输出功率的 34.3%，而这时电机转子中的功耗却达到最大值，为电机额定功率的 14.8%，占了风机、水泵实际功耗的 33%，这已是一个相当大的数值而不能忽视了。对于容积式的风机、水泵、压缩机，如罗茨风机，它们的功率只和转速的一次方成正比，这类机械采用低效调速方法达不到节能效果。因为随着转速的降低，工作机械的能耗只是和转速成比例减少，而电机中的损耗却随转差比例增大，使工作机械的能耗和电机中损耗之和为一常数。调节转速并不能达到节能的效果，只是把本来应由工作机械输出的功率变成了电机内部的损耗，加剧了电机的发热而已。

5.2.2　异步电机常用调速方法与评价指标

在生产机械中常用的调速方法（如异步电机调压调速、转子串接电阻调速、斩波调速和电磁转差离合器调速等）均是在旋转磁场转速不变的情况下调节转差的调速方法，都属于低效调速范畴；而变极调速和变频调速是高效率的调速方法；至于串级调速，由于电机旋转磁场的转速不变，所以它本质上也是一种调转差的调速方法，理应属于低效调速方法的范畴，但是，由于串级调速系统把转差功率加以回收利用而没有使其白白消耗掉，间接地使得系统的实际损耗减少了，于是便将串级调速由原来的低效调速方法归类成了高效调速方法的范畴。

1. 调压调速

当异步电机定子与转子回路的参数恒定时，在一定的转差率下，电机的电磁转矩与加在其定子绕组上电压的二次方成正比。因此，改变电机的定子电压就可以改变其机械特性的函数关系，从而改变电机在一定输出转矩下的转速。由于电机的转矩与电压二次方成正比，因此最大转矩下降很多，其调速范围较小，使得该方法不适用于一般笼型电机。为了扩大调速范围，调压调速方法适用于采用转子电阻值大的笼型电机，如专供调压调速用的力矩电机，或在绕线转子式电机上串联频敏电阻。调压调速的主要装置是一个能提供可变电压的电源，目前常用的调压方式有串联饱和电抗器、自耦变压器及晶闸管调压等，其中晶闸管调压方式最为常用。调压调速方法的特点是调压调速线路简单、易实现自动控制；调压过程中转差功率以发热形式消耗在转子电阻中，效率较低。调压调速系统一般适用于 100kW 以下的生产机械。目前，调压调速方法已广泛应用于电梯、卷扬机械与化纤机械等工业装置中。

2. 转子串电阻调速

这种调速方法只适用于绕线式异步电机。在异步电机的转子串入附加电阻，使电机的转差率加大，电机在较低的转速下运行。串入的电阻越大，电机的转速越低。串入转子附加电阻计算公式为

$$R_t = \left(\frac{s_L}{s_N}\cdot\frac{T_N}{T_L}-1\right)r_2 \tag{5-2}$$

式中：s_L 和 T_L 分别为要求的转差率和对应的负载转矩；s_N 为额定转差率；r_2 为转子电阻。

此方法最大的优点是设备简单、控制方便，只需要一个变阻器和几个开关。其缺点是增大了转差率，转差功率增加，并以发热的形式消耗在电阻上；运行效率低；属有级调速，机械特性较软，调速范围小。目前，该调速方法仍普遍应用在调速要求不高的场合。

3. 电磁转差离合器调速

电磁转差离合器调速系统由笼型异步电机、电磁转差离合器及直流励磁电源（控制器）三部分组成。笼型电机作为原动机以恒速带动电磁离合器的电枢转动，通过对电磁离合器励磁电流的控制实现对其磁极的速度调节。电磁转差离合器由电枢、磁极和励磁绕组三部分组成。电枢与电机转子同轴连接并称为主动部分，由电机带动；磁极用联轴节与负载轴对接为从动部分，励磁绕组装在磁极上。电枢和磁极没有机械联系，都能自由转动。当电枢与磁极均静止时，如励磁绕组通以直流，则沿气隙圆周表面将形成若干对 N、S 极性交替的磁极，其磁通经过电枢。当电枢随拖动电机旋转时，电枢与磁极间发生相对运动，使电枢感应产生涡流，此涡流与磁通相互作用

产生转矩，带动有磁极的转子按同一方向旋转，但其转速恒低于电枢的转速。这是一种转差调速方式，改变离合器的直流励磁电流便可改变离合器的输出转矩和转速。直流励磁电源功率较小，通常由单相半波或全波晶闸管整流器组成，改变晶闸管的导通角，可以改变励磁电流的大小。这种系统由于其机械特性很软，所以调速性能很差。为改善其运行特性，常加上测速反馈以形成反馈控制系统，从而可获得 10：1 的调速范围。

电磁转差离合器调速的特点是装置结构及控制线路简单，运行可靠，维修方便；调速平滑，属于无级调速；对电网无谐波影响；调节速度时效率低。由于这种调速系统控制简单、价格低廉，因此广泛应用于一般的工业设备中；但由于其在低速运行时损耗较大，效率较低，高速时效率高些，所以其特别适用于有一定调速范围要求，同时又经常在高速运行的装置中。

4. 改变极对数调速

这种调速方法是通过改变定子绕组的接线方式来改变笼型电机定子极对数达到调速目的的。变极调速的异步电机一般采用笼型转子，因为笼型转子的极对数能自动地随着定子极对数的改变而改变，使定子、转子磁场的极对数总是相等而产生平均电磁转矩。对于绕线式转子，则定子极对数改变时，转子绕组必须相应地改变接法以得到与定子相同的极对数，很不方便。这种调速方式的特点是具有较硬的机械特性，稳定性良好；无转差损耗，电机运行效率高；接线简单，控制方便，价格低；有级调速，级差较大，不能获得平滑调速。因此，该方法适用于自动化程度要求不高，不需要无级调速的生产机械，如金属切削机床、升降机、起重设备、风机、水泵等。

5. 串级调速

串级调速方法是指绕线式电机转子回路中串入可调节的附加电动势来改变电机的转差，达到调速的目的。大部分转差功率被串入的附加电动势所吸收，再经过特殊的变换装置把吸收的转差功率返回电网或转换成能量加以利用。根据转差功率吸收利用方式，串级调速可分为电机串级调速、机械串级调速及晶闸管串级调速等形式，晶闸管串级调速应用最多。串级调速的特点是可将调速过程中的转差损耗回馈到电网或生产机械上，效率较高；装置容量与调速范围成正比，节省投资；调速装置故障时可以切换至全速运行，避免停产。其不足是晶闸管串级调速功率因数偏低，谐波影响较大。该方法适用于风机、水泵、轧钢机、矿井提升机、挤压机等生产机械。

6. 变频调速

变频调速是通过改变电机定子电源的频率，从而改变其同步转速的调速方法。该调速方法主要特点是效率高，调速过程中没有附加损耗；应用范围广，可用于笼型异步电机；调速范围大，机械特性硬，精度高；技术复杂，造价高，维护、检修困难。该方法适用于要求精度高、调速性能较好的场合。从调速范围、平滑性及调速过程中电机的性能等方面来看，变频调速很优越，可以和直流电机调速相媲美。但要使频率和端电压同时可调，需要配置一套专门的变频装置，使投入的设备增多，成本增大。

7. 评价指标

选择异步电机调速方式时，其评价指标主要包括调速范围、负载能力、调速的平滑性和调速的经济性。

(1) 调速范围。调速范围定义为额定负载转矩下电机所能达到的最高转速与在保证工作机械所要求静差率的前提下允许达到的最低转速之比。变频调速时，异步电机的机械特性曲线的运行段基本上是平行的，因而调速范围宽。变极调速时，调速范围决定于电机本身。

(2) 负载能力。负载能力是指电机调速过程中在保持定子电流和转子电流均为额定电流的情况下电机轴上输出转矩和输出功率的大小。在转速变化过程中，电机是恒功率输出还是恒转矩输出，取决于调速过程中气隙磁通是否发生变化。变频调速时，固有机械特性以下是恒转矩调速，以上则是恒功率调速。变极调速的负载能力与定子接线方式有关。改变转子附加电阻调速属于恒转矩调速。

（3）调速的平滑性。调速的平滑性是衡量调速过程中各级转速间变化平滑程度的指标，定义为相邻两级转速之比。两级转速的级差越小，调速的平滑性越高。在异步电机的调速方式中，变频调速的平滑性最高，属无级调速。变极调速的平滑性最差。改变转子附加电阻调速原则上也可做到无级调速，但由于受设备限制，只能是有级的，一般最多为 6 级。

（4）调速的经济性。从运行中能量损耗多少和设备初期投资多少来衡量，变频调速的运行损耗最小，但设备复杂、投资大。改变转子附加电阻调速设备简单、初期投资小，但运行时能耗大。

5.3　交流异步电机变压变频调速

由变压变频器给异步电机供电所组成的调速系统称为变频调速系统。由于在调速时，电机的机械特性曲线基本上平行地上下移动，其转差功率不变，所以这类调速系统又称为转差功率不变型调速系统。按调速性能要求不同及控制方式不同，该类系统可以分为转速开环的异步电机变压变频调速系统、转速闭环的异步电机变压变频调速系统、异步电机矢量变换控制系统和异步电机直接转矩控制系统。

变压变频调速系统是目前应用较多的系统，不仅具有较好的调速性能，而且使异步电机系统运行效率高，获得较好的节电效果。采用这种调速方式，若要求定子电源的端电压和频率同时可调，则需要一套专门的变频装置。长期以来，变压变频调速虽然以其优良的性能受到瞩目，但因为主要靠旋转变频发电机组作为电源，缺乏理想的变频装置而未获得广泛的应用。直到电力电子开关器件问世以后，各种静止式变压变频装置才得到迅速发展，且随着电力电子开关器件价格的逐渐降低，变压变频调速系统的应用与日俱增。

5.3.1　变压变频调速的基本原理和基本控制方式

1. 基本原理

由式（5-1）可知，如果连续地调节 f_1，则可连续地改变电机的转速。而在进行电机调速时，常常需要考虑的一个重要因素是希望保持电机中每极磁通量为额定值不变。在运行时如果磁通太弱，电机的铁心得不到充分利用，势必造成浪费；如果过分增大磁通，铁心又会因饱和导致过大的励磁电流，严重时会因绕组过热而损坏电机。

三相异步电机定子每相电动势的有效值为

$$E_g = 4.44 f_1 N_1 k_{N1} \Phi_m \tag{5-3}$$

式中：E_g 为气隙磁通在定子每相中感应电动势的有效值；f_1 为定子频率；N_1 为定子每相绕组串联匝数；k_{N1} 为基波绕组系数；Φ_m 为每极气隙磁通量。

在交流异步电机中，由于磁通是由定子和转子磁动势合成产生的，需要采取一定的控制方式才能保持磁通恒定。由式（5-3）可知，当 f_1 在额定频率 f_N 以下调节时，为了使气隙磁通不饱和，必须控制 E_g/f_1 为常数，才能保持磁通恒定；当 f_1 在额定频率 f_N 以上调节时，由于电动势 E_g 因绝缘的限制不能再增加，外加电压 U_1 就只能维持在额定值不变，调速只能通过减少 Φ_m 来实现。

2. 基本控制方式

变压变频调速的基本控制方式分为额定转速以下的变频调速和额定转速以上的变频调速两种。

(1) 额定转速以下的变频调速。由式 (5-3) 可知，f_1 在额定频率 f_N 以下调节时，要保持 Φ_m 不变，必须有

$$\frac{E_g}{f_1}=C \tag{5-4}$$

式中：C 为一个常值。

这种控制方式称为恒电动势频率比方式。但是，绕组中的感应电动势是难以直接控制的，当电动势值较高时，可以忽略定子绕组的漏磁阻抗压降，由异步电机的等效电路知，U_1 近似等于 E_g，因此

$$\frac{U_1}{f_1}\approx C \tag{5-5}$$

这种控制方式称为恒压频比方式。

低频时，电动势值和端电压值都较小，定子绕组的漏磁阻抗压降不能忽略，在实际应用时，可将按式 (5-5) 计算的结果人为地抬高一些，用于近似补偿该压降。

下面讨论恒压频比控制方式的机械特性。异步电机在正弦波恒压恒频供电的情况下的机械特性方程式为

$$T=3p\left(\frac{U_1}{\omega_1}\right)^2\frac{\omega_1 r_2' s}{(r_2'+r_1 s)^2+\omega_1^2(x_1+x_2')^2 s^2} \tag{5-6}$$

当负载为恒转矩负载时，由式 (5-6) 可知，在不同的 $f_1(f_1=\omega/2\pi)$ 下，异步电机将自动地通过改变 s 来适应和平衡负载，即电机可保持恒转矩调速。

当 s 很小时，可忽略式 (5-6) 分母中含 s 的各项，可简化为

$$T\approx 3p\left(\frac{U_1}{\omega_1}\right)^2\frac{s\omega_1}{r_2'}\propto s \tag{5-7}$$

显然，转矩与 s 近似呈正比，机械特性曲线是一段直线。因此，式 (5-7) 变化为

$$s\omega_1\approx\frac{r_2' T}{3p\left(\frac{U_1}{\omega_1}\right)^2} \tag{5-8}$$

同步转速随频率变化为

$$n_1=\frac{60\omega_1}{2\pi p} \tag{5-9}$$

带负载时的转速降落为

$$\Delta n=sn_1=\frac{60 s\omega_1}{2\pi p} \tag{5-10}$$

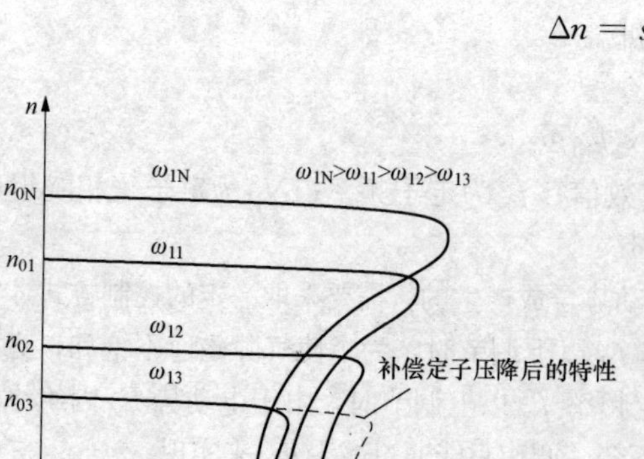

图 5-2 恒压频比控制时变频调速的机械特性曲线

可见，当 U_1/ω_1 为恒值时，对于同一转矩 T 值，$s\omega_1$ 基本不变，因而 Δn 也是基本不变的。这就是说，在恒压频比的条件下，改变频率时，机械特性曲线基本上也是平行下移，如图 5-2 所示。另外，异步电机的机械特性曲线上有一个转矩的最大值，即

$$T_{max}=\frac{3}{2}p\left(\frac{U_1}{\omega_1}\right)^2\frac{1}{\frac{r_1}{\omega_1}+\sqrt{\left(\frac{r_1}{\omega_1}\right)^2+\frac{(x_1+x_2')^2}{\omega_1}}} \tag{5-11}$$

可见，频率越低，最大转矩值越小。频率很

低时，最大转矩值太小，将限制电机的负载能力。采用定子压降补偿，适当地提高电压U_1，可以增强负载能力。

关于恒E_g/ω_1控制，如果在电压、频率协调控制中，恰当地提高电压U_1的分量，使它克服定子阻抗压降后，能够维持E_g/ω_1为恒值，每极磁通Φ_m均为常值。利用异步电机等效电路和感应电动势，得到

$$T = 3p\left(\frac{E_g}{\omega_1}\right)^2 \frac{\omega_1 r'_2 s}{(r'_2 + r_1 s)^2 + \omega_1 (x_1 + x'_2)^2 s^2} \tag{5-12}$$

当s很小时，得

$$T \approx 3p\left(\frac{E_g}{\omega_1}\right)^2 \frac{s\omega_1}{r'_2} \propto s \tag{5-13}$$

这表明机械特性曲线的这一段近似为一条直线。

当s接近1时，得

$$T \approx 3p\left(\frac{E_g}{\omega_1}\right)^2 \times \frac{\omega_1 r'_2 s}{(r'_2 + r_1 s)^2 + \omega_1^2 (x_1 + x'_2)^2 s^2} \propto \frac{1}{s} \tag{5-14}$$

将式（5-12）对s求导，并令$\frac{dT}{ds}=0$，可得恒E_g/ω_1控制在最大转矩的转差率为

$$s_m = \frac{r'_2}{\omega_1 x'_2} \tag{5-15}$$

和最大转矩为

$$T_{max} = \frac{3}{2} p\left(\frac{E_g}{\omega_1}\right)^2 \frac{1}{x'_2} \tag{5-16}$$

（2）额定转速以上的变频调速。对于额定转速以上的调速，由于外加电压U_1不能超过额定电压值，调速只能通过减少Φ_m来实现。由式（5-3）可见，频率与磁通呈反比关系，因此减少磁通，转速上升，这是弱磁升速的情况。

在额定转速以上变频调速时，由于电压$U_1=U_{1N}$不变，式（5-6）所示机械特性方程式可写成

$$T = 3pU_{1N}^2 \frac{r'_2 s}{\omega_1 [(r'_2 + r_1 s)^2 + \omega_1^2 (x_{11} + x'_{12})^2 s^2]} \tag{5-17}$$

最大转矩表达式可改写为

$$T_{max} = \frac{3}{2} pU_{1N}^2 \frac{1}{\omega_1 [r_1 + \sqrt{r_1^2 + \omega_1^2 (x_{11} + x'_{12})^2}]} \tag{5-18}$$

同步转速的表达式仍为式（5-9），由此可见，当角频率提高时，同步转速随之提高，最大转矩减小，机械特性曲线上移，而形状基本不变，如图5-3所示。由于频率提高而电压不变，气隙磁通势必减弱，导致转矩的减小，但转速升高了，可以认为输出功率基本不变。所以，基频以上变频调速属于弱磁恒功率调速。

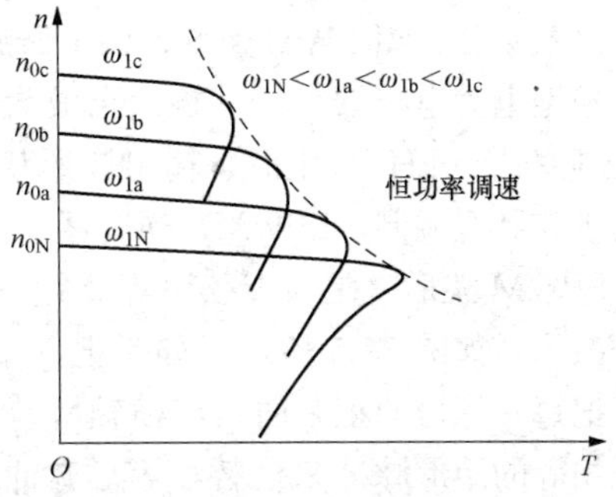

图5-3　基频以上变频调速的机械特性曲线

以上分析的机械特性曲线都是在正弦波电压供电下的情况，如果电压源含有谐波，则机械特性曲线会发生扭曲，电机中的损耗也会增加，因此在设计变频装置时，应尽量减少输出电压中的谐波。

5.3.2 变压变频器的组成和工作原理

由于现有的交流电源都是恒压恒频的，所以必须采用变压变频器（通称 Variable Voltage Variable Frequency，VVVF 装置）来改变电源的电压和频率，从而实现交流电机的变频调速。随着电力电子技术的发展，目前使用的变压变频器几乎为静止式电力电子变压变频器，从拓扑结构上可将其分为间接变压变频器（交—直—交变压变频器）和直接变压变频器（交—交变压变频器）两大类其中，间接变压变频器又包括电压源型变频器和电流源型变频器两种形式。

1. 交—直—交变压变频器

交—直—交变压变频器由整流器、中间滤波环节、逆变器三部分组成，其基本工作原理是整流器将恒压恒频的交流电变换为可调直流电，通过电压型或电流型滤波器为逆变器提供直流电源，逆变器再将直流电源变为可调频率的交流电。整流器和逆变器一般采用晶闸管三相桥式电路。滤波器由电容或电抗器组成，为逆变器提供稳定的电压源或电流源。如图 5-4 所示，根据不同的控制方式，交—直—交变压变频器可分为以下三种结构形式。

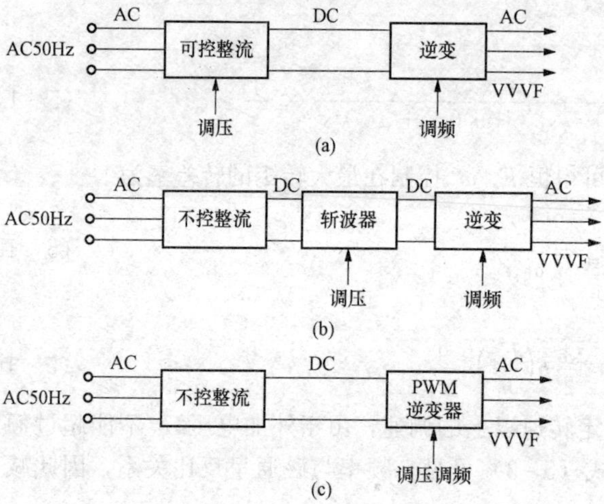

图 5-4 交—直—交变压变频器的不同结构形式
(a) 可控整流器调压、逆变器调频方式；
(b) 斩波器调压、逆变器调频方式；
(c) 脉宽调制（PWM）逆变器调压调频方式

(1) 可控整流器调压、逆变器调频方式。如图 5-4（a）所示，这种方式由可控整流器进行调压，由逆变器进行调频，两个操作分别进行，需要控制电路进行协调。其优点是结构和电路简单，控制容易。其缺点是由于采用晶闸管进行整流和调压，如果调节的电压比较低，电网功率因数比较低；输出环节通常采用晶闸管组成的三相六拍逆变器，会产生较大的谐波输出。

(2) 斩波器调压、逆变器调频方式。如图 5-4（b）所示，这种方式整流器采用不可控整流电路，只整流不调压，通过斩波器进行脉宽调压，调压时电网功率因数不变，但输出谐波仍较大。

(3) 脉宽调制（PWM）逆变器调压调频方式。如图 5-4（c）所示，这种方式整流器只整流不调压，可实现调压时电网功率因数不变；用 PWM 逆变，输出谐波较小。PWM 逆变器采用全控型电力电子器件，其输出谐波大小取决于开关频率。当开关频率达 10kHz 以上时，输出波形基本上为正弦波，所以称其为正弦脉宽调制（SPWM）逆变器。

SPWM 波形就是与正弦波等效的一系列等幅不等宽的矩形脉冲波形，如图 5-5 所示。如果把一个正弦半波分为 n 等份，然后把每一等份的正弦曲线与横轴所包围的面积都用一个与此面积相等的矩形脉冲来代替，矩形脉冲的幅值不变，各脉冲的中点与正弦波每一等份的中点相重合，这样，由 n 个等幅不等宽的矩形脉冲所组成的波形就与正弦波的半周等效，并称为单极式 SPWM。

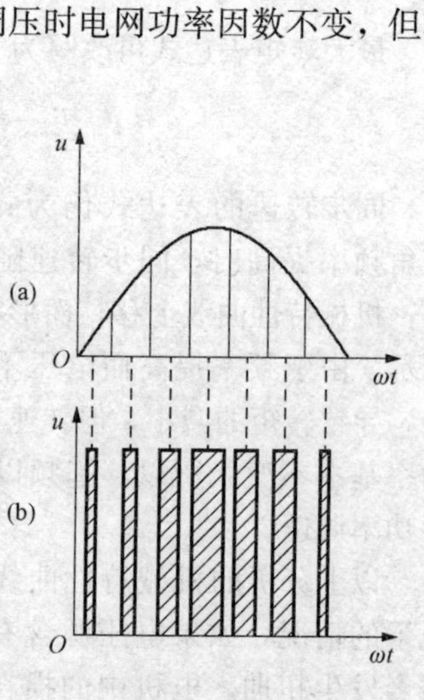

图 5-5 与正弦波等效的等幅不等宽矩形脉冲序列波

图5-6为SPWM变压变频器主电路的原理图，其中逆变器的三相输出端S_A、S_B、S_C分别与电机的A、B、C连接，包括V1、V3、V5上桥臂和V2、V4、V6下桥臂共六个全控型功率开关器件，它们各有一个续流二极管反并联连接。整个逆变器由三相不可控整流器供电，所提供的直流恒值电压为U_s。

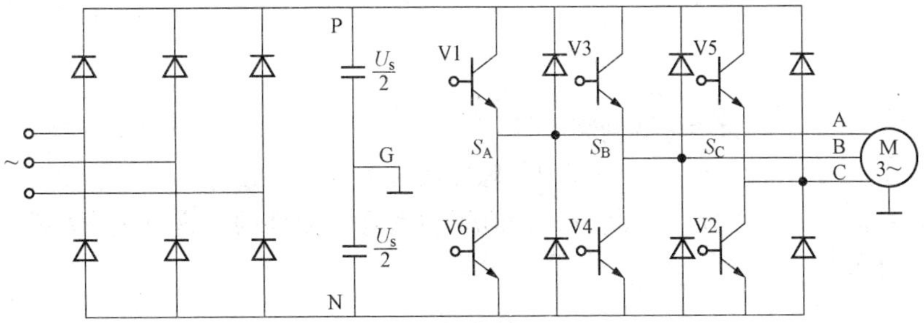

图5-6　SPWM变压变频器主电路的原理图

SPWM变压变频器的主要特点如下：主电路只有一组可控的功率器件，简化了结构，控制电路结构简单、成本较低，机械特性硬度也较好；采用不可控整流器，使电网功率因数接近1，且与输出电压的大小无关；逆变器同时实现调压和调频，系统的动态响应不受中间直流环节滤波器参数的影响；可获得更接近正弦波的输出电压波形，因而转矩脉动小，扩大了调速范围，提高了系统性能。但是，这种控制方式在低频时，由于输出电压较低，转矩受定子电阻压降的影响比较显著，使输出最大转矩减小。另外，其机械特性终究没有直流电机硬，动态转矩能力和静态调速性能都还不尽如人意，且系统性能不高、控制曲线会随负载的变化而变化，转矩响应慢、电机转矩利用率不高，低速时因定子电阻和逆变器死区效应的存在而性能下降，稳定性变差等。下面分析SPWM矩形脉冲的脉宽与正弦波值的关系。

设异步电机的定子绕组为Y连接，其中性点与整流器输出端滤波电容器的中性点相连，因此当逆变器任一相导通时，电机绕组上所获得的相电压为$U_s/2$。单极式SPWM波形是由逆变器上桥臂中的一个功率开关反复导通和关断形成的，其等效正弦波为$U_m\sin\omega_1 t$，SPWM矩形脉冲序列的幅值为$U_s/2$，各脉冲不等宽，但中心距离相同，都等于π/n（n为正弦波半个周期内的脉冲数）。令第i个矩形脉冲宽度为δ_i，其中心点相位角为θ_i，根据相等的等效原则，有

$$\delta_i\frac{U_s}{2}=U_m\int_{\theta_i-\frac{\pi}{2n}}^{\theta_i+\frac{\pi}{2n}}\sin\omega_1 t\,\mathrm{d}(\omega_1 t)=U_m\left[\cos\left(\theta_i-\frac{\pi}{2n}\right)-\cos\left(\theta_i+\frac{\pi}{2n}\right)\right]=2U_m\sin\frac{\pi}{2n}\sin\theta_i$$

当n的数值较大时，$\sin\pi/(2n)$近似等于$\pi/(2n)$，于是

$$\delta_i\approx\frac{2\pi U_m}{nU_s}\sin\theta_i \tag{5-19}$$

式（5-19）表明，第i个矩形脉冲的宽度与该处正弦波值近似成正比。因此，与半个周期正弦波等效的SPWM矩形脉冲序列具有两侧窄、中间宽，脉宽按正弦规律逐渐变化的特点。

根据上述原理，SPWM矩形脉冲的宽度可以严格地利用式（5-19）计算出来。如果系统的控制器为微处理器或计算机，计算是很容易实现的。而传统的方法是用等腰三角形作为载波来实现脉宽的控制，关于这种方法可参阅有关文献。

关于SPWM波形的基波电压，做如下说明：对于电机来说，有用的是电压的基波，希望SPWM波形的基波分量越大越好。在n足够大时，$\sin\delta_i/2$近似等于$\delta_i/2$，$\sin\pi/(2n)$近似等于$\pi/(2n)$，SPWM逆变器输出脉冲序列波的基波电压正好是调制时所要求的等效正弦波电压。

根据以上分析，SPWM应用受到一定条件制约：

(1) 功率开关器件的开关频率。希望开关频率越大越好，但是实际的功率开关器件的开关能力是有限的，例如，全控型的器件、电力晶体管（BJT）开关频率为 1～5kHz，可关断晶闸管（GTO）为 1～2kHz，功率场效应管（P - MOSFET）为 50kHz，绝缘栅双极晶体管（IGBT）为 20kHz。

载波比为

$$N=\frac{f_{\mathrm{t}}}{f_{\mathrm{r}}} \tag{5 - 20}$$

式中：f_{t} 为载波频率；f_{r} 为参考调制频率。

对于前述的 SPWM 波形的半个周期内的脉冲数 n 来说，应该有 $N=2n$。为了使逆变器的输出尽量接近正弦波，应尽可能增大载波比，但受功率开关器件的允许开关频率限制，因此，N 应受到下列条件限制

$$N\leqslant\frac{f_{\mathrm{tmax}}}{f_{\mathrm{rmax}}} \tag{5 - 21}$$

式中：f_{tmax}为功率开关器件的允许开关频率；f_{rmax}为最高的正弦调制信号频率，即 SPWM 变频器的最高输出频率。

(2) 最小间歇时间与调制度。为了保证主电路开关器件的安全工作，必须使调制成的脉冲波有一个最小脉冲宽度与最小间歇时间的限制，以保证最小脉冲宽度大于开关器件的导通时间，而最小脉冲间歇时间大于器件的关断时间。在脉宽调制时，若 n 为偶数，调制信号的幅值 U_{rm} 与三角相交的地方恰好是一个脉冲的间歇时间。为了保证最小脉冲间歇时间大于器件的关断时间，调制信号的幅值 U_{rm} 低于三角载波的峰值 U_{tm}。调制度为

$$M=\frac{U_{\mathrm{rm}}}{U_{\mathrm{tm}}} \tag{5 - 22}$$

在理想的情况下，通过选取 M 值来调节逆变器输出电压的大小，M 最大值为 0.9。

从变频电源的特性上看，变压变频器可分为电压源型和电流源型两大类。对于交—直—交变压变频器，两类变频器的主要区别在于中间直流环节采用什么样的滤波器。

(1) 电压源型变压变频器。此类型变频器采用大电容器滤波，其内阻抗比较小，输出电压比较稳定，其特性和普通市电类似，适用于多台电机的并联运行和协同调速。电压源型变频器广泛应用于化纤、冶金等行业的多机传动系统中，其输出电流容易突变、出现过电流，需要增加快速保护系统。为了满足电机四象限运行，实现再生制动要求，往往需要增加辅助装置，如采取反并联二极管措施等。

(2) 电流源型变频器。中间直流环节采用大电感器滤波，它的内阻抗比较大，输出电流比较稳定，出现过电流的可能性较小，这对过载能力比较低的半导体器件来说比较安全。但是异步电机在电流源型变频器供电下运行稳定性比较差，通常需要采用闭环控制和动态校正，才能保证电机稳定运行。电流源型变频器供电的最大优点在于它实现四象限运行比较方便，可以进行再生制动。它比较多地应用于中等以上容量的单台电机调速。

近年来由于具有自关断能力的大功率开关元件发展迅速，在逆变器中已广泛地采用了高频 PWM 技术，控制与保护的快速性大大提高。电压源型逆变器的优势比较明显，应用较多。市售的中小型电机通用的 GTR、IGBT、IGCT 变频装置一般均为电压源型，而容量较大的晶闸管闭环变频调速系统则多采用电流源型。

2. 交—交变压变频器

交—交变压变频器只有一个变换环节，能够将恒压恒频（CVCF）的交流电源变换成变压变频电源。常用的交—交变压变频器的每一相都是一个两组晶闸管整流装置反并联的可逆线路

(图 5-7)。它们按一定周期互相切换，在负载上就可获得交变的输出电压，该电压的幅值取决于各组整流装置的控制角，变化频率取决于两组装置的切换频率。

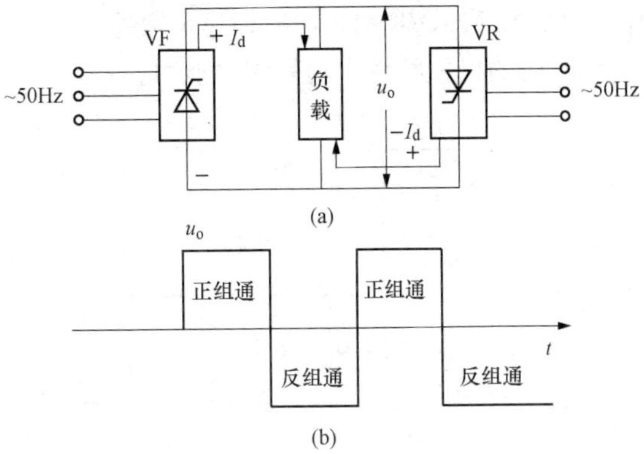

图 5-7　交—交变压变频装置单相电路

(a) 电路结构；(b) 平均输出电压波形

5.3.3　转速开环的异步电机变频调速系统

转速开环变频调速系统可以满足一般的平滑调速要求，如果生产机械对调速系统的静态、动态性能要求不高，可以采用转速开环恒压频比带低频电压补偿的控制方案，其控制系统结构简单、成本最低。风机、水泵类的节能调速经常采用这种系统。

1. 电压源型晶闸管变频器—异步电机调速系统

图 5-8 为该系统的结构原理图。其中，UR 是可控整流器，用电压控制环节调节它的输出直流电压；VSI 是电压源型逆变器，用频率控制环节控制它的输出频率。电压和频率控制采用同一个控制信号 U_{abs}，以保证两者之间的协调。由于转速控制是开环的，不能让阶跃的转速给定信号直接加到控制系统上，否则将产生很大的冲击电流而使电源跳闸。为了解决这个问题，设置了给定积分器 GI，用于将阶跃信号转变成按设定的斜率逐渐变化的斜坡信号 U_{gi}，从而使电压和转速都能平缓地升高或降低。其次，由于斜坡信号 U_{gi} 是可逆的，而电机的旋转方向只取决于变频电压的相序，并不需要在电压和频率的控制信号上反映极性。因此，GI 后面再设置绝对值变换器 GAB，将 U_{gi} 变换成只需要输出其绝对值的信号 U_{abs}。

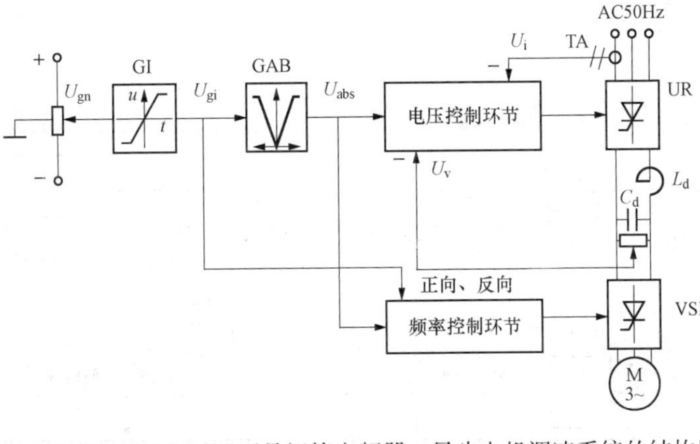

图 5-8　转速开环的电压源型晶闸管变频器—异步电机调速系统的结构原理图

(1) GI 和 GAB。采用模拟控制时，通过运算放大器实现；采用数字控制时，用软件来实现。

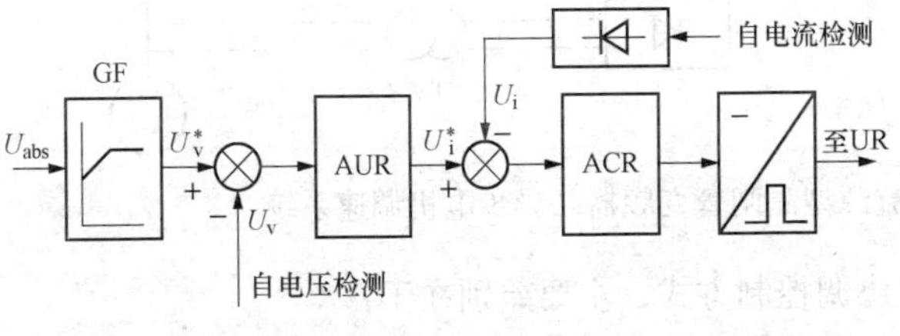

图 5-9　电压源型变频调速系统的电压控制环节

(2) 电压控制环节。该环节一般采用电压、电流双闭环的控制结构，如图 5-9 所示。内环设电流调节器 ACR，用于限制动态电流，并起保护作用。外环设电压调节器 AVR，用于控制变频器输出电压。电压一频率控制信号U_{abs}加到 AVR 前，应先通过函数发生器 GF，把电压相对调高些，以补偿定子阻抗压降，改善调速时的机械特性，提高带载能力。

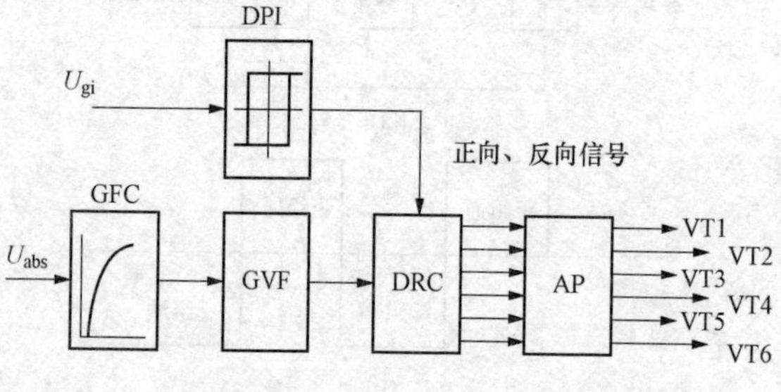

图 5-10 电压源型变频调速系统的频率控制环节

(3) 频率控制环节。该环节由压频变换器 GVF、环形分配器 DRC、脉冲放大器 AP 和频率给定动态校正器 GFC 组成，如图 5-10 所示。它将电压－频率控制信号U_{abs}转变成具有所需要的脉冲列，再按六个脉冲一组依次分配给逆变器，分别触发桥臂上相应的六个晶闸管。压频变换器 GVF 是一个由电压控制的振荡器，将电压信号转变成一系列脉冲信号，脉冲信号的频率与控制电压的大小成正比，从而得到恒压频比的控制作用。其频率值是输出频率的 6 倍，以便在逆变器的一个工作周期内发出六个脉冲，经过环形分配器 DRC（具有六分频作用的环形计数器），将脉冲分成六个一组相互间隔 60°的具有适当宽度的脉冲触发信号。对于可逆调速系统，需要改变晶闸管触发的顺序以改变电机的转向，这时，DRC 可以采用可逆计数器，每次做＋1 或－1 运算，以改变相序，控制加、减法的正、反向信号从U_{gi}经极性鉴别器 DPI 获得。由于电压源型变频器的中间直流回路用大电容器滤波，电压的实际变化很缓慢，而频率控制环节的响应很快，因此在压频变换器 GVF 前加设频率给定动态校正器 GFC，延缓频率给定信号，使频率和电压变化的步调一致。GFC 一般为一阶惯性环节。

2. 电流源型晶闸管变频器—异步电机调速系统

该类系统与电压源型系统的主要区别在于采用了由大电感器滤波的电流源型逆变器，如图 5-11 所示。

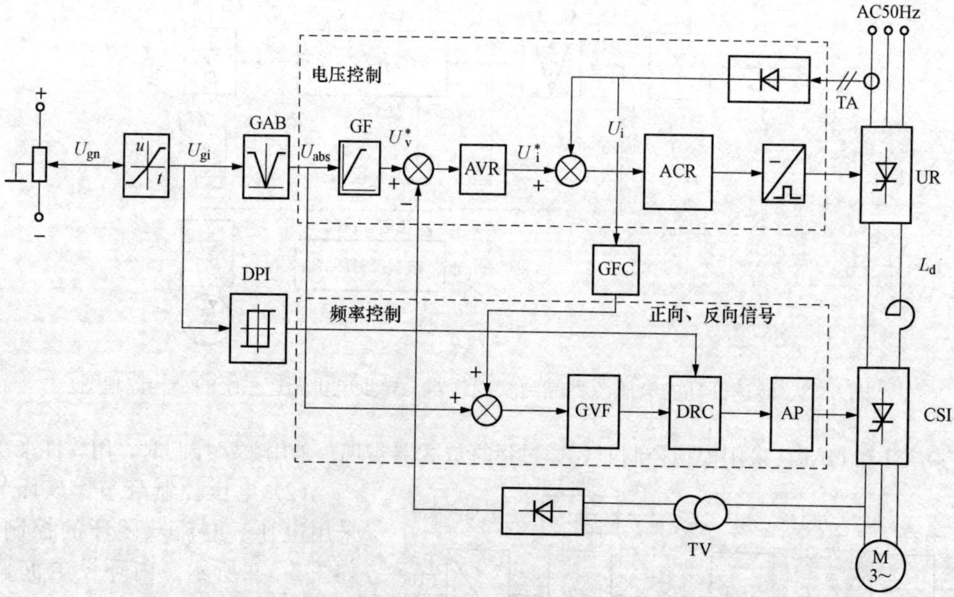

图 5-11 转速开环的电流源型晶闸管变频器—异步电机调速系统

上述两类调速系统都采用电压—频率协调控制方式，主要差别在于：

(1) 电压反馈环节有所不同。电压源型变频器直流电压的极性是不变的，而电流源型变频器在回馈制动时直流电压要反向，因此后者的电压反馈不能从直流电压引出，需要从逆变器输出端引出。

（2）电压与频率控制间的动态校正环节完全不同。由于电流源型系统没有电容滤波器，电压变化很快，需要 GFC 来加快频率控制。GFC 一般采用微分校正方式。

（3）二者的调节器参数有较大差别。

（4）电流源型变频器一般采用 120°导通型逆变器。

5.3.4　异步电机变频调速系统

变频调速系统要提高静态、动态性能，首先要用带转速反馈的闭环控制。对此人们又提出了转速闭环转差频率控制的变频调速系统。在异步电机变频调速系统中，需要控制的是电压（或电流）和频率，通过对它们的控制来控制转矩。由于影响转矩的因素很多，控制交流异步电机转矩的问题就复杂得多。根据异步电机的原理，可采用控制转差频率的方式控制转矩。

1. 转差频率控制

由式（5 - 16）可知，维持 E_g/ω_1 为恒值，每极磁通 Φ_m 均为常值，则最大转矩 T_{max}不变，异步电机可以获得很好的稳态性能。已知

$$E_g = 4.44 f_1 N_1 k_{N1} \Phi_m = 4.44 \frac{\omega_1}{2\pi} N_1 k_{N1} \Phi_m = \frac{1}{\sqrt{2}} \omega_1 N_1 k_{N1} \Phi_m \tag{5-23}$$

将其代入式（5 - 12）得

$$T = \frac{3}{2} p N_1^2 k_{N1}^2 \Phi_m^2 \frac{s\omega_1 r'_2}{r'^2_2 + \omega_1^2 x'^2_{12} s^2} \tag{5-24}$$

令 $\omega_s = s\omega_1$，并定义为转差角频率；$K_m = (3/2) p N_1^2 k_{N1}^2$，为电机结构常数，则

$$T = K_m \Phi_m^2 \frac{\omega_s r'_2}{(r'_2 + r_1 s)^2 + \omega_1^2 (x_1 + x'_2)^2 s^2} \tag{5-25}$$

当电机在稳态运行时，s 值很小，所以 ω_s 也很小，只有 ω_1 的 2%～5%，式（5 - 25）可近似为

$$T = K_m \Phi_m^2 \frac{\omega_s}{r'^2_2} \tag{5-26}$$

式（5 - 26）表明，在 s 值很小的范围内，只要能够保持气隙磁通 Φ_m 不变，异步电机的转矩就近似与转差角频率 ω_s 成正比。这表明，在异步电机中控制 ω_s，就和直流电机中控制电流一样，能够达到间接控制转矩的目的。控制转差频率就代表控制转矩，这就是所谓的转差频率控制。

下面分析转差频率控制的规律。从近似条件可知，ω_s 较大时，异步电机的转矩近似与转差角频率 ω_s 成正比的结论就不成立。下面简单分析转差频率控制的限制条件。对于式（5 - 25），取 $\frac{dT}{d\omega_s} = 0$，可得最大转矩及对应的转差频率，即

$$T_{max} = K_m \Phi_m^2 \frac{1}{2x'_2} \tag{5-27}$$

$$\omega_{smax} = \frac{r'_2}{x'_2} = \frac{r_1}{x_1} \tag{5-28}$$

在转差频率 ω_s 到达 ω_{smax}之前，可以认为异步电机的转矩近似与转差角频率 ω_s 成正比，可以用转差频率控制代表转矩控制。这是转差频率控制的基本规律之一。

另外，当忽略饱和与铁损耗时，气隙磁通 Φ_m与励磁电流 I_0 成正比。由异步电机的等效电路图得到定子电流为

$$I_1 = I_0 \sqrt{\frac{r'^2_2 + \omega_s^2 (x_1 + x'_2)^2}{r'^2_2 + \omega_s^2 x'^2_2}} \tag{5-29}$$

通过对式（5-29）的特性分析可知，只要 I_1 与 ω_s 的关系满足该式，就能保持 Φ_m 恒定。这是转差频率控制的基本规律之二。

2. 转速闭环的异步电机变频调速系统

采用转差频率控制的转速闭环的异步电机变频调速系统结构原理图如图 5-12 所示。与转速开环控制相比，其具有如下特点：

（1）形成双闭环控制，即外环为转速环、内环为电流环。

（2）采用电流源型变频器，使控制对象具有较好的动态响应，便于回馈制动，实现四象限运行。

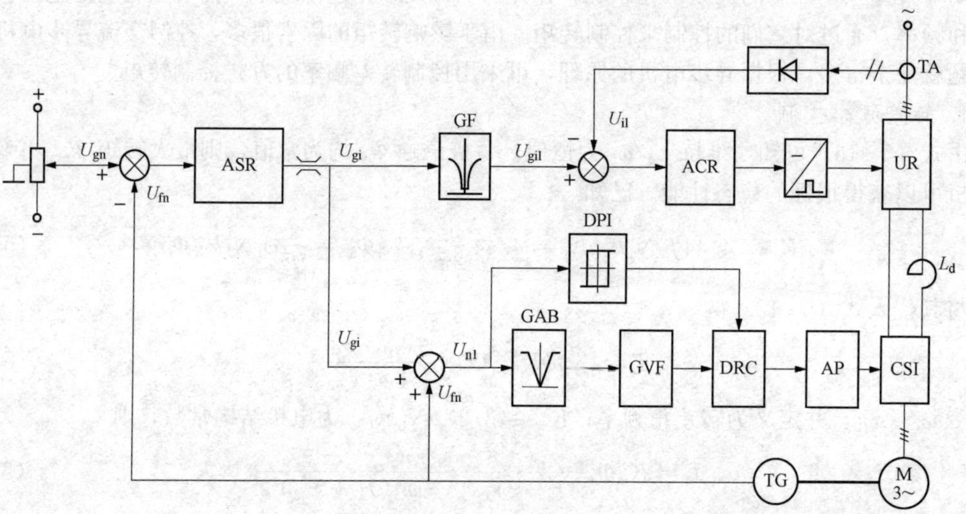

图 5-12 转速闭环的异步电机变频调速系统结构原理图

（3）转差频率信号 U_{gi} 分两路作用在可控整流器 UR 和电流源型逆变器 CSI 上。前者通过 $L_1=f(\omega_s)$ 函数发生器 GF，按 U_{gi} 的大小产生相应的 U_{gi1} 信号，通过电流调节器 ACR 控制定子电流，以保持 Φ_m 为恒值。另一路按 $\omega_s+\omega=\omega_1$ 的规律产生对应于定子频率 ω_1 的控制电压 U_{n1}，决定逆变器的输出频率。

（4）转速给定信号 U_{gn} 反向时，U_{gi}、U_{fn}、U_{n1} 都反向。用极性鉴别器 DPI 判断 U_{n1} 的极性，以决定环形分配器 DRC 的输出相序，而 U_{n1} 信号本身则经过绝对值变换器 GAB 决定输出频率的高低，实现可逆运行。

5.4 同步电机变压变频调速

5.4.1 同步电机变频调速的控制方式和特点

根据同步电机的运行原理，当电机的极对数确定以后，电机的转速 n 严格等于由供电电源频率所决定的旋转磁场的同步转速，即

$$n=n_1=\frac{60f_1}{p} \tag{5-30}$$

因此，只要控制供电电源的频率为 f_1，就可以方便地控制同步电机的转速。

根据对频率的控制方式不同，同步电机变频调速系统可分为他控式和自控式两种。

（1）他控式：采用外部控制变频器频率的方法来准确地控制转速，是一种频率的开环控制方

式。这种控制方式简单，但有失步和振荡问题，对急剧升速、降速控制必须加以适当限制。

(2) 自控式：频率的闭环控制，采用转子位置传感器随时检测定子、转子磁极相对位置和转子的转速，由位置传感器（检测器）发出的位置信号去控制变频器中主开关元件的导通顺序和频率。因此，电机的转速在任何时候都同变频器的供电频率保持严格的同步，故不存在失步和振荡现象，由于变频器的频率是由电机自身的转速控制的，故称这种方式为自控式。这种系统由于不存在失步和振荡现象，故适用于快速运行和负载变化剧烈的场合。

5.4.2　变频调速同步电机的工作特性

同步电机的功角特性和转矩—转速特性是同步电机变频运行的两项重要的工作特性。

1. 变频运行时的功角特性

同步电机进入稳态运行后，最重要的工作特性是功角特性，即电磁转矩与功率角之间的关系。对于凸极同步电机，电磁转矩为

$$T=\frac{mp}{2\pi f_1}\frac{UE}{x_d}\sin\delta+\frac{mp}{2\pi f_1}U^2\left(\frac{x_d-x_q}{2x_dx_q}\right)\sin2\delta \tag{5-31}$$

式中：U 为电枢相电压；E 为励磁电动势；m 为电机的相数；f_1 为电源频率；p 为电机极对数；x_d 为电机直轴（d 轴）同步电抗；x_q 为电机交轴（q 轴）同步电抗；δ 为功率角，是端电压 U 与 E 的夹角。

根据式（5-31），不难发现，凸极同步电机电磁转矩可以看作是转子励磁产生的同步转矩和凸极效应产生的反应转矩两部分的合成，即其功角特性也由两部分合成，且其反应转矩按功率角 δ 的两倍频率正弦变化。

对于隐极同步电机来说，d、q 轴同步电机电抗相等，即 $x_d=x_q=x_a$，故反应转矩消失，电磁转矩公式变为

$$T=\frac{mp}{2\pi f_1}\frac{UE}{x_d}\sin\delta \tag{5-32}$$

为了简单起见，下面以隐极同步电机为例进一步分析其功角特性。由隐极同步电机等值电路及相量图，推导得电磁功率为

$$P_e=\frac{mUE}{Z_s}\sin(\delta+\alpha)-\frac{mE^2r_s}{Z_s^2} \tag{5-33}$$

式中：Z_s 为同步阻抗；r_s 为同步电阻；$\alpha=90°-\theta$，θ 为同步阻抗角。

电磁转矩为

$$T=\frac{P_e}{\Omega_1}=\frac{mp}{2\pi f_1}\frac{UE}{Z_s}\sin(\delta+\alpha)-\frac{mpE^2r_s}{2\pi f_1Z_s^2} \tag{5-34}$$

在一般运行频率下同步电抗 $x_s\gg r_s$，若令 $r_s=0$，相应 $\alpha=0$，则电磁转矩表达式为

$$T=\frac{mp}{2\pi f_1}\frac{UE}{x_s}\sin\delta \tag{5-35}$$

当电机变频运行时，励磁电动势可表示为

$$E=2\pi f_1'L_{af}I_f \tag{5-36}$$

式中：f_1' 为电机的运行频率；L_{af} 为励磁绕组与电枢绕组间的互感；I_f 为励磁电流。

同步电抗为

$$x_s=2\pi f_1'L_s \tag{5-37}$$

式中：L_s 为定子侧的电感。

将式（5-36）和式（5-37）代入式（5-35），电磁转矩可表示为

$$T=\frac{mp}{2\pi}\left(\frac{U'}{f_1'}\right)\left(\frac{L_{af}}{L_s}\right)I_f\sin\delta \tag{5-38}$$

当电机确定之后，L_{af}和 L_a 均为常数，则

$$T \propto \frac{U'}{f_1'} I_f \tag{5-39}$$

式（5-39）说明同步电机的电磁转矩是运行时的电压/频率比和励磁电流的线性函数。在变频运行时，只要维持恒定电压/频率比，电磁转矩表达式和功角特性曲线 $T=f(\delta)$ 就与额定频率运行时完全相同，即电机端电压和供电频率仍可用 U 和 f_1 表示。

同异步电机一样，当 f_1'较低时，r_s 的作用加大，若继续维持恒电压/频率比运行，则最大电磁转矩势必减小。若要保持最大转矩不变，则要适当提高端电压、增大电压/频率比。

2. 变频运行时转矩—转速特性

（1）$r_s=0$。当忽略电枢电阻时，电磁转矩可表示为

$$T=\frac{mp}{2\pi f_1}\frac{UE}{x_s}\sin\delta=T_m\sin\delta \tag{5-40}$$

式中：T_m为 $\delta=90°$时的最大电磁转矩。

$$T_m=\frac{mp}{2\pi f_1}\frac{UE}{x_s}=\frac{mp}{2\pi}\frac{U}{f_1}\frac{L_{af}}{L_s}I_f \tag{5-41}$$

当电机励磁电流不变，做恒定电压/频率比变频运行时，最大电磁转矩 T_m将不发生变化。其转矩—转速特性曲线为一系列垂直线。这时，同步电机可以在任何频率下做恒转矩运行。

（2）$r_s\neq 0$。若忽略集肤效应，则 $r_s=$常数，而同步电机 x_s 随运行频率线性变化，在频率很低时，$x_s \gg r_s$ 的条件不再成立，此时必须考虑 r_s 的作用。

当 $r_s\neq 0$ 时，电磁转矩如式（5-34）所示。为了更清楚地表示在低速时 r_s 对转矩—转速特性的影响，对上式做归一化处理，则有

$$\begin{aligned}T&=\frac{mp}{2\pi f_1}\frac{UE}{Z_s}\sin(\delta+\alpha)-\frac{mpE^2 r_s}{2\pi f_1 Z_s^2}\\&=\frac{mp}{2\pi f_1}\frac{UE}{x_s}\frac{x_s}{Z_s}\sin(\delta+\alpha)-\frac{mpUE}{2\pi f_1 x_s}\frac{E}{U}\frac{x_s r_s}{Z_s^2}\\&=T_m\frac{x_s}{Z_s}\sin(\delta+\alpha)-T_m\left(\frac{E}{U}\right)\frac{x_s r_s}{Z_s^2}\end{aligned} \tag{5-42}$$

将$|Z_s|=\sqrt{r_s^2+x_s^2}$代入式（5-42），整理后可得

$$T=T_m\frac{1}{\sqrt{1+\left(\frac{r_s}{x_s}\right)^2}}\sin(\delta+\alpha)-T_m\left(\frac{E}{U}\right)\frac{\frac{r_s}{x_s}}{1+\left(\frac{r_s}{x_s}\right)^2} \tag{5-43}$$

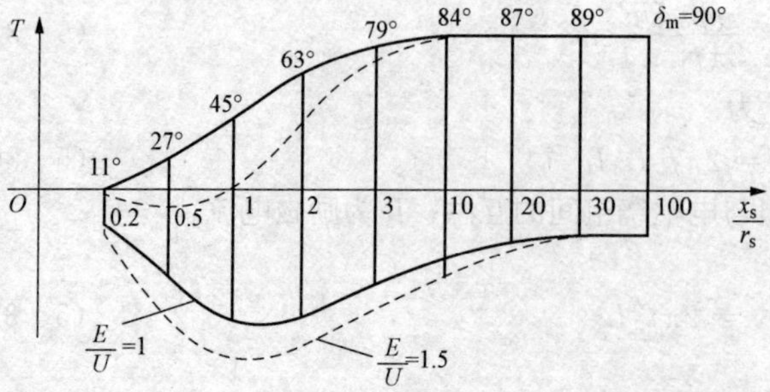

图 5-13 $r_s\neq 0$ 时同步电机的转矩—转速特性曲线

以 T 为纵坐标，以 r_s/x_s 或 x_s/r_s 为横坐标，以 E/U 为参变量，可以画出计及 r_s 时同步电机的转矩－转速特性曲线，如图 5-13 所示。从图 5-13 可以看出，不同 E/U 比例，最大转矩 T_m 和出现最大转矩的功角 δ_m 随着运行频率的降低有不同程度的减小，所以低频时不再保持恒转矩运行。为了补偿低频时电阻 r_s 的影响，在低频时采取电压补偿的办法，即适当提高电压/频率比。

5.4.3　同步电机变压变频调速控制

1. 他控变频同步电机调速系统

（1）转速开环恒压频比控制的同步电机调速系统。图 5-14 所示为转速开环恒压频比控制的同步电机调速系统，是一种最简单的他控变频调速系统，多用于化纤、纺织工业中小容量电机系统。其中，变频器采用交—直—交电压源型变压变频器，也可以采用 SPWM 电压源型变压变频器。带定子压降补偿的函数发生器 GF 保证变频装置的气隙磁通恒定。缓慢调节 U_{gn}可以渐渐改变电机的转速，达到额定转速后，中间直流环节电压不能再升高，否则将进入弱磁的恒功率区。该系统可以带多台同步电机运行，但各台电机的负载不能太大，否则会产生转子振荡和失步问题。

（2）大型低速同步电机调速系统。大型低速同步电机调速系统通常应用在无齿轮传动的可逆轧机、矿山提升机和水泥砖窑的传动装置中。这类系统一般采用交－交变压变频器供电，其输出频率只有 20～25Hz。大容量的同步电机转子一般具有励磁绕组，它的磁极通常是凸极式的，并带有阻尼绕组，可以减少交－交变压变频器引起的谐波和负序分量，并且可以加速换相过程。其控制器采用常规控制算法，或采用矢量控制。

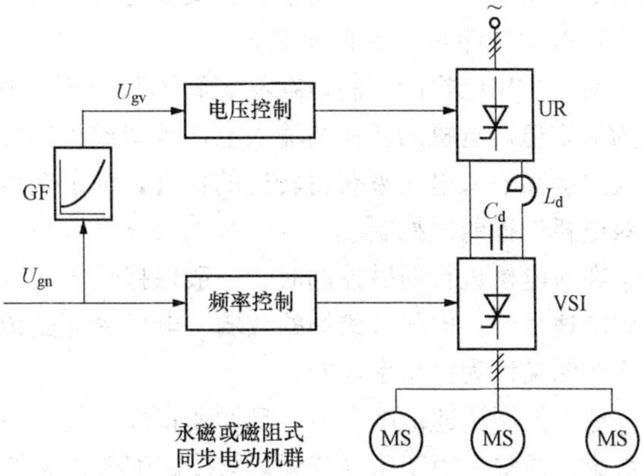

图 5-14　转速开环恒压频比控制的同步电机调速系统

2. 自控变频同步电机调速系统

自控变频同步电机调速系统的结构原理如图 5-15 所示，其主要特点是在同步电机端装有一台特殊的转子位置检测器 BQ，它发出的信号控制变压变频装置的逆变器 UI 换流，从而改变同步电机的供电频率，调速时则由外部控制逆变器的直流输入电压或电流。

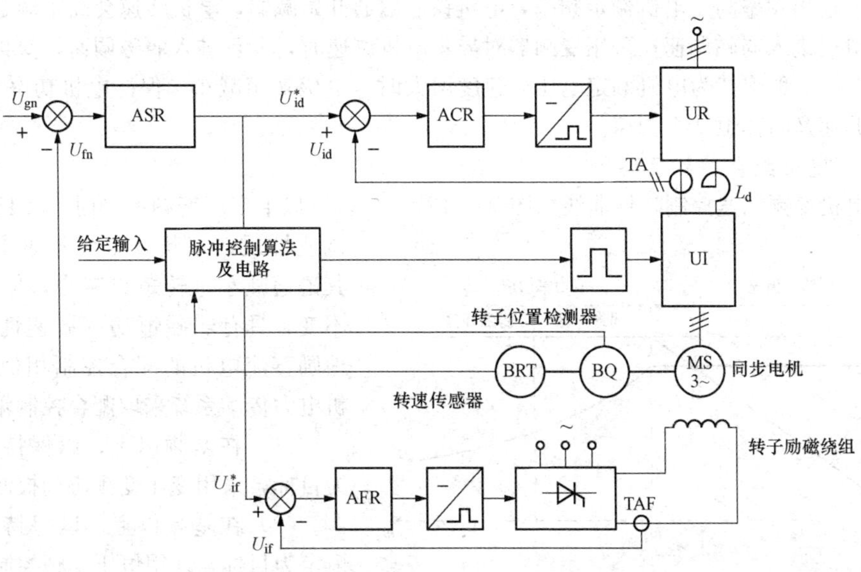

图 5-15　自控变频同步电机调速系统的结构原理

自控变频同步电机调速系统主要应用在两个方面：一方面是大、中容量的晶闸管自控变频同步电机调速系统，即无换向器同步电机调速系统；另一方面是小容量的永磁同步电机自控变频调速系统。

大、中容量的晶闸管自控变频同步电机调速系统的逆变器常采用电流源型逆变器，转子励磁电流由可控整流器直流电源提供。

5.5 电机弱磁控制

弱磁控制是电机调速的手段之一。虽然其调速范围有限，且调速特性较软，但适用于恒功率负载类的电力传动系统。特别是在交通电气化的时代，弱磁控制在轨道交通、电动汽车、船舶电力推进等领域都有重要的应用。

对于常用电机的控制，在额定转速以下时按照恒转矩方式进行控制，其工作特性是保持磁通为额定值，电机的转速与输入电压近似成正比关系。当电机达到额定转速后，由于耐压限制不能通过提高输入电压来获得转速的提升，为了获得更宽的调速范围，在额定转速以上运行时，需要对电机进行弱磁控制。

在对电机进行弱磁控制时，一般保持输入电压恒定，通过减小励磁电流来降低磁场强度，以达到增速目的。但随着磁场的减弱，电机的电磁转矩也相应减小，通常输出功率保持不变，因而弱磁控制又称为恒功率控制。

弱磁控制调速范围有限，且调速特性较软，一般不会单独使用。对于调速范围较宽的电力传动系统，通常采用变压（变频）与弱磁配合控制的方案。在额定转速之下，保持磁通恒定，采用变压（变频）调速；在额定转速之上，保持输入电压恒定，采用弱磁升速。

5.5.1 异步电机弱磁控制

由于交流电机的矢量控制是将交流电机等效为直流电机进行控制，因此这里沿用了直流电机的弱磁概念，可将弱磁控制拓展到交流电机的领域。在采用变频器对异步电机进行调速时，一旦变频器的输出频率高于电机额定频率，电机铁心磁通开始减弱，电机转速会高于额定转速，此时称异步电机进入弱磁调速；采用变频器对异步电机调速时，一旦进入弱磁调速，变频器输出电压不再改变，一般保持为电机额定电压。速度增大时，电磁转矩减小，保持电机功率为恒功率，所以弱磁调速又叫作恒功率调速。

1. 异步电机配合控制策略

异步电机变频调速控制特性曲线如图 5-16 所示，基频以下变压变频控制时，其具有恒转矩调速性质；基频以上恒压变频控制时，其磁通减小，转矩也减小，但功率保持不变，具有弱磁恒功率调速性质。这与他励直流电机的配合控制相似。异步电机电力传动系统采取配合控制策略。

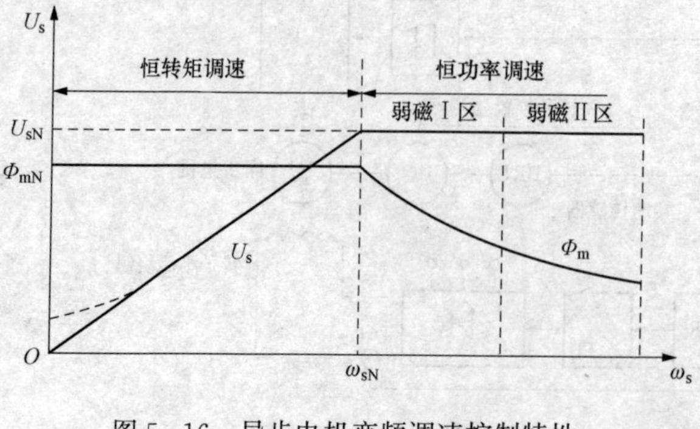

图 5-16 异步电机变频调速控制特性

（1）在基频以下，以保持磁通恒定为目标，采用变压变频协调控制。

（2）在基频以上，以保持定子电压恒定为目标，采用恒压变频控制。

经过坐标变换异步电机在 dq 坐标系上的定子电压方程为

$$\begin{cases} u_{sd} = R_s i_{sd} + p\psi_{sd} - \omega_s \psi_{sq} \\ u_{sq} = R_s i_{sq} + p\psi_{sq} + \omega_s \psi_{sd} \end{cases} \tag{5-44}$$

式中：p 为微分算子。

磁链方程为

$$\begin{cases} \psi_{sd} = L_s i_{sd} + L_m i_{rd} \\ \psi_{sq} = L_s i_{sq} + L_m i_{rq} \end{cases} \tag{5-45}$$

在稳态运行时，如果假定磁链的变化很缓慢，可忽略磁链微分产生的压降，进行弱磁控制时，因转速较高，其定子阻抗压降可以忽略。这样，异步电机的稳态电压方程可近似为

$$\begin{cases} u_{sd} \approx -\omega_s \psi_{sq} \\ u_{sq} \approx \omega_s \psi_{sd} \end{cases} \tag{5-46}$$

如果采用矢量控制，按转子磁链定向时，因 $\psi_{rd}=\psi_r$，$\psi_{rq}=0$，其稳态磁链方程可近似为

$$\begin{cases} \psi_{sd} = L_s i_{sd} \\ \psi_{sq} = \sigma L_s i_{sq} \end{cases} \tag{5-47}$$

代入式（5 - 44），可得

$$\begin{cases} u_{sd} \approx -\omega_s \sigma L_s i_{sq} \\ u_{sq} \approx \omega_s L_s i_{sd} \end{cases} \tag{5-48}$$

此时的转矩方程为

$$T = \frac{L_m}{L_r} p_n \psi_r i_{sq} \tag{5-49}$$

式中：p_n 为电机极对数。

当异步电机采用 PWM 变频调速时，其定子电压会受到逆变器输出的最大电压的限制，其最大定子电压 U_{smax} 与直流母线电压 U_d 的关系应满足

$$U_{smax} \leqslant \frac{U_d}{\sqrt{3}} \tag{5-50}$$

如果采用 6 拍逆变器，则其最大定子电压的限制为

$$U_{smax} \leqslant \frac{2U_d}{\pi} \tag{5-51}$$

同理，电机的电流也会受到最大定子电流 I_{smax} 的限制。因而，异步电机的定子电压和电流在 dq 坐标系上的分量与所能承受的最大定子电压和电流的限制关系为

$$\begin{cases} u_{sd}^2 + u_{sq}^2 \leqslant u_{smax}^2 \\ i_{sd}^2 + i_{sq}^2 \leqslant i_{smax}^2 \end{cases} \tag{5-52}$$

2. 异步电机的运行控制区

由式（5 - 52）可知，异步电机的电流限制条件对应的轨迹是一个圆形，如图 5 - 17（a）所示；电压限制条件对应的轨迹是一个椭圆，并且受同步旋转角速度 ω_s 的影响，随着电机转速越来越高，其椭圆越来越小，如图 5 - 17（b）所示。

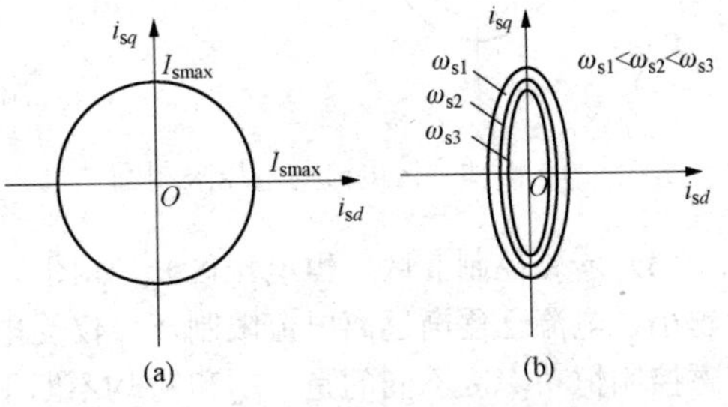

图 5 - 17　异步电机的运行限制环
（a）电流限制环；（b）电压限制环

因异步电机按转子磁链定向时 d 轴的定子电流为励磁电流，故转子磁链方程为

$$\psi_r = \frac{L_m}{1 + T_r p} i_{sd} \tag{5-53}$$

代入式（5-49），可以得到新的转矩方程为

$$T=\frac{3p_{\mathrm{n}}L_{\mathrm{m}}^{2}}{4L_{\mathrm{r}}}i_{sq}i_{sd} \tag{5-54}$$

式（5-53）在 dq 坐标系上是一组双曲线，和电流与电压限制轨迹画在一起，如图 5-18 所示。其中，电流环与电压环包围的共同区为电机运行区。

（1）恒转矩控制区。在基速以下，d 轴电流为给定的最大电流 i_{sd0}，同时产生一个恒定的最大磁通 Φ_{max}。恒转矩区域电流和电压限制圆如图 5-19 所示。

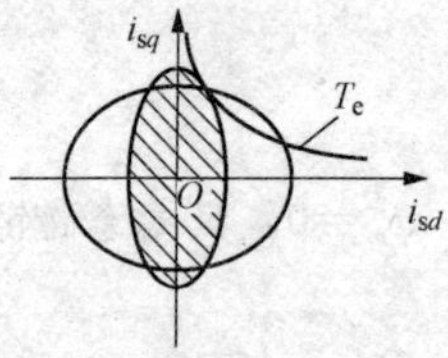

图 5-18　电流与电压限制圆

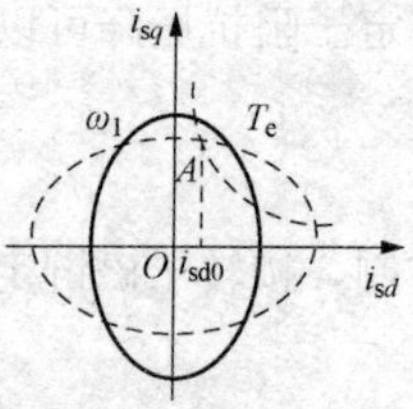

图 5-19　恒转矩区电流与电压限制圆

在恒转矩控制时，d 轴最大电流一直保持额定励磁电流值不变，即 $i_{sd}=i_{fN}$。由于电磁转矩正比于 $i_{sd}i_{sq}$，这时转矩将正比于转矩电流 i_{sq}。同时，按电流限制条件，有

$$i_{sq}\leqslant\sqrt{i_{smax}^{2}-i_{sd}^{2}} \tag{5-55}$$

由于磁通保持在最大值不变，于是在这个区间内电机处于最大恒转矩运转状态，并且 $i_{sd}\times i_{sq}$对应于最大转矩值。但是由于电机电压不断上升并且极可能超过最大电压限值，因此必须采取相关的措施来限制电机电压的不断上升。

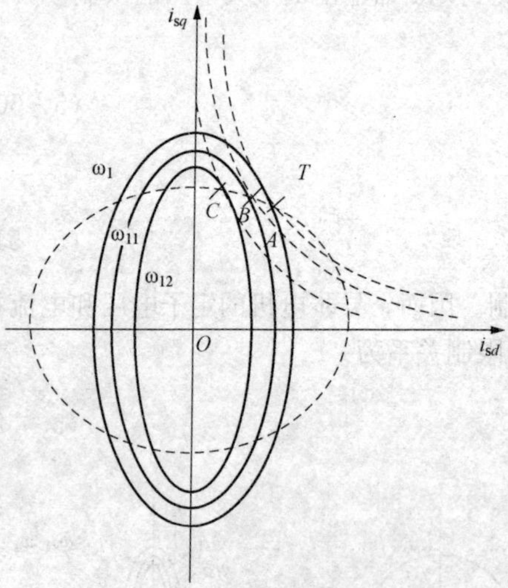

图 5-20　恒功率区电流与电压限制圆

（2）弱磁控制Ⅰ区（恒功率区）。当电机转速不断上升时，电压限制圆逐渐减小，定子电压不断上升。如图 5-20 所示，电压环不断收缩，此时在 A 点上电机达到额定临界转速，如果不对转矩电流做任何控制，A 点将沿着圆心方向运动，电机能够继续升速，但此时其不在最大转矩曲线之上，于是必须考虑对转矩电流进行相应处理，使运行点朝着 A—B—C 这个方向运转，保证一个最大的输出转矩。很明显，由于运动轨迹的不断左移，励磁电流 i_{sd}不再恒定，而是由相应的控制器输出并不断减小。同样必须保证转矩电流最大限幅值满足式（5-55）。

在这段区域内，转速升高时磁通不断减少，允许输出转矩减少的同时，输出功率基本不变，即

$$P=T\omega_{\mathrm{e}} \tag{5-56}$$

可知，$i_{sd}\times i_{sq}$必须按照电机转速成反比变化。

（3）弱磁控制Ⅱ区（恒电压区）。如图 5-21 所示，当转速继续持续上升时，电压限制圆越来越小，电流已逐渐远离电流限制环，仅受电压环限制。电机运行状态沿着 A—B—C 移动，与弱磁控制恒功率区不同的是，i_{sd}和 i_{sq}均不断下降，而不仅仅是励磁电流 $i_{sd}i_{sd}$下降。

可见，电机在这个阶段不再保持恒功率运行，但是电压始终保持额定状态，所以称这个阶段为恒压区域。

由于 T 与 $i_{sd}i_{sq}$成正比，所以在这个区域，转矩下降较快，随着电机的转速不断升高，必然

会面临转矩下降的情况，这时会影响电机输出功率。同样在这个区域，励磁电流 i_{sd} 的输出与控制器有关，而 i_{sq} 的算法则非常多。

5.5.2　永磁同步电机弱磁控制

1. 基本原理

图 5 - 22 为永磁同步电机弱磁控制系统框图，其中转速环主要得到转子位置角度 θ_e，经微分得到电角速度 ω_e。转速的偏差值通过转速调节器得到给定转矩 T，由电流发生器按照最大转矩电流比控制的电流输出公式给出参考电流 i_d^* 和 i_q^*，电流偏差通过电流调节器得到 u_d^* 和 u_q^*，当 $\sqrt{u_d^2+u_q^2}$ 超过 $u_{\lim}/\sqrt{3}$ 时切换到弱磁控制模式，通过二者偏差值减弱 i_d^* 实现弱磁控制。

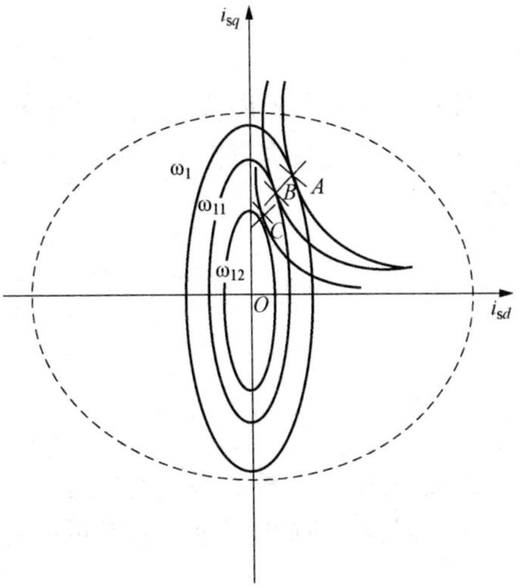

图 5 - 21　恒电压区电流与电压限制圆

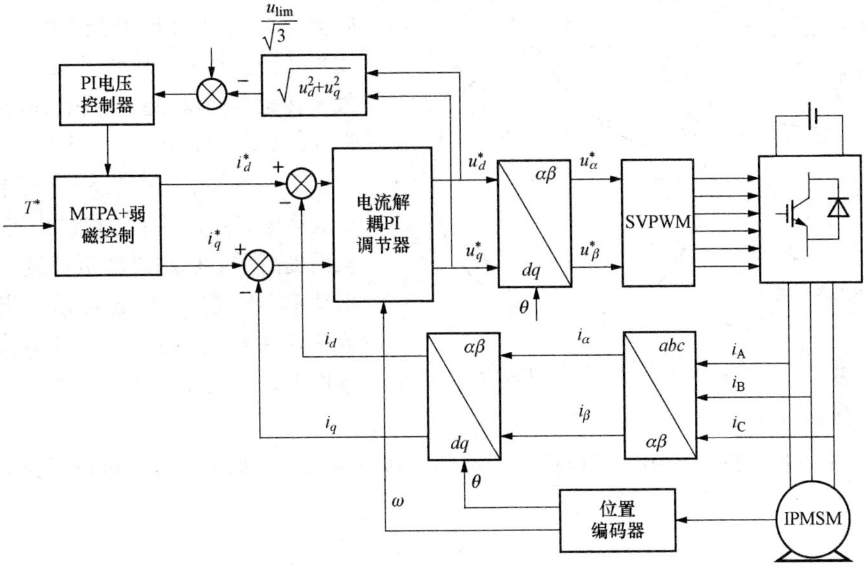

图 5 - 22　永磁同步电机弱磁控制系统框图

MTPA—最大转矩/电流；IPMSM—永磁同步电机

永磁同步电机弱磁控制的思想来自他励直流电机的弱磁控制。永磁同步电机的转子由永磁体构成，其励磁磁动势无法调节，只有通过调节定子电流，即增加定子直轴去磁电流分量来维持高速运行时电压的平衡，以达到弱磁扩速的目的。从电压方程式进一步理解永磁同步电机的弱磁本质。

$$u=\omega\sqrt{(L_q i_q)^2+(L_d i_d+\psi_f)^2} \tag{5-57}$$

由式（5 - 57）可以发现，当电机电压达到逆变器所能输出的电压极限时，即当 $u=u_{\lim}$ 时，要想继续升高转速只有靠调节 i_d 和 i_q 来实现。这就是电机的“弱磁”运行方式。增加电机直轴去磁电流分量和减小交轴电流分量，以维持电压平衡关系，都可得到“弱磁”效果，前者“弱磁”能力与电机直轴电感直接相关，后者与交轴电感相关。

需要进行弱磁算法切换的速度点就是转折速度 ω_{rt}。根据式（5 - 57）可得

$$\omega_{rt}=\frac{u_{lim}}{\sqrt{(L_d i_d+\psi_f)^2+(L_q i_q)^2}} \tag{5-58}$$

针对内置式永磁同步电机，当电机运行在最大转矩/电流（MTPA，Maximum Torque Per Ampere）曲线上且电机输出最大转矩时，由极限椭圆公式及最大转矩/电流交直轴电流分配公式求得

$$\omega_{rt}=\frac{u_{lim}}{\sqrt{(L_q i_q)^2+\psi_f^2+\dfrac{(L_d+L_q)C^2+8\psi_f L_d C}{16(L_d-L_q)}}} \tag{5-59}$$

其中

$$C=-\psi_f+\sqrt{\psi_f^2+8(L_d-L_q)^2 i_{lim}^2} \tag{5-60}$$

2. 永磁同步电机弱磁运行轨迹

永磁同步电机的弱磁扩速控制可以用图 5-23 所示的定子电流矢量轨迹加以阐述。其中，A 点对应的转矩为 T_1，即为电机在转速 ω_a 时可以输出的最大转矩（电压和电流均达到极限值，故 ω_a 即为电机恒转矩运行的转折速度）。转速进一步升高至 ω_b（$\omega_b>\omega_a$）时，最大转矩/电流轨迹与电压极限椭圆相交于 B 点，对应的转矩为 T_2（$T_2<T_1$），若此时定子电流矢量偏离最大转矩/电流轨迹由 B 点移至 C 点，则电机可输出更大的转矩，从而提高了电机超过转折速度运行时的输出功率。从图 5-23 还可以看出，定子电流矢量从 B 点移至 C 点，直轴去磁电流分量增大，减弱了永磁体产生的气隙磁场，达到了弱磁扩速的目的。

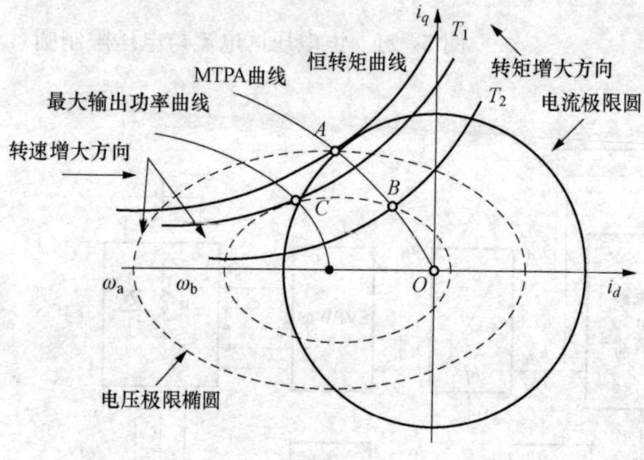

图 5-23　永磁同步电机弱磁运行轨迹

永磁同步电机弱磁过程中，当电机运行在某一转速 ω 时，根据电压方程可以得到电流矢量控制轨迹为

$$\begin{cases} i_d=-\dfrac{\psi_f}{L_d}+\dfrac{1}{L_d}\sqrt{\left(\dfrac{u_{lim}}{\omega}\right)^2-(L_q i_q)^2} \\ i_q=\dfrac{1}{L_q}\sqrt{\left(\dfrac{u_{lim}}{\omega}\right)^2-(L_d i_d+\psi_f)^2} \end{cases} \tag{5-61}$$

根据式（5-61）可以推导出弱磁阶段 i_d 和 i_s 的关系式为

$$i_d=\frac{1}{L_d^2-L_q^2}\left(\sqrt{(\psi_f L_q)^2-(L_d^2-L_q^2)\left[(L_q i_s)^2-\left(\frac{u_{lim}}{\omega}\right)^2\right]}-\psi_f L_d\right) \tag{5-62}$$

由于电机有一定的功率限制，随着速度不断升高，永磁同步电机会受到功率曲线约束。根据椭圆圆心是否处于电流圆内部有两种不同情况，$\psi_f/L_d<i_{lim}$ 和 $\psi_f/L_d>i_{lim}$。

当椭圆圆心处于电流圆内部时，即 $\psi_f/L_d<i_{lim}$，理想情况下电机运行轨迹最终可以达到 C 点，此时为极限状态。交轴电流 $i_q=0$，电磁转矩为零，定子电流全部变为励磁分量。理想最高转速为

$$\omega_{max}=\frac{u_{lim}}{|\psi_f-L_d i_{lim}|} \tag{5-63}$$

定子电流全部为直轴电流分量，此时有

$$\begin{cases} i_d = -\dfrac{\psi_f}{L_d} \\ i_q = 0 \end{cases} \tag{5-64}$$

可见在这种理想状态下，电机可以无限升速。但是实际情况中，永磁同步电机是一个强耦合的系统，并且采用弱磁控制时 d 轴和 q 轴交叉耦合，d 轴电流增大带来的 d 轴磁路饱和及转速升高时摩擦转矩的急剧增加，都制约了电机转速的上升。

当椭圆圆心处于电流圆外部时，即 $\psi_f/L_d > i_{\lim}$，理想情况下电机最终运行速度为电压限制椭圆与电流限制圆的切点处速度，此时有

$$\begin{cases} i_d = -i_{\lim} \\ i_q = 0 \end{cases} \tag{5-65}$$

事实上，大多数稀土永磁材料的退磁曲线在接近矫顽力的一端为下垂的直线，若电机进行深度弱磁运行，很可能造成永磁材料的不可逆退磁，损害电机运行性能，所以对一般电机的弱磁运行有一定的范围限制。

习　题

5-1　分析异步电机各种调速方法的特点和主要不同处。

5-2　按基频以下采用不同电压频率协调控制时，试画出：

(1) 恒压频比正弦波供电时异步电机的机械特性曲线。

(2) 各电压频率协调控制时，电压在 T 形等效电路上的位置。

(3) 各电压频率控制时的机械特性曲线。

5-3　从电压频率协调控制而言，同步电机的调速与异步电机的调速有何差异？

5-4　同步电机的他控式调速具有何种特征？有何优点和缺点？

5-5　简述弱磁控制原理及其特点。

第6章 现代电机控制技术

现代电机控制主要采用基于磁场定向矢量控制的方法，将交流电机变换为等效的直流电机，通过位置环、速度环和转矩环（或电流环），直接将所控制的电机与所拖动的负载作为整个控制对象进行控制，获得与直流电机可以媲美的控制效果。

本章介绍电机脉宽调制技术，包括直流脉宽调制技术和交流脉宽调制技术，异步电机和同步电机的现代控制技术，基于转子磁场定向的矢量控制原理和系统，直接转矩控制和无传感器控制等。

6.1 脉宽调制（PWM）

自从全控型可关断电力电子器件问世以后，就出现了脉冲宽度调制（PWM）技术，该技术可以将输入的直流电压变成一系列幅值相同、宽度变化的高频直流电压，根据面积相等的原则，可以实现幅值可变的直流输出电压，也可以实现频率和幅值都变化的交流电压，用于现代电机控制中。

6.1.1 直流脉宽调制技术

直流脉宽调制技术是采用可关断型的电力电子器件，如IGBT、MOSFET、IPM等，通过高频脉宽调制技术，将输入的直流电压变为平均电压可变的直流电压，用于驱动直流电机，组成了直流脉宽调速系统（DCPWM-M系统）。该直流脉宽调速系统与晶闸管整流器—直流电机调速系统（V-M）相比较，具有如表6-1所示的特点。

表6-1 DCPWM-M系统与V-M系统的比较

	直流脉宽调速系统（DCPWM-M）	晶闸管整流器—直流电机调速系统（V-M）
主电路	主电路简单，需要的电力电子器件少	主电路复杂，需要的电力电子器件相对较多
谐波	开关频率高，谐波少，电机损耗和发热较少	开关频率低，不固定，谐波成分复杂，电机损耗和发热相对较高
转矩	开关频率高，电流连续，无需串入续流电抗器，转矩波动小	需串入续流电抗器，电流波动相对较大，转矩波动大
稳速精度	电流连续，低速性能好，稳速精度高，调速范围宽	低速或轻载时电流不连续，导致低速性能相对较差，调速范围相对较小
效率	电力电子器件处于开关状态，导通损耗小，开关频率适中时，开关损耗不大，装置效率较高	由于具有续流电抗器或者具有脉动环流，因而装置效率相对不高
快速响应	无续流电抗器，开关频率高，因而系统频带宽，动态响应快，动态抗干扰能力强	由于具有续流电抗器，以及采用电流过零自然关断方式，因此系统频带窄，动态响应相对较慢，动态抗干扰能力也弱
功率因数	直流电源采用不控整流方式，因此电网功率因数高，谐波少	采用相控整流方式，电网功率因数低，谐波较多
应用	中小功率直流电机驱动系统	中大功率直流电机驱动系统

1. 基本工作原理和特点

根据直流脉宽调制电路的不同，直流脉宽调制系统分为简单不可逆直流脉宽调速系统、带制动的不可逆直流脉宽调速系统和可逆直流脉宽调速系统。

(1) 简单不可逆直流脉宽调速系统，主要用于单方向运行，不需要制动和反向拖动的应用场合，其主电路原理、电压和电流波形如图 6 - 1 所示，该电路又称为直流降压斩波电路。

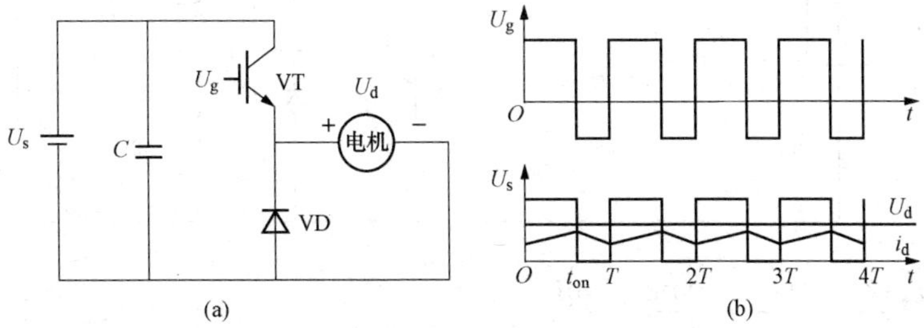

图 6 - 1　简单不可逆直流脉宽调速系统

(a) 主电路原理；(b) 电压和电流波形

U_s—直流电源电压；C—滤波电容；VT—可关断电力电子器件；VD—续流二极管；U_g—PWM 开关电压

VT 的控制门极由脉宽可调的 PWM 开关电压 U_g 驱动，在一个开关周期 T 内，当 $0 \leqslant t < t_{on}$ 时，U_g 为正，VT 饱和导通，电源电压 U_s 通过 VT 加到直流电机的电枢两端；当 $t_{on} \leqslant t < T$ 时，U_g 为负，VT 关断，电枢中的电流通过续流二极管 VD 续流，所加到直流电机电枢两端的电压为零。因此，直流电机电枢两端的平均电压为

$$U_d = \frac{t_{on}}{T} U_s = \rho U_s \tag{6 - 1}$$

定义占空比 $\rho = \frac{t_{on}}{T}$，直流电压调制比 $\gamma = \frac{U_d}{U_s}$，则有 $\rho = \gamma$。

当 $t_{on} = 0$ 时，$U_d = 0$，$\rho = \gamma = 0$；当 $t_{on} = T$ 时，$U_d = U_s$，$\rho = \gamma = 1$。

通过改变 t_{on} 的大小，可以实现调节输出的平均直流电压 U_d 的大小，当开关频率较高时，可以实现电流的连续。

(2) 带制动的不可逆直流脉宽调速系统。带制动的不可逆直流脉宽调速系统主要用于单方向运行，但需要快速制动的应用场合，其主电路原理、电压和电流波形如图 6 - 2 所示。

1) 一般电动状态运行。在一个开关周期 T 内，当 $0 \leqslant t < t_{on}$ 时，U_{g1} 为正，U_{g2} 为负，VT1 饱和导通，VT2 关断，电源电压 U_s 通过 VT1 加到直流电机的电枢两端 [如图 6 - 2 (a) 回路①所示]；当 $t_{on} \leqslant t < T$ 时，U_{g1} 为负，U_{g2} 为正，VT1 关断，但由于电流方向没有改变，因此 VT2 被强迫关断，电枢中的电流通过续流二极管 VD2 续流，所加到直流电机电枢两端的电压为零 [如图 6 - 2 (a) 回路②所示]。

因此，直流电机电枢两端的平均电压为

$$U_d = \frac{t_{on}}{T} U_s = \rho U_s \tag{6 - 2}$$

此时输出的电压与简单不可逆电路一样，工作过程也与简单不可逆电路一样。

2) 制动状态运行。在制动状态中，i_d 为负值，VT2 发挥作用了。这种情况发生在电动运行过程中需要降速的时候。这时，先减小控制电压，使 U_{g1} 的正脉冲变窄，负脉冲变宽，从而使平均电枢电压 U_d 降低。但是，由于机电惯性，转速和反电动势 E 还来不及变化，因而造成 $E > U_d$ 的局面，很快使电流 i_d 反向，VD2 截止，VT2 开始导通。制动状态的一个周期分为两个工作

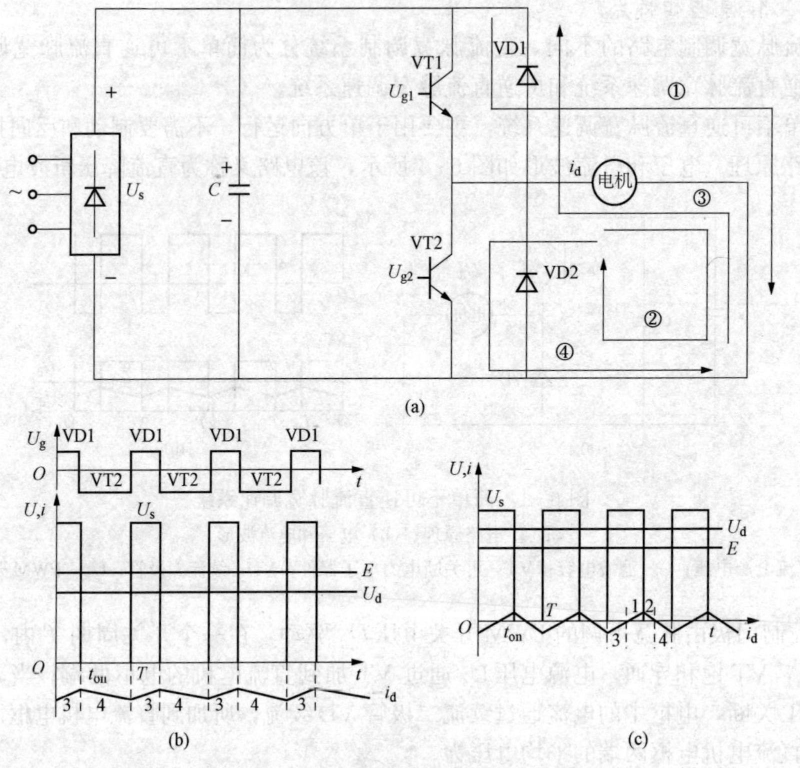

图 6-2　带制动的不可逆直流脉宽调速系统

(a) 主电路原理；(b) 制动状态的电压和电流波形；(c) 轻载电动状态的电压和电流波形

阶段：

a. 在 $0 \leqslant t \leqslant t_{on}$ 期间，VT2 关断，电流 i_d 沿图 6-2（a）回路③经 VD1 续流，向电源回馈制动，与此同时，VD1 两端压降钳住 VT1 使它不能导通。

b. 在 $t_{on} \leqslant t \leqslant T$ 期间，U_{g2} 变正，于是 VT2 导通，反向电流 i_d 沿图 6-2（a）回路④流通，产生能耗制动作用。

因此，在制动状态中，VT2 和 VD1 轮流导通，而 VT1 始终是关断的，此时的电压和电流波形如图 6-2（b）所示。

直流电机电枢两端的平均电压仍然为

$$U_d = \frac{t_{on}}{T} U_s = \rho U_s \tag{6-3}$$

3）轻载电动状态运行。有一种特殊情况，即轻载电动状态，这时平均电流较小，以致在开关管关断后还没有到达周期 T 的时刻，续流电流就已经衰减到零，此时，电机两端电压降为零，引起开关管导通，电流方向也相应变化，产生短时的制动作用。轻载电动运行的一个周期分成四个阶段：

a. 第 1 阶段，VD1 续流，电流 $-i_d$ 沿图 6-2（a）回路③流通。

b. 第 2 阶段，VT1 导通，电流 i_d 沿图 6-2（a）回路①流通。

c. 第 3 阶段，VD2 续流，电流 i_d 沿图 6-2（a）回路②流通。

d. 第 4 阶段，VT2 导通，电流 $-i_d$ 沿图 6-2（a）回路④流通。

在第 1、4 阶段，电机流过负方向电流，电机工作在制动状态；在第 2、3 阶段，电机流过正方向电流，电机工作在电动状态。因此，在轻载时，电流可在正负方向之间脉动，平均电流等于负载电流，其输出波形如图 6-2（c）所示。

（3）可逆直流脉宽调速系统。可逆直流脉宽调速系统有多种形式，最常用的是如图 6-3 所示的桥式可逆直流脉宽调速系统（亦称 H 形电路）。这时，电机两端电压的极性随开关器件栅极驱动电压极性的变化而改变，其控制方式有双极式、单极式、受限单极式等多种，这里只着重分析最常用的双极式控制的可逆直流脉宽调速系统。

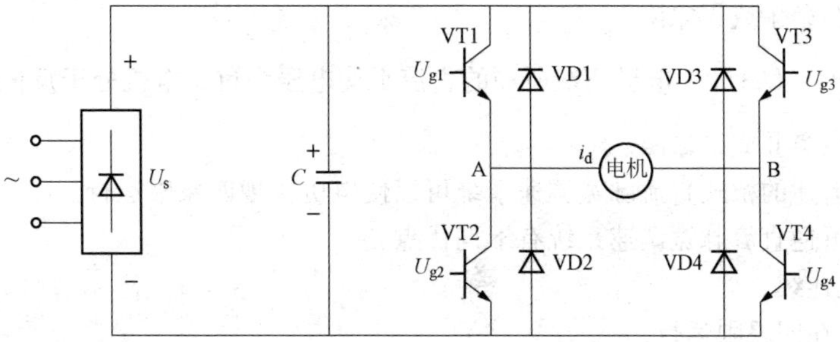

图 6-3　桥式可逆直流脉宽调速系统

该电路采用双极式控制时，在一个周期 T 内，$0 \leqslant t \leqslant t_{on}$ 期间，加在电机两端的电压为 $+U_s$，$t_{on} \leqslant t \leqslant T$ 期间，加在电机两端的电压为 $-U_s$，因此称这种控制方式为双极式控制。

1）正向运行。

第 1 阶段，在 $0 \leqslant t \leqslant t_{on}$ 期间，U_{g1}、U_{g4} 为正，VT1、VT4 导通，U_{g2}、U_{g3} 为负，VT2、VT3 截止，电流 i_d 自电源正极流经 VT1、A、电机、B、VT4、电源负极，电机两端电压 $U_{AB}=+U_s$。

第 2 阶段，在 $t_{on} \leqslant t \leqslant T$ 期间，U_{g1}、U_{g4} 为负，VT1、VT4 截止，VD2、VD3 续流，并钳位使 VT2、VT3 保持截止，电流 i_d 自电源负极流经 VD2、A、电机、B、VD3、电源正极，电机两端电压 $U_{AB}=-U_s$。

2）反向运行。

第 1 阶段，在 $0 \leqslant t \leqslant t_{on}$ 期间，U_{g2}、U_{g3} 为负，VT2、VT3 截止，VD1、VD4 续流，并钳位使 VT1、VT4 截止，电流 i_d 自电源负极流经 VD4、B、电机、A、VD1、电源正极，电机两端电压 $U_{AB}=-U_s$。

第 2 阶段，在 $t_{on} \leqslant t \leqslant T$ 期间，U_{g2}、U_{g3} 为正，VT2、VT3 导通，U_{g1}、U_{g4} 为负，使 VT1、VT4 保持截止，电流 i_d 自电源正极流经 VT3、B、电机、A、VT2、电源负极，电机两端电压 $U_{AB}=-U_s$。

正向和反向运行时的电压和电流波形如图 6-4 所示。

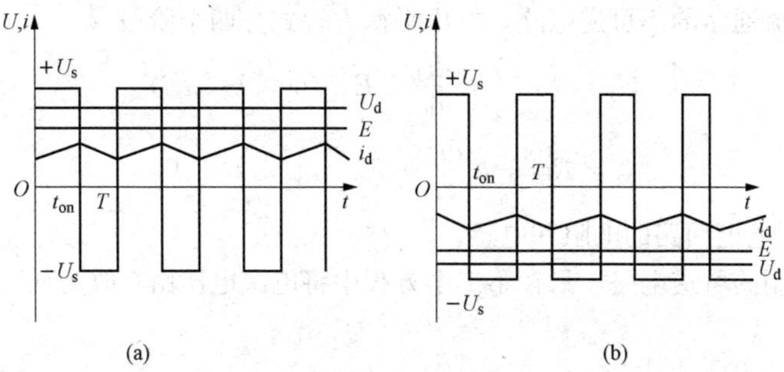

图 6-4　双极式控制的可逆直流脉宽调速系统电压和电流波形

（a）正向电动运行波形；（b）反向电动运行波形

因此，双极式桥式可逆直流脉宽调速系统的直流平均电压为

$$U_d=\frac{t_{on}}{T}U_s-\frac{T-t_{on}}{T}U_s=\left(\frac{2t_{on}}{T}-1\right)U_s=(2\rho-1)U_s \tag{6-4}$$

当 $t_{on}=\frac{1}{2}T$ 时，$U_d=0$，电机两端所加的直流平均电压为0。

当 $t_{on}<\frac{1}{2}T$ 时，$U_d>0$，电机两端所加的直流平均电压为正，电机处于正向运行或反向制动状态，电机运行在第Ⅰ或Ⅳ象限。

当 $t_{on}>\frac{1}{2}T$ 时，$U_d<0$，电机两端所加的直流平均电压为负，电机处于反向运行或正向制动状态，电机运行在第Ⅱ或Ⅲ象限。

因此，采用上述的桥式直流脉宽调速系统可以使电机实现四象限运行。

双极式桥式可逆直流脉宽调速系统有下列优点：

1）电流一定连续。

2）可使电机在四象限运行。

3）电机停止时有微振电流，能消除静摩擦死区。

4）低速平稳性好，系统的调速范围可达1∶20000左右。

5）低速时，每个开关器件的驱动脉冲仍较宽，有利于保证器件的可靠导通。

6）在电机停止时仍有高频微振电流，从而消除了正向、反向时的静摩擦死区，起到“动力润滑”的作用。

对于上述系统，需要注意的是，当电机停止时，电枢电压并不等于零，而是正负脉宽相等的交变脉冲电压，因而电流也是交变的。这个交变电流的平均值为零，不产生平均转矩，增大电机的损耗，这是双极式控制的缺点。

其存在的不足：在工作过程中，四个开关器件可能都处于开关状态，开关损耗大，而且在切换时可能发生上、下桥臂直通的事故。实际应用中采取在上、下桥臂的驱动脉冲之间设置逻辑延时（即死区时间）的措施，避免出现上、下桥臂直通，保护电源和开关器件。

2. 脉宽调速系统分析

由于采用脉宽调制，严格地说，即使在稳态情况下，脉宽调速系统的转矩和转速也都是脉动的。所谓稳态，是指电机的平均电磁转矩与负载转矩相平衡的状态，机械特性是平均转速与平均转矩（电流）的关系。

采用不同形式的PWM变换器，系统的机械特性也不一样。对于带制动电流通路的不可逆电路和双极式控制的可逆电路，电流的方向是可逆的，无论是重载还是轻载，电流波形都是连续的，因而机械特性关系式比较简单，下面对这种情况进行分析。

对于带制动电流通路的不可逆电路，电压平衡方程式分两个阶段

$$U_s=Ri_d+L\frac{di_d}{dt}+E\quad(0\leqslant t<t_{on}) \tag{6-5}$$

$$0=Ri_d+L\frac{di_d}{dt}+E\quad(t_{on}\leqslant t<T) \tag{6-6}$$

式中：R、L 分别为电枢回路的电阻和电感。

对于双极式控制的可逆电路，只在第二个方程中将电源电压由0改为 $-U_s$，其他均不变。于是，电压方程为

$$U_s=Ri_d+L\frac{di_d}{dt}+E\quad(0\leqslant t<t_{on}) \tag{6-7}$$

$$-U_s = Ri_d + L\frac{di_d}{dt} + E \quad (t_{on} \leqslant t < T) \tag{6-8}$$

按电压方程求一个周期内的平均值，即可导出机械特性方程式。无论是上述哪一种情况，电枢两端在一个周期内的平均电压都是 $U_d=\gamma U_s$，只是 γ 与占空比 ρ 的关系不同，分别为式（6-3）和式（6-4）。

平均电流和转矩分别用 I_d 和 T 表示，平均转速 $n=E/C_e$，而电枢电感压降的平均值 $L\mathrm{d}i_d/\mathrm{d}t$ 在稳态时应为零。

于是，无论是上述哪一组电压方程，其平均值方程都可写成

$$\gamma U_s = RI_d + E = RI_d + C_e n$$

$$n = \frac{\gamma U_s}{C_e} - \frac{R}{C_e}I_d = n_0 - \frac{R}{C_e}I_d$$

$$n = \frac{\gamma U_s}{C_e} - \frac{R}{C_e C_m}T = n_0 - \frac{R}{C_e C_m}T$$

式中：C_m 为电机在额定磁通下的转矩系数，$C_m=K_m\Phi_N$；n_0 为理想空载转速，与电压系数成正比，$n_0=\gamma U_s/C_e$。

因此，得到的直流脉宽调速系统的机械特性曲线如图 6-5 所示。

图 6-5 所示的机械特性曲线表明了电流连续时脉宽调速系统的稳态性能。图 6-5 中仅绘出了第Ⅰ、Ⅱ象限的机械特性曲线，它适用于带制动作用的不可逆电路，双极式控制可逆电路的机械特性曲线与此相似，只是扩展到第Ⅲ、Ⅳ象限。对于电机在同一方向旋转时电流不能反向的电路，轻载时会出现电流断续现象，把平均电压抬高，在理想空载时，$I_d=0$，理想空载转速会达到 $n_{0s}=U_s/C_e$。

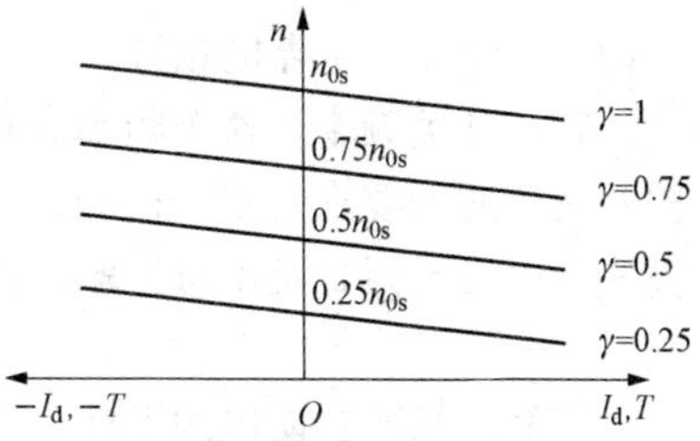

图 6-5　直流脉宽调速系统的机械特性曲线

目前，在中小容量的脉宽调速系统中，由于 IGBT 已经得到普遍的应用，其开关频率一般在 10kHz 左右，这时，最大电流脉动量在额定电流的 5%以下，转速脉动量不到额定空载转速的万分之一，可以忽略不计。

3. 脉宽调速系统设计

如图 6-6 所示采用典型的双闭环原理的晶体管脉宽调速系统原理框图，它由速度调节器、电流调节器、三角波发生器、电压脉冲转换电路、脉冲分配电路、功率放大器（功放）、主电路、速度反馈电路、电流反馈电路、整流电源及失速保护、过电流保护、泵升限制等电路组成。

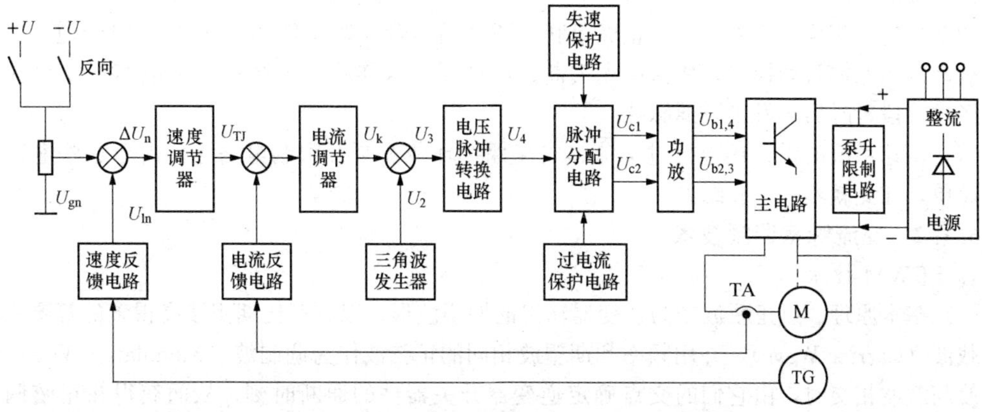

图 6-6　晶体管脉宽调速系统原理框图

（1）脉宽调制放大器开关频率的确定。由分析可知，脉宽调制放大器的开关频率高，电机电枢电流的脉动量小且连续。这样能够提高调速系统低速运行的平稳性，也能减小电机的附加损耗。但是，随着开关频率的升高，晶体管的动态损耗又会增大。若从脉冲调制放大器传输效率最高的观点看，使得总损耗最小的开关频率才是最佳的开关频率。

对于单极式脉宽调制放大器来说，使总损耗最小的最佳开关频率为

$$f_{ap}=0.26\sqrt[3]{\frac{a_s}{\tau_L^2(t_r+t_f)}}$$

式中：$a_s=I_s/I_e$，为电机的起动电流与额定电流之比；$\tau_L=L_a/R_a$，为电机的电磁时间常数；t_f 为关断集电极电流下降时间。

对于双极式脉宽调速放大器来说，使总损耗最小的最佳开关频率为

$$f_{ap}=0.332\sqrt[3]{\frac{a_s}{\tau_L^2(t_r+t_f)}}$$

在确定脉宽调制放大器的开关频率时，除要考虑电枢电流连续及总损耗最小等因素外，还必须考虑使开关频率比系统的最高工作频率（频带）高 4 倍以上，以使脉宽调制放大器的延迟时间对系统动态特性的影响可以忽略；还应考虑晶体管的截止频率和对调速范围、稳速精度的要求。

（2）三角波发生器的设计。三角波电压是脉宽调制放大器中的调制信号，它的频率决定了功率晶体管的开关频率。这个频率应按上述最佳开关频率计算方法确定。不同形式的脉宽调制放大器对三角波的要求是不一样的。双极式和 T 形脉宽调制放大器要求三角波和时间轴对称，而单极式、单极受限式及不可逆输出的脉宽调制放大器则要求三角波偏移在时间轴的下方（或上方）。

（3）电压脉冲变换器的设计。根据电压脉冲变换器的原理，改变控制电压 U_K 的数值，就改变了输出脉冲电压 U_4 的宽度。脉冲电压的频率决定于三角波电压 U_2 的频率，这样就实现了把连续变化电压变成宽度可变的脉冲电压的控制要求。因此，在进行电压脉冲变换器的设计过程中，只要把握好控制电压 U_K 的大小，以及三角波电压 U_2 的频率，就可以获得所需要的脉冲电压信号。

（4）脉冲分配器的设计。图 6-3 桥式可逆直流脉宽系统知道在双极式脉宽放大器中，功率晶体管 VT1 和 VT4 为一组，VT2 和 VT3 为一组，这两组晶体管交替地开和关。脉冲分配器的作用就是把电压—脉冲变换器输出的脉冲电压 U_4 分配到功率晶体管的基极控制电路中去，使这些晶体管按既定的程序要求进行开关。在脉冲分配器的设计过程中，两组晶体管基极控制脉冲电压的变化应当相反。此外，为防止极串联的两个晶体管（如 VT1 和 VT2）同时开通，造成短路事故，两组晶体管切换时，要保证先关断、后开通。这样就要求脉冲分配电路先发出关断脉冲，经过一段延时后再发出开通脉冲。

脉宽调速系统的设计还包括过电流、失速保护环节及泵升限制电路等，由于这些电路设计相对简单，在此就不一一介绍。

6.1.2 交流脉宽调制技术

1. SPWM 技术

（1）基本原理。以正弦波作为逆变器输出的期望波形，以频率比期望波高得多的等腰三角波作为载波（Carrier Wave），并用频率和期望波相同的正弦波作为调制波（Modulation Wave）。当调制波与载波相交时，由它们的交点确定逆变器开关器件的通断时刻，从而获得在正弦调制波的半个周期内呈两边窄、中间宽的一系列等幅不等宽的矩形波。

按照波形面积相等的原则，每一个矩形波的面积与相应位置的正弦波面积相等，因而这个序列的矩形波与期望的正弦波等效。这种调制方法称作正弦波脉宽调制（Sinusoidal Pulse Width Modulation，SPWM），这种序列的矩形波称作 SPWM 波。

（2）SPWM 控制方式。如图 6-7 所示，如果在正弦调制波的半个周期内，三角载波只在正或负的一种极性范围内变化，所得到的 SPWM 波也只处于一个极性的范围内，这种控制方式称为单极性控制方式［图 6-7（a）］；如果在正弦调制波半个周期内，三角载波在正负极性之间连续变化，则 SPWM 波也在正负极性之间变化，这种控制方式称为双极性控制方式［图 6-7（b）］。

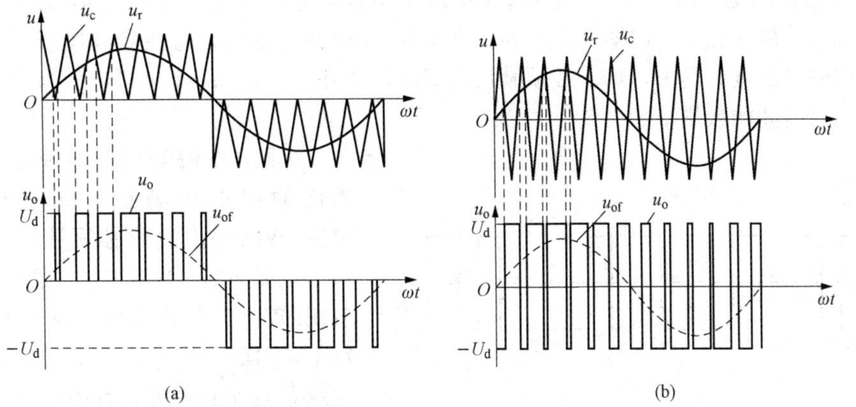

图 6-7　单极性控制方式与双极性控制方式的 SPWM 波形

（a）单极式 SPWM 波形；（b）双极式 SPWM 波形

（3）数字实现方式。SPWM 的数字实现电路包括模拟电子电路和数字控制电路两类。其中，模拟电子电路采用正弦波发生器、三角波发生器和比较器来实现上述 SPWM 控制；数字控制电路由硬件电路和软件实现。数字实现方式包括以下几种。

1）自然采样法：运算比较复杂。

2）规则采样：包括对称采样、非对称采样，在工程上更实用和简化，由于简化方法的不同，衍生出多种规则采样法。

3）查表法：可以先离线计算出相应的脉宽等数据存放在内存中，然后在调速系统实时控制过程中通过查表和加、减运算求出各相脉宽时间和间隙时间。

4）实时计算法：事先在内存中存放正弦函数值，控制时先查出正弦值，与调速系统所需的调制度 M 作乘法运算，再根据给定的载波频率查出相应的值，计算脉宽时间和间隙时间。

2. 消除指定次数谐波的 SHEPWM 技术

脉宽调制的目的是使变压变频器输出的电压波形尽量接近正弦波，减少谐波，以满足驱动交流电机的需要。要达到这一目的，除了上述采用正弦波调制三角波的方法以外，还可以采用直接计算图 6-8 中各脉冲起始与终了相位 α_1，α_2，…，α_{2m}的方法，以消除指定次数的谐波，构成近似正弦的 PWM 波形——SHEPWM（Selected Harmonics Elimination PWM，消除指定次数谐波）。

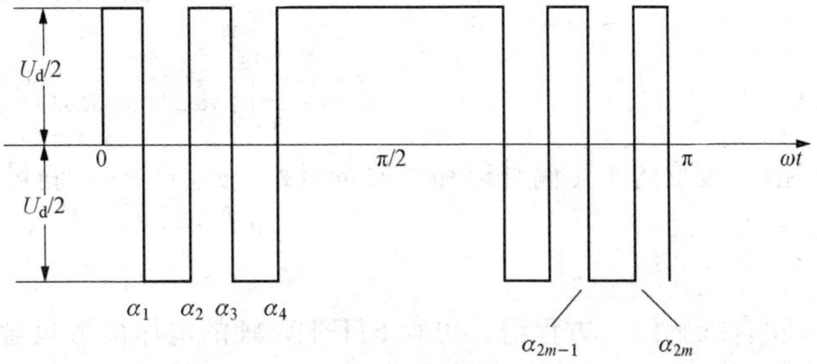

图 6-8　消除指定次数谐波法 SHEPWM 原理

SHEPWM技术通过对开关时刻的优化选择，消除特定的低次谐波。其基本思想是从输出电压的数学模型出发，通过对电压波形进行傅立叶分解得到基波分量和谐波分量，让基波幅值跟随指令值，同时，令某些低次谐波的幅值为零，就可以得到一个关于开关角的非线性方程组，求解该非线性方程组就可以获得开关动作点处的角度值。在输出电压波形的特定位置，也就是求解出来的开关角处设置缺口，在每半个周期内让逆变器多次换向，精确地控制逆变器输出的电压波形，再通过等面积原则把逆变器输出的电压脉冲转换成等效的正弦波，这样就达到既能控制输出基波电压分量，又能达到有选择地消除某些较低次谐波的目的。

图6-8的输出电压波形为一组正负相间的PWM波，它不仅半个周期对称，而且有1/4周期按纵轴对称的性质。在1/4周期内，有m个值，即m个待定参数，这些参数代表了可以用于消除指定谐波的自由度。其中，除了必须满足的基波幅值外，尚有$m-1$个可选的参数，它们分别代表了可消除谐波的数量。

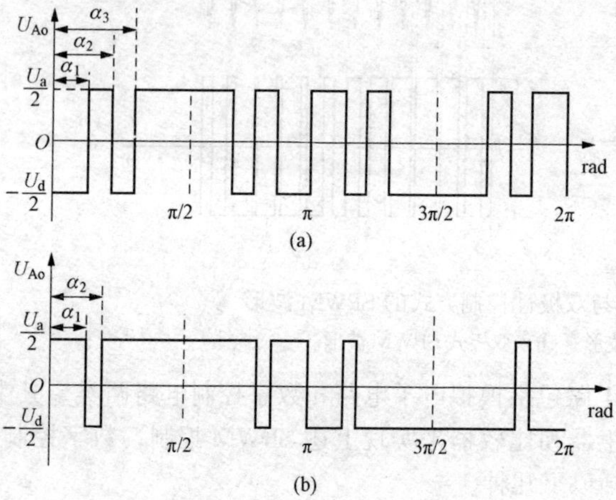

图6-9 SHEPWM调制输出脉冲典型形式

(a) $m=3$；(b) $m=2$

由同步SVPWM的原理分析可知，要想使输出电压满足三个对称性要求，SHEPWM输出波形必须具有半波奇对称和1/4周期偶对称的特点。图6-9给出了SHEPWM调制输出脉冲典型形式，可知每1/4周期中共有m个开关角，因此，可以建立m个自由度，其中一个用于满足基波指令要求，其他$m-1$个用于消除特定低次谐波。

可见，随着一次正向电压转换，a类波形（起始位低电平）开启正半周波形[图6-9 (a)]；随着一次负向电压转换，b类波形（起始位高电平）开启正半周波形，相应地在180°时极性翻转[图6-9 (b)]。每半个周期波形有m个缺口（对应$2m+1$开关次数），相对于任意一个波形，m既可以是奇数，也可以是偶数。对于a类波形，m只能是奇数；对于b类波形，m只能是偶数。

对输出波形进行傅立叶分解，可以得到下面的形式

$$f(\omega t)=\sum_{k=1}^{+\infty}[a_k\sin(k\omega t)+b_k\cos(k\omega t)] \tag{6-9}$$

其中

$$a_k=\frac{1}{\pi}\int_0^{2\pi}f(\omega t)\sin(k\omega t)\mathrm{d}(\omega t) \tag{6-10}$$

$$b_k=\frac{1}{\pi}\int_0^{2\pi}f(\omega t)\cos(k\omega t)\mathrm{d}(\omega t) \tag{6-11}$$

由于波形的1/4偶对称和半波奇对称，式（6-9）满足以下关系

$$f(\omega t)=-f(\omega t+\pi) \tag{6-12}$$

$$f(\omega t)=+f(\pi-\omega t) \tag{6-13}$$

联合求解以上方程组，可得SHEPWM的电压波形只含有奇次分量，即

$$u=\sum_{k=1,3,5\cdots}^{\infty}U_{mk}\sin(k\omega t) \tag{6-14}$$

令 U_1^* 为选定的基波幅值，其他较低阶次谐波的幅值为零，则可得

$$\begin{cases} U_{m1}=\pm\dfrac{2U_d}{\pi}\left[1+2\sum\limits_{i=1}^{m}(-1)^i\cos(\alpha_i)\right]=U_1^* \\ U_{mk}=\pm\dfrac{2U_d}{k\pi}\left[1+2\sum\limits_{i=1}^{m}(-1)^i\cos(k\alpha_i)\right]=0 \end{cases} \tag{6-15}$$

式中：U_d 为变压变频器直流侧电压；α_i 为以相位角表示的 PWM 波形第 i 个起始或终了时刻；U_{mk}为 k 次谐波的幅值。

式（6 - 15）中，负号对应于图 6 - 9 中的 a 类波形（起始位低电平），正号对应于图 6 - 9 中的 b 类波形（起始位高电平）。

求解以上非线性方程组，求取 1/4 周期内的开关角，再由对称性及 A、B、C 三相之间角度差，求得整个周期的开关角。

从理论上讲，要消除第 k 次谐波分量，只须令式（6 - 15）中的第 k 次谐波分量为零，并满足基波幅值为所要求的电压值，从而解出相应的值即可。例如，取 $m=5$，可消除 4 个不同次数的谐波。常希望消除影响最大的 5、7、11、13 次谐波，就让这些谐波电压的幅值为零，并令基波幅值为需要值，代入式（6 - 15）可得一组三角函数的联立方程式。

$$\begin{cases} U_{m1}=\dfrac{2U_d}{\pi}[1-2\cos\alpha_1+2\cos\alpha_2-2\cos\alpha_3+2\cos\alpha_4-2\cos\alpha_5]=\text{需要值} \\ U_{m5}=\dfrac{2U_d}{5\pi}[1-2\cos5\alpha_1+2\cos5\alpha_2-2\cos5\alpha_3+2\cos5\alpha_4-2\cos5\alpha_5]=0 \\ U_{m7}=\dfrac{2U_d}{7\pi}[1-2\cos7\alpha_1+2\cos7\alpha_2-2\cos7\alpha_3+2\cos7\alpha_4-2\cos7\alpha_5]=0 \\ U_{m11}=\dfrac{2U_d}{11\pi}[1-2\cos11\alpha_1+2\cos11\alpha_2-2\cos11\alpha_3+2\cos11\alpha_4-2\cos11\alpha_5]=0 \\ U_{m13}=\dfrac{2U_d}{13\pi}[1-2\cos13\alpha_1+2\cos13\alpha_2-2\cos13\alpha_3+2\cos13\alpha_4-2\cos13\alpha_5]=0 \end{cases} \tag{6-16}$$

可采用数值法迭代，求解上述方程组，得出开关时刻相位角 α_1、α_2、α_3、α_4、α_5，然后利用 1/4 周期对称性，计算出 $\alpha_{10}=\pi-\alpha_1$，以及 α_9、α_8、α_7、α_6 各值。

这样的数值计算法在理论上虽能消除所指定的次数的谐波，但更高次数的谐波可能反而增大，不过它们对电机电流和转矩的影响已经不大，所以这种控制技术的效果还是不错的。

SHEPWM 调制方式开关角的计算方法涉及求解非线性方程组，但目前还无法得到开关角的解析表达式。传统的方法是采用牛顿迭代法对开关角进行数值求解，为了使迭代法能快速收敛到精确解，开关角的初值选取十分关键，必须在精确解的一个非常小的邻域内。对应于不同基波频率应有不同的基波电压幅值，求解出的脉冲开关时刻也不一样，所以这种方法不宜用于实时控制。目前，SHEPWM 的数字化仍采用离线计算，通过计算机离线求出开关角的数值存入计算机内存，并通过查表法或者曲线拟合的方法获得，以备实施控制时调用。

对于开关角的非线性方程组初值角度的设定，采用 MATLAB 的 Fsolve 函数进行编程求解，即可得到各个分频下开关比的关系。以 7 分频 SHEPWM（3 个开关角）为例，以调制比为自变量的计算结果如图 6 - 10 所示。实际应用中可事先求出不同调制比下的开关角，预先存储在存储器 ROM 中，变流器在运行控制中则可以通过查表实时获得当前的开关角，从而控制开关的开通及关断。

3. 电流滞环跟踪 CHBPWM 技术

应用 PWM 控制技术的变压变频器一般是电压源型的，它可以按需要方便地控制其输出电压，为此前面所述的 PWM 控制技术都是以输出电压近似正弦波为目标的。

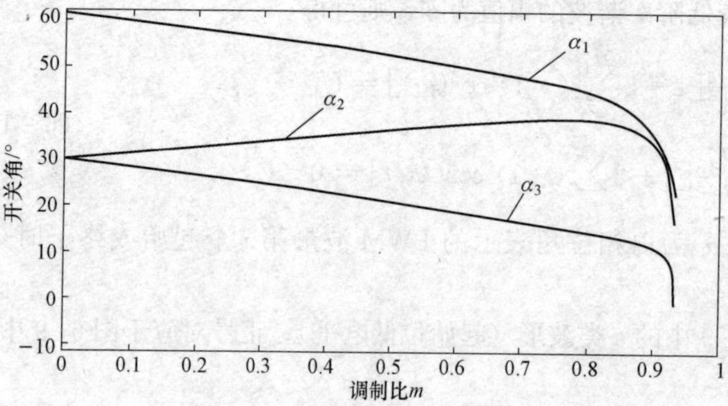

图 6-10 7 分频 SHEPWM 调制方式开关角随调制比的变化

但是，在交流电机中，实际需要保证的应该是正弦波电流，因为在交流电机绕组中只有通入三相平衡的正弦电流才能使合成的电磁转矩为恒定值，不含脉动分量。因此，若能对电流实行闭环控制以保证其正弦波形，显然将获得较电压开环控制更好的性能。

常用的一种电流闭环控制方法是电流滞环跟踪 PWM（Current Hysteresis Band PWM，CHBPWM）控制，电流滞环跟踪控制的 A 相控制原理图如图 6-11 所示。

在图 6-11 中，电流控制器是带滞环的比较器，环宽为 $2h$。将给定电流 i_a^* 与输出电流 i_a 进行比较，电流偏差 Δi_a 超过 $\pm h$ 时，经滞环控制器 HBC 控制逆变器 A 相上（或下）桥臂的功率器件动作。B、C 二相的原理图均与此相同。采用电流滞环跟踪控制时，变压变频器的电流波形与 PWM 电压波形如图 6-12 所示。

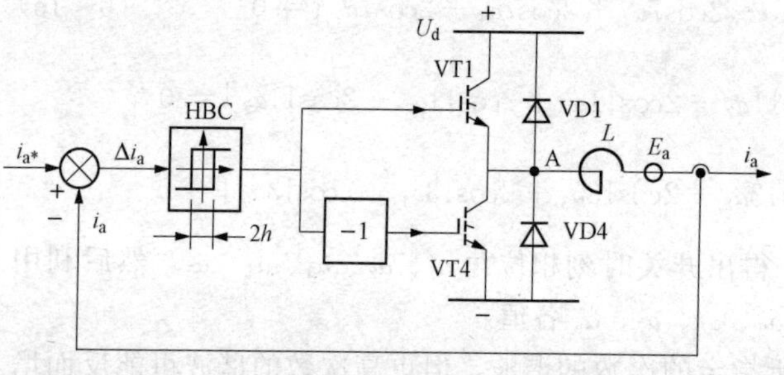

图 6-11 电流滞环跟踪控制的 A 相控制原理图

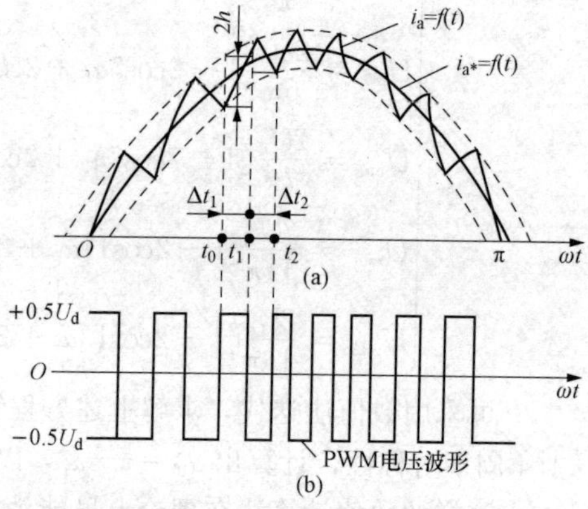

图 6-12 电流滞环跟踪控制时的电流波形

如果 $i_a < i_a^*$，且 $i_a^* - i_a \geqslant h$，滞环控制器 HBC 输出正电平，驱动上桥臂功率开关器件 VT1 导通，变压变频器输出正电压，使 i_a 增大。当 i_a 增大到与 i_a^* 相等时，因 HBC 仍保持正电平输出，保持导通，使 i_a 继续增大直到 $i_a = i_a^* + h$，使滞环翻转，HBC 输出负电平，关断 VT1，并经延时后驱动 VT4。

但此时 VT4 未必能够导通，由于电机绕组的电感作用，电流不会反向，而是通过二极管续流，使其受到反向钳位而不能导通。此后，i_a 逐渐减小，直到滞环偏差的下限值，使 HBC 再翻转，又重复使其导通。这样，通过交替工作，输出电流给定值之间的偏差保持在一定范围内，在正弦波上下作锯齿状变化。从图 6-12 可以看到，该输出电流是十分接近正弦波的。

4. 电压空间矢量 SVPWM 技术

经典的 SPWM 控制主要着眼于使变压变频器的输出电压尽量接近正弦波，并未顾及输出电流的波形。而电流滞环跟踪控制则直接控制输出电流，使之在正弦波附近变化，这就比只要求正弦电压前进了一步。然而交流电机需要输入三相正弦电流的最终目的是在电机空间形成圆形旋转磁场，从而产生恒定的电磁转矩。

为了实现这一目标，把逆变器和交流电机视为一体，按照跟踪圆形旋转磁场来控制逆变器的工作，这种控制方法称为“磁链跟踪控制”。下面的讨论将表明，磁链的轨迹是交替使用不同的电压空间矢量得到的，所以它又被称为电压空间矢量 PWM（Space Vector PWM，SVPWM）控制。

（1）电压空间矢量的相互关系。如图 6-13 所示，定子电压空间矢量 $\boldsymbol{u}_{A0}$、$\boldsymbol{u}_{B0}$、$\boldsymbol{u}_{C0}$ 的方向始终处于各相绕组的轴线上，而大小则随时间按正弦规律脉动，时间相位互相错开的角度也是 120°。

图 6-13 中的合成空间矢量 $\boldsymbol{u}_s$ 由三相定子电压空间矢量相加合成得到，是一个旋转的空间矢量，它的幅值不变，是每相电压值的 3/2 倍。当电源频率不变时，合成空间矢量 $\boldsymbol{u}_s$ 以电源角频率 ω_1 为电气角速度作恒速旋转。当某一相电压为最大值时，合成电压矢量 $\boldsymbol{u}_s$ 就落在该相的轴线上。用公式表示，则有

$$\boldsymbol{u}_s = \boldsymbol{u}_{A0} + \boldsymbol{u}_{B0} + \boldsymbol{u}_{C0} \tag{6-17}$$

与定子电压空间矢量相仿，可以定义定子电流和磁链的空间矢量 $\boldsymbol{I}_s$ 和 $\boldsymbol{\psi}_s$。

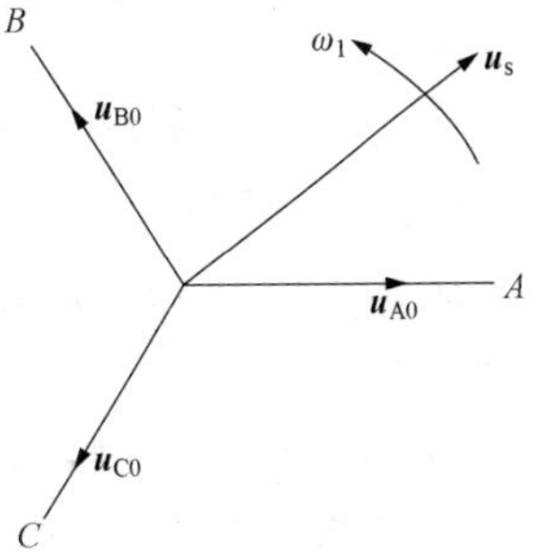

图 6-13　电压空间矢量图

（2）电压与磁链空间矢量的关系。三相的电压平衡方程式相加，即得用合成空间矢量表示的定子电压方程式为

$$\boldsymbol{u}_s = R_s\boldsymbol{I}_s + \frac{d\boldsymbol{\psi}_s}{dt} \tag{6-18}$$

式中：$\boldsymbol{u}_s$ 为定子三相电压合成空间矢量；$\boldsymbol{I}_s$ 为定子三相电流合成空间矢量；$\boldsymbol{\psi}_s$ 为定子三相磁链合成空间矢量。

当电机转速不是很低时，定子电阻压降在式（6-18）中所占的成分很小，可忽略不计，则定子合成电压与合成磁链空间矢量的近似关系为

$$\boldsymbol{u}_s \approx \frac{d\boldsymbol{\psi}_s}{dt} \tag{6-19}$$

或

$$\boldsymbol{\psi}_s \approx \int \boldsymbol{u}_s dt \tag{6-20}$$

（3）磁链轨迹。当电机由三相平衡正弦电压供电时，电机定子磁链幅值恒定，其空间矢量以恒速旋转，磁链矢量顶端的运动轨迹呈圆形（一般简称为磁链圆）。这样的定子磁链旋转矢量可用式（6-21）表示

$$\boldsymbol{\psi}_s = \boldsymbol{\psi}_m e^{j\omega_1 t} \tag{6-21}$$

式中：$\boldsymbol{\psi}_m$ 是磁链 $\boldsymbol{\psi}_s$ 的幅值，ω_1 为其旋转角速度。

由式（6-19）和式（6-21）可得

$$\boldsymbol{u}_s \approx \frac{d}{dt}(\boldsymbol{\psi}_m e^{j\omega_1 t}) = j\omega_1 \boldsymbol{\psi}_m e^{j\omega_1 t} = \omega_1 \psi_m e^{j(\omega_1 t + \frac{\pi}{2})} \tag{6-22}$$

式（6-22）表明，当磁链幅值一定时，$\boldsymbol{u}_s$ 的大小与 ω_1（或供电电压频率）成正比，其方向则与磁链矢量正交，即磁链圆的切线方向（如图 6-14 所示）。当磁链矢量在空间旋转一周时，电压矢量也连续地按磁链圆的切线方向运动 2π 弧度，其轨迹与磁链圆重合。这样，电机旋转磁场的轨迹问题就可转化为电压空间矢量的运动轨迹问题。

（4）6 拍阶梯波逆变器与正六边形空间旋转磁场。在常规的 PWM 变压变频调速系统中，异步电机由 6 拍阶梯波逆变器供电，这时的电压空间矢量运动轨迹是怎样的呢？为了讨论方便，再

把三相逆变器－异步电机调速系统主电路的原理图绘出（如图 6 - 15 所示）。其中，六个功率开关器件都用开关符号代替，代表任意一种开关器件。

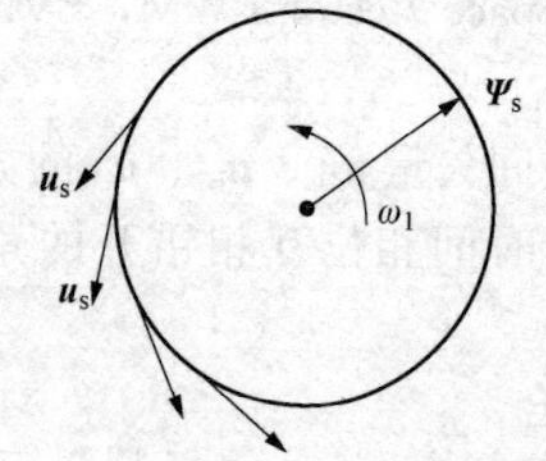

图 6 - 14 旋转磁场与电压空间矢量的运动轨迹

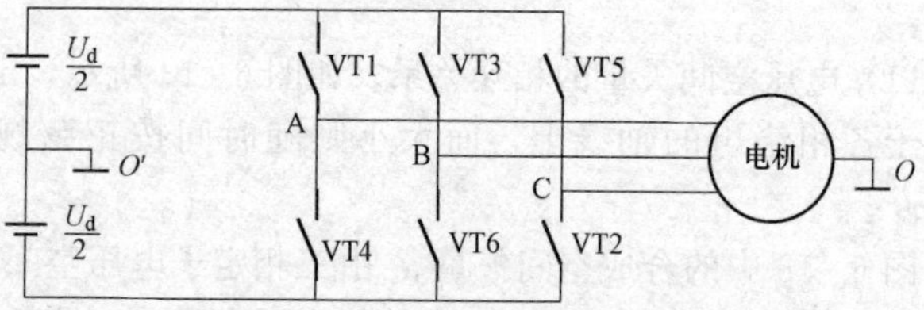

图 6 - 15 三相逆变器－异步电机调速系统主电路原理图

如果图 6 - 15 中的逆变器采用 180°导通型，功率开关器件共有八种工作状态（见表 6 - 2），其中：

1）六种有效开关状态。

2）两种无效状态（因为逆变器这时并没有输出电压），即上桥臂开关 VT1、VT3、VT5 全部导通，下桥臂开关 VT2、VT4、VT6 全部导通。

表 6 - 2 开关工作状态表

序号	开关状态							开关代码
1	VT1	VT2	VT6					100
2		VT1	VT2	VT3				110
3			VT2	VT3	VT4			010
4				VT3	VT4	VT5		011
5					VT4	VT5	VT6	001
6						VT1	VT5	VT6	101
7						VT1	VT3	VT5	111
8						VT2	VT4	VT6	000

对于 6 拍阶梯波的逆变器，在其输出的每个周期中，六种有效工作状态各出现一次。逆变器每隔 π 时刻就切换一次工作状态（即换相），而在这 π 时刻内则保持不变。结合图 6 - 15，开关模式分析如下：

1）设工作周期从 100 状态开始，这时 VT1、VT2、VT6 导通，其等效电路如图 6 - 16 所示。各相对直流电源中点的电压幅值为

$$U'_{A0}=U_d/2$$

$$U'_{B0}=U'_{C0}=-U_d/2$$

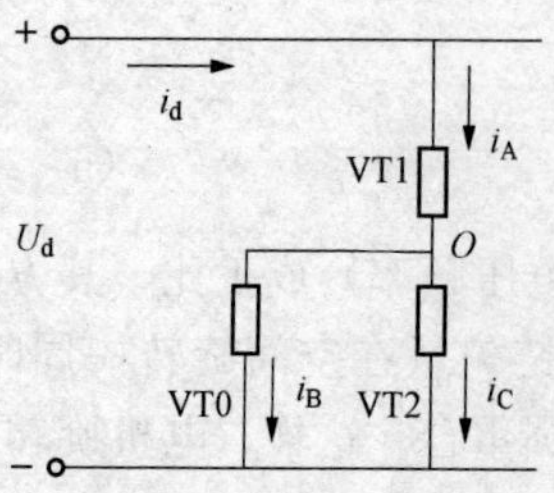

图 6 - 16 等效电路图

由图 6 - 17 可知，三相的合成空间矢量为 $\boldsymbol{u}_1$［如图 6 - 17（a）所示，其幅值等于 U_d，方向沿 A 轴（即 X 轴）］；$\boldsymbol{u}_1$ 存在的时间为 π/3，在这段时间以后，工作状态转为 110［图 6 - 17（b）］。与上面的分析相似，合成空间矢量为 $\boldsymbol{u}_2$，它在空间上滞后于 $\boldsymbol{u}_1$ 的相位为 π/3 弧度，存在的时间也是 π/3。依此类推，随着逆变器工作状态的切换，电压空间矢量的幅值不变，而相位每次旋转 π/3，直到一个周期结束。

这样，在一个周期中六个电压空间矢量共转过 2π 弧度，形成一个封闭的正六边形，如图 6-18 所示。

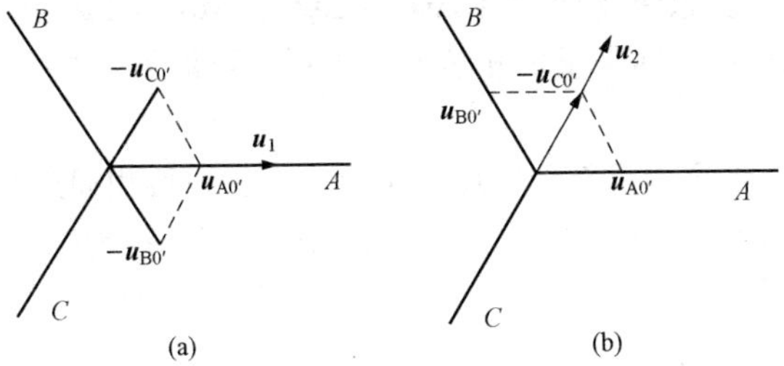

图 6-17　合成电压空间矢量

(a) 工作状态 100；(b) 工作状态 110

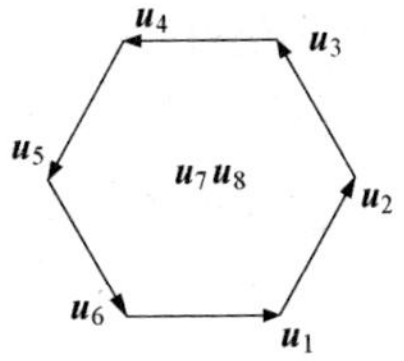

图 6-18　六边形合成电压空间矢量

一个由电压空间矢量运动所形成的正六边形轨迹也可以看作异步电机定子磁链矢量端点的运动轨迹。有式 (6-23) 所示关系

$$u_s \approx \frac{d\boldsymbol{\psi}_s}{dt} \qquad (6-23)$$

2）假设在逆变器工作开始时定子磁链空间矢量为 $\boldsymbol{\psi}_1$，在第一个 $\pi/3$ 期间，电机上施加电压空间矢量 $\boldsymbol{u}_1$，把它们再画在图 6-19 中。按照式 (6-23) 可以写成

$$\boldsymbol{u}_1 \Delta t = \Delta \boldsymbol{\psi}_1 \qquad (6-24)$$

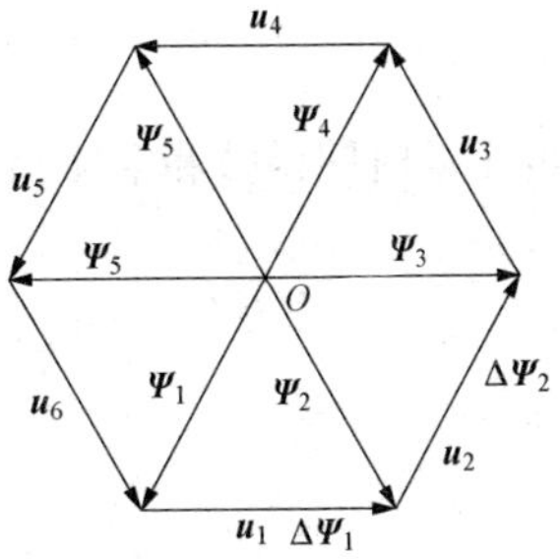

图 6-19　6 拍逆变器供电时电机电压空间矢量与磁链矢量的关系

也就是说，在 $\pi/3$ 所对应的时间 Δt 内，施加 $\boldsymbol{u}_1$ 的结果是使定子磁链 $\boldsymbol{\psi}_1$ 产生一个增量 $\Delta\boldsymbol{\psi}_1$，其幅值与 $|u_1|$ 成正比，方向与 $\boldsymbol{u}_1$ 一致。最后，得到图 6-19 所示新的磁链，而

$$\boldsymbol{\psi}_2 = \boldsymbol{\psi}_1 + \Delta\boldsymbol{\psi}_1 \qquad (6-25)$$

依此类推，可以写成 $\Delta\boldsymbol{\psi}_i$ 的通式为

$$\boldsymbol{u}_i \Delta t = \Delta\boldsymbol{\psi}_i (i = 1, 2, \cdots, 6) \qquad (6-26)$$

$$\boldsymbol{\psi}_{i+1} = \boldsymbol{\psi}_i + \Delta\boldsymbol{\psi}_i \qquad (6-27)$$

总之，在一个周期内，六个磁链空间矢量呈放射状，矢量的尾部都在 O 点，其顶端的运动轨迹也就是六个电压空间矢量所围成的正六边形。

如果 $\boldsymbol{u}_1$ 的作用时间 Δt 小于 π，则 $\Delta\boldsymbol{\psi}_i$ 的幅值也按比例减小，如图 6-20 中的矢量 $\boldsymbol{AB}$。可见，在任何时刻，所产生的磁链增量的方向决定于所施加的电压，其幅值则正比于施加电压的时间。

(5) 电压空间矢量的线性组合与 SVPWM 控制。根据前述分析，结论如下：

1）如果交流电机仅由常规的 6 拍阶梯波逆变器供电，磁链轨迹便是六边形的旋转磁场，这显然不像在正弦波供电时所产生的圆形旋转磁场那样能使电机获得匀速运行。

2）如果想获得更多边形或逼近圆形的旋转磁场，就必须在每一个期间内出现多个工作状态，以形成更多的相位不同的电压空间矢量。为此，必须对逆变器的控制模式进行改造。

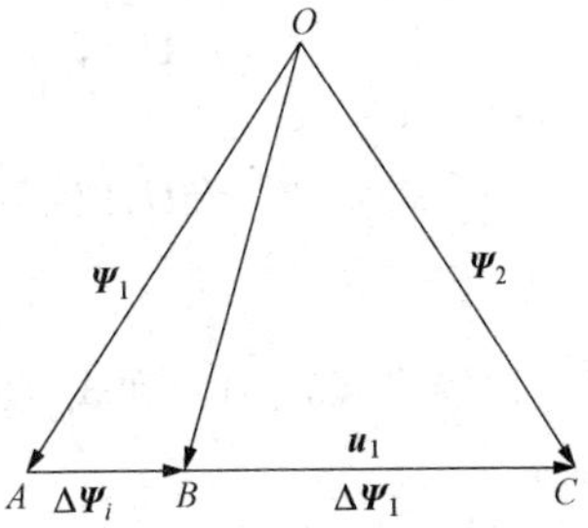

图 6-20　磁链矢量增量与电压矢量、时间增量的关系

PWM 控制显然可以满足上述要求，问题是怎样控制 PWM

的开关时间才能逼近圆形旋转磁场？对此，已经提出过多种实现方法，如线性组合法、三段逼近法、比较判断法等，这里只介绍线性组合法。

如果要逼近圆形，可以增加切换次数，设想磁链增量有 $\Delta\boldsymbol{\psi}_{11}$、$\Delta\boldsymbol{\psi}_{12}$、$\Delta\boldsymbol{\psi}_{13}$、$\Delta\boldsymbol{\psi}_{14}$ 这 4 段组成（如图 6-21 所示）。这时，每段施加的电压空间矢量的相位都不一样，可以用基本电压矢量线性组合的方法获得。

图 6-22 表示由电压空间矢量和的线性组合构成新的电压矢量，设在一段换相周期时间 T_0 中，可以用两个矢量之和表示由两个矢量线性组合后的电压矢量 $\boldsymbol{u}_s$，新矢量的相位为 θ。

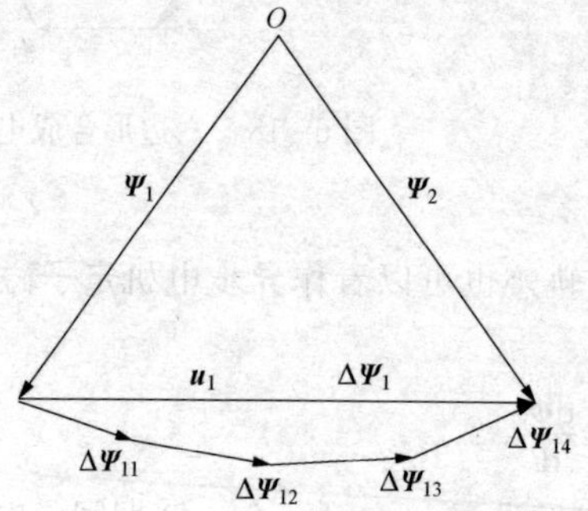

图 6-21　逼近圆形时的磁链增量轨迹

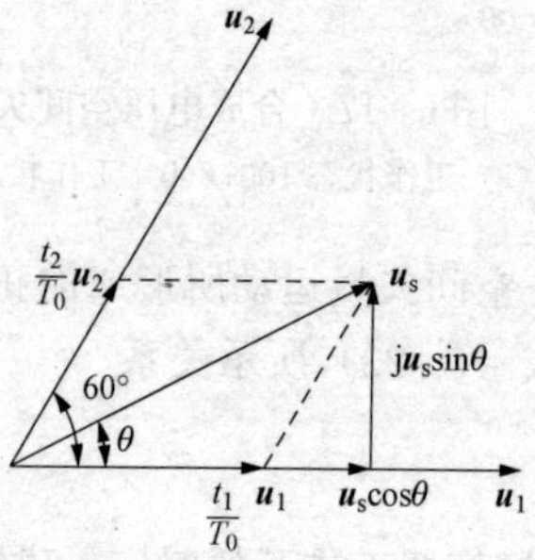

图 6-22　电压空间矢量的线性组合

可根据各段磁链增量的相位求出所需的作用时间 t_1 和 t_2。在图 6-22 中，可以看出

$$\boldsymbol{u}_s = \frac{t_1}{T_0}\boldsymbol{u}_1 + \frac{t_2}{T_0}\boldsymbol{u}_2 = \boldsymbol{u}_s\cos\theta + \mathrm{j}\boldsymbol{u}_s\sin\theta \tag{6-28}$$

根据式（6-17），用相电压表示合成电压空间矢量的定义，把相电压的时间函数和空间相位分开写，得

$$\boldsymbol{u}_s = \boldsymbol{u}_{A0}(t) + \boldsymbol{u}_{B0}(t)\mathrm{e}^{\mathrm{j}\gamma} + \boldsymbol{u}_{C0}(t)\mathrm{e}^{\mathrm{j}2\gamma} \tag{6-29}$$

式中：$\gamma=120°$。

若改用线电压表示，可得

$$\boldsymbol{u}_s = \boldsymbol{u}_{AB}(t) - \boldsymbol{u}_{BC}(t)\mathrm{e}^{-\mathrm{j}\gamma} \tag{6-30}$$

由图 6-15，可见当各功率开关处于不同状态时，线电压可取值为 $\boldsymbol{U}_d$、0 或 $-\boldsymbol{U}_d$，比用相电压表示时要明确一些。这样，根据各个开关状态的线电压表达式可以推出

$$\begin{aligned}\boldsymbol{u}_s &= \frac{t_1}{T_0}\boldsymbol{U}_d + \frac{t_2}{T_0}\boldsymbol{U}_d\mathrm{e}^{\mathrm{j}\pi/3} = \boldsymbol{U}_d\left(\frac{t_1}{T_0} + \frac{t_2}{T_0}\mathrm{e}^{\mathrm{j}\pi/3}\right)\\ &= \boldsymbol{U}_d\left[\frac{t_1}{T_0} + \frac{t_2}{T_0}\left(\cos\frac{\pi}{3} + \mathrm{j}\sin\frac{\pi}{3}\right)\right] = \boldsymbol{U}_d\left[\frac{t_1}{T_0} + \frac{t_2}{T_0}\left(\frac{1}{2} + \mathrm{j}\frac{\sqrt{3}}{2}\right)\right]\\ &= \boldsymbol{U}_d\left[\left(\frac{t_1}{T_0} + \frac{t_2}{2T_0}\right) + \mathrm{j}\frac{\sqrt{3}t_2}{2T_0}\right]\end{aligned} \tag{6-31}$$

比较式（6-31）和式（6-28），令实数项和虚数项分别相等，则

$$\boldsymbol{u}_s\cos\theta = \left(\frac{t_1}{T_0} + \frac{t_2}{2T_0}\right)\boldsymbol{U}_d$$

$$\boldsymbol{u}_s\sin\theta = \frac{\sqrt{3}t_2}{2T_0}\boldsymbol{U}_d$$

求解 t_1 和 t_2，得

$$\frac{t_1}{T_0}=\frac{\boldsymbol{u}_s\cos\theta}{\boldsymbol{U}_d}-\frac{1}{\sqrt{3}}\frac{\boldsymbol{u}_s\sin\theta}{\boldsymbol{U}_d}$$

$$\frac{t_2}{T_0}=\frac{2}{\sqrt{3}}\frac{\boldsymbol{u}_s\sin\theta}{\boldsymbol{U}_d}$$

换相周期 T_0 应由旋转磁场所需的频率决定，T_0 与 t_1+t_2 未必相等，其间隙时间可用零矢量 $\boldsymbol{u}_7$ 或 $\boldsymbol{u}_8$ 来填补。为了减少功率器件的开关次数，一般使 $\boldsymbol{u}_7$ 和 $\boldsymbol{u}_8$ 各占一半时间，即

$$t_7=t_8=\frac{1}{2}(T_0-t_1-t_2)\geqslant 0$$

为了讨论方便起见，可把逆变器的一个工作周期用 6 个电压空间矢量划分成 6 个区域，称为扇区（Sector），如图 6-23 所示的Ⅰ、Ⅱ、…、Ⅵ。

由于逆变器在各扇区的工作状态都是对称的，分析一个扇区的方法可以推广到其他扇区。在常规六拍逆变器中，一个扇区仅包含两个开关工作状态。实现 SVPWM 控制就是要把每一扇区再分成若干个对应于时间 T_0 的小区间。按照上述方法插入若干个线性组合的新电压空间矢量 $\boldsymbol{u}_s$，以获得优于正六边形的多边形（逼近圆形）旋转磁场。在实际系统中，应该尽量减少开关状态变化时引起的开关损耗，因此不同开关状态的顺序必须遵守下述原则：每次切换开关状态时，只切换一个功率开关器件，以满足最小开关损耗。每一个 T_0 相当于 PWM 电压波形中的一个脉冲波。

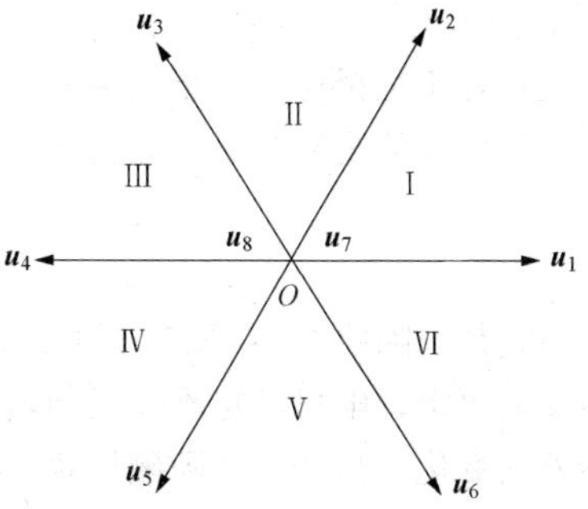

图 6-23　电压空间矢量的放射形式和 6 个扇区

例如，图 6-23 所示扇区内的区间包含 t_1、t_2、t_7 和 t_8 共 4 段，相应的电压空间矢量为 $\boldsymbol{u}_1$、$\boldsymbol{u}_2$、$\boldsymbol{u}_7$ 和 $\boldsymbol{u}_8$，即 100、110、111 和 000 共 4 种开关状态。

为了使电压波形对称，把每种状态的作用时间都一分为二，因而形成电压空间矢量的作用序列为 12788721，其中 1 表示作用 $\boldsymbol{u}_1$，2 表示作用 $\boldsymbol{u}_2$，…。这样，在这一个时间内，逆变器三相的开关状态序列为 100、110、111、000、000、111、110、100。按照最小开关损耗原则进行检查，发现上述 1278 的顺序是不合适的。为此，如图 6-24 所示，可以把切换顺序改为 81277218，即开关状态序列为 000、100、110、111、111、110、100、000。或者 72188127，这样就能满足每次只切换一个开关的要求了。

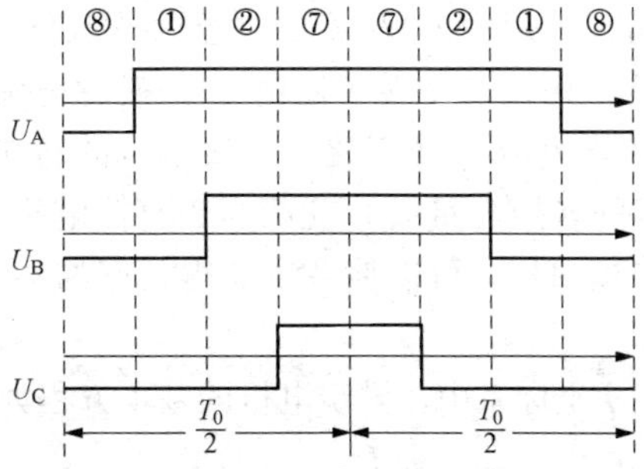

图 6-24　开关状态序列

如上所述，如果一个扇区分成 4 个小区间，则一个周期中将出现 24 个脉冲波，而功率器件的开关次数还更多，须选用高开关频率的功率器件。当然，一个扇区内所分的小区间越多，就越能逼近圆形旋转磁场。

（6）SVPWM 控制模式特点。

1）逆变器的一个工作周期分成 6 个扇区，每个扇区相当于常规 6 拍逆变器的一拍。为了使电机旋转磁场逼近圆形，每个扇区再分成若干个小区间 T_0，T_0 越短，旋转磁场越接近圆形，但 T_0 的缩短受到功率开关器件允许开关频率的制约。

2）在每个小区间内虽有多次开关状态的切换，但每次切换都只涉及一个功率开关器件，因而开关损耗较小。

3）每个小区间均以零电压矢量开始，又以零矢量结束。

4）利用电压空间矢量直接生成三相 PWM 波，计算简便。

5）采用 SVPWM 控制时，逆变器输出线电压基波最大值为直流侧电压，这比一般的 SPWM 逆变器输出电压提高了 15%。

6.2 异步电机矢量控制

异步电机由于其可靠性高，得到了广泛的应用，在许多需要低速大转矩的场合，采用矢量控制、直接转矩控制等的方式越来越多。本节主要介绍基于转子磁场定向控制的异步电机矢量控制、直接转矩控制方法。转子磁场定向是指将同步旋转坐标系的 M 轴定义在转子磁场上。

6.2.1 异步电机磁链定向矢量控制原理

1. 电机矢量控制原理

在异步电机中，定子电流并不和电磁转矩成正比，定子电流既包含产生转矩的有功分量，又有产生磁场的励磁分量，而且两者均与电机负载有关。从产生电磁转矩的角度来看，异步电机的转矩为

$$T = C_T \Phi_m I_r \cos\theta_r \tag{6-32}$$

它是气隙磁场 Φ_m（或磁链 ψ_m）和转子电流有功分量 $I_r\cos\theta_r$ 相互作用而产生的。即使气隙磁通保持恒定，电机转矩不仅仅与转子电流 I_r 有关，还与转子电流功率因数角 θ_r 有关，它随电机转差而变化。另外，气隙磁场 Φ_m（或磁链 ψ_m）由定子电流 I_s 和转子电流 I_r 共同产生，负载的变化也会引起电机磁通 Φ_m（或磁链 ψ_m）的变化，因而，在动态过程中要准确地控制异步电机转矩比较困难。

根据异步电机的相量图可以看到，电机的总磁链 $\psi_r=\psi_m+\psi_{r\sigma}$ 和转子电流 I_r 在相位上正好相差 90°，而且 $\psi_r=\psi_m\cos\theta_r$，用磁通表示即为 $\Phi_r=\Phi_m\cos\theta_r$，代入式（6-32）可得异步电机电磁转矩为

$$T = C_T \Phi_m I_r \cos\theta_r = C_T \Phi_r I_r \tag{6-33}$$

式（6-33）在形式上与直流电机特性十分相似。如果设法保持异步电机转子磁链 ψ_r（或磁通 Φ_r）恒定，则电机转矩与转子电流 I_r 成正比，也就是说，只要控制转子电流就能控制电机转矩。

为了实现对转子磁链 ψ_r 和电流 I_r 的控制，就需要运用坐标变换的方法，通过将三相异步电机的电压、电流、磁链等物理量，变换到以转子磁场定向的 $d-q$ 两相坐标系中。经过坐标变换，得到定子三相电流的空间矢量在 d 坐标轴中的分量 i_{sd}，就是用以产生转子磁链 ψ_r 的磁化电流；定子三相电流的空间矢量在 q 坐标轴上的分量 i_{sq}，则与转子电流 i_r 成正比，代表电机的转矩。这样，如果在控制中保持励磁分量 i_{sd} 不变，控制定子电流的转矩分量 i_{sq}，就相当于直流电机中维持电机的励磁不变，而经过控制电枢电流来控制电机转矩一样，可以使系统获得良好的动态特性。

考虑到笼型异步电机的转子绕组是一个闭合体，在 $d-q$ 坐标系中，异步电机的基本方程为

$$\begin{bmatrix} u_{sd} \\ u_{sq} \\ 0 \\ 0 \end{bmatrix} = \begin{bmatrix} R_s+L_s p & -\omega_s L_s & L_m p & -\omega_s L_m \\ \omega_s L_s & R_s+L_s p & \omega_s L_m & L_m p \\ L_m p & -(\omega_s-\omega_r)L_m & R_r+L_r p & -(\omega_s-\omega_r)L_r \\ (\omega_s-\omega_r)L_m & L_m p & (\omega_s-\omega_r)L_s & R_r+L_r p \end{bmatrix} \begin{bmatrix} i_{sd} \\ i_{sq} \\ i_{rd} \\ i_{rq} \end{bmatrix} \tag{6-34}$$

式（6-34）中转子各物理量已折算到定子侧。

转子磁链方程为

$$\overline{\psi_r} = L_r \overline{i_r} + L_m \overline{i_s} \tag{6-35}$$

在式（6-34）和式（6-35）中

$$L_m = (3/2)\alpha M_{sr} = (3/2)L_{ms}$$

式中：M_{sr}为定子绕组与转子绕组之间互感最大值；L_{ms}为折算后定子绕组与转子绕组互感最大值；α为定子绕组匝数与转子绕组匝数之比。

该式物理意义是当转子绕组匝数为 N_1 时的定子、转子最大互感。此外，由于电机设计中常采用上述转子参数折算的方法，故有必要在控制方法分析中沿用这种折算关系，以便于实际使用。

令 d 轴与 ψ_r 方向重合，故有

$$\psi_{rd} = \psi_r,\ \psi_{rq} = 0$$

根据式（6-35），可得

$$\psi_r = L_r i_{rd} + L_m i_{sd} \tag{6-36}$$

$$0 = L_r i_{rq} + L_m i_{sq} \tag{6-37}$$

将式（6-37）代入式（6-34）中，则电机基本方程可简化为

$$\begin{bmatrix} u_{sd} \\ u_{sq} \\ 0 \\ 0 \end{bmatrix} = \begin{bmatrix} R_s + L_s p & -\omega_s L_s & L_m p & -\omega_s L_m \\ \omega_s L_s & R_s + L_s p & \omega_s L_m & L_m p \\ L_m p & 0 & R_r + L_r p & 0 \\ (\omega_s - \omega_r)L_m & 0 & (\omega_s - \omega_r)L_s & R_r \end{bmatrix} \begin{bmatrix} i_{sd} \\ i_{sq} \\ i_{rd} \\ i_{rq} \end{bmatrix} \tag{6-38}$$

式（6-38）即为实施矢量控制依据的异步电机数学模型。

由式（6-38）第三行得

$$0 = p(L_m i_{sd} + L_r i_{rd}) + R_r i_{rd} = p\psi_r + R_r i_{rd} \tag{6-39}$$

如转子磁链保持不变，则 $p\psi_r = 0$，故 $i_{rd} = 0$，得

$$i_{sd} = \frac{\psi_r}{L_m} \tag{6-40}$$

式（6-40）说明在转子磁链保持不变的情况下，转子磁链完全由定子电流的磁化分量 i_{sd} 所决定，与转子电流无关，而转子电流全部是产生转矩的电流分量，即 $i_r = i_{rq}$，由式（6-37）可得定子电流的转矩分量为

$$i_{sq} = -\frac{L_r}{L_m} i_{rq} \tag{6-41}$$

如转子磁链 ψ_r 是变化的，则由式（6-39）得

$$i_{rd} = -\frac{p\psi_r}{R_r}$$

代入式（6-36）得

$$\psi_r = \frac{L_m}{1 + T_r p} i_{sd} \tag{6-42}$$

式中：T_r 为转子时间常数，且 $T_r = L_r / R_r$。

式（6-42）表明，定子电流磁化分量 i_{sd} 的变化会引起转子磁链 $\psi_r(=\psi_{rd})$ 的变化，其变化时间常数为 T_r。

至于电机转矩，则可由电机磁链转矩方程式求得

$$T = PL_m(i_{sq} i_{rd} - i_{rq} i_{sd}) \tag{6-43}$$

将式（6-36）和式（6-37）代入式（6-43），得

$$T = PL_{\mathrm{m}}\left[i_{sq}i_{rd} - \left(-\frac{L_{\mathrm{m}}i_{sq}}{L_{\mathrm{r}}}\right)\times\left(\frac{\psi_{\mathrm{r}} - L_{\mathrm{r}}i_{rd}}{L_{\mathrm{m}}}\right)\right] = P\psi_{\mathrm{r}}i_{\mathrm{sq}}\frac{L_{\mathrm{m}}}{L_{\mathrm{r}}} \tag{6-44}$$

再由电机基本方程式的第四行可得

$$0 = (\omega_{\mathrm{s}} - \omega_{\mathrm{r}})(L_{\mathrm{m}}i_{sd} + L_{\mathrm{r}}i_{rd}) + R_{\mathrm{r}}i_{rq} = (\omega_{\mathrm{s}} - \omega_{\mathrm{r}})\psi_{\mathrm{r}} + R_{\mathrm{r}}i_{rq} \tag{6-45}$$

从而可以导出转差角频率 ω_2 与定子电流转矩分量 i_{sq} 之间的关系为

$$\omega_2 = \omega_{\mathrm{s}} - \omega_{\mathrm{r}} = \frac{R_{\mathrm{r}}i_{rq}}{-\psi_{\mathrm{r}}} = \frac{L_{\mathrm{m}}}{T_{\mathrm{r}}\psi_{\mathrm{r}}}i_{sq} \tag{6-46}$$

说明当转子磁链 ψ_{r} 保持恒定时，矢量控制系统的转差频率在动态中也能与转矩成正比。式（6-42）、式（6-44）、式（6-46）就是矢量控制的基本方程式，利用式（6-42）和式（6-44）可以将异步电机数学模型用图 6-25 所示的结构图形式描述。

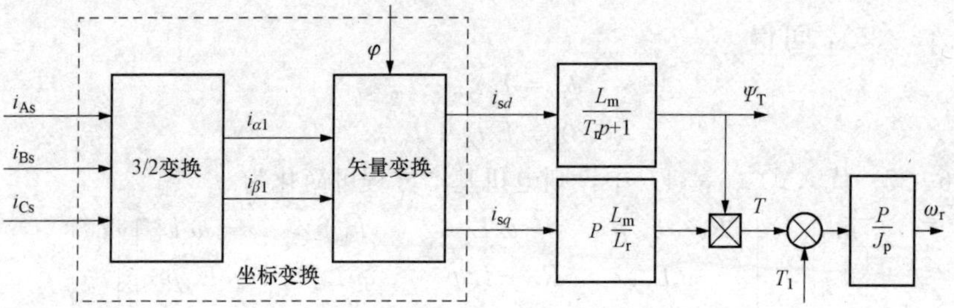

图 6-25　异步电机矢量变换数学模型

由上述得到的异步电机矢量变换数学模型可以看出，通过坐标变换，定子电流被分解为 i_{sd} 和 i_{sq} 两个量，并分别代表转子磁链和转矩，由于在 d-q 坐标系中两者之间没有耦合关系，因此电机转矩的控制可以通过分别对定子电流的这两个分量独立控制来实现，其情况与直流电机完全相似。

对于异步电机的调速系统而言，转矩 T 是控制变量，而从 ψ_{r} 和 ω_{r} 两个量来看，由于转矩 T 除受 i_{sq} 控制外，还受转子磁链 ψ_{r} 的影响。通过控制 i_{sd} 来改变 ψ_{r}，需经过一定的延时。因此，在构成控制系统时，应设法抵消转子磁链 ψ_{r} 对电磁转矩 T 的影响，从而进一步改善动态性能。

在对异步电机进行控制时，除了放置磁链调节器和转矩调节器分别控制 ψ_{r} 和 T，为使 ψ_{r} 和 T 完全解耦，抵消 ψ_{r} 对电磁转矩 T 的影响，往往对转矩调节器输出信号除以 ψ_{r}，抵消电机模型中的（$\times\psi_{\mathrm{r}}$）项。这样，矢量控制系统可以看作两个独立的线性系统，并进行控制。

2. 电机矢量控制系统

电机矢量控制基于电机磁场定向控制，即通过将前述任意同步旋转的 M、T 轴中 M 轴定义在电机的定子磁链、转子磁链或气隙磁链的方向上，T 轴沿 M 轴的逆时钟方向旋转 90°而得到，这样定子电流和转子电流在 M 轴上的分量将控制电机内的磁场，而 T 轴上的分量将决定转矩的大小，从而达到与直流电机一样的控制效果。

如图 6-26 所示，电机矢量控制系统包括位置环、速度环、转矩环等，位置环的输出将得到速度的命令，速度环的输出将得到励磁电流或磁链的大小，以及转矩电流或转矩的大小，电流环的输出将得到 M 轴和 T 轴上对应的定子电压分量的大小，然后再通过 Park 反变换，得到 V_{α}、V_{β}，通过 Clarke 反变换得到三相所需输出的电压值，利用该电压值控制逆变部分的 SPWM 波形，实现电机的矢量控制。

6.2.2　基于转子磁链定向的矢量控制方程

任何磁场定向方式都将从基本的电压方程、磁链方程和转矩方程出发得到相应的控制规律。

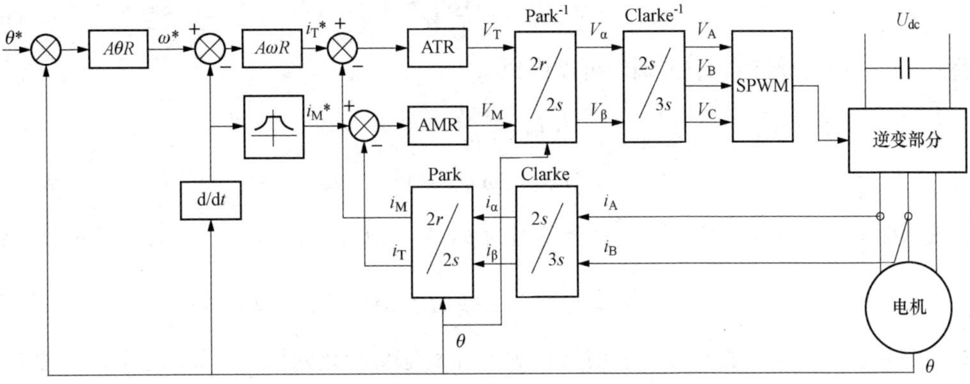

图 6-26　三环控制的矢量控制系统框图

对于基于转子磁场定向的矢量控制，其 M 轴位于转子磁链 ψ_r 的方向上。因此，在知道转子磁链的位置后，可以确定 M 轴、T 轴，对定子电流和转子电流可以做相应的分解，得到所需的分量。

异步电机控制的基本方程如下。

（1）电压方程为

$$\boldsymbol{u}_s = R_s \boldsymbol{i}_s + \frac{d\boldsymbol{\psi}_s}{dt} \tag{6-47}$$

$$\boldsymbol{u}_r = 0 = R_r \boldsymbol{i}_r + \frac{d\boldsymbol{\psi}_r}{dt} - j\omega_r \boldsymbol{\psi}_r \tag{6-48}$$

（2）磁链方程为

$$\boldsymbol{\psi}_s = L_s \boldsymbol{i}_s + L_m \boldsymbol{i}_r \tag{6-49}$$

$$\boldsymbol{\psi}_r = L_m \boldsymbol{i}_s + L_r \boldsymbol{i}_r \tag{6-50}$$

$$\boldsymbol{\psi}_g = L_m (\boldsymbol{i}_s + \boldsymbol{i}_r) \tag{6-51}$$

（3）转矩方程为

$$T = \frac{d}{dt}[L_m \boldsymbol{i}_r \times \boldsymbol{i}_s] \tag{6-52}$$

（4）动力学方程为

$$T - T_L = \frac{GD^2}{375} \frac{dn}{dt} \tag{6-53}$$

（5）转速方程为

$$n = \frac{60}{2\pi}\omega_r = \frac{60}{2\pi}\frac{d\theta_r}{dt} \tag{6-54}$$

转子磁链定向后，由式（6-50）可以得到

$$\boldsymbol{\psi}_r = L_m \boldsymbol{i}_s + L_r \boldsymbol{i}_r = \boldsymbol{\psi}_r \tag{6-55}$$

$\boldsymbol{\psi}_r$ 仅有 M 轴上的分量，而 T 轴上的分量为 0，将式（6-55）分解到 M、T 轴上，可以得到

$$L_m \boldsymbol{i}_M + L_r \boldsymbol{i}_m = \boldsymbol{\psi}_r \tag{6-56}$$

$$L_m \boldsymbol{i}_T + L_r \boldsymbol{i}_t = 0 \tag{6-57}$$

由于转子上的电流是无法直接测量得到，因此根据式（6-56）和式（6-57）可以确定转子电流在 M、T 轴的分量大小为

$$\boldsymbol{i}_m = \frac{1}{L_r}(\boldsymbol{\psi}_r - L_m \boldsymbol{i}_M) \tag{6-58}$$

$$\boldsymbol{i}_t = -\frac{L_m}{L_r}\boldsymbol{i}_T \tag{6-59}$$

将式（6-48）分解到M、T轴，可以得到

$$R_r\boldsymbol{i}_m + \frac{d\boldsymbol{\psi}_r}{dt} = 0 \tag{6-60}$$

$$R_r\boldsymbol{i}_t - \omega_r\boldsymbol{\psi}_r = 0 \tag{6-61}$$

将式（6-58）代入式（6-60），并将$\frac{d}{dt}$写为p，定义转子时间常数$T_r = \frac{L_r}{R_r}$，则可以得到

$$\boldsymbol{\psi}_r = \frac{1}{1+T_r p}L_m\boldsymbol{i}_M \tag{6-62}$$

式（6-62）是一个惯性环节，表明当$\boldsymbol{i}_M$从一个稳态值变化到另一个稳态值时转子磁链$\boldsymbol{\psi}_r$的变化规律。当$\boldsymbol{i}_M$由某一个稳态值突然变化时，$\boldsymbol{\psi}_r$也随之变化，由于$\boldsymbol{\psi}_r$只有M轴上的分量，所以不会在转子绕组的T轴内产生变压器电动势，但一定会在m绕组内产生变压器电动势，从而产生转子电流$\boldsymbol{i}_m$，该电流阻尼磁链$\boldsymbol{\psi}_r$的变化。

由式（6-62）也可以看出，通过控制定子电流$\boldsymbol{i}_s$在M轴上的分量$\boldsymbol{i}_M$，就可以控制转子磁链$\boldsymbol{\psi}_r$，实现对转子磁链控制解耦。

对于电磁转矩，根据转矩方程式（6-52），可以得到

$$T = pL_m\boldsymbol{i}_r\boldsymbol{i}_s = p\frac{L_m}{L_r}(L_m\boldsymbol{i}_s + L_r\boldsymbol{i}_r)\boldsymbol{i}_s = p\frac{L_m}{L_r}\psi_r\boldsymbol{i}_s = p\frac{L_m}{L_r}\boldsymbol{\psi}_r\boldsymbol{i}_T \tag{6-63}$$

式（6-63）表明，在保持$\boldsymbol{\psi}_r$恒定的情况下，实现控制定子电流$\boldsymbol{i}_s$在T轴上的分量$\boldsymbol{i}_T$，就可以控制电磁转矩T的大小，实现对电磁转矩的控制解耦。

综上所述，异步电机在基于转子磁链定向控制的情况下，转子磁链的大小由定子电流$\boldsymbol{i}_s$在M轴上的分量$\boldsymbol{i}_M$控制，在保持转子磁链不变的情况下，电磁转矩由定子电流$\boldsymbol{i}_s$在T轴上的分量$\boldsymbol{i}_T$控制，实现对异步电机转子磁链和电磁转矩的解耦。

6.2.3 直接矢量控制

磁场定向是矢量控制系统中必不可少的环节。磁场定向可以分为直接磁场定向的矢量控制系统（直接矢量控制）和间接磁场定向的矢量控制系统（间接矢量控制）。本节介绍直接矢量控制系统的控制方法。

直接磁场定向是通过磁场检测或计算来确定转子磁链矢量的空间位置和大小。直接检测异步电机的转子磁链磁场，方法简单，但由于受电机定子、转子齿槽的影响，检测信号脉动较大，实现比较困难。因此，常通过计算估计出转子磁链矢量，该方法又称为磁链观测法。

磁链估计一般是根据定子电压矢量方程或转子电压矢量方程，利用可以直接检测得到的物理量，如定子三相电压、电流和转速，计算得到转子磁链矢量的幅值和空间位置。模型主要有电压—电流模型和电流－转速模型。

1. 电压—电流模型

电压－电流模型是基于两相静止坐标系下，根据输出的定子电压和检测到的定子电流，计算得到转子磁链的幅值和空间位置。

由式（6-47）和式（6-49），可得

$$\boldsymbol{u}_s = R_s\boldsymbol{i}_s + \frac{d\boldsymbol{\psi}_s}{dt} = R_s\boldsymbol{i}_s + L_s\frac{d\boldsymbol{i}_s}{dt} + L_m\frac{d\boldsymbol{i}_r}{dt} \tag{6-64}$$

由式（6-50），可得

$$\boldsymbol{i}_r = \frac{\boldsymbol{\psi}_r - L_m\boldsymbol{i}_s}{L_r} \tag{6-65}$$

将式（6-65）代入式（6-64），可以得到

$$\boldsymbol{u}_s = R_s\boldsymbol{i}_s + L_s\frac{\mathrm{d}\boldsymbol{i}_s}{\mathrm{d}t} + \frac{L_m}{L_r}\left(\frac{\mathrm{d}\boldsymbol{\psi}_r}{\mathrm{d}t} - L_m\frac{\mathrm{d}\boldsymbol{i}_s}{\mathrm{d}t}\right)$$

$$= R_s\boldsymbol{i}_s + \frac{L_sL_r - L_m^2}{L_rL_s}L_s\frac{\mathrm{d}\boldsymbol{i}_s}{\mathrm{d}t} + \frac{L_m}{L_r}\frac{\mathrm{d}\boldsymbol{\psi}_r}{\mathrm{d}t} \tag{6-66}$$

$$\boldsymbol{u}_s = R_s\boldsymbol{i}_s + \sigma L_s\frac{\mathrm{d}\boldsymbol{i}_s}{\mathrm{d}t} + \frac{L_m}{L_r}\frac{\mathrm{d}\boldsymbol{\psi}_r}{\mathrm{d}t}$$

其中

$$\sigma = \frac{L_sL_r - L_m^2}{L_rL_s}$$

将式（6-66）写为静止坐标下的方程，有

$$\psi_{r\alpha} = \frac{L_r}{L_m p}\left[u_{s\alpha} - (R_s + \sigma L_s p)i_{s\alpha}\right] \tag{6-67}$$

$$\psi_{r\beta} = \frac{L_r}{L_m p}\left[u_{s\beta} - (R_s + \sigma L_s p)i_{s\beta}\right] \tag{6-68}$$

式（6-67）与式（6-68）构成了电压—电流模型。该模型中的电压 $u_{s\alpha}$ 和 $u_{s\beta}$ 可以从控制输出直接得到，通过对检测到的电流 $i_{s\alpha}$ 和 $i_{s\beta}$ 进行 Clarke 变换后得到，经离散化处理就可以得到 $\boldsymbol{\psi}_{r\alpha}$ 和 $\boldsymbol{\psi}_{r\beta}$，再通过直角坐标系到极坐标系的转换，则有

$$\boldsymbol{\psi}_r = \sqrt{\boldsymbol{\psi}_{r\alpha}^2 + \boldsymbol{\psi}_{r\beta}^2} \tag{6-69}$$

ψ_r 以 A 相轴线或 α 轴为参考的空间相位位置为

$$\theta_M = \arccos\frac{\boldsymbol{\psi}_{r\alpha}}{\boldsymbol{\psi}_r} \tag{6-70}$$

低速时，式（6-69）和式（6-70）的定子电压值比较小，如果定子电阻值不准确，定子电压降的偏差对积分的影响会增大；同时，由于定子电阻会随负载和环境温度的变化而变化，变化后的阻值可能会达到设定值的数倍。这是该模型的主要不足之处。

2. 电流—转速模型

根据式（6-48）转子电压方程和式（6-50）转子磁链方程可得

$$T_r\frac{\mathrm{d}\boldsymbol{\psi}_r}{\mathrm{d}t} + \boldsymbol{\psi}_r = L_m\boldsymbol{i}_s + \mathrm{j}\omega_r T_r\boldsymbol{\psi}_r \tag{6-71}$$

将式（6-71）分解到静止的 $\alpha\beta$ 坐标系，可以得到其转子磁链方程为

$$\boldsymbol{\psi}_\alpha = \frac{1}{T_r p + 1}(L_m\boldsymbol{i}_{s\alpha} - \omega_r T_r\boldsymbol{\psi}_\beta) \tag{6-72}$$

$$\boldsymbol{\psi}_\beta = \frac{1}{T_r p + 1}(L_m\boldsymbol{i}_{s\beta} + \omega_r T_r\boldsymbol{\psi}_\alpha) \tag{6-73}$$

式中：ω_r 为转子电角速度检测值。

式（6-72）和式（6-73）构成了电流—转速模型。

在电流—转速模型中，转子磁链的计算依赖于转子时间常数 T_r，T_r 存在偏差将会导致磁场定向不准。

综上所述，一般在中、高速控制时选择电压—电流模型，在低速时选择电流—转速模型。两种模型都是根据给定的数学模型来获取 $\boldsymbol{\psi}_r$ 的信息。模型中参数的不断变化和不准确性，导致转子磁链位置的不准确，将严重影响电机控制的性能。因此，需要有其他的方法来对模型进行不断修正和辨识，以提高电机控制性能。

6.2.4　间接矢量控制

间接矢量控制时，磁场定向是通过控制转差频率实现的。因此，又称为转差频率法。

在实际的控制系统中，假定在控制很好的情况下，转子磁链的实际值 $\boldsymbol{\psi}_r$ 与给定值 $\boldsymbol{\psi}_r^*$ 完全一致，由式（6-62）可知，此时的转子磁链完全由定子电流分量 $\boldsymbol{i}_M^*$ 决定。因此，如果控制 $\boldsymbol{i}_M^*$，即可知道转子磁链 $\boldsymbol{\psi}_r$ 的大小和位置。

由式（6-62）和式（6-63）可得定子电流的 T 轴分量 $\boldsymbol{i}_T^*$ 为

$$\boldsymbol{i}_T^* = \frac{1}{p}\frac{L_r}{L_m}\frac{T_e^*}{\boldsymbol{\psi}_r^*} = \frac{1}{p}\frac{(1+T_r p)L_r T_e^*}{L_m^2 \boldsymbol{i}_M^*} \tag{6-74}$$

将式（6-48）分解到 MT 轴上，可以得到

$$0 = R_r \boldsymbol{i}_m + \frac{\mathrm{d}\psi_r}{\mathrm{d}t} \tag{6-75}$$

$$0 = R_r \boldsymbol{i}_t + \omega_f \boldsymbol{\psi}_r \tag{6-76}$$

由式（6-76）和式（6-59），有

$$\omega_r = -\frac{R_r \boldsymbol{i}_t}{\boldsymbol{\psi}_r} = \frac{R_r L_m}{L_r \boldsymbol{\psi}_r}\boldsymbol{i}_T = \frac{L_m}{T_r \boldsymbol{\psi}_r}\boldsymbol{i}_T \tag{6-77}$$

因此有

$$\omega_r^* = \frac{1+T_r p}{T_r}\frac{\boldsymbol{i}_T^*}{\boldsymbol{i}_M^*} \tag{6-78}$$

式中：$p=\frac{\mathrm{d}}{\mathrm{d}t}$

另外

$$\boldsymbol{i}_s^* = \sqrt{\boldsymbol{i}_M^{*2} + \boldsymbol{i}_T^{*2}} \tag{6-79}$$

根据式（6-78）和式（6-79）可以知道，当 $\boldsymbol{i}_M^*$ 和 $\boldsymbol{i}_T^*$ 给定后，就唯一确定了 $\boldsymbol{\omega}_f^*$ 和 $\boldsymbol{i}_s^*$。反之，如果给定了 ω_f^* 和 $\boldsymbol{i}_s^*$，也唯一确定了 $\boldsymbol{i}_M^*$ 和 $\boldsymbol{i}_T^*$。因此，当 i_M^* 和 i_T^* 给定后，可以将 ω_f^* 和 $\boldsymbol{i}_s^*$ 作为控制变量，如果满足 $\boldsymbol{\omega}_r^* = \boldsymbol{\omega}_f$ 和 $\boldsymbol{i}_s^* = \boldsymbol{i}_s$，实际的 $\boldsymbol{i}_M$ 和 $\boldsymbol{i}_T$ 也一定分别与 $\boldsymbol{i}_M^*$ 和 $\boldsymbol{i}_T^*$ 相等，这就意味着定子电流矢量 $\boldsymbol{i}_s$ 实际上已按磁场定向的要求分解为 $\boldsymbol{i}_M^*$ 和 $\boldsymbol{i}_T^*$，实现了磁场定向。这就是通过转差频率控制实现间接磁场定向的基本原理，所以这种磁场定向方式也称为转差频率法。

由定子磁链方程式（6-49）和转子磁链方程式（6-50）有

$$\boldsymbol{\psi}_s = \frac{L_m}{L_r}\boldsymbol{\psi}_r - \frac{L_s L_s - L_m^2}{L_r}\boldsymbol{i}_s \tag{6-80}$$

将式（6-80）代入式（6-47），得到

$$\boldsymbol{u}_s = R_s \boldsymbol{i}_s + \frac{L_m}{L_r}\frac{\mathrm{d}\boldsymbol{\psi}_r}{\mathrm{d}t} - \frac{L_s L_s - L_m^2}{L_r}\frac{\mathrm{d}\boldsymbol{i}_s}{\mathrm{d}t} \tag{6-81}$$

基于间接磁场的定向的方法，根据式（6-81）可以得到

$$\boldsymbol{u}_M^* = R_s \boldsymbol{i}_M^* - \omega_s \frac{L_s L_s - L_m^2}{L_r}\boldsymbol{i}_T^* \tag{6-82}$$

$$\boldsymbol{u}_T^* = R_s \boldsymbol{i}_T^* + \omega_s \frac{L_s L_s - L_m^2}{L_r}\boldsymbol{i}_M^* + \frac{L_s L_s - L_m^2}{L_r}\frac{\mathrm{d}\boldsymbol{i}_T^*}{\mathrm{d}t} \tag{6-83}$$

在式（6-82）中，由于 $\boldsymbol{i}_M^*$ 变化较慢，因此忽略其微分项。令 $\frac{L_s L_s - L_m^2}{L_r} = L_s'$，式（6-82）和式（6-83）变为

$$\boldsymbol{u}_M^* = R_s \boldsymbol{i}_M^* - \omega_s L_s' \boldsymbol{i}_T^* \tag{6-84}$$

$$\boldsymbol{u}_T^* = R_s \boldsymbol{i}_T^* + \omega_s L_s' \boldsymbol{i}_M^* + L_s' \frac{\mathrm{d}\boldsymbol{i}_T^*}{\mathrm{d}t} \tag{6-85}$$

由式（6-84）和式（6-85），对于电压源型逆变器构成基于动态模型的转子磁链定向矢量控

制系统如图 6 - 27 所示。

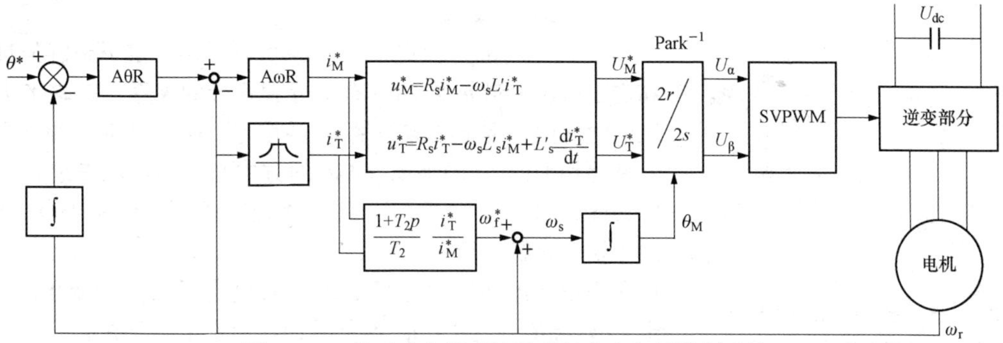

图 6 - 27　基于动态模型转子磁场定向矢量控制系统

6.3　异步电机直接转矩控制

电机控制归根结底是要实现对电磁转矩的有效控制，是否有较为简单的方法，不需要太精确的电机模型、较多的坐标变换，也不需要知道转子磁场的精确位置，就可以控制电机的转矩呢？这就是直接转矩控制系统需要解决的问题。

6.3.1　直接转矩控制原理

由基本的电磁转矩方程可以得到

$$T = pL_m \boldsymbol{i}_r \times \boldsymbol{i}_s = p(L_s \boldsymbol{i}_s + L_m \boldsymbol{i}_r) \times \boldsymbol{i}_s = p\boldsymbol{\psi}_s \times \boldsymbol{i}_s \tag{6-86}$$

再根据式（6 - 49）和式（6 - 50），可以得到

$$\boldsymbol{i}_s = \frac{\psi_s}{L'_s} - \frac{L_m}{L'_s L_r}\boldsymbol{\psi}_r \tag{6-87}$$

其中

$$L'_s = \frac{L_s L_r - L_m^2}{L_r}$$

式（6 - 86）变为

$$T = p\frac{L_m}{L'_s L_r}\boldsymbol{\psi}_r \times \boldsymbol{\psi}_s = p\frac{L_m}{L'_s L_r}\boldsymbol{\psi}_r \boldsymbol{\psi}_s \sin(\rho_s - \rho_r) = p\frac{L_m}{L'_s L_r}\boldsymbol{\psi}_r \boldsymbol{\psi}_s \sin\delta_{sr} \tag{6-88}$$

式中：p 为微分算子；ρ_s 和 ρ_r 分别是定子磁链和转子磁链矢量相对于 α 轴或 A 轴的空间电角度；δ_{sr}是两者的空间相位差，$\delta_{sr}=\rho_s-\rho_r$，称为负载角。

式（6 - 88）表明，电磁转矩决定于 $\boldsymbol{\psi}_r$ 和 $\boldsymbol{\psi}_s$ 的矢量积，决定于两者的幅值和相互之间的空间电角度。若保持 $\boldsymbol{\psi}_r$ 和 $\boldsymbol{\psi}_s$ 幅值不变，则电磁转矩就仅仅与负载角相关。因此，在保持 $\boldsymbol{\psi}_r$ 和 $\boldsymbol{\psi}_s$ 幅值不变时，直接控制负载角 δ_{sr}就可以有效地控制电磁转矩，这就是直接转矩控制的基本原理。

而在直接转矩控制中，采用直接控制 $\boldsymbol{\psi}_s$ 的径向分量 $\boldsymbol{\psi}_{sr}$和切向分量 $\boldsymbol{\psi}_{sn}$，并且由于控制的响应时间比转子时间常数 T_r 快得多，因此认为在 $\boldsymbol{\psi}_s$ 快速变化时，$\boldsymbol{\psi}_r$ 几乎保持不变。所以，控制切向分量 $\boldsymbol{\psi}_{sn}$就可以快速地改变负载角 δ_{sr}，实现对电磁转矩的快速控制。另外，电磁转矩 T 和 δ_{sr} 之间是非线性的关系。

6.3.2　定子电压矢量的选择

根据定子电压矢量方程式（6 - 47），若忽略定子电阻的影响，则有

$$\boldsymbol{u}_s = \frac{d\boldsymbol{\psi}_s}{dt} \approx \frac{\Delta\boldsymbol{\psi}_s}{\Delta t} \tag{6-89}$$

因此有

$$\Delta\boldsymbol{\psi}_{\mathrm{s}} = \boldsymbol{u}_{\mathrm{s}}\Delta t \tag{6-90}$$

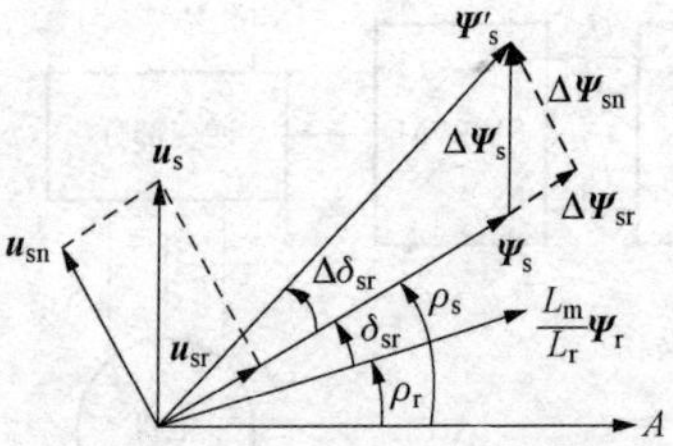

图 6-28 定子电压矢量作用与定子磁链矢量轨迹变化

从式（6-89）和式（6-90）可以看出，定子磁链矢量 $\boldsymbol{\psi}_{\mathrm{s}}$ 和定子电压矢量 $\boldsymbol{u}_{\mathrm{s}}$ 之间具有微分和积分的关系。在 $\boldsymbol{u}_{\mathrm{s}}$ 作用很短的时间内，定子磁链矢量 $\boldsymbol{\psi}_{\mathrm{s}}$ 的增量 $\Delta\boldsymbol{\psi}_{\mathrm{s}}$ 等于定子电压矢量 $\boldsymbol{u}_{\mathrm{s}}$ 和作用时间 Δt 的乘积，$\Delta\boldsymbol{\psi}_{\mathrm{s}}$ 的方向与外加电压矢量 $\boldsymbol{u}_{\mathrm{s}}$ 的方向相同，如图 6-28 所示，图中将定子电压矢量 $\boldsymbol{u}_{\mathrm{s}}$ 按 $\boldsymbol{\psi}_{\mathrm{s}}$ 的径向和切向分解为径向分量 $\boldsymbol{u}_{\mathrm{sr}}$ 和切向分量 $\boldsymbol{u}_{\mathrm{sn}}$，增量 $\Delta\boldsymbol{\psi}_{\mathrm{s}}$ 分解为径向增量 $\Delta\boldsymbol{\psi}_{\mathrm{sr}}$ 和切向分量 $\Delta\boldsymbol{\psi}_{\mathrm{sn}}$。$\boldsymbol{u}_{\mathrm{sr}}$ 决定了 $\Delta\boldsymbol{\psi}_{\mathrm{sr}}$ 的变化，即决定了 $\boldsymbol{\psi}_{\mathrm{s}}$ 幅值的变化；$\boldsymbol{u}_{\mathrm{sn}}$ 决定了 $\Delta\boldsymbol{\psi}_{\mathrm{sn}}$ 的变化，即决定了 $\boldsymbol{\psi}_{\mathrm{s}}$ 角度的变化，因此可以根据所需的磁链幅值变化和旋转速度变化来选择需要的定子电压矢量。

实际直接转矩控制时，采用滞环比较器的输出，将所要的定子磁链增量 $\Delta\boldsymbol{\psi}_{\mathrm{sr}}$ 变化分为

$$|\boldsymbol{\psi}_{\mathrm{s}}| \leqslant |\boldsymbol{\psi}_{\mathrm{s}}^{*}| - \Delta|\boldsymbol{\psi}_{\mathrm{s}}|,\ \Delta\psi_{\mathrm{sr}} = 1$$

$$|\boldsymbol{\psi}_{\mathrm{s}}| \geqslant |\boldsymbol{\psi}_{\mathrm{s}}^{*}| + \Delta|\boldsymbol{\psi}_{\mathrm{s}}|,\ \Delta\psi_{\mathrm{sr}} = -1$$

所需转矩也由滞环比较器的输出决定，将所要的定子磁链增量 $\Delta\boldsymbol{\psi}_{\mathrm{sn}}$ 变化分为

$$|\boldsymbol{T}| \leqslant |\boldsymbol{T}^{*}| - \Delta|\boldsymbol{T}|,\ \Delta\psi_{\mathrm{sn}} = 1 \text{ 或 } \Delta T = 1$$

$$|\boldsymbol{T}| \geqslant |\boldsymbol{T}^{*}| + \Delta|\boldsymbol{T}|,\ \Delta\psi_{\mathrm{sn}} = -1 \text{ 或 } \Delta T = -1$$

$$|\boldsymbol{T}| \geqslant |\boldsymbol{T}^{*}| - \Delta|\boldsymbol{T}| \text{ 并且 } |\boldsymbol{T}| \leqslant |\boldsymbol{T}^{*}| + \Delta|\boldsymbol{T}|,\ \Delta\psi_{\mathrm{sn}} = 0 \text{ 或 } \Delta T = 0$$

采用电压空间矢量 PWM 中的 8 个电压矢量，将空间矢量复平面分成 6 个扇区，每个扇区的范围以定子开关电压矢量为中线，各向前、后扩展 30°电角度，如图 6-29 所示，在扇区内根据所需的定子磁链增量 $\Delta\boldsymbol{\psi}_{\mathrm{sr}}$ 和定子磁链增量 $\Delta\boldsymbol{\psi}_{\mathrm{sn}}$ 的滞环比较器输出，预先做成表格，控制时直接选择所需的电压矢量，减少了计算的周期时间，加快了控制的响应。

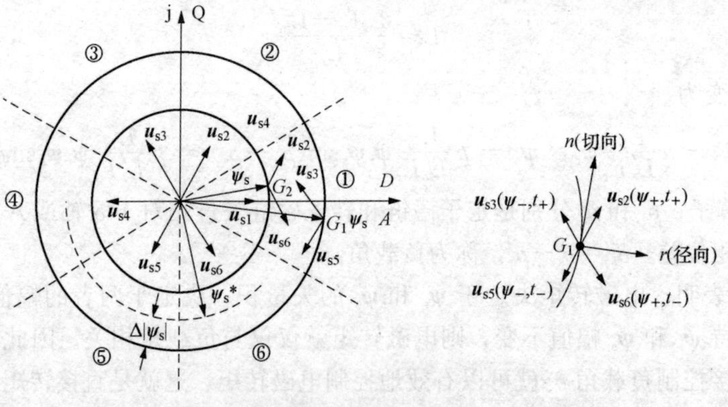

图 6-29 滞环比较控制矢量选择

6.3.3 直接转矩控制的系统框图

图 6-30 所示为直接转矩控制的系统框图，电压源型逆变器可以提供 8 个开关电压矢量。将定子磁链实际值与给定值比较后的差值输入磁链滞环比较器，同时将转矩实际值与给定值的差值输入给转矩滞环比较器，根据两个滞环比较器的输出，查表得到需要的开关电压矢量，然后控制输出的开关状态。

定子磁链的计算可以利用式（6-47），在静止坐标下直接计算得到，静止坐标下也可以直接

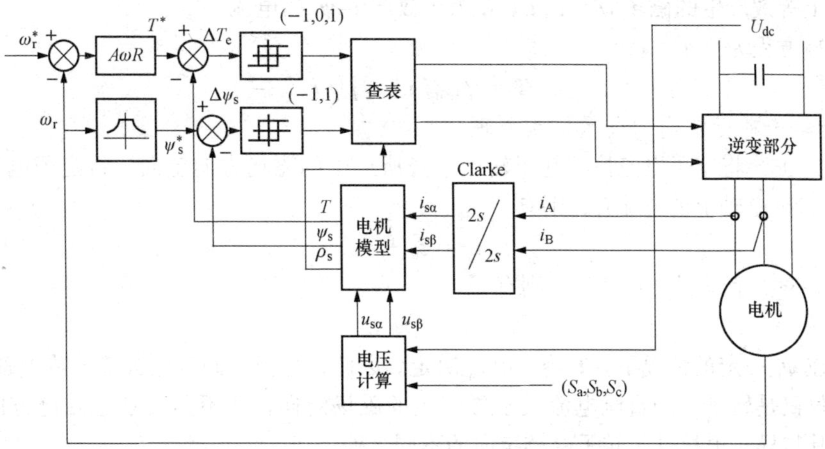

图 6-30　直接转矩控制的系统框图

计算出电磁转矩。

需要指出的是，虽然直接转矩控制不需要将电压矢量和电流矢量进行 Park 变换和反 Park 变换，但由于其采用了滞环比较控制输出，而滞环比较控制属于砰-砰控制（Bang-Bang 控制），相当于两点式调节器，或者高增益的 P 调节器，因此磁链和转矩不可避免地会产生脉动，尤其在低速时更加严重，因此在转矩脉动要求比较严格的场合一般不太采用直接转矩控制。而在起重机的驱动系统中，直接转矩控制用得较多。

6.4　同步电机矢量控制

同步电机的转子上有电励磁或永磁，可以预先检测出转子磁场的位置，达到比异步电机矢量控制更高的控制精度。同时由于其采用了电励磁或永磁材料，其在相同体积情况下，可以输出比异步电机更大的转矩和功率，其电机效率也比异步电机高很多。

用于矢量控制的同步电机，要求其转子励磁在气隙中为正弦分布，在稳态时能够在相绕组中产生正弦波感应电动势。同步电机根据其转子结构不同，分为隐极式同步电机和凸极式同步电机，以下将分别介绍其矢量控制原理和方法。

6.4.1　隐极式同步电机的矢量控制

隐极式同步电机的基本特点是定子 D 轴（M 轴）电感和 Q 轴（T 轴）电感相等，即 $L_d=L_q=L_s$。

1. 基本方程

（1）电压矢量方程为

$$\boldsymbol{u}_s = R_s\boldsymbol{i}_s + \frac{d\boldsymbol{\psi}_s}{dt} \tag{6-91}$$

同步电机由于其转子转速与同步转速相同，因此其转子上没有感应电压，也没有外加的同步旋转的电压，因此一般只有其定子电压矢量方程。

（2）磁链矢量方程为

$$\boldsymbol{\psi}_s = L_s\boldsymbol{i}_s + \boldsymbol{\psi}_f \tag{6-92}$$

$$\boldsymbol{\psi}_r = L_m\boldsymbol{i}_s + \boldsymbol{\psi}_f \tag{6-93}$$

$$\boldsymbol{\psi}_g = L_m\boldsymbol{i}_s + \boldsymbol{\psi}_f \tag{6-94}$$

其中，转子上等效产生的磁场 $\boldsymbol{\psi}_f = L_m \boldsymbol{i}_r$，$\boldsymbol{i}_r$ 为等效产生 $\boldsymbol{\psi}_f$ 的电流。

（3）转矩方程为

$$\boldsymbol{T} = pL_m \boldsymbol{i}_r \boldsymbol{i}_s = p\boldsymbol{\psi}_f \boldsymbol{i}_s \tag{6-95}$$

2. 基于转子磁场定向的矢量控制原理

由式（6-95）将定子电流按照基于转子本身所产生的磁场方向定向，将定子电流分解为 D 轴上的电流 $\boldsymbol{i}_d$ 和 Q 轴上的电流 $\boldsymbol{i}_q$，则有

$$\boldsymbol{i}_s = \boldsymbol{i}_d + \mathrm{j}\boldsymbol{i}_q \tag{6-96}$$

将式（6-96）代入式（6-95），则有

$$\boldsymbol{T} = p\boldsymbol{\psi}_f \boldsymbol{i}_q \tag{6-97}$$

这样，在 $\boldsymbol{\psi}_f$ 一定的情况下，$\boldsymbol{T}$ 始终由 $\boldsymbol{i}_q$ 决定。因此，隐极式同步电机基于转子磁场定向时，其转子磁场仅仅是转子上的直流电流或永磁产生的磁场定向，而不是转子全磁链方向的磁场定向。这正是其与异步电机基于转子磁链定向的不同之处。

3. 基于转子磁场定向的矢量控制系统

隐极式同步电机由于其转子磁场完全由外部的直流电流或永磁产生，可以充分利用其定子电流 i_s，提高其利用效率，在控制时 $i_d^* = 0$，其控制系统如图 6-31 所示。

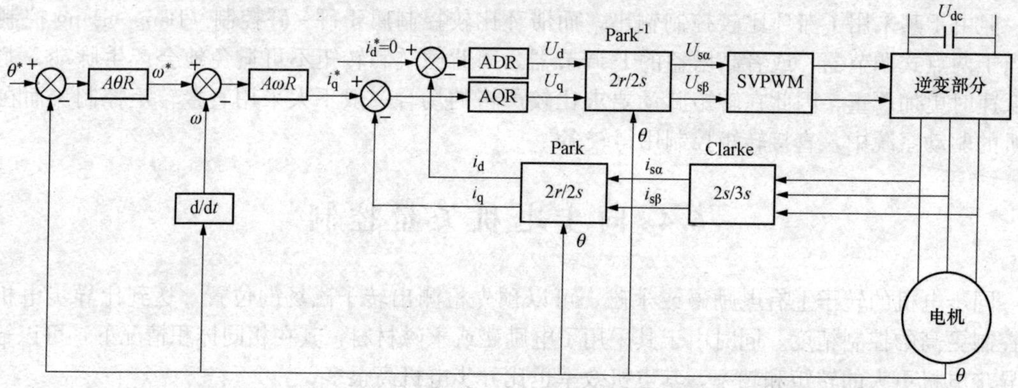

图 6-31 基于转子磁场定向的矢量控制系统图

6.4.2 凸极式同步电机的矢量控制

与隐极式同步电机不同，凸极式同步电机定子 D 轴（M 轴）电感和 Q 轴（T 轴）电感不相等，即 $L_d \neq L_q$，L_s 是 D 轴开始的凸极角度的函数，这种电机需要用到其磁阻转矩和弱磁调速范围。

1. 基本方程

（1）电压矢量方程为

$$\boldsymbol{u}_s = R_s \boldsymbol{i}_s + \frac{\mathrm{d}\boldsymbol{\psi}_s}{\mathrm{d}t} \tag{6-98}$$

（2）磁链矢量方程为

$$\boldsymbol{\psi}_s = L_s \boldsymbol{i}_s + \boldsymbol{\psi}_f \tag{6-99}$$

$$\boldsymbol{\psi}_r = L_m \boldsymbol{i}_s + \boldsymbol{\psi}_f \tag{6-100}$$

$$\boldsymbol{\psi}_g = L_m \boldsymbol{i}_s + \boldsymbol{\psi}_f \tag{6-101}$$

其中，转子上等效产生的磁场 $\boldsymbol{\psi}_f = L_m \boldsymbol{i}_r$，$\boldsymbol{i}_r$ 为等效产生 $\boldsymbol{\psi}_f$ 的电流。

（3）转矩方程为

$$T = p[L_m i_r \boldsymbol{i}_s + \frac{1}{2}(L_d - L_q)\boldsymbol{i}_s^2 \sin 2\theta] = p[\boldsymbol{\psi}_f \boldsymbol{i}_s + \frac{1}{2}(L_d - L_q)\boldsymbol{i}_s^2 \sin 2\theta] \tag{6-102}$$

2. 基于转子磁场定向的矢量控制原理

凸极同步电机设计时，一般将其转子磁场设计在凸极的 D 轴上，因此在基于转子磁场定向时，将同步旋转坐标系的 D 轴（M 轴）选定在转子磁场的方向，逆时针旋转 90°电角度为 Q 轴（T 轴）方向，这时式（6-99）的定子磁链方程为

$$\boldsymbol{\psi}_s = (L_d \boldsymbol{i}_d + \boldsymbol{\psi}_f) + jL_q \boldsymbol{i}_q \tag{6-103}$$

式（6-102）的转矩方程为

$$T = p[\boldsymbol{\psi}_f \boldsymbol{i}_s + \frac{1}{2}(L_d - L_q)\boldsymbol{i}_s^2 \sin 2\theta] = p[\boldsymbol{\psi}_f \boldsymbol{i}_q + (L_d - L_q)\boldsymbol{i}_d \boldsymbol{i}_q]$$

$$T = p[(\boldsymbol{\psi}_f + L_d \boldsymbol{i}_d)\boldsymbol{i}_q - L_q \boldsymbol{i}_d \boldsymbol{i}_q] \tag{6-104}$$

控制时，凸极永磁电机还需要满足如下的一些约束关系

$$|\boldsymbol{u}_s| = \sqrt{u_d^2 + u_q^2} \leqslant u_{sN} \tag{6-105}$$

$$|\boldsymbol{i}_s| = \sqrt{i_d^2 + i_q^2} \leqslant i_{sN} \tag{6-106}$$

$$P = T\omega \leqslant P_N \tag{6-107}$$

因此，其控制比隐极式同步电机相对复杂，为了提高控制的响应速度，可预先根据最大转矩/电流比和最大功率输出控制，建立电磁转矩 T^*、ω 与 i_q^*、i_d^* 的关系表进行控制。

图 6-32 所示为基于转子磁场定向的矢量控制系统。其中，凸极式同步电机的 i_q^*、i_d^* 采用查表方式直接得到。

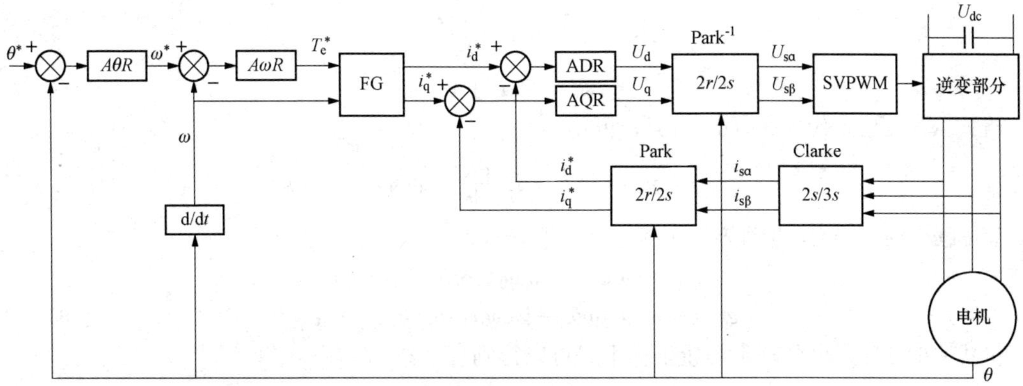

图 6-32　基于转子磁场定向的矢量控制系统

6.5　交流电机无传感器控制

现代电机控制技术的基础是矢量控制，矢量控制需要知道磁场定向时磁场或磁链的位置，同时，矢量控制需要较为精确地知道电机参数，这些都需要采用无传感器技术，并通过线性估计电机的速度和位置，在线观测磁链和辨识电阻、电感等参数。

6.5.1　基于电机数学模型的开环控制

1. 三相异步电机转速的估计

可以利用静止坐标系下的定子、转子磁链和电压矢量方程估算转子的速度

$$\boldsymbol{\psi}_s = L_s \boldsymbol{i}_s + L_m \boldsymbol{i}_r \tag{6-108}$$

$$\boldsymbol{\psi}_r = L_m\boldsymbol{i}_s + L_r\boldsymbol{i}_r \tag{6-109}$$

$$\boldsymbol{u}_s = R_s\boldsymbol{i}_s + \frac{d\boldsymbol{\psi}_s}{dt} \tag{6-110}$$

$$0 = R_r\boldsymbol{i}_r + \frac{d\boldsymbol{\psi}_r}{dt} - j\omega_r\boldsymbol{\psi}_r \tag{6-111}$$

式（6-108）含有转子速度 ω_r，因此可以用于获取转子的速度信息，但是，该方程中有转子电流 $\boldsymbol{i}_r$，它是不可测量的，因此需要从其他方程中计算得到。

由式（6-109）可以得到

$$\boldsymbol{i}_r = \frac{\boldsymbol{\psi}_r - L_m\boldsymbol{i}_s}{L_r} \tag{6-112}$$

将式（6-109）代入式（6-111）可以得到

$$\omega_r = \frac{\dfrac{d\boldsymbol{\psi}_r}{dt} + \dfrac{\boldsymbol{\psi}_r}{T_r} - \dfrac{L_m}{T_r}\boldsymbol{i}_s}{j\boldsymbol{\psi}_r} \tag{6-113}$$

基于转子磁场定向时利用定子电压和定子电流，可以计算出静止坐标系下的 $\psi_{r\alpha}$ 和 $\psi_{r\beta}$，那么利用式（6-113）的静止坐标下的关系，即可以得到转子转速为

$$\omega_r = -\frac{\dfrac{d\boldsymbol{\psi}_{r\alpha}}{dt} + \dfrac{\boldsymbol{\psi}_{r\alpha}}{T_r} - \dfrac{L_m}{T_r}\boldsymbol{i}_{s\alpha}}{\boldsymbol{\psi}_{r\beta}} \tag{6-114}$$

2. 三相同步电机转速的估计

对于隐极式同步电机，有如下的磁链和电压方程

$$\boldsymbol{u}_s = R_s\boldsymbol{i}_s + \frac{d\boldsymbol{\psi}_s}{dt} \tag{6-115}$$

$$\boldsymbol{\psi}_s = L_s\boldsymbol{i}_s + \boldsymbol{\psi}_f \tag{6-116}$$

将式（6-116）代入式（6-115），可得

$$\boldsymbol{u}_s = R_s\boldsymbol{i}_s + L_s\frac{d\boldsymbol{i}_s}{dt} + j\omega_r\boldsymbol{\psi}_f \tag{6-117}$$

而 $j\omega_r\boldsymbol{\psi}_f = \boldsymbol{e}_0$ 为感应电动势，在静止坐标下表示为

$$\begin{aligned}\boldsymbol{e}_0 &= j\omega_r\boldsymbol{\psi}_f = j\omega_r\boldsymbol{\psi}_f(\cos\theta_r + j\sin\theta_r)\\ \boldsymbol{e}_0 &= -\omega_r\boldsymbol{\psi}_f\sin\theta_r + j\omega_r\boldsymbol{\psi}_f\cos\theta_r = \boldsymbol{e}_{0\alpha} + j\boldsymbol{e}_{0\beta}\end{aligned} \tag{6-118}$$

将式（6-115）也分解到静止坐标下，可以得到

$$\boldsymbol{u}_{s\alpha} = R_s\boldsymbol{i}_{s\alpha} + L_s\frac{d\boldsymbol{i}_{s\alpha}}{dt} + \boldsymbol{e}_{0\alpha} \tag{6-119}$$

$$\boldsymbol{u}_{s\beta} = R_s\boldsymbol{i}_{s\beta} + L_s\frac{d\boldsymbol{i}_{s\beta}}{dt} + \boldsymbol{e}_{0\beta} \tag{6-120}$$

结合式（6-116）～式（6-118），有

$$\boldsymbol{e}_{0\alpha} = -\omega_r\boldsymbol{\psi}_f\sin\theta_r = \boldsymbol{u}_{s\alpha} - R_s\boldsymbol{i}_{s\alpha} - L_s\frac{d\boldsymbol{i}_{s\alpha}}{dt} \tag{6-121}$$

$$\boldsymbol{e}_{0\beta} = \omega_r\boldsymbol{\psi}_f\cos\theta_r = \boldsymbol{u}_{s\beta} - R_s\boldsymbol{i}_{s\beta} - L_s\frac{d\boldsymbol{i}_{s\beta}}{dt} \tag{6-122}$$

因此可以得到转子的位置角度为

$$\theta_r = \arctan\left(-\frac{u_{s\alpha} - R_s i_{s\alpha} - L_s\dfrac{di_{s\alpha}}{dt}}{u_{s\beta} - R_s i_{s\beta} - L_s\dfrac{di_{s\beta}}{dt}}\right) \tag{6-123}$$

基于数学模型的开环速度或位置估计可以选择不同的数学模型，但无论采用什么数学模型，都需要电机参数，参数的准确性将会影响估计的准确性，这是开环估计存在的主要问题。

6.5.2　基于模型参考自适应的交流电机控制

模型参考自适应系统（Model Reference Adaptive System，MRAS）的主要特点是采用参考模型来估计磁链和转速。

模型参考自适应控制系统的基本结构如图 6 - 33 所示，外部输入 $\boldsymbol{u}$ 同时被输入给参考模型和可调模型，根据参考模型和可调模型输出的差值 $\boldsymbol{v}$，输入给自适应机构，由自适应机构来修改可调模型的参数，使得可调模型的输出能快速而稳定地逼近实际系统的输出，让可调模型和实际的参考模型的差值趋近于 0。

实际控制时电机为参考模型，可调模型为控制目标，需要通过建立相应的自适应方法来修改该可调模型，使可调模型的输出与参考模型的输出趋于一致。定子电压矢量 $\boldsymbol{u}_s$ 和电流矢量 $\boldsymbol{i}_s$ 是外加的控制输入，该电压和电流输入给电机后可以计算得到转子磁链 $\boldsymbol{\psi}_r$，因此转子磁链 $\boldsymbol{\psi}_r$ 可以作为参考模型的输出，通过辨识和计算出电机的转速估计值 $\widehat{\omega}_r$。如果可调模型估计值的 $\widehat{\boldsymbol{\psi}}_r$ 与参考模型的 $\boldsymbol{\psi}_r$ 完全相同，那么估算出的电机转速 $\widehat{\omega}_r$ 与实际的转速 ω_r 就完全相等。因此将磁链的误差作为转速的偏差 $\varepsilon_\omega=\widehat{\boldsymbol{\psi}}_r\boldsymbol{\psi}_r$，并将其作为速度调整信号输入 PI 调节器的输入，其输出用量估算转子转速 $\widehat{\omega}_r$，所得到的自适应的控制框图如图 6 - 34 所示。具体的稳定性的分析参见相关文献。

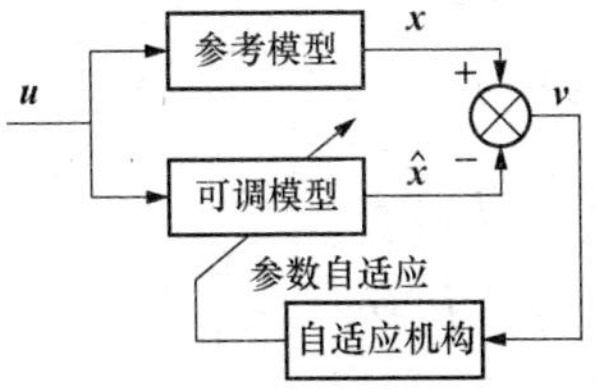

图 6 - 33　MRAS 基本结构

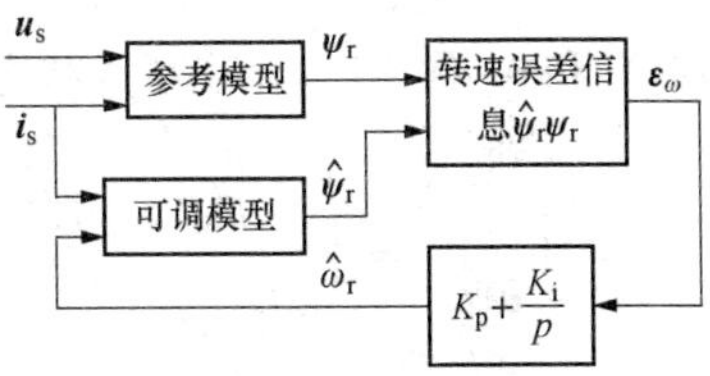

图 6 - 34　自适应控制框图

从图 6 - 34 可以看出，利用 MARS 估计转速的基本原理如下：参考模型的状态矢量 $\boldsymbol{\psi}_r$ 反映了电机真实状态，而由可调模型估计输出的状态矢量 $\widehat{\boldsymbol{\psi}}_r$ 与 $\boldsymbol{\psi}_r$ 的偏差将决定 $\widehat{\omega}_r$ 与实际的转速 ω_r 是否一致。

实际控制时，其参考模型可以由转子磁链在静止坐标下的电压一电流模型得到，有

$$\boldsymbol{\psi}_{r\alpha}=\frac{L_r}{L_m p}[\boldsymbol{u}_{s\alpha}-(R_s+\sigma L_s p)\boldsymbol{i}_{s\alpha}] \tag{6-124}$$

$$\boldsymbol{\psi}_{r\beta}=\frac{L_r}{L_m p}[\boldsymbol{u}_{s\beta}-(R_s+\sigma L_s p)\boldsymbol{i}_{s\beta}] \tag{6-125}$$

而可调模型由电流一转速模型得到，有

$$\widehat{\boldsymbol{\psi}}_{r\alpha}=\frac{1}{T_r p+1}(L_m\boldsymbol{i}_{s\alpha}-\widehat{\omega}_r T_r\widehat{\boldsymbol{\psi}}_{r\beta}) \tag{6-126}$$

$$\widehat{\boldsymbol{\psi}}_{r\beta}=\frac{1}{T_r p+1}(L_m\boldsymbol{i}_{s\beta}+\widehat{\omega}_r T_r\widehat{\boldsymbol{\psi}}_{r\alpha}) \tag{6-127}$$

由参考模型和可调模型得到的状态误差为

$$\boldsymbol{\varepsilon}_\omega=\widehat{\boldsymbol{\psi}}_r\boldsymbol{\psi}_r=\widehat{\boldsymbol{\psi}}_{r\alpha}\boldsymbol{\psi}_{r\beta}-\widehat{\boldsymbol{\psi}}_{r\beta}\boldsymbol{\psi}_{r\alpha} \tag{6-128}$$

从所选择的参考模型来看，存在定子电阻 R_s 不准确、R_s 值变化影响低频积分结果，以及纯积分引起的误差积累问题。除定子电阻 R_s 外，转子电阻 R_r 及电感 L_m 和 L_r 同样存在不准确、在

运行过程中也会发生变化，影响 MARS 在低速时的应用和估计结果的准确性。

6.5.3 基于自适应观测器的交流电机控制

自适应观测器基于电机状态方程，并在其中增加了一个校正项。该校正项含有状态估计的误差，利用该误差作为误差补偿器，对状态估计的方程进行校正输入，在观测转子磁链的同时，估算转子速度，且具有自适应性质。

根据异步电机的电压和磁链方程建立其转子磁链的全阶状态观测器。基本的电压和磁链方程为

$$\boldsymbol{u}_s = R_s\boldsymbol{i}_s + \frac{d\boldsymbol{\psi}_s}{dt} \tag{6-129}$$

$$0 = R_r\boldsymbol{i}_r + \frac{d\boldsymbol{\psi}_r}{dt} - j\omega_r\boldsymbol{\psi}_r \tag{6-130}$$

$$\boldsymbol{\psi}_s = L_s\boldsymbol{i}_s + L_m\boldsymbol{i}_r \tag{6-131}$$

$$\boldsymbol{\psi}_r = L_m\boldsymbol{i}_s + L_r\boldsymbol{i}_r \tag{6-132}$$

由这些基本方程，可以得到

$$\frac{d\boldsymbol{\psi}_r}{dt} = \frac{L_m}{T_r}\boldsymbol{i}_s + \left(-\frac{1}{T_r} + j\omega_r\right)\boldsymbol{\psi}_r \tag{6-133}$$

$$\frac{d\boldsymbol{i}_s}{dt} = -\frac{1}{T'_{sr}}\boldsymbol{i}_s - \frac{L_m}{L'_sL_r}\left(-\frac{1}{T_r} + j\omega_r\right)\boldsymbol{\psi}_r + \frac{\boldsymbol{u}_s}{L'_s} \tag{6-134}$$

式中 $L'_s = \frac{L_sL_r - L_m^2}{L_s}$，$T'_{sr} = \frac{L'_s}{R_{sr}}$，$R_{sr} = R_s + \frac{L_m}{L_r}R_r$。

将式（6-134）和式（6-133）改写为状态方程，为

$$\begin{pmatrix} \frac{d\boldsymbol{i}_s}{dt} \\ \frac{d\boldsymbol{\psi}_r}{dt} \end{pmatrix} = \begin{pmatrix} -\frac{1}{T'_{sr}} & -\frac{L_m}{L'_sL_r}\left(-\frac{1}{T_r} + j\omega_r\right) \\ \frac{L_m}{T_r} & -\frac{1}{T_r} + j\omega_r \end{pmatrix} \begin{pmatrix} \boldsymbol{i}_s \\ \boldsymbol{\psi}_r \end{pmatrix} + \begin{pmatrix} \frac{\boldsymbol{u}_s}{L'_s} \\ 0 \end{pmatrix} \tag{6-135}$$

将上式表述状态方程的形式，即

$$\dot{\boldsymbol{x}} = \boldsymbol{A}\boldsymbol{x} + \boldsymbol{B}\boldsymbol{u} \tag{6-136}$$

输出时直接比较计算得到的电流 $\boldsymbol{i}_s$ 和实际测得的电流之差，因此定义输出方程为

$$\boldsymbol{i}_s = [1 \quad 0]\begin{bmatrix} \boldsymbol{i}_s \\ \boldsymbol{\psi}_r \end{bmatrix} \tag{6-137}$$

$$\boldsymbol{I}_s = \boldsymbol{C}\boldsymbol{x} \tag{6-138}$$

由式（6-134）和式（6-136）构成全阶状态观测器，因此其状态观测器为

$$\dot{\widehat{\boldsymbol{x}}} = \widehat{\boldsymbol{A}\boldsymbol{x}} + \boldsymbol{B}\boldsymbol{u} + \boldsymbol{K}(\boldsymbol{I}_s - \widehat{\boldsymbol{I}}_s) \tag{6-139}$$

$$\widehat{\boldsymbol{I}}_s = \boldsymbol{C}\widehat{\boldsymbol{x}} \tag{6-140}$$

式中：$\boldsymbol{I}_s$ 为实际值；$\widehat{\boldsymbol{I}}_s$ 为估计值；$\boldsymbol{K}$ 为观测器增益矩阵，需要满足系统的稳定性要求。

$$\widehat{\boldsymbol{A}} = \begin{bmatrix} -\frac{1}{T'_{sr}} & -\frac{L_m}{L'_sL_r}\left(-\frac{1}{T_r} + j\widehat{\omega}_r\right) \\ \frac{L_m}{T_r} & -\frac{1}{T_r} + j\widehat{\omega}_r \end{bmatrix} \tag{6-141}$$

矩阵 $\widehat{\boldsymbol{A}}$ 含有转速 $\widehat{\omega}_r$ 的估计，因此在观测转子磁链 $\boldsymbol{\psi}_r$ 时，需要辨识电机的转速 $\widehat{\omega}_r$，$\widehat{\omega}_r$ 可以采用式（6-142）进行观测

$$\widehat{\omega}_r = \left(K_p + \frac{K_i}{p}\right)(\boldsymbol{\psi}_r\boldsymbol{i}_s - \widehat{\boldsymbol{\psi}}_r\widehat{\boldsymbol{i}}_s) \tag{6-142}$$

图 6－35 所示为最终的基于 MRAS 速度自适应转子磁链观测器的原理框图，所有的计算均在 $\alpha\beta$ 坐标系下完成。

6.5.4　基于扩展卡尔曼滤波的交流电机控制

扩展卡尔曼滤波是线性系统状态估计的卡尔曼滤波算法在非线性系统的扩展应用，这种算法可以同时采集和计算数据，其滤波增益能够适应环境而自动调节。因此，其本身就是一个自适应系统。

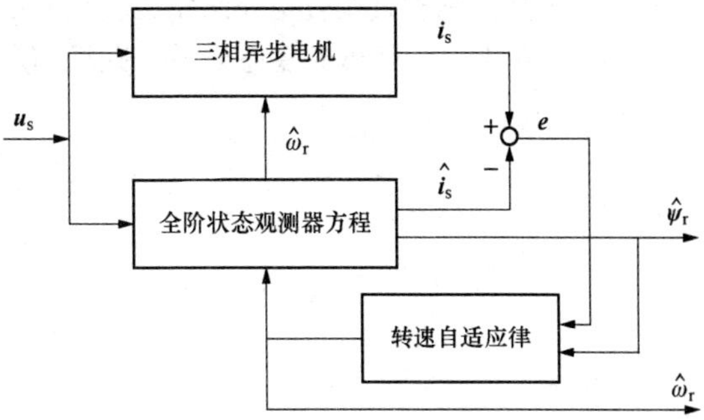

图 6－35　基于 MRAS 速度自适应转子磁链观测器的原理框图

扩展卡尔曼滤波是一种对非线性系统的随机观测器，其优点之一是当系统产生噪声时，仍能对系统状态进行准确估计。这些噪声具有随机性，根据噪声来源可以分为系统噪声和测量噪声。系统噪声来源于数学模型中参数的不准确或运行中参数的变化及系统扰动，还包括定子电压引起的噪声；测量噪声主要由对定子电流的测量引起。

扩展卡尔曼滤波仍然是依据电机模型的一种状态观测器，可以选择有转子磁场定向的旋转坐标系方程，或于静止坐标系下表示的电机数学模型。当选用前者时，需要将定子电压和电流的测量值变换到磁场定向的旋转坐标系下，变换矩阵中包含转子磁链矢量空间角度的正余弦函数，将加重数学模型的非线性，增加递推计算的时间；而选用后者一般不会有这一问题，可以节省计算时间，进而缩短采样周期，有利于实时估计和提高扩展卡尔曼滤波的稳定性。对扩展卡尔曼滤波的控制方式，这里不做详细举例，可参考相关文献。

无论是三相异步电机还是三相同步电机构成的系统，其都是非线性的时变系统。尽管采用了矢量控制的方法，但仍然不能从根本上改变系统的非线性特性，而直接转矩控制本身就是一种非线性的控制方式。矢量控制严重依赖于电机的数学模型，其参数在电机运行过程中会发生较大变化。直接转矩控制采用滞环控制方式时，虽不再依赖电机的数学模型，但对定子磁链和转矩进行估计时，仍需要准确的电机参数。实际由于电机制造的原因，电机的实际电磁转矩还包含谐波转矩，对实际的控制系统有时有较大的影响；同时还有多种因素，可能增加实际系统的非线性和不确定因素，这些都会成为影响实际控制效果的因素，需要采用其他的方法进行解决。

模糊控制、神经网络，以及最近几年兴起的大数据等，今后都可以用来解决一些传统控制方法难以解决的问题。智能控制不依赖于控制对象的精度数学模型，只根据实际的效果进行控制，在控制中有能力考虑到系统的不精确性和不准确性。同时，智能控制具有明显的非线性特性，如模糊控制，无论模糊化、规则推理或反模糊化，从本质上讲都是一种映射，这种映射反映了系统的非线性特性，而这些非线性特性是很难用数学公式来表达的。而大数据和人工智能，完全可以根据大量的数据，对实际的控制和输入建立数据的挖掘和学习，利用人工智能的方法，完全不需要很多较精确的数学模型，实现对实际系统的完美控制。

习　题

6－1　从现代电机控制理论角度来看，电机控制的实质是对什么的控制？

6－2　交流电机的磁场定向是指什么，主要有哪些磁场定向的方式？矢量控制为什么需要磁场定向？

6-3 异步电机的转子磁链磁场定向和同步电机的转子磁场定向有什么异同？

6-4 矢量控制时为什么需要进行坐标变换，坐标变换的原则是什么？

6-5 矢量控制和直接转矩控制相比较具有哪些优点和缺点？

6-6 异步电机如何做到稳态时转子磁场和定子磁场的旋转速度是一致的？

第7章 电机现代控制应用

本章针对电机及其控制技术在现代工业、民用等领域的应用，介绍电机软起动技术原理、控制策略和技术应用，分析电动汽车电机驱动系统构成及控制方法，大型风电机组变桨控制和变流器控制，高速电梯驱动技术、可变速（VSE）电梯控制技术、电梯节能与能量回馈技术，高速铁道车辆牵引系统及其控制技术，全电飞机典型用电设备、交流起动/发电机、三相DC/AC变换器驱动电机及电动环境控制系统等。

7.1 电机软起动控制应用

7.1.1 技术原理

电机软起动控制主要涉及主控制器、电子电压变送器EVT、主电路和控制单元，利用光纤触发控制大功率晶闸管，通过改变晶闸管导通角，实现电机运行速度的平稳升降；同时，基于高压光纤反馈技术，实现了多晶闸管串联触发均压和均流控制。

1. 主控制器

主控制器包括光纤发射反馈回路、光纤输出温度检测回路、模拟输出单元、RS485接口总线控制单元。其中光纤触发电路/温度保护电路结构如图7-1所示，三相触发控制脉冲通过光纤分别传到三相触发驱动器，而位于散热器上的温控开关信号则转换成光信号后再反馈到控制器。

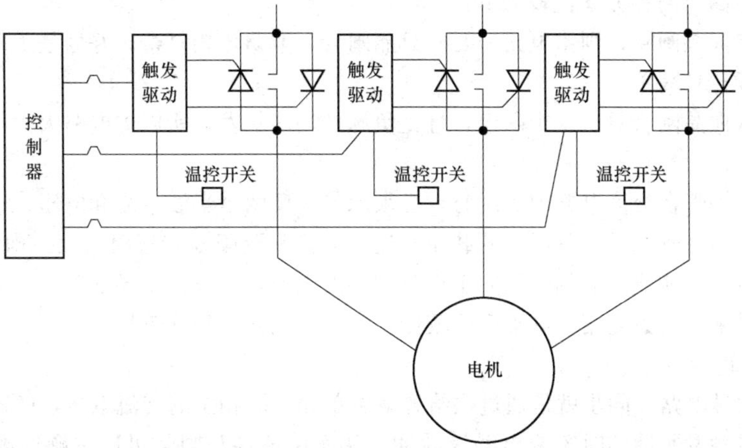

图7-1 光纤触发电路/温度保护电路结构示意图

触发电路电源如图7-2所示，提供触发驱动部分的电压可根据触发脉冲的强弱进行调整，从而使每个触发单元上的电源电压保持稳定，且每个触发单元的电源相互隔离。

2. 电子电压变送器

该装置可将三相电压（一次电压）通过调制后，利用光纤传输到接收端，然后通过接收端解调后形成3×120V的二次电压，送到软起动器控制部分（如图7-3所示），特点如下：通过更换分压电阻可方便地更改电子电压变送器一次电压测量范围，甚至还可以通过采取短接分压电阻的方法，将高压电子电压变送器临时更改为低压电子电压变送器（3×380V/3×120V），为高压兆瓦级固态软起动装置在低压环境下进行测试提供条件；高低压部分隔离，由于高压电子电压变送器、高压测量（调制）部分位于高压室，而解调部分位于低压室，两者之间采用光纤隔离方式，使得电子电压变送器的安全性能得以提高。

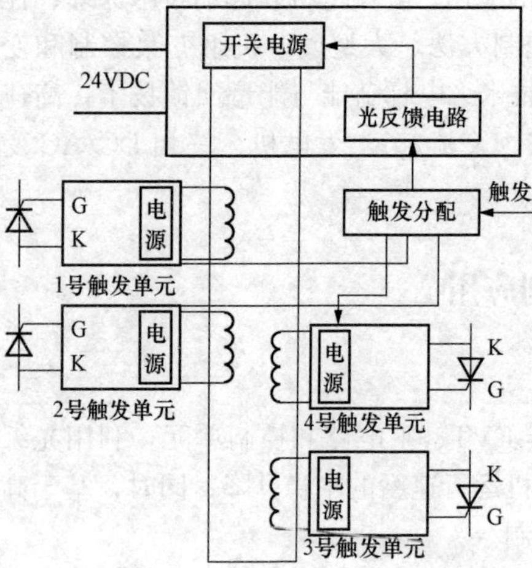

图 7-2　触发电路电源

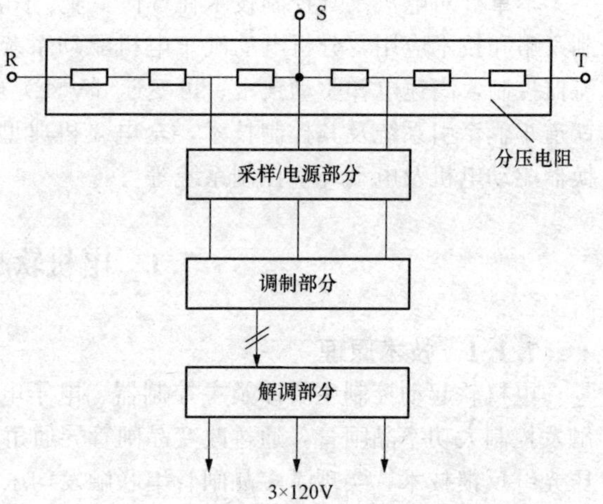

图 7-3　电子电压变送器的构成

3. 主电路

主电路单元包括三相电源、三相反并联晶闸管，采用三相交流调压电路。在功率器件的选择上，有两种选择方案：一种是采用 6 只普通的晶闸管，连接成 3 对反并联电路；另一种是采用 3 只双向晶闸管电路。两种方案比较如下：

(1) 选择单向晶闸管，则主电路需要 6 只晶闸管，电路比较复杂，好处是单向晶闸管的可靠性好，关断问题比较简单。

(2) 由于双向晶闸管只有一个门极，且正负脉冲均能触发，所以主电路大大简化，触发电路设计也比较灵活。

(3) 双向晶闸管在交流电路中使用时，必须承受正反两个半波电流和电压。它在一个方向的导电虽已结束，但在管芯硅片各层中的载流子还没有恢复到阻断状态时，就立即承受反向电压，这些载流子电流有可能成为晶闸管反向工作时的触发电流，造成其误导通。

(4) 双向晶闸管门极电路的灵敏度比较低，管子的关断时间比较长。

4. 控制单元

(1) 同步信号电路。同步就是通过供给各触发单元不同相位的交流电压，使得各触发器分别在各晶闸管需要触发脉冲的时刻输出触发脉冲，从而保证各晶闸管可以按顺序触发。因为软起动器必须在一个电压周期内控制晶闸管的导通角，即通过确定电压波形的过零点，延时一段时间后输出触发信号来控制其导通角。电压波形的过零点通过同步信号电路检测获得。同步电路使三相交流调压主回路各个晶闸管的触发脉冲与其阳极电压保持严格的同步相位关系。

(2) 相序检测电路。相序检测电路在软起动器装置中是不可缺少的。由同步信号电路的设计可知，同步信号只有一路，其他脉冲信号都以此信号为基准，因此为了起到相序自适应的作用，利用相序检测电路来确定相序、输出脉冲信号，控制晶闸管的导通。

(3) 电流检测电路。在限流起动方式中要采用电流闭环，所以在硬件设计中要有电流检测电路，以电机定子电流作为反馈信号。采用两路电流检测电路来检测电机定子电流，第三相定子电流利用软件来实现，这样就减少了系统的外围硬件电路，节省了成本。

7.1.2　软起动控制策略

1. 限流控制策略

电机软起动限制电流的方式包括开环控制、闭环控制两种。

（1）开环控制。首先计算负载的各种参数，如加速、减速时间，斜坡电压的起始值、斜坡时间、起动电流的限制值等，然后利用计算得到的参数来控制起动过程，使电机的端电压和电流按照设定的曲线逐步增加，从而使电机的起动电流得以限制，同时电机的转速逐渐平滑地上升至额定转速，实现电机的软起动。为了克服电机的静摩擦转矩，通常在开始起动时给电机一个突加的电压，此后，使电机的端电压按一定的斜率逐渐增加，通过控制电压变化来限制起动电流。

（2）闭环控制。闭环限流起动时，其恒流控制的系统动态结构如图7-4所示。

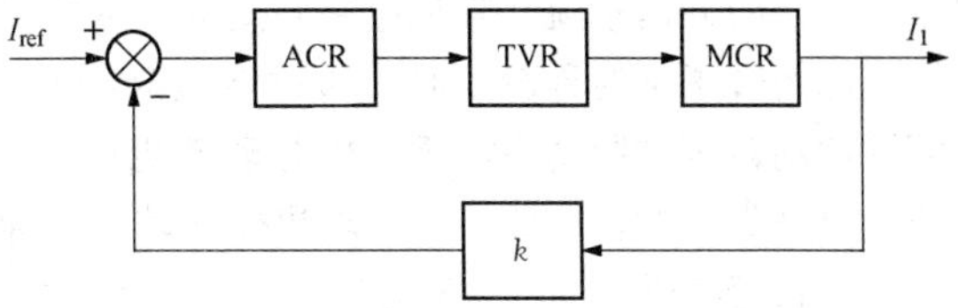

图7-4　恒流控制的系统动态结构图

其中：

1）I_{ref}为设定的恒流值。

2）I_1 为输出电流值。

（3）ACR为电流调节器环节，为改善系统的静动态性能，采用PID控制。在数字控制系统中，一般采用增量式PID控制算法，以去除累计误差。

（4）TVR为调压电路，包括移相触发器和晶闸管，可以近似为一阶惯性模型。

（5）MCR为异步电机定子电流相对于定子电压的特性传递函数，由于不同负载下，电机的动态过程模型为非线性方程组，用解析法求解非常困难，故采用基于稳态特性的小偏差线性化法模拟实际的工作过程。

（6）k 为反馈环节，在实际应用中，一般有硬件或软件形成的比例或滤波环节。

2. 转矩控制策略

转矩控制起动时，要求控制电机起动时的电磁转矩按线性规律上升，PI调节环节使电机能够平滑起动。PI调节器的输入值：一个是根据程序的预制值计算得到的转矩值；另一个是根据电机反馈的电压值计算得到的实时转矩值，对其进行PI运算，其输出量经过适当变换后，结合此控制策略，成为与交流调压装置的触发角 α 相对应的驱动脉冲。由实时检测到的电压值 u 的大小，可计算出实时 T 的大小。

闭环控制框图如图7-5所示。

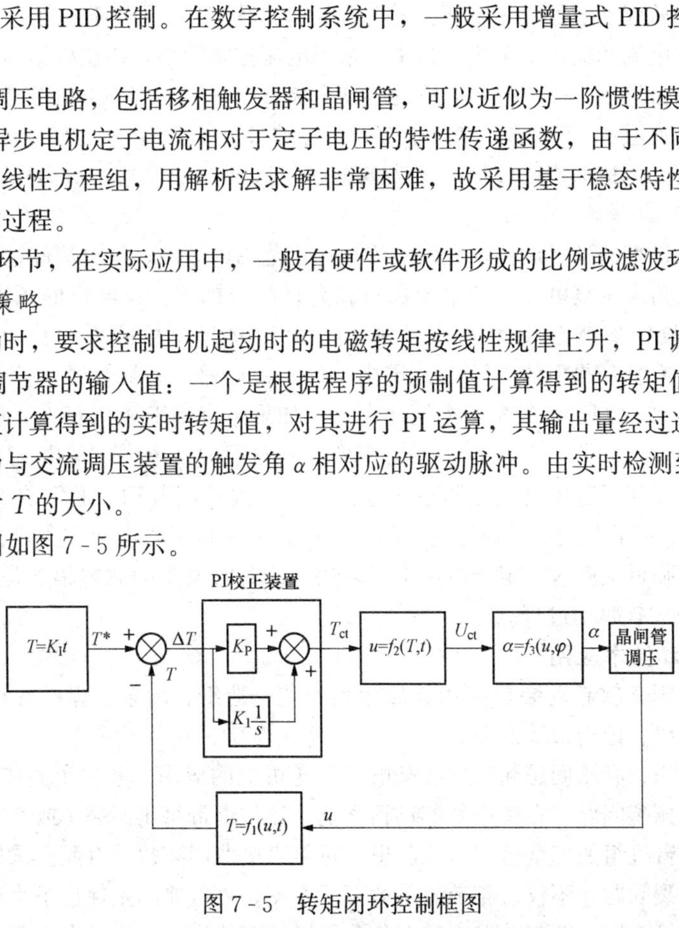

图7-5　转矩闭环控制框图

图中：

（1）T^* 为按时间给定的电磁转矩。

（2）T 为按检测的晶闸管电压 u 值计算出的实际转矩。

（3）T_{ct}为 PI 调节后得出的控制转矩。

（4）U_{ct}为由控制转矩计算得到的电压值。

（5）α 为计算得到的触发角。

通常，对于转矩加突跳控制软起动的控制策略，除了在初始阶段要求有一短暂的冲击脉冲外，与转矩控制起动基本相同，只是此后的起动电流要比其他起动方式小，因为电机在冲击脉冲后已具有了一定的速度。

3. 起动转矩脉动消除策略

通过分析电机的电流特性，可知通过增大晶闸管的触发角可以减小电机的起动电流，从而限制起动时的冲击电流，降低电磁转矩的脉动幅度。

当晶闸管正常对称触发时，通过增大晶闸管的触发角可以降低起动转矩的脉动幅度，但不能消除起动转矩的脉动。由于电机起动转矩的脉动主要是由第一个电源周期三相分量接通电机的开关时刻决定的，因此，高压电机软起动时，通过选择三相接通电源的开关时刻，可以得到理想的起动转矩特性。

4. 恒流闭环控制

在控制电机的软起动过程，为了得到稳定的起动特性多采用闭环控制，一般采用的控制量有功率因数、输入电流和输入功率等。其中，采用电流控制策略，往往根据预先设定的电流值在起动过程中进行恒流控制，一般限制电机的起动电流在 2～5 倍额定电流范围内可调。在起动瞬间，根据设定的电流值从 CPU 的存储器中查到相应的最佳开关时刻，经过一个周期后，比较设定电流和反馈电流，再根据该比较结果适当调整触发脉冲的触发角，从而保持起动过程中电机电流的恒定。

为了保证起动过程的稳定运行，允许电流在一定范围内波动，当电流超过这个范围时，通过调整晶闸管的触发角来调整电流，使电流保持在允许的范围内。设电机的额定电流为 I_N，软起动恒流系数 K_I，设定的软起动恒流值是 $K_I I_N$，恒流软起动控制中允许电流变化的范围为 $0.95K_I I_N \sim 1.05K_I I_N$。如果电流在这个范围内，则不做调整，晶闸管触发角保持不变；如果电流超过 $1.05K_I I_N$，则晶闸管触发角每周期增大 α_1；如果电流小于 $0.95K_I I_N$，则晶闸管触发角每周期减小 α_2。其中，触发角修正值 α_1、α_2 由模糊控制器根据系统当前的电流误差和误差变化率产生。实际系统中，为了避免电流在调整的过程中产生大范围波动，通常取 α_1、α_2 的绝对值$\in [0°, 1.5°]$，保证了定子电流及时逼近电流的限定值，又保持了当电流在限定值附近时系统的稳定性。当电机起动临近结束时，定子电流下降较快，此时触发角的调整幅度是 0.5°/10ms，直到触发角达到 0°，完成软起动过程。

7.1.3 软起动技术应用

中高压大功率固态软起动装置应用领域包括石化、造纸、冶金、煤矿等行业，驱动泵、风机、压缩机、碾磨机、传送带等设备。

（1）输送带应用。高压固态起动器在某电厂传送机上的应用，解决了该传送带由于斜度大、负载重经常造成的撕裂问题。在使用软起动器之前，该传送带每年撕裂 1 或 2 次，每次影响生产大约 5 天，且对整台机组的安全运行造成隐患，每年直接费用高达数万元。采用软起动器之后没有出现过传送带撕裂问题，不仅每年节省了数万元开支，更重要的是保证了生产的安全性。

（2）大功率电机应用。软起动器在某石化公司风机上的应用解决了大功率电机起动时电网压降大的问题。在使用软起动器之前，电机起动时电网压降大约20%。每次起动之前需要将当前线路的其他负荷转接到另外一段母线，当前线路只保留该电机才可以正常起动。避免因运行过程出现跳闸、而重新起动时间太长，造成价值数十万的催化剂就白白浪费。采用软起动器之后，起动电流限制在2.6倍额定电流之内，电网压降只有12%。软起动器的应用保证了生产的连续性。

(3) 小容量变压器环境的应用。软起动器在某供热站水泵上的应用解决了该电网变压器容量小、无法直接起动电机的问题。该供热站有三台水泵电机、两台变压器，其中，一台变压器带两台电机，另一台变压器带一台电机。电机功率为750kW，变压器容量为1000kVA。如果不使用软起动器，则电机无法起动。

7.2 电动汽车电机驱动系统及控制应用

7.2.1 电动汽车电机驱动系统构成

电动汽车由三个子系统构成，分别为能源系统、电机驱动系统及辅助控制系统。电动汽车电机驱动系统所需要的电能由车载蓄电池提供，并将车载蓄电池输出的电能转化为电动汽车所需要的机械能，而驱动电机的输出轴便连接至该电动汽车的驱动系统，经过驱动系统基本结构的传动装置，由传动装置产生的驱动力驱动电动汽车正常行驶。

1. 电动汽车驱动电机的要求

对电动汽车驱动电机有如下要求：

(1) 电机在基速以下输出转矩较大，为了使驱动电机在起动、加速、负荷爬坡、起停等工况下都能正常工作，电机需要具备三倍左右的过载。

(2) 电机达到规定速度以上时，要求能以恒功率状态运行，确保电动汽车正常行驶。

(3) 电机必须具有很好的动态特性、很高的稳态精度及可靠性。

(4) 具有完善的电气系统失效保障措施。

(5) 电机及驱动系统的性价比高。

2. 电动汽车电机驱动系统分类

(1) 电动汽车电机驱动系统按照驱动电机类型不同分为直流电机驱动系统、交流感应电机驱动系统、永磁无刷电机驱动系统和开关磁阻电机驱动系统，分别介绍如下：

1) 直流电机驱动系统。驱动电机为直流电机，使用的变流器是斩波器，通过变流器将额定电压转换为可调电压，采用的调速方法有调压调速与调磁调速。

直流电机根据有无励磁绕组可以分为励磁绕组式和永磁式两种。前者包含有励磁绕组且磁场可由直流电流控制，而后者没有励磁绕组且永磁体的磁场是不可控制的。

2) 交流感应电机驱动系统。逆变器和控制器组成了交流感应电机驱动系统中的驱动控制器。电机驱动系统中的逆变器的作用是将蓄电池中的直流电转换成交流电机运行所需的交流电。电机的输入电压、电流、转速、频率、波形、磁通量、转矩、开关方式、导通角和关断角等都要通过控制器进行控制，才能达到从电能到机械能转换的目的，同时，还要让控制器对交流感应电机的转矩控制效果达到最优。因此，交流感应电机及其驱动控制器要求逆变器和控制器能够同时作用、整体设计，使逆变器和控制器能够完美配合，并且能够达到一体化和集成化的整体，这样就可以大大提升交流电机的潜力，使交流感应电机能够更好地应用于电动汽车领域。

交流感应电机需要使用逆变器将直流电转变为交流电。车载蓄电池存储的电能为直流电，而交流感应电机需要的是交流电驱动，所以必须使用逆变器对蓄电池输出的直流电进行处理，通过逆变器将直流电转换为交流电。

3）永磁无刷电机驱动系统。永磁驱动电机分为很多类型，根据永磁驱动电机的输入信号波形分为永磁直流电机和永磁交流电机两种。由于永磁交流电机并没有装配电刷、换向器和滑环等器件，也可将永磁交流电机称为永磁无刷电机。若按照永磁电机输入信号进行分类，永磁无刷电机可分为永磁同步电机和永磁无刷直流电机两种。永磁同步电机需要输入的信号波形是交流正弦波，并且采用连续转子位置反馈信号进行换向控制；而对于另外一种永磁驱动电机而言，其输入的是交流方波，而这两者进行换向控制所采用的信号是一样的。因为与正弦波相比，方波磁场和电流之间产生的转矩要远大于正弦波的，所以，就功率密度而言，直流电机要比同步电机大。

4）开关磁阻电机驱动系统。开关磁阻电机 SRM（Switched Reluctance Motor）驱动系统由电机、转子位置传感器和控制器构成，所用的电机为开关磁阻电机。开关磁阻电机采用双凸结构，该结构牢固，比较适合用于高速旋转的场所，免维护，使用成本很低，很受工业界重视。

开关磁阻电机包含位置传感器，因此即使让电机一直大转矩工作，也不会产生丢步，这是开关磁阻电机最大的优点。它的缺点是电机为双凸结构，转矩脉动引起的振动及噪声很大。

（2）电动汽车电机驱动系统的特点。电动汽车四种主要电机驱动系统的特点比较，详细说明见表 7-1。

表 7-1　　电动汽车电机驱动系统特点比较

电机驱动系统类型	优　　点	缺　　点
直流电机	结构简单，转矩控制特性优良	存在电刷，容易出现电火花，维护不容易，价格昂贵
交流感应电机	价格便宜，维护简单，体积较小	控制装置较复杂
永磁无刷电机	控制器较简单，效率高，能量密度大	价格较贵
开关磁阻电机	简单可靠，可调范围宽，效率高，控制灵活，成本低	转矩波动很大，噪声较大

7.2.2　永磁无刷直流电机驱动系统

1. 永磁无刷直流电机的基本原理

快速半导体开关元件和经济型 DSP 处理器的快速发展彻底改变了调速电机驱动系统的结构。以往要靠复杂机械装置才能完成的速度调节，现在只需软件和控制算法就能完成。这使得驱动系统的成本大大降低，而总体性能明显提高。

无刷直流电机具有体积小、效率高且易于控制的特点，因此在很多调速系统应用中备受推崇。

2. 永磁无刷直流电机分类

（1）磁铁在转子上的安放方式分类。无刷直流电机可以按照磁铁在转子上的安放方式进行分类，即磁铁可以装在转子表面，也可以嵌到转子内部。

1）表贴式永磁无刷直流电机。这种电机的永磁体贴附在转子表面，所以转子结构简单，易于加工。磁铁在转子表面可以倾斜一定角度以减小脉动转矩。但是，这种结构的转子在高速运转时磁铁可能被甩脱。

2）内置式永磁无刷直流电机。这种电机的每一块永磁体都嵌在转子内部，这种结构的电机不像表面磁铁式电机那样普遍，它更适合高速运转。需要注意的是，这种电机的永磁体被埋在转子内部，产生凸极转子效应，引起定子绕组电感随之变化。因此，除了永磁转矩外，它还有一定的凸极转矩，这一点对弱磁控制和无传感器控制都有好处。

（2）反电动势波形分类。按照反电动势波形的形状，无刷直流电机可分为梯形波无刷直流电机、正弦波无刷直流电机两类。

1）梯形波无刷直流电机。该电机的反电动势波形被设计成梯形形状。理想的梯形波电机具有气隙磁通呈矩形分布、电流波形为矩形、集中式定子绕组的特点。

定子磁场由 120°宽的准方波电流产生，在其两侧 60°电角度的范围内电流为零。相比于正弦波反电动势电机，方波定子励磁电流和梯形波反电动势有助于简化控制系统。尤其是转子位置传感器得到大大简化，因为每个周期只需要检测六个换向点。图 7－6 为梯形波反电动势无刷直流电机的定子绕组结构。

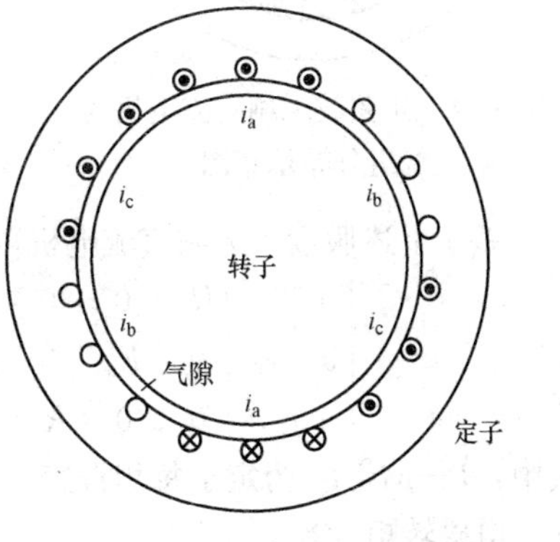

图 7－6　梯形波反电动势无刷直流电机的定子绕组结构

三相无刷直流电机示意图如图 7－7 所示，图中的反电动势 e_a、e_b、e_c 是由气隙中的径向永磁磁通以转子转速交链定子绕组产生的。定子绕组是标准的三相整距、集中绕组，三相反电动势波形互差 120°电角度。定子电流 120°导通、60°关断，因此，每相电流在 360°周期内只有 2/3 的时间流通。为了用最大的转矩/电流驱动电机，有必要将相电流脉冲和该相的反电动势脉冲做成同步。这和传统的同步电机运行方式有所不同，传统的同步电机不需要检测转子位置。因此，无刷直流电机也称为自同步电机。

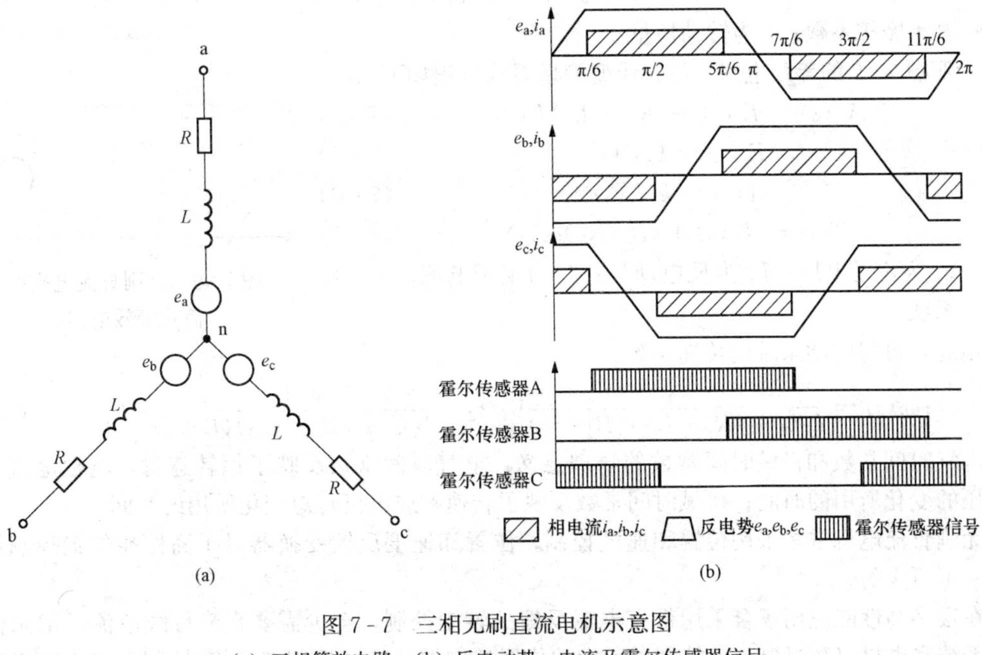

图 7－7　三相无刷直流电机示意图

（a）三相等效电路；（b）反电动势、电流及霍尔传感器信号

2）正弦波无刷直流电机。该电机的反电动势波形被设计成正弦形。理想的矩形波电机具有气隙磁通呈正弦分布，电流波形为正弦形，分布式定子绕组的特点。

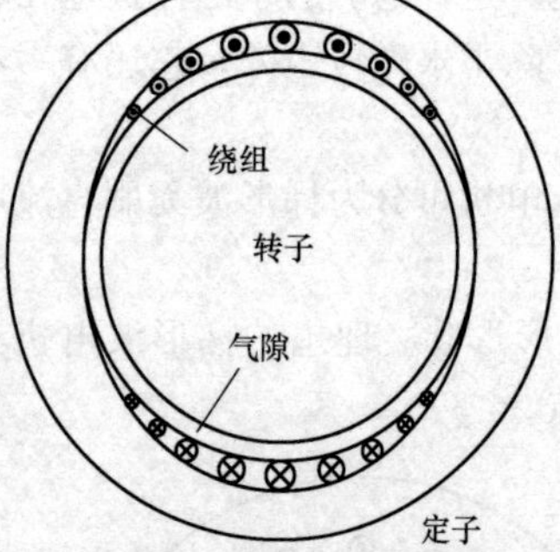

图 7-8　正弦波无刷直流电机的绕组分布示意图

这类电机最基本的特征是由于转子磁铁旋转，在定子每相绕组中产生的反电动势是转子角度的正弦函数。正弦波无刷直流电机的定子相电流类似于交流同步电机的定子电流。定子电流旋转磁势类似于同步电机的旋转磁势，可以采用相量图来分析。图 7-8 为正弦波无刷直流电机的绕组分布示意图。

3. 永磁无刷直流电机的控制

基于如下假设和简化条件：

(1) 电机不饱和。

(2) 定子三相绕组电阻相等，自感互感为常数。

(3) 逆变器中的功率开关器件为理想状态。

(4) 忽略定子铁损耗。

基于上述假设，无刷直流电机可以表示为

$$\begin{bmatrix} v_a \\ v_b \\ v_c \end{bmatrix} = \begin{bmatrix} R_s & 0 & 0 \\ 0 & R_s & 0 \\ 0 & 0 & R_s \end{bmatrix} \begin{bmatrix} i_a \\ i_b \\ i_c \end{bmatrix} + \begin{bmatrix} L-M & 0 & 0 \\ 0 & L-M & 0 \\ 0 & 0 & L-M \end{bmatrix} \frac{d}{dt} \begin{bmatrix} i_a \\ i_b \\ i_c \end{bmatrix} + \begin{bmatrix} e_a \\ e_b \\ e_c \end{bmatrix} \tag{7-1}$$

式中：$L-M=L_s$ 为定子每相自感。

电磁转矩为

$$T = \frac{1}{\omega_r}(e_a i_a + e_b i_b + e_c i_c) \tag{7-2}$$

T 和负载转矩 T_L 的相互作用决定了电机转速 ω_r

$$T = T_L + J\frac{d\omega_r}{dt} + B\omega_r \tag{7-3}$$

式中：B 为摩擦系数；J 为转动惯量。

参照图 7-9 的等效电路，经拉氏变换后系统方程如下

$$V_t(s) = E_s(s) + (R_s + sL_s)I_s(s) \tag{7-4}$$

$$E_s(s) = k_E\omega_r(s) \tag{7-5}$$

$$T(s) = k_T I_s(s) \tag{7-6}$$

$$T(s) = T_L(s) + (B + sJ)\omega_r(s) \tag{7-7}$$

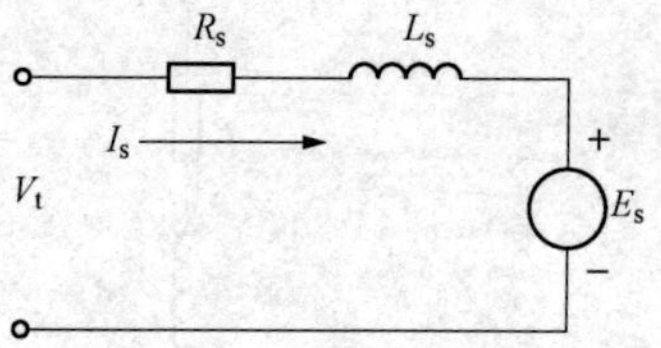

图 7-9　无刷直流电机的简化等效电路

式中：V_t 为定子电压；E_s 为反电动势；I_s 为定子电流；k_E、k_T 为比例系数。

由此，可得驱动系统的传递函数

$$\omega_r(s) = \frac{k_T}{k_T k_E + (R_s + L_s s)(B + Js)}V_t(s) - \frac{R_s + sL_s}{k_T k_E + (R_s + L_s s)(B + Js)}T_L(s) \tag{7-8}$$

电气时间常数和机械时间常数的物理意义：电气时间常数反映了恒转速时，电枢电流响应端电压的变化所用的时间；机械时间常数反映了转速响应电机转矩变化所用的时间。

无刷直流电机常常采用位置和速度控制，位置和速度反馈变换器对于高性能位置控制器而言是必不可少的。

在很多高性能应用场合采用带有电流反馈的转矩控制，至少需要直流母线电流反馈来保护驱动系统和电机以防过电流。控制单元中的位置控制器、速度控制器和 PI 控制器或更高级的控制器（如人工智能控制器）都是经典控制器。电流控制器和序列器为三相逆变器提供合理的序列门级信号。比较传感电流和参考电流，通过磁滞控制法或其他方法可实施电流控制。根据转子位置信息，类似于传统直流电机机械换向，序列器触发逆变器电子换向。定子每相绕组的换向角根

据单位电流产生的最大转矩来选择。

位置传感器通常是三只霍尔效应传感器或光编解码器，也可以是分解器。相对于转子位置，电流脉冲可以发生超前相移。由于受到电气时间常数的影响，超前相移是需要的，因为电流建立需要一定时间。例如，高速时建立电流的时间会缩短；同时，随着转速的增加，逐渐增大的反电动势将抵消电流的增加。该现象称为无刷直流电机的弱磁运行。和直流电机弱磁运行一样，这种运行的问题是每单位电流产生的驱动转矩较小。

4. 永磁无刷直流电机的特点

（1）无刷直流电机的优点。

1）效率高。无刷直流电机是所有电机中效率最高的，这是因为永磁电机没有转子励磁铜损耗，还省去了机械换向器和电刷，减小了机械摩擦损耗，使得效率更高。

2）体积小。选用高磁能积密度永磁体，无刷电机磁通密度增加，转矩增加。在相同出力的情况下，电机体积大大减小。

3）易于控制。无刷直流电机的控制性能可以和直流电机相媲美。控制变量容易得到，且在所有工况下均为常数。

4）散热好。无刷直流转子侧没有电流，因此无转子铜损耗，故只需考虑定子散热。相比于转子，定子是静止部件而且位于电机的外缘，因此散热相对容易。

5）免维护、寿命长、可靠性高。由于取消了电刷和机械换向器，因而不用定期维护，也消除了由于这些部件经常损坏引起的故障。电机的使用寿命只和绕组绝缘、轴承及永磁体的寿命有关。

6）噪声低。电换向替代了机械换向，因而也就消除了由于机械换向引起的噪声，人耳听不到电换向器的高频噪声。

（2）永磁无刷直流电机的缺点。

1）成本高。稀土永磁材料价格较高。

2）恒功率范围窄。宽广的功率范围对获得高的系统效率至关重要，但是无刷直流电机的最大转速无法超过其两倍基速。

3）安全性相对低。电机安装过程中铁屑类物质容易吸附到永磁体的表面。如果车辆在发生事故后车轮仍在空转，电机仍会在永磁体激励下继续旋转，电机输出端的高电压有可能伤及乘客和救援者。

4）永磁体退磁。反向磁势和高温有可能使永磁体退磁。每种永磁材料的退磁磁势大小不同。对于无刷直流电机，必须特别注意冷却问题，尤其对于结构特别紧凑的设计。

5）高速运行能力弱。表贴式永磁电机的转速不宜太高，因为离心力过大有可能导致永磁体被甩脱。

6）逆变器故障。逆变器发生短路故障时，旋转的转子在定子短路绕组中持续感应电动势，绕组中产生非常大的环流，激增的电磁转矩易使转子发生堵转。一个或多个车轮堵转是不能忽视的。如果前轮旋转、后轮堵转，车辆将失控行进；如果前轮堵转、后轮旋转，驾驶员无法控制车辆行驶方向。如果只有一个车轮堵转，偏心转矩将引起车辆侧偏，同样难以控制。除了对车辆产生影响，大电流还有可能使永磁体退磁甚至完全损坏永磁体。

7.2.3　开关磁阻电机驱动系统

1. 开关磁阻电机的基本原理

开关磁阻电机简单、坚固，工作可靠。凸极式定子铁心嵌放集中式励磁绕组，转子凸极无绕组和永磁体。典型三相 6/4 极开关磁阻电机剖面图如图 7-10 所示。其中，定子、转子分别为 6

极和 4 极。定子线圈直接绕在定子磁极上，空间上相对的磁极线圈相互串联，形成一相绕组。相对磁极下的磁路磁阻随着转子位置作周期变化。当转子磁极和定子磁极正好一致时，磁路磁阻最小，定子线圈电感最大；反之，当转子磁极和定子磁极正好错开时，磁路磁阻最大，定子线圈电感最小。

图 7-10　典型三相 6/4 极开关磁阻电机剖面图

图 7-11 为定子自感随转子位置变化的曲线。曲线中，平坦部分是由定转子磁极宽度不一致引起的。这种设计通常是为了避免或减小退磁时的负转矩。一般来讲，定子磁极稍窄，以便绕组容易嵌放。如果电流流经定子绕组，该相的定子电感增加，随之产生正的脉冲转矩。当定转子磁极完全错开时，绕组电压为正，对应的电感最低，电流的增加率最大。在转子磁极和定子齿相对的区域（电感上升区），在电流斩波调节器的协助下电流通常可以维持恒定。在这个区域，电机产生切向力，试图使定转子磁极相对。当转子磁极和定子磁极相对时，相电流换向。在相对的区域，磁力试图通过拉动相对的磁极以减小气隙。此时定子受压应力，而转子受拉应力。电流减到零或电感开始降低就可避免负转矩。随着转子位置的变化，同步控制定子电流的导通与关断就可维持转子旋转。电动模式下理想电感、电流和转矩模型如图 7-12 所示。

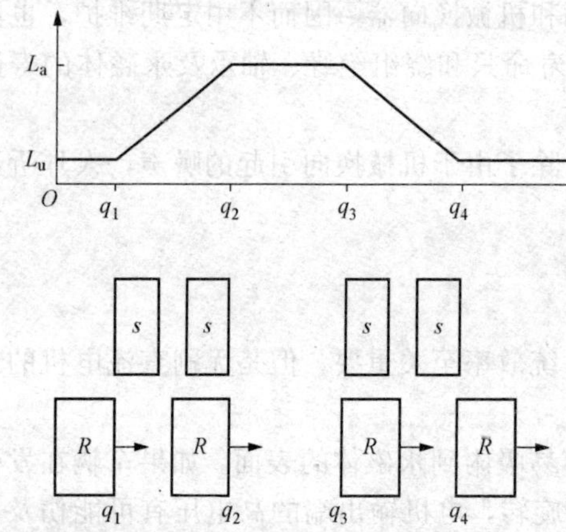

图 7-11　定子自感随转子位置变化的曲线

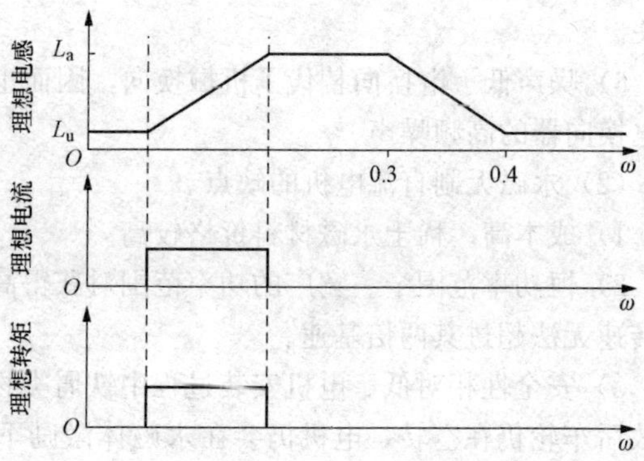

图 7-12-　电动模式下理想电感、电流和转矩模型

ψ_f 为磁场储能，有

$$\psi_f' = \int_0^i \theta \mathrm{d}i \tag{7-9}$$

任意转子位置的每相转矩

$$T = \left[\frac{\partial \psi_f'}{\partial \theta}\right] \tag{7-10}$$

$$T = \frac{1}{2} i^2 \frac{\mathrm{d}L}{\mathrm{d}\theta} \tag{7-11}$$

因为转矩正比于电流的二次方，所以电流的正负不影响转矩。转矩只与电感曲线的斜率有关。斜率为正时，电机处于电动状态；斜率为负时，电机处于发电机状态。这意味着一台电机既可作电机运行，又可作发电机运行。

2. 开关磁阻电机转矩—转速特性及其控制

可将转矩—转速平面分为五个区域。在基速以下，转矩恒定；基速（ω_b）是获得最大功率的最小转速。在这个区域内，可灵活进行电流控制或者磁滞控制以获得理想的电机性能。控制参数有 I_{max}、开通角 θ_{on} 和关断角 θ_{off}。采用磁滞控制时，定义 I_{max} 和 I_{min} 或 ΔI。ΔI 减小，开关频率增加。需要注意的是，极低转速（区域 1 和区域 2）时，运动反电动势远小于母线电压以至于可以忽略。随着转速增加，运动反电动势迅速增大，必须增加电流的关断角获得最大平均转矩。磁滞电流控制比较简单，开关频率可变。

如果转速继续增加，运动反电动势大于母线电压，电机运行于单脉冲模式下。此时，受反电动势的限制，电流永远不会达到额定值。因此，电流控制是不可能的，只有通过调节 θ_{on} 和 θ_{off} 才能获得最优转矩。通常，高速运行需要在定转子磁极完全错开前增加开通角。在这个区域，转矩与转速成反比，所以，这个区域亦称为“恒功率区”。在恒功率区进一步增加转速，在线计算转子位置的时间将受到限制。定子相的同步导通将导致定子磁轭非正常的磁场分布。这种运行模式称为“超高速运行”（区域 5）。需要注意的是，这种运行模式可终止所有定子相电流的连续导通。

开关磁阻电机依靠磁阻转矩工作，这和常规的绕线式电机、表贴式永磁电机及感应电机有所不同。SRM 是定子绕组独立的双凸极磁阻电机。转子通常采用叠片制成，无转子绕组。定转子极数不等，通常三相系统的定转子极数比为 6/4 或 12/8，四相系统的是 8/6。由于转子无绕组，因此，开关磁阻电机结构简单，易于制造，转动惯量低，可以高速运行。

既然转子没有铜损耗，自然不用像感应电机一样处理棘手的转子冷却问题。SRM 通常价格低廉、结构简单，而且由于单极励磁，每相最少只需要一个开关，增加了安全性，适合在危险环境运行。SRM 驱动不产生或产生非常小的开路电压，没有短路电流，而且 SRM 不会出现直通故障，故 SRM 可靠性高。

由于转子转动惯量小、结构简单，SRM 具有加速快、可以超高转速运行的特征。从零转速到额定转速，SRM 都可以工作在恒转矩模式下；超过额定转速，电机恒功率运行。恒功率的范围与电机设计及控制有关，SRM 按照恒转矩方式运行直到最大转速，此时电机工作于自然模式，且转矩随速度的二次方下降。由于调速范围宽，SRM 特别适合用作推进系统的拖动电机。用于电动汽车时，SRM 的主要问题是转矩脉动大、噪声大。

7.3　风电机组控制应用

7.3.1　风电机组变桨控制

1. 风电机组变桨控制方法

变速变桨距风电机组具有控制灵活、承受机械应力小等优点，突破了传统同步运行的机电系统，优化了风机的运行条件。然而，风速的随机性容易使风电功率产生较大波动，造成接入电网的电压波动。随着风电机组单机容量及其在电力能源中所占比例的不断增加，风电机组输出功率的脉动引起电能质量较差，对电网造成很大的冲击。因此，高性能、高可靠性的控制器显得尤为重要，也是提高风力发电技术竞争力的基础。风电机组控制系统复杂，有很强的非线性。其转动惯量大，工作风速范围宽，系统阻尼比不稳定，发电机存在耦合。此外，由于风能具有很强的随机性和季节性，风电机组控制系统还是一个参数时变、强耦合、数学模型不确定的系统。由于桨距控制实时性直接关系着电能质量，因此，变桨距控制的设计占有十分重要的地位。

针对如何尽可能地最大捕获风能，国内外很多学者分别对风力机风速、叶尖速比、桨距角三者关系做了理论分析，提出了一种风能系数随叶尖速比、桨距角变化的优化算法，使得功率系数维持在最优值附近变化，从而获得最大风能。但是都没有对风速的不同取值范围进行详细研究，实际上只有风速在切入风速和额定风速之间变化时才得到最优功率系数，风速在额定风速和切出风速之间变化时，功率系数反而是随风速减小的。为实现高精度控制，许多学者致力于研究更加有效的控制方法。

（1）例如，对传统控制系统 PID 参数的在线实时调节，但由于 BP 神经网络和遗传算法自身特点不能达到良好的实时控制效果。

（2）引入模糊控制，解决了风电系统非线性、数学模型不确定等问题，但是模糊控制器自身消除系统稳态误差的能力较差，难以达到较高的控制精度。

（3）研究了直驱永磁风力发电机、带蓄电池组的永磁风力发电机的最大能量捕获，在捕获最大风能时对永磁同步电机的模型进行简化，取得了一定的成果。

（4）将神经网络、非线性鲁棒控制应用到风电系统，神经网络适用于非线性系统，且不需要精确的数学模型，通过自学习可以实现良好的控制效果，但由于控制算法计算量比较大，不能保证系统的实时性，以及在风速整个变化范围内取得理想的效果。

（5）智能控制中的神经网络控制和模糊控制适用于非线性、不确定系统，而且不需要精确的数学模型等，引入单神经元控制器和模糊控制器。单神经元具有很好的自学习与自适应性，而且比常规的 BP 网络简单、易于实现，将其用于功率反馈控制，可以有效地提高系统的稳态性能。另外，风电系统模型冗长复杂，桨叶是一个很大的惯性体，由此会使动态控制过程变长，出现超调。测风仪一般安装在机舱的尾部，由于气动效应，所测风速的精确度不能得到保障，且对风速的测量还存在经济问题，故加入了基于叶轮转速的模糊前馈控制器，从而进一步完善输出功率的特性。

（6）提出了一种变速变桨距最大风能控制方式，风速在切入风速和额定风速之间变化时，采用变速控制方法，追踪最佳功率曲线，获得最大功率；风速在额定风速和切出风速之间变化时，采用变桨距控制方法，调节桨叶桨距角的变化，保持额定功率不变。但是，该控制方式在变桨距控制时控制输入量为发电机转速，而不是发电机功率，控制效果也不是很理想。

（7）提出了一种变速变桨距风力机模糊逻辑控制方法，即基于捕获最大风能原则，通过检测发电机的转速和输出功率，并根据转速和输出功率的变化来控制风力机的叶尖速比，寻找最大输出功率值点。但是，该控制方法由于同时对转速和功率进行控制，控制量较多，很难应用于实际。

（8）针对大型并网风电机组，提出了一种基于模糊滑模变结构控制的风力机最大能量捕获的方法：对应风速的两个运行范围，设计两个不同的模糊滑模变结构控制器，风速在切入风速和额定风速之间变化时，以发电机转速作为控制输入量，根据转速传感器测得的转速信号，由 DSP 控制器发出驱动信号，控制发电机转速变化，使得叶尖速比 $\lambda=\omega R/v$ 维持最佳值不变，同时保持桨距角为 0°，使得风力机追踪最佳功率曲线，具有最高的风能转换效率。其中，转速传感器的转速信号经编码器转换为脉冲信号，经采集、运算、处理以后，送至频率数字化模块。风速在额定风速和切出风速之间变化时，以发电机功率作为控制输入量，根据功率传感器测得的发电机功率信号，由 DSP 控制器发出驱动信号，通过变桨距机构动作来调节桨距角，保持额定功率不变。其中，功率传感器分别检测发电机转子侧的电压和电流，通过电流、电压传感器测量直流、交流和脉冲波形的电流和电压。

2. 风电机组变速变桨距最大能量控制流程

以液压变桨控制为例，图 7-13 所示为风电机组变速变桨距最大能量控制流程。其中：

（1）风电机组并网后，初始化控制系统，桨距角 $\beta=0°$，并判断风速大小。

（2）当风速小于切入风速（如 4m/s）时，风力机不动作。

（3）当风速在切入风速和额定风速（约 12.2m/s）之间变化时，进行变速控制，根据转速传感器测得的转速信号，由 DSP 控制器发出驱动信号，通过齿轮箱调节发电机转速 ω，并和给定值 ω^* 相比较构成一个闭环反馈自动控制系统，此时风力机追踪最佳功率曲线变化，获得最佳风能系数 $C_{P-max}=C_P(\lambda_{opt},0)$（$C_P$ 为风能系数，λ_{opt} 为最优叶尖速比），从而捕获最大功率 $P=\frac{1}{2}\rho\pi R^2 C_P(\lambda_{opt},0)v^3$（$R$ 为叶轮半径，v 为风速）。

（4）当风速大于额定风速而小于切出风速（25m/s）时，变速控制器停止工作，变桨距控制器开始工作，将功率传感器测得的功率信号 P 和功率给定值 P^* 相比较，由 DSP 控制器发出驱动信号，使得液压变桨距机构动作调节桨距角的变化，获得变化的 $C_P(\lambda,\beta)$，构成一个闭环反馈自动控制系统，保持额定功率不变。

（5）当风速大于切出风速时，液压变桨距机构调节桨叶顺桨，风力机液压制动机构开始动作，风力机停止工作，风电机组切出电网。

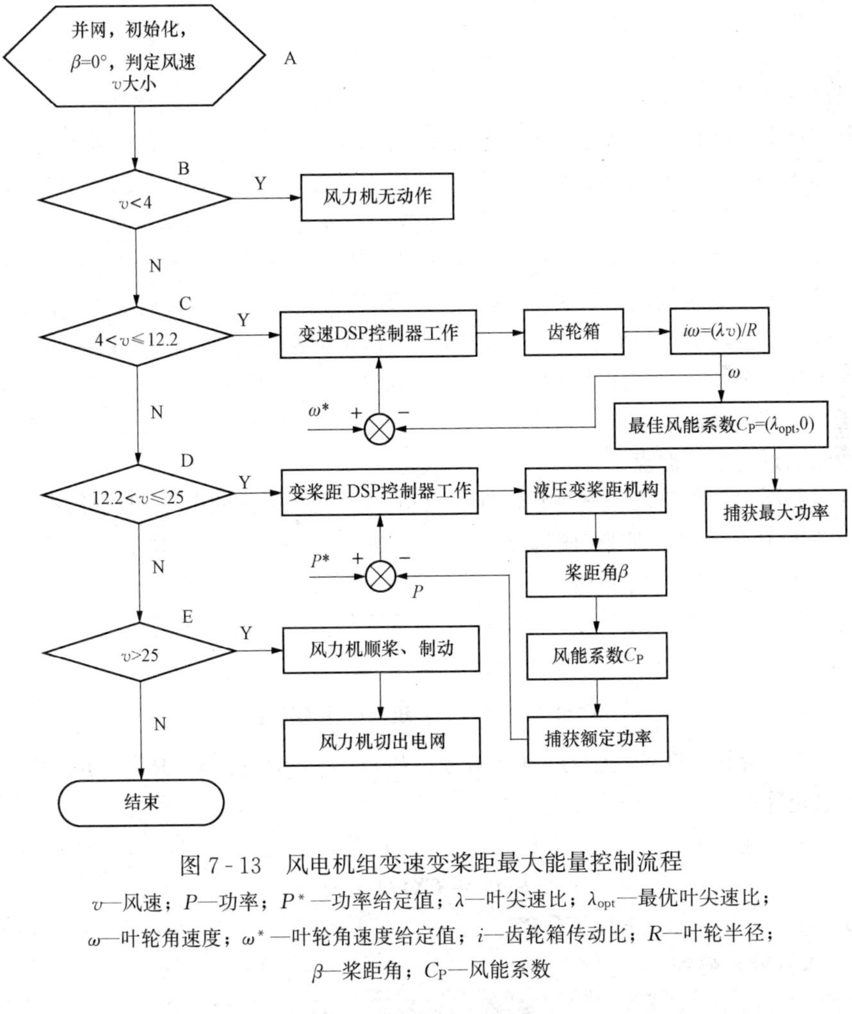

图 7-13　风电机组变速变桨距最大能量控制流程

v—风速；P—功率；P^*—功率给定值；λ—叶尖速比；λ_{opt}—最优叶尖速比；

ω—叶轮角速度；ω^*—叶轮角速度给定值；i—齿轮箱传动比；R—叶轮半径；

β—桨距角；C_P—风能系数

3. 风电机组智能变桨控制

风电机组是一个复杂多变量的非线性不确定系统。如何选择一个合适的控制策略，既可以充分发挥风电机组的发电潜力，改善供电质量，又能够保护机组免遭机械与电气的冲击，延长机组的使用寿命？模糊控制的最大特点是将专家的经验和知识表示为语言规则用于控制，不依赖于被控对象的精确数学模型，能克服非线性因素影响，对被调节对象的参数具有较强的鲁棒性。但是模糊控制器参数需经过反复试凑才能确定，缺少稳定性分析和综合方法。滑模变结构控制是一种非线性鲁棒控制方法，主要用于处理建模的不精确性。对于滑模变结构控制系统，即使模型不精确，也能良好地维持系统的稳定性和鲁棒性。但是实际的滑模变结构控制系统由于切换开关非理想等因素影响，使滑动模态产生高频抖振，这就是滑模变结构系统中的“抖振”问题。“抖振”的存在，对控制系统的动态性能和稳态性能都会产生不利的影响，设计变结构控制器时必须予以高度重视。模糊控制和滑模控制各有优缺点，二者结合就构成模糊滑模控制器。根据风速大小设计了 2 个模糊滑模控制器：风速在切入风速和额定风速之间变化时，采用模糊滑模变速控制器，目的是获得一个最佳风能系数，从而最终获得最大风能；当风速在额定风速和切出风速之间变化时，采用模糊滑模变桨距控制器，通过液压执行机构调节桨距角，使发电机输出功率基本保持不变，恒等于额定功率。

（1）滑模变结构控制概述。变结构控制适用于线性定常系统，也适用于非线性系统。对于风电机组这样的强非线性控制系统来说，全局线性化、线性化解耦等非线性综合方法要求风电系统满足一些很苛刻的条件，也就是说风电系统是不能线性化的，或线性化结果不是很理想。而变结构控制综合方法对风电系统所需线性化条件的要求不是很高。另外，变结构的滑动模态具有完全自适应性。任一实际系统中都有一些不确定参数、变化参数，数学描述也总具有不准确性，还受到外部环境的扰动。对于扰动来说，它可能很复杂，如包括很多项、数学表达复杂，甚至不确定等。但是，通过变结构控制，这样的扰动对滑动模态完全不产生影响，滑动模态对扰动具有完全自适应性。这样，就可以解决十分复杂的系统镇定问题。但是变结构控制也有一个突出问题，就是系统从一个结构自动切换到另一个确定的结构。从本质上讲，它具有开关切换特性，理想的滑模变结构控制系统“结构”切换频率无限大，控制力度无限大，这样，滑动模态总是降维的光滑运动而渐近稳定于原点。

（2）滑模变结构控制策略。该控制特性可以迫使系统在一定条件下沿规定的状态轨迹作小幅度、高频率的上下运动，即滑动模态是可以设计的，且与系统的参数及扰动无关。这样，处于滑模运动的系统具有很好的鲁棒性。滑模变结构控制可以用于多种线性及非线性系统，构成滑模变结构控制系统。为了说明滑模变结构控制系统的基本概念，考虑一般的情况，对 n 阶系统有

$$\dot{\boldsymbol{X}}(t)=\boldsymbol{A}\boldsymbol{X}(t)+\boldsymbol{B}\boldsymbol{U}(t)+\boldsymbol{D}\boldsymbol{F}(t) \tag{7-12}$$

式中：$\dot{\boldsymbol{X}}(t)$ 为 n 阶状态变量；$\boldsymbol{U}(t)$ 为控制量；$\boldsymbol{F}(t)$ 为扰动量；$\boldsymbol{A}\in\boldsymbol{R}^{n\times n}$，$\boldsymbol{B}\in R^{n\times n}$，$\boldsymbol{D}\in\boldsymbol{R}^{n\times 1}$ 为相应的系数矩阵。

可以设计一个超曲面

$$\boldsymbol{S}(t)=\boldsymbol{C}\boldsymbol{X}(t)=0 \tag{7-13}$$

式中：$\boldsymbol{S}(t)=[s_1,\ \cdots,\ s_m]^{\mathrm{T}}\in\boldsymbol{R}^m$，$\boldsymbol{C}\in\boldsymbol{R}^{m\times n}$。

对 $\boldsymbol{S}(t)$ 求微分，得到

$$\dot{\boldsymbol{S}}(t)=\boldsymbol{G}\dot{\boldsymbol{X}}(t)=0 \tag{7-14}$$

式中：$\boldsymbol{G}=\partial \boldsymbol{s}/\partial x\in R^{m\times n}$ 为 $\boldsymbol{S}(t)$ 的梯度，并且 $\det(\boldsymbol{CB})\neq 0$。

从这 m 个方程中可求得 m 维控制量，这一向量用 U_{eq} 表示，称为等价控制，它是状态保持在切换面上而始终不离开切换面时 U 的值。

$$U_{eq}=(CB)^{-1}[CAX(t)+CF(t)] \tag{7-15}$$

$$S(t)\dot{S}(t)<0 \tag{7-16}$$

按照滑动模态区上的点都必须是从切换面的两边趋向于该点这一要求，当运动点到达切换面 $s(x)=0$ 附近时，必有 $s>0$，$\dot{s}<0$，或者 $s<0$，$\dot{s}>0$。如果系统的初始点 $x(0)$ 不在 $s(x)=0$ 附近，而是在状态空间的任意位置，此时要求系统的运动必须趋于切换面 $s(x)$，即必须满足可达性条件，否则系统无法启动滑模运动。

为了缩短到达滑动平面的时间，用趋近律来保证到达条件，这样还能保证趋近模态的动态品质。目前已有的几种趋近律为指数趋近律，即

$$\dot{s}=-\varepsilon\mathrm{sgn}(s)-ks \quad (\varepsilon>0,k>0) \tag{7-17}$$

等速趋近律为

$$\dot{s}=-\varepsilon\mathrm{sgn}(s) \quad (\varepsilon>0) \tag{7-18}$$

幂次趋近律为

$$\dot{s}=-k\varepsilon^{a}\mathrm{sgn}(s) \quad (\varepsilon>0,0<a<1) \tag{7-19}$$

一般趋近律为

$$\dot{s}=-\varepsilon\mathrm{sgn}(s)-f(s) \tag{7-20}$$

其中，当 $s=0$ 时，$f(0)=0$；当 $s\neq0$ 时，$sf(s)>0$。

（3）风电机组变桨控制方式及特点。

1）液压、电气变桨控制方式及特点。目前，风力机变桨方式总体分为两种，即液压变桨（如丹麦 VESTA）、电气变桨（如美国 GE），表 7 - 2 所列为风力机液压、电气变桨控制方式的特点。

表 7 - 2　　风力机液压、电气变桨控制方式的特点

序号	项目	液压变桨	电气变桨
1	运动控制执行部件	液压泵	电机
2	机械结构	复杂	简单
3	可靠性	低	高
4	耐低温性能	一般	好
5	系统反应速度	慢	快
6	维护性能	困难	容易
7	紧急储能装置	液压蓄能器	电池组
8	紧急情况储能难易	困难	容易

2）交流、直流电气变桨控制方式及特点。风力机采用电气直流变桨控制方式，具有以下特点：多轴实时运动控制；电气安全链系统；有源低温型控制系统，工作温度可以达到 −40℃；蓄电池后备电源；采用特殊直流电机驱动器，具有交/直流供电无间断切换功能，保证电机在交/直流输入切换正常调速、换向。表 7 - 3 比较了风力机交流、直流电气变桨控制方

式的特点。

表 7-3 风力机交流、直流电气变桨控制方式的特点

序号	项目	交流变桨	直流变桨
1	运动控制执行部件	交流电机	直流电机
2	电机过载能力	一般	高
3	对电机驱动器依赖度	高	低
4	紧急情况使用后备电源	直流电池组	直流电池组
5	紧急情况能否直接使用后备电源	否	可以

3）控制算法的特点。采用直流电气变桨控制，其算法具有以下特点：采用变桨距风力发电系统的逆系统鲁棒控制方法，参数设计简单，运行范围宽，移植性强；采用“负载转矩观测器”的前馈补偿和矢量控制方法，可大幅度提高变桨机构动态性能，减小风力机机械疲劳，提高使用寿命；设计桨距角控制器，引入“负载转矩扰动观测器”，提高电机驱动系统的动态性能，采用位移、转速、电流三闭环控制方式，减小桨叶扭矩波动，提高系统动态性能。

4）变桨控制器产品的特点。风力机变桨控制器产品主要为国外厂家垄断，表 7-4 列举了部分变桨控制器产品的特点。

表 7-4 部分变桨控制器产品的特点

序号	企业	国家	变桨类型	变桨方式	控制方式
1	PMC	丹麦	液压	统一	比例 P
2	FST	丹麦	液压	统一	
3	Eaton	美国	液压	统一	
4	Bosch	德国	电气		
5	ENERCON	德国	电气	独立	
6	LUST	德国	电气	独立	双闭环 PID
7	MITA	丹麦	电气	独立	双闭环 PID
8	GE	美国	电气	独立	
9	Wintec	美国	电气	独立	
10	MLS	美国	电气	独立	
11	Ingeteam	西班牙	电气	独立	
12	MSC	芬兰	电气	独立	
13	LTI	德国	电气	统一	

7.3.2 风电机组变流器控制

1. 双馈风电机组变流器技术

交流励磁双馈风力发电系统原理图如图 7-14 所示，电机在稳定运行时，定子旋转磁势与转子旋转磁势相对静止、同步旋转，因此，当双馈电机稳定运行时，定子、转子旋转磁场相对静止，即

$$n_1 = n_2 + n \tag{7-21}$$

因为，$f_1 = n_1 \times \frac{p}{60}$，$f_2 = n_2 \times \frac{p}{60}$，所以式（7-21）可以写为

$$f_1 = f_2 + n \times \frac{p}{60} \tag{7-22}$$

式中：n 为转子转速；f_1 为定子输出电流频率（电网频率）；f_2 为转子励磁电流频率。

当发电机转速变化时，可以通过调节转子励磁电流频率 f_2 来维持定子输出频率恒定，实现变速恒频运行，这是变速恒频（VSCF，Variable Speed Constant Frequency）风电系统的基本运行特点，无需像恒速恒频异步发电机那样，转子转速必须等于同步转速。

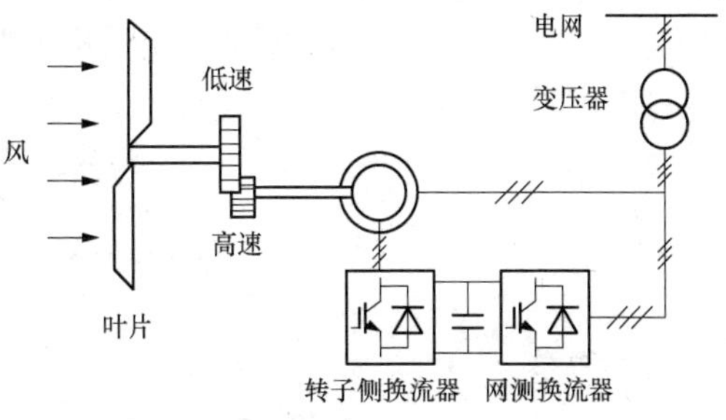

图 7-14　交流励磁双馈风力发电系统原理图

（1）发电机处于亚同步运行时，f_2 取"+"号，电网通过转子侧换流器向双馈电机转子提供正序低频交流励磁和滑差功率。

（2）发电机处于超同步运行时，f_2 取"−"号，电网通过转子侧换流器向双馈电机转子提供负序低频交流励磁，同时双馈电机转子向电网馈入滑差功率。

（3）发电机同步运行时，$f_2 = 0$，双馈电机与转子侧换流器间无功率交换，转子进行直流励磁。

双馈异步电机变流器的两个换流器的功能相对独立。其中，网侧换流器实现输入单位功率因数控制和在各种状态下保持直流电压稳定，确保转子侧换流器可靠工作；转子侧换流器实现对双馈电机的矢量变换控制，确保电机输出解耦的有功功率和无功功率，采用高频自关断器件和空间矢量 SPWM 调制方法，有效消除低次谐波、改善输入特性和输出特性。

（1）转子侧换流器的控制结构如图 7-15 所示，电机的转矩和定子侧有功功率通过控制转子电流的转矩分量 i_{rq} 实现，而转子侧的无功功率通过控制转子电流的励磁分量 i_{rd} 实现。外环功率控制器根据有功指令 P_{ref} 和无功指令 Q_{ref} 输出内环控制器的有功、无功电流指令 I_{qref} 和 I_{dref}，内环电流控制器根据电流参考指令输出调制信号 P_{md} 和 P_{mq}。

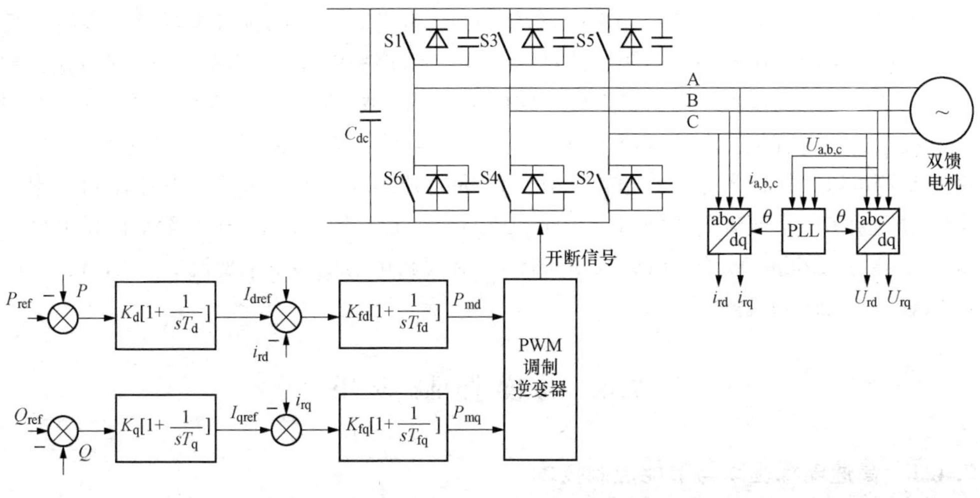

图 7-15　转子侧换流器的控制结构

（2）网侧换流器的控制结构与图 7 - 15 类似，控制目标是维持直流侧电压 U_{dc} 等于参考电压 U_{dcref}，同时控制逆变器与电网之间交换的无功功率为零。

2. 直驱型风电机组变流器技术

直驱型风电机组变流器技术采用低速多极永磁同步发电机，省去风力机与发电机之间的传动机构，增强了系统的可靠性。如图 7 - 16 所示为实用大功率直驱型风力发电系统拓扑，前端采用不控整流桥整流，DC - DC 部分为三个并联的 Boost 变流器，逆变器采用组合变流器结构。该结构的特点为工作稳定、控制简单，网侧功率因数高达 98%，对电网谐波影响小，适合大功率直驱系统应用。

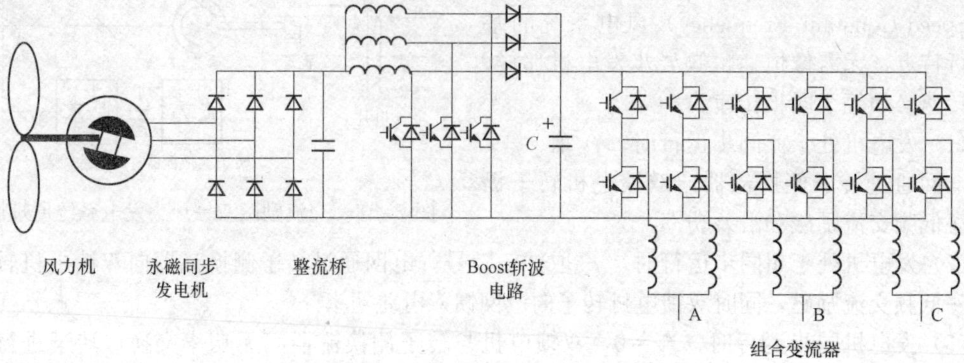

图 7 - 16　实用大功率直驱型风力发电系统拓扑

近年来，多电平变流器在高压、大功率领域受到了国内外学者的普遍关注。多电平变流器的基本思路是由数个电平台阶合成阶梯波以逼近正弦输出电压。多电平变流器作为一种新型的高压大容量功率变流器，从电路拓扑结构入手，在得到高质量输出波形的同时，克服了两电平变流器的诸多缺点，无需输出变压器和动态均压电路，开关频率低，并有开关器件应力小、系统效率高等一系列优点。

随着开关器件容量的上升、开关导通特性的改善，多电平变流器的优点越来越显著。其优点主要体现在减少输入/输出谐波，减小了输入滤波器的体积与容量，降低电磁干扰（EMI）。相对两电平变流器，多电平变流器开关频率降低了 25%，因此，可以减少开关损耗。多电平变流器的主要缺点在于直流电压的平衡问题。针对该问题，有硬件和软件的解决方法。硬件法需要额外的开关管，增加系统的成本并降低稳定性；软件法需要对调制信号进行控制，增加了计算量。

风电机组的额定容量、电压电流等级不断提高，需要多电平变流器。随着电压等级的增加，多电平变流器可以直接接入分布式电网，省去沉重的升压变压器。多电平变流器归纳起来主要有二极管钳位型多电平变流器（Diode - Clamped Multi - Level Converter）、级联 H 桥型多电平变流器（Cascade H Bridge Multi - Level Converter）和飞跨电容型多电平变流器（Flying - Capacitor Multi - Level converter）等。

7.4 电梯控制应用

7.4.1 高速电梯驱动与节能控制技术

高层、超高层建筑要求运行速度更快的高速、超高速电梯。目前，速度达到 2.5～6m/s 的电梯已规模化应用，速度达到 8m/s 的高速电梯也得到普遍应用；东芝、三菱和日立已先后推出了 16.8、20.5m/s 和 21m/s 的超高速电梯。2017 年 4 月，18m/s 的超高速电梯在上海中心 118 层“上海之巅”观光厅投运，乘客只需 55s 就可以直达 546m 高空；21m/s 的超高速电梯于 2017 年 6 月在广州周大福金融中心交付，并通过了国家电梯质量监督检验中心（广东）的认证。

高速电梯与低速电梯的最大区别在于高速化和高扬程化（即大提升高度化）。如图 7-17 所示，高速电梯的高速化涉及电梯节能、大载荷化、安全性、舒适性、驱动系统大容量化、性能提升等，大提升高度化则涉及电梯的绳索摆动、再平层、轿厢供电、线性驱动等。高速电梯的节能涉及降低电梯待机功耗和再生能量处理。

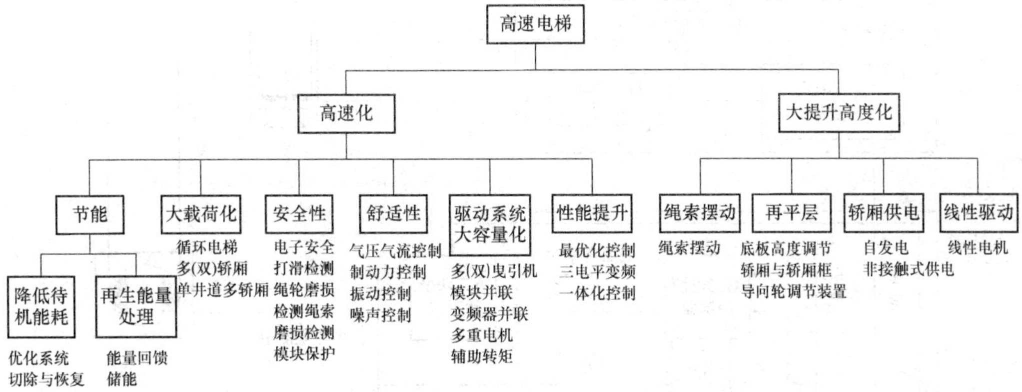

图 7-17　高速电梯特征

可见，高速电梯、超高速电梯要满足安全运行、舒适、静音和节能要求，必须采用相适应的驱动技术，配置新颖的限速器、制动器、缓冲器等安全装置，以及主动滚轮导靴、强风管制装置和整风罩等尖端装置。下面重点介绍高速电梯、超高速电梯驱动技术。

1. 大容量驱动系统

高速电梯的运行速度高、额定载荷大，使得高速电梯驱动系统的电气容量远大于低速电梯。受到功率模块电气参数的限制，传统的低速电梯驱动方案已无法满足高速电梯驱动系统电气容量的要求。因此，需要通过寻求不同于现有低速电梯驱动系统结构、具备足够大电气容量的新型驱动系统来满足高速电梯驱动的要求。

实现电梯驱动系统大容量化的主要技术手段包括多（双）曳引机、模块并联、变频器并联、多重电机、辅助转矩等。如图 7-18 所示，双曳引机利用两台或多台曳引机来驱动一个轿厢和对重（平衡重）在井道中升降运行；图 7-19 采用模块并联方式，通过将特性相同或相近的功率模块并联，增大其额定电流从而提升系统电气容量。

2. 轿厢供电

高速电梯的提升高度大，使得电梯的随行电缆变得非常长，导致随行电缆的自重大、成本高、易发生摆动。要去掉电梯中的随行电缆，首先要解决轿厢的供电问题。目前，电梯的无电缆化主要有自发电和非接触式供电两类。

（1）自发电。通过设置在轿厢上的发电装置在轿厢作升降运行时发电并供给轿厢上的用电装置，其典型结构如图 7-20 所示。

（2）非接触式供电。如图 7-21 所示，通过在轿厢上设置可以非接触式方式受电的受电装置，以及在层站或导轨上设置供电装置，利用受电装置和供电装置间的耦合实现电能由供电装置到轿厢的转移。

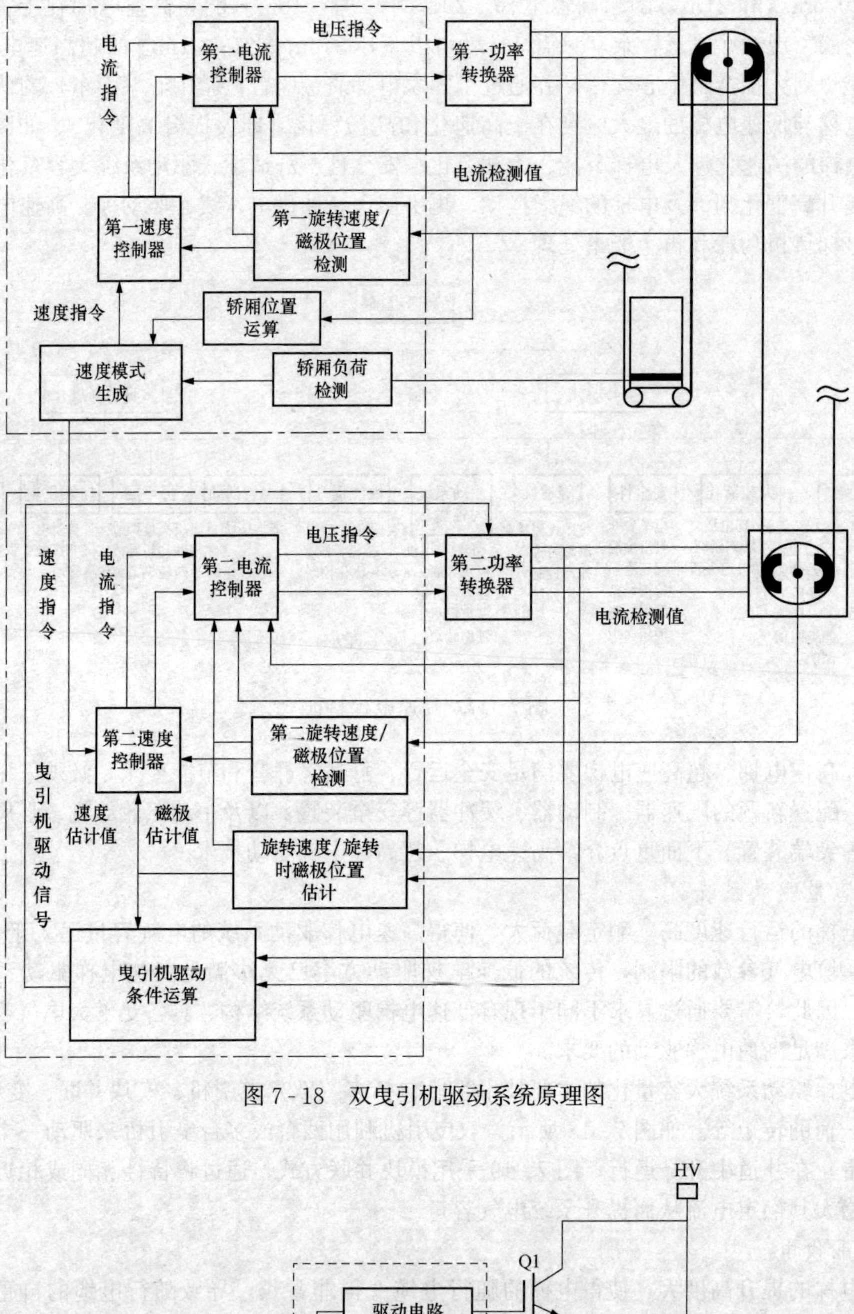

图 7-18 双曳引机驱动系统原理图

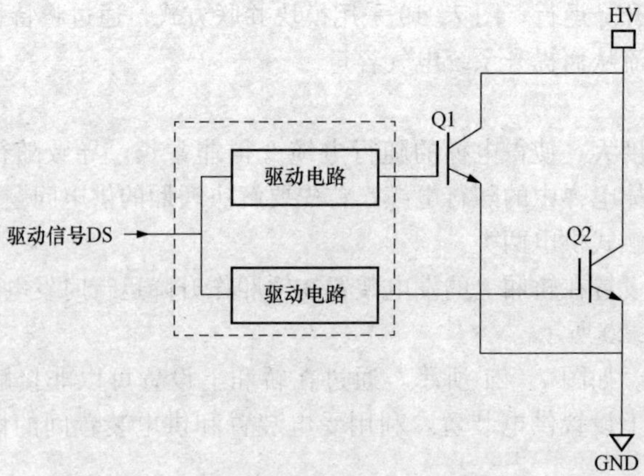

图 7-19 模块并联工作示意图

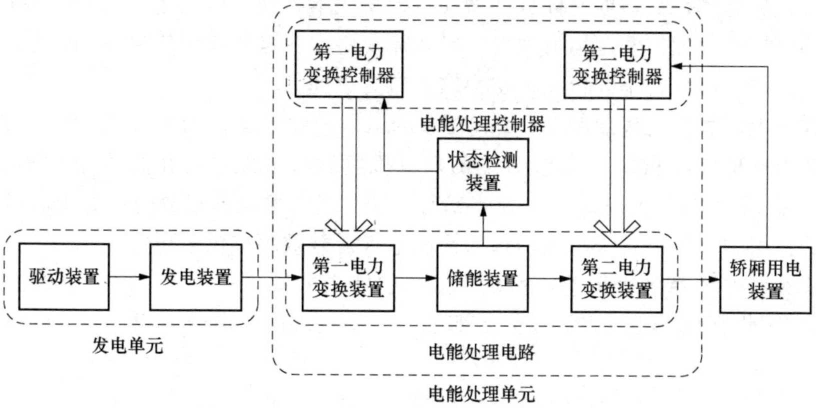

图 7 - 20　自发电式电梯轿厢供电系统结构

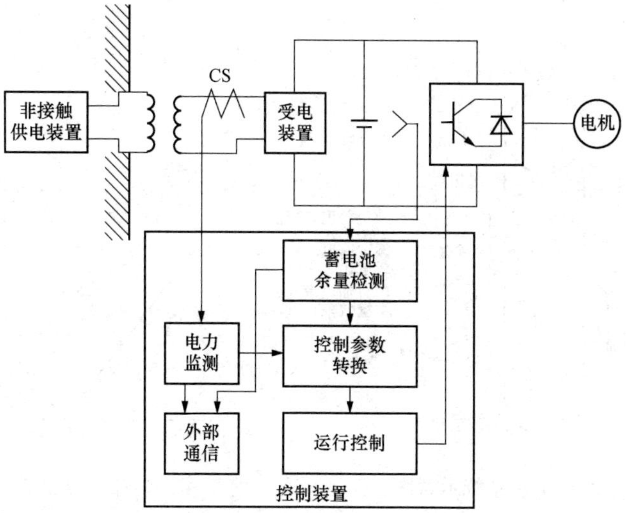

图 7 - 21　非接触式电梯轿厢供电系统结构

3. 超高速电梯的特点

速度达到 21m/s 的超高速电梯具有以下特点：

(1) 采用先进的电梯驱动和控制技术。配置有高输出功率、外形更薄的永磁电机；在提高强度的同时，降低了主钢丝绳自重，实现了曳引机的小型化；开发了既节省空间又配备大容量 (200kVA) 的电梯专用变频器控制柜。

(2) 超高速行驶安全性。配置了具有高耐热性制动材料的制动装置，通过一台调速机便能同时对应上升、下降时的不同额定速度（下降时额定速度为 10m/s)，既保证了运行安全，又节省了空间。

(3) 超长行程中的乘坐舒适性。为了确保高速行驶中的舒适性，开发了可自动减轻震动的主动导靴，设置在轿厢上、下、左、右 4 处；采用自主开发的气压控制技术，能调节轿厢内气压以缓解耳压，增加乘坐舒适性。

4. 可变速电梯控制技术

提高电梯运载效率（减少乘客候梯、乘梯的时间）成为电梯的发展方向。提高电梯运载效率的方法包括：增加电梯台数，但这样势必增加电梯总成本，同时占用建筑物内更多的空间用来安装额外的电梯；提高电梯的额定运行速度，导致需要更大容量的曳引机来驱动轿厢，同时增大了电源设备容量。这些方法在不同程度上也会增加电力消耗。

传统电梯的电气系统是按照100%负载在额定运行速度下运行为基准设计的。如图7-22所示，考虑到对重一般和轿厢50%负载时平衡，电机负载最大的工况出现在空载和满载运行时，电梯在向50%负载趋近过程（由0%～50%或100%～50%变化的过程）中，电机的负载越来越小，曳引机的曳引力余量会越来越大，这为提高电梯运载效率提供了可能。

若不考虑系统平衡系数等偏差，系统所需曳引能力如图7-23所示。以电机的额定功率为上限，在各种负载下所能运行的速度计算如下。以1.6m/s电梯核算，最高运行速度达到6.93m/s。

$$v \leqslant v_{\mathrm{L}} \times \frac{|\beta_{\mathrm{L}} + \Delta\beta - \gamma|}{|\beta + \Delta\beta - \gamma|} \tag{7-23}$$

式中：v为运行速度；v_{L}为额定速度；β_{L}为额定载重比；β为载重比；$\Delta\beta$为载重比偏差；γ为平衡系数。

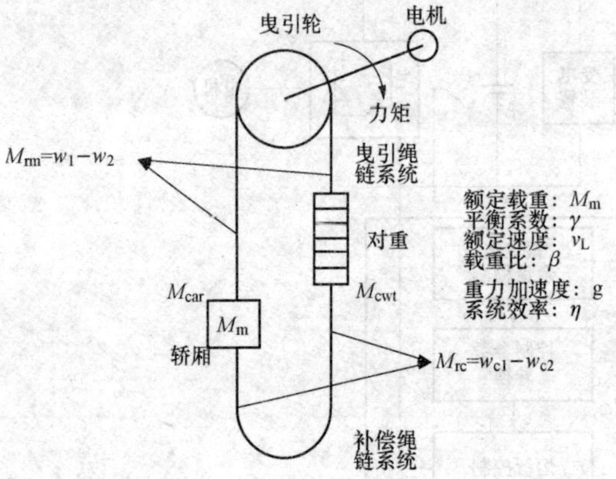

图7-22 曳引系统示意图

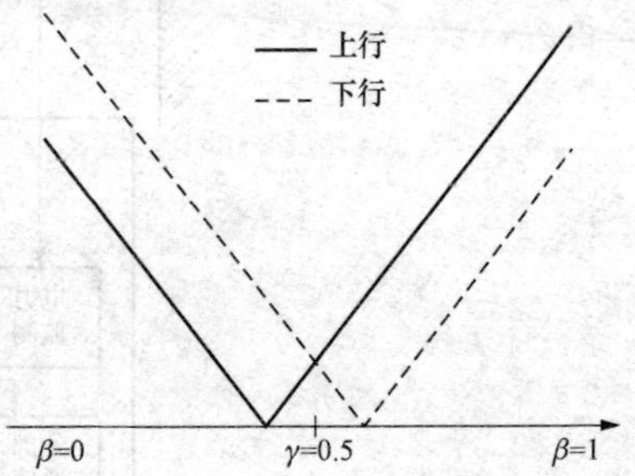

图7-23 曳引能力需求示意图

（1）电梯可变速控制原理。基于电梯的负载特性和曳引机驱动原理，可变速的实现分为两类。

1）永磁同步电机的弱磁扩速。当永磁同步电机转速达到额定转速时，端电压基本上已达到极限电压，如果再要提高速度，就必须增加定子直轴去磁电流分量维持高速运行时电压平衡，达到弱磁扩速的目的。由于电机电流受制于模块容量等存在一定的极限，为了增加直轴去磁电流分量而同时保证电枢电流不超过电流极限值，需要相应减小交轴电流分量。电梯负载在接近平衡负载时，交轴电流分量也会随之减小，这为实现弱磁扩速提供了可能。该方法适用于当电梯负载较轻且运行距离较长的情况，通过逐渐增加直轴去磁电流维持电压平衡，使电梯匀速运行速度超过额定速度。

2）行程较短、永磁同步曳引机的转速不会达到额定转速，由于端电压并未达到极限电压，弱磁扩速原理在此基本发挥不了作用。由于端电压距离极限电压还有一定的余量，这时，只要电枢电流不超过电流极限值，就可以利用电压余量来提高交轴电流分量，充分利用永磁同步电机的转矩输出，提高电梯运行加速度，同时，又可以提高局部运行时的最高速度，大大缩短局部运行时间。

理论分析表明，通过采用以上两种电梯变速方法最大可缩短乘客候梯时间12%左右，缩短乘客乘梯时间 9%左右，明显提高了电梯乘坐高峰时的运行效率。

（2）电梯可变速控制实现方案。

1）单独变化速度。单独变化速度的可变速电梯按照负载变更最高运行速度。仅仅提高最高速度，运行时间并不能一定缩短。如果轿厢移动距离短，相对于单纯提高电梯最高速度，提高加速度更能够有效地缩短运行时间。

2）速度、加速度可变化。综合分析电梯电气系统和机械系统，在充分考虑系统安全性和可靠性的前提下，事先计算与轿厢载重量对应的运行速度和加速度，并将该对应关系储存在控制软件中。驱动程序检测电机端电压是否超过极限电压，一旦超过极限电压，则计算并控制电机的直轴去磁电流，使电梯能在同时改变速度和加速度的情况下正常运行。其中，电气方面主要考虑的因素如下：

a. 电机电流。针对匀速运行情况，主要考虑满载运行时电流值超出额定电流的情况。

b. 电机功率。针对匀速运行时的值，主要考虑超出额定功率的情况。

c. 电机力矩。考虑电网出现电压降时电机能否按照既定速度驱动。

d. 再生功率。考虑再生电阻的最大功率限制，以及连续再生运行时再生电阻的温升。

e. 电源容量。考虑总电源空气开关在持续大电流工况下的保护动作触发条件。

f. 称量装置精度。要求称量装置的精度和可变速运行时系统的冗余量匹配，即称量装置误差造成的电流和功率误差不应该超出系统设计时留有的余量。

在机械方面主要考虑的因素基本上同电梯采用的标准相关，包括：

a. 限速器。标称额定速度和电梯的额定速度相符。

b. 缓冲器。行程、标称速度和许用质量应与电梯的实际参数相符。

c. 安全钳。标称速度和许用质量范围与电梯的实际参数相符。

d. 井道土建。顶层高度和底坑深符合标准要求。

5. 电梯节能原理

为了降低电梯运行时的能源消耗、实现电梯节能单台电梯可以从以下两方面实施：

1）降低电梯非运行（轿厢静止）时的电能消耗，即降低电梯的待机能耗。

2）降低电梯运行时的能耗。

（1）降低电梯的待机能耗。当电梯轿厢停靠在层站上静止不动（待机）时，电梯的某些系统为了实施所需功能仍需保持运行，如电源系统、层站召唤系统、控制系统、保护回路等，这些系统的运行必然会消耗一定的电能。

目前，降低电梯待机能耗的技术途径主要包括优化电梯的电气系统结构设计、合理设计电梯某些子系统的切除与唤醒机制等。

1）优化电梯的电气系统结构设计。优化电梯的电气系统结构或其子系统，提高其工作效率，降低电梯待机时的电能消耗。例如，对于电梯电气系统中的电源子系统而言，可以将传统的变压器替换为 DC - DC 电源系统，进一步减少不同电压等级之间进行的电压变换次数，以此来提高电梯电气系统中电源子系统的效率、降低电源子系统的电能消耗。

2）合理设计电梯某些子系统的切除与唤醒机制。例如，在电梯处于待机状态时，切断除电梯层站召唤和轿内召唤以外的其他装置的电源，降低电梯待机能耗。其工作过程如图 7 - 24 所示。该方案的难点在于确保电梯使用安全、不影响或基本不影响乘客使用便捷性的前提下，如何合理确定电梯的哪些子系统可以被切除并在需要时被及时恢复。

（2）降低电梯运行电能消耗。电梯在空载上行和满载下行时处于再生状态，再生状态下的电梯电机会产生再生能量并经逆变器馈送至直流母线。再生能量在直流母线上累积会引起直流母

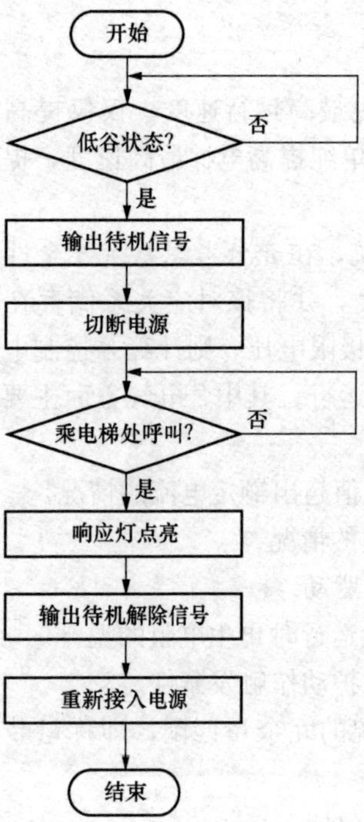

图 7-24 降低电梯待机能耗的工作过程

线电压升高，严重时会导致系统故障。因此，必须对再生能量及时进行处理。

传统低速电梯中的再生能量由能耗电阻转化为热能并释放掉，造成能量的浪费。在高速电梯中，电梯运行速度的提高、提升高度的增加使得电梯产生的再生能量要远远多于低速电梯，若仍沿用低速电梯采用的能耗电阻方法，一方面会造成很大的能源浪费，另一方面也会带来所需的能耗电阻功率大、体积大、冷却系统负担重等问题。目前，高速电梯多通过采用能量回馈技术或储能技术来应对再生能量的处理问题。

1）能量回馈技术。将电梯电机在运行时产生的再生能量转换为符合电网并网条件（幅值、频率、相位等）的能量并回馈给电网，从而在解决电梯的再生能量问题的同时实现电梯的节能。目前，实现电梯能量回馈的实现载体主要是一些具备能量双向流动能力的电力变换器，如 PWM 整流器、矩阵变换器等。图 7-25 所示为基于 PWM 整流器和 PWM 逆变器技术的电梯能量回馈结构示意图，采用基于 PWM 整流器和 PWM 逆变器技术实现电梯能量回馈，需要确定合适的具备能量双向流动能力的电力变换器，采用相应的控制策略。

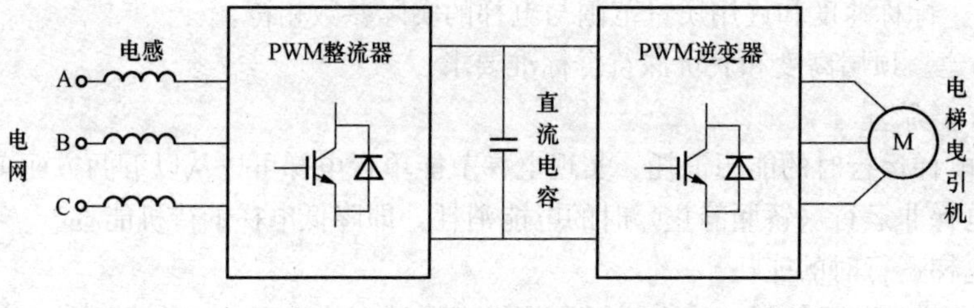

图 7-25 电梯能量回馈结构示意图

2）储能技术。采用诸如超级电容等具备能量存储功能的储能装置，将高速电梯电机运行时产生并累积在直流母线上的再生能量，通过 DC-DC 变换器对储能装置的充放电回路进行控制，从而完成再生能量到储能装置的转移；同时，在高速电梯处于电动状态时，通过 DC-DC 变换器对储能装置的充放电回路进行控制，实现储能装置中的再生能量到直流母线的转移，再经逆变器送至高速电梯的电机，驱动电机电动运行。

基于储能技术，通过“再生储能、电动释能”手段储存了高速电梯电机产生的再生能量，同时也实现了电梯节能。图 7-26 所示为应用储能技术的高速电梯的典型结构示意图，该技术方案的核心在于确定适用于储能装置的充放电过程的控制策略。

7.4.2 基于 PWM 的电梯能量回馈系统设计

1. 工作原理

电梯驱动系统采用图 7-27 所示 PWM 整流—PWM 逆变结构。整个驱动系统由 PWM 整流和 PWM 逆变两部分通过直流电容连接。当曳引机工作在电动状态时，PWM 整流器起整流作用，负责对电网交流电进行整流，得到电容两端的直流电；当曳引机工作在发电状态时，PWM

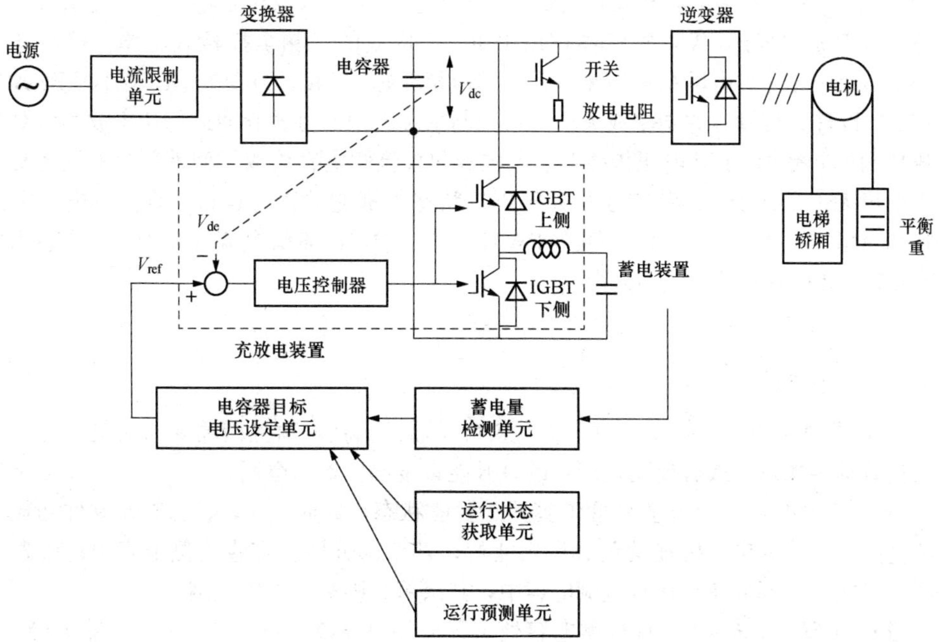

图 7-26　应用储能技术的高速电梯的典型结构示意图

整流器起回馈作用，负责将曳引机产生的、聚集在直流电容上的泵升能量转化为符合并网条件的交流电，回馈给电网以保持直流侧电压的相对恒定，同时，使得网侧电流波形和功率因数均为可控的。对于 PWM 逆变器而言，无论其工作在哪种状态，只要其直流侧电压保持恒定，它就可以正常工作，所以 PWM 整流器相当于一个直流恒压源。因此，整个驱动系统可以分别针对 PWM 整流和 PWM 逆变两部分进行设计。这里主要针对实现能量回馈的 PWM 整流部分的工作原理等作简要介绍。

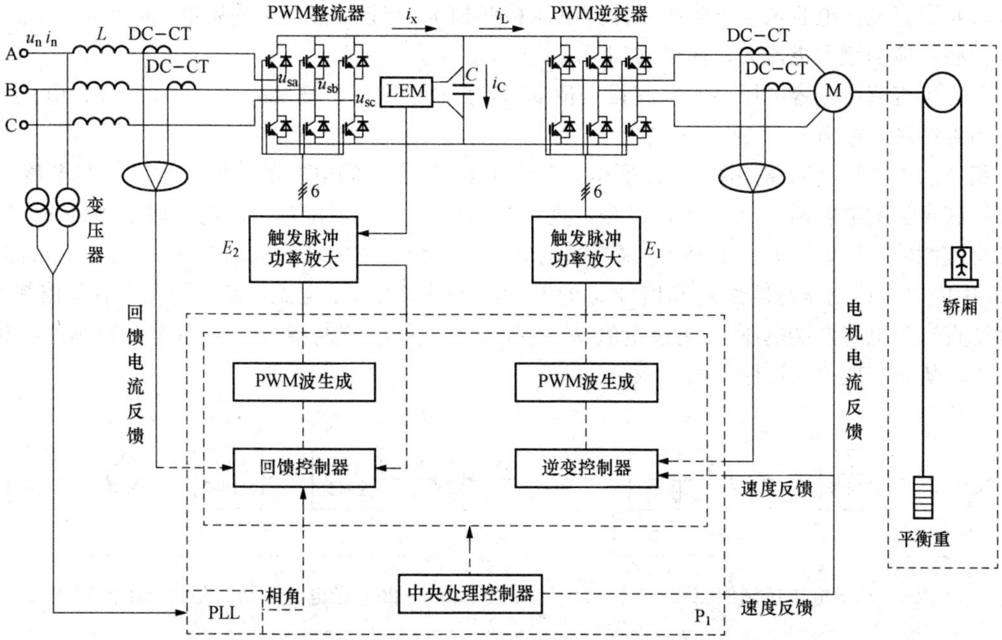

图 7-27　基于 PWM 的电梯驱动系统硬件结构示意图

如图 7-27 所示，PWM 整流部分主要由 PWM 整流器、电网相角检测、控制系统、触发脉冲功率放大等单元组成。PWM 整流器选用由 IGBT 构成的三相全控桥式电路；控制系统采用 TMS320LF2407A 芯片；电网相角检测单元利用锁相环芯片 MC74HC4046A，结合 FPGA 进行锁相环（PLL）设计；触发脉冲功率放大单元对控制系统产生的触发脉冲进行功率放大等处理；直流侧电压检测单元采用 LEM 电压传感器，电抗器和直流侧电容构成了回馈部分的受控对象。为了使曳引电机无论是处于电动状态还是处于再生状态时都能够正常运行，直流侧电容上的电压必须保持相对恒定。由式（7-24）可见，PWM 整流器输出的直流电流 i_x 不但提供电容上的电流 i_C，还提供 PWM 逆变器的直流输入电流 i_L

$$i_x = i_C + i_L \tag{7-24}$$

由 $i_C=C\dfrac{du_C}{dt}$，可知：

（1）当 u_C 为常量时，$i_C=0$，则 $i_L=i_x$。忽略元器件功耗，由电网输入的能量全部用于给曳引机拖动负载提供能量；或者曳引机产生的泵升能量全部回馈给电网。

（2）当 u_C 上升时，$i_C>0$，直流侧电容处于蓄能状态，此时 $i_x>i_L$。忽略元器件功耗，由电网输入的电能一部分为曳引机拖动负载提供能量，其余部分储存在直流侧电容中；或者由曳引机产生的泵升能量一部分储存在直流侧电容中，其余部分则被回馈给电网。

（3）当 u_C 下降时，$i_C<0$，直流侧电容处于释放能量状态，此时 $i_x<i_L$。忽略元器件功耗，由电网输入的电能与直流侧电容释放出来的能量一起为曳引机拖动负载提供能量；或者由曳引机产生的泵升能量与直流侧电容释放出来的能量一起被回馈给电网。

可见，直流侧电容电压 u_C 决定了电流 i_C 与电流 i_x 和电流 i_L 之间存在如式（7-24）的关系，其中，电流 i_L 由负载决定。因此，为了实现直流侧电容电压的相对恒定，控制系统需要实时检测直流侧电压，按照以下过程控制电流 i_x，使得电流 i_x 能够实时跟踪电流 i_L 的变化，从而保持直流侧电压 u_C 相对恒定，满足控制要求：

（1）当直流侧电容电压上升时，计算电压检测值 u_C 与设定值 u_C^* 的差值 $\Delta u_C=u_C-u_C^*>0$，电压控制器应当减小电流 i_x，使得 u_C 下降。

（2）当直流侧电容电压下降时，计算电压检测值 u_C 与设定值 u_C^* 的差值 $\Delta u_C=u_C-u_C^*<0$，电压控制器应当增大电流 i_x，使得 u_C 上升。

（3）当直流侧电容电压稳定在其设定值 u_C^* 不变时，电压差值 $\Delta u_C=u_C-u_C^*=0$，电压控制器应当维持现有电流 i_x 不变。

相应的电压控制回路如图 7-28 所示，其中 $1/Cs$ 为直流侧电容的传递函数。控制电流 i_x 就可以控制直流侧电容两端电压 u_C，但是，直接控制电流 i_x 实现困难。因此，通过控制 PWM 整流器交流侧输入端电压 u_{sa}、u_{sb} 和 u_{sc} 来控制电流 i_{sa}、i_{sb} 和 i_{sc} 以实现对电流 i_x 的间接控制，即在图 7-28 中的电压控制器与信号 i_x 和信号 i_L 的汇合点之间引入一个电流控制回路，由电压控制器给出保持直流侧电容两端电压 u_C 为设定值 u_C^* 的控制所需的电流期望 i_x^*，再由电流控制回路得到电流 i_x，从而实现控制目标（图 7-29）。

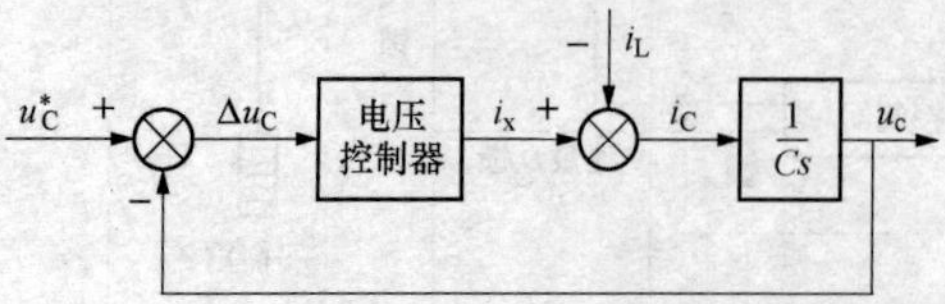

图 7-28　电压控制回路

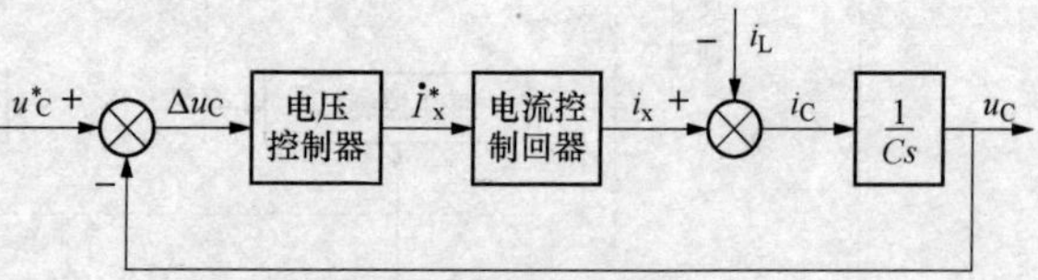

图 7-29　带电流控制回路的电压控制回路

为方便控制，电流控制回路的分析将在按照如下方法建立的 $d-q$ 坐标系中进行。由于电网三相电压的矢量和是一个幅值不变、以角速度 $\omega=2\pi f$ 不断旋转的矢量，f 为电网频率。令 $\boldsymbol{u}_n$ 表示电网三相电压的矢量和，以 $\boldsymbol{u}_n$ 所在的方向为 q 轴正方向、与 q 轴垂直且滞后 q 轴 $\pi/2$ 的方向为 d 轴正方向建立 $d-q$ 坐标系。显然，该 $d-q$ 坐标系是一个旋转坐标系，其角速度为 $\omega=2\pi f$。

将 u_N 与 i_N、u_s 与 i_s 置入 $d-q$ 坐标系，且使得 u_n 与 q 轴方向重合。将 u_n 与 i_n、u_s 与 i_s 分别沿 d 轴和 q 轴进行分解，得到 u_{qn}、u_{dn}、i_{qn}、i_{dn}、u_{qs}、u_{ds}、i_{qs}、i_{ds}。显然，$u_{dn}=0$。根据能量守恒，得

$$i_x=\frac{3u_{qn}i_{qn}}{2u_C} \tag{7-25}$$

按照式（7 - 25）控制 i_{qn}，就可以使得 i_x 跟踪其期望 i_x^*，那么直流侧电压 u_C 即可保持相对恒定。为了得到需要的 i_x，同时不对电网造成“污染”，不但要控制 i_n 的幅值，还要控制其相位，这可以通过分别控制 i_{qn} 和 i_{dn} 来实现。对 i_{qn}、i_{dn} 的控制可以通过控制 u_{qs} 和 u_{ds} 来实现。通过上述分析，可得到图 7 - 30 所示有功电流和无功电流控制回路。

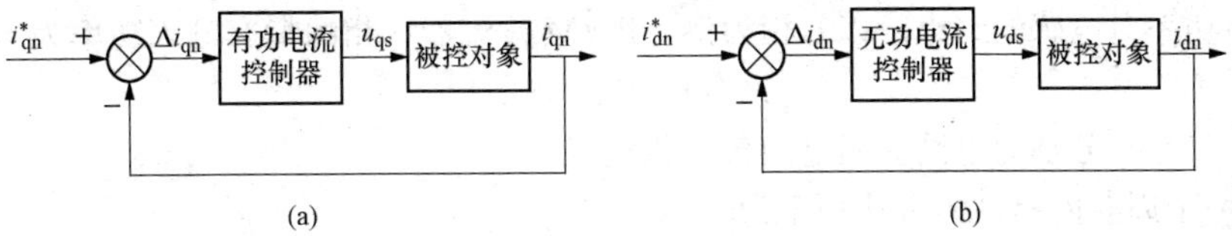

图 7 - 30　电流控制回路

（a）有功电流；（b）无功电流

系统的动态过程在 $d-q$ 坐标系中可表示为

$$C\frac{du_C}{dt}=i_C \tag{7-26}$$

$$L\frac{di_{qn}}{dt}=\omega Li_{dn}+u_{qn}-q_{qs} \tag{7-27}$$

$$L\frac{di_{dn}}{dt}=-\omega Li_{qn}+u_{dn}-q_{ds} \tag{7-28}$$

存在

$$u_C(s)=\frac{1}{Cs}i_C(s) \tag{7-29}$$

$$i_{qn}(s)=\frac{1}{Ls}[\omega Li_{dn}(s)+u_{qn}(s)-q_{qs}(s)] \tag{7-30}$$

$$i_{dn}(s)=\frac{1}{Ls}[-\omega Li_{qn}(s)+u_{dn}(s)-q_{ds}(s)] \tag{7-31}$$

综上得到图 7 - 31 所示的 PWM 整流器控制系统框图。

2. PWM 整流器参数设计

（1）交流侧电感设计。PWM 整流器交流侧电感的取值不仅影响 PWM 整流器的控制器中电流环的动态、静态响应，而且制约着 PWM 整流器的输出功率、功率因数及直流电压。其主要作用如下：隔离电网电动势与 PWM 整流器交流侧电压，使得通过控制 PWM 整流器交流侧电压的幅值和相位，就可以实现 PWM 整流器的四象限运行；滤除 PWM 整流器交流侧谐波电流，控制 PWM 整流器交流侧正弦波电流的波形；使 PWM 整流器具有 Boost PWM AC/DC 变换性能及直流侧受控电流源特性；使得 PWM 整流器的控制系统获得一定的阻尼特性，从而有利于控制系统

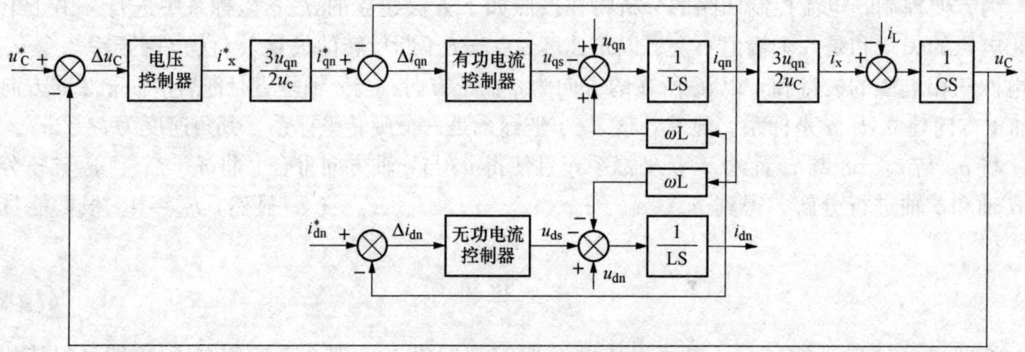

图 7-31 PWM 整流器控制系统框图

的稳定运行。可见，交流侧电感对 PWM 整流器的影响和作用很大，下面分析选择 PWM 整流器交流侧电感参数时应满足的条件。

1）输出功率对电感的约束。以 a 相为例，PWM 整流器一相的瞬态输入功率为

$$P_a(t) = e_a(t)i_a(t) \tag{7-32}$$

式中：$e_a(t)$、$i_a(t)$ 分别为电网 a 相电动势、相电流。

电网在一个周期内提供的有功功率为

$$P_{in}(t) = \frac{1}{T}\int_0^T P_a\cos\theta\mathrm{d}t = \frac{E_a I_{La}}{2}\cos\theta \tag{7-33}$$

式中：θ 为基波电流与输入电压之间的相位差；E_a 是电网相电压峰值；I_{La}是 a 相电流峰值。

忽略 PWM 整流器的内部损耗，电网输入的有功功率与直流侧的输出功率 P_{out}之间存在关系 $3P_{in}=P_{out}$，即

$$P_{out}(t) = \frac{3E_a U_L}{2Z}\cos\theta \tag{7-34}$$

式中：U_L 为电感两端电压；$Z=\sqrt{R^2+(\omega L)^2}$，$L$ 为 PWM 整流器交流侧电感的电感值；R 为其电阻值。

一般情况下，$R \ll \omega L$，由此得出 PWM 整流器交流侧电感 L 与输出功率之间的关系为

$$L_{lim} \approx \frac{3E_a U_L}{2\omega P_{out}}\cos(\theta_{min}) \tag{7-35}$$

式中：$\cos(\theta_{min})$ 为希望的相移因数控制范围的最小值。

式（7-35）中存在 U_L，在使用上不方便。可根据图 7-32 所示 E_a、U_L 和 U_a 之间的向量关系，利用正弦定理消去 U_L，可得

$$L \leqslant \frac{3E_a^2}{\omega P_{out}}\cos^2(\theta_{min}) \tag{7-36}$$

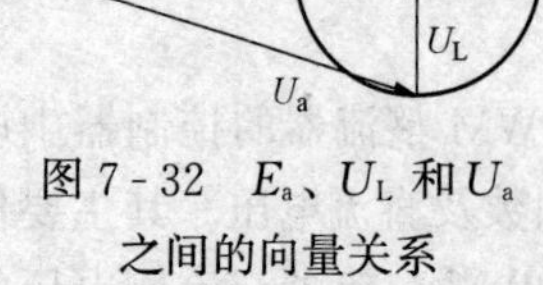

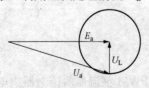

图 7-32 E_a、U_L 和 U_a 之间的向量关系

考虑到在能量回馈系统中，$\cos\theta=\pm1$，最终得到

$$L \leqslant \frac{3E_a^2}{\omega P_{out}} \tag{7-37}$$

由式（7-37）可知，输出功率越大，所需的电感越小。

2）瞬态电流跟踪性能对电感的约束。由三相半桥 PWM 整流器拓扑结构，可得其电压方程为

$$L\frac{\mathrm{d}i_a}{\mathrm{d}t} + Ri_a = e_a - \left(v_{dc}s_a - \frac{v_{dc}}{3}\sum_{k=a,b,c}s_k\right) \tag{7-38}$$

如果忽略 PWM 整流器交流侧电阻 R，且令 $v_{sa}=e_a+\frac{v_{dc}}{3}\sum_{k=a,b,c}s_k$，则上式简化为

$$L\frac{\mathrm{d}i_a}{\mathrm{d}t}\approx v_{sa}-v_{dc}s_a \tag{7-39}$$

式中：s_k 为二值逻辑开关函数。

显然，当电流经过零点时，其变化率最大。考虑电流过零处附近一个 PWM 开关周期 t_s 中的电流跟踪瞬态过程，其波形如图 7-33 所示。

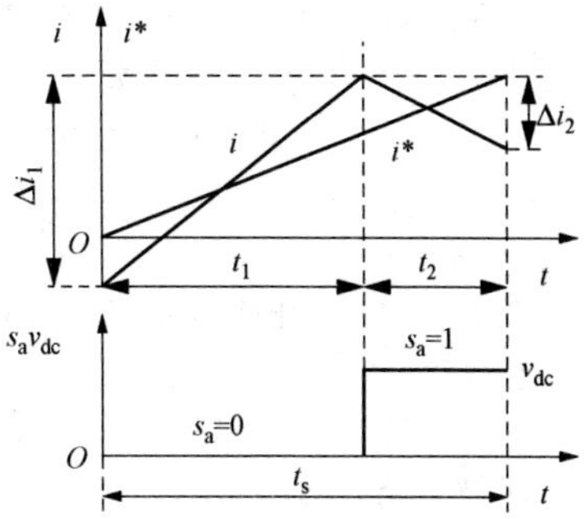

图 7-33　电流过零处附近一个 PWM 开关周期中的电流跟踪波形

稳态条件下，当 $0\leqslant t\leqslant t_1$ 时，$s_a=0$，且

$$v_{sa}-v_{dc}s_a=\frac{v_{dc}}{3}(s_b+s_c)\approx L\frac{\Delta i_1}{t_1} \tag{7-40}$$

当 $t_1\leqslant t\leqslant t_s$ 时，$s_a=1$，且

$$\frac{|\Delta i_1|-|\Delta i_2|}{t_s}\geqslant\frac{I_m\sin(\omega t_s)}{t_s}\approx I_m\omega \tag{7-41}$$

综合上述各式，并考虑 $s_b=s_c=1$，得

$$L\leqslant\frac{2t_1v_{dc}}{3I_m\omega t_s} \tag{7-42}$$

当 $t_1=t_s$ 时，将取得电流最大变化率，且

$$L\leqslant\frac{2v_{dc}}{3I_m\omega} \tag{7-43}$$

3）抑制谐波电流对电感的约束。考虑电流峰值处附近一个 PWM 开关周期 t_s 中的一个电流跟踪瞬态过程，其波形如图 7-34 所示。

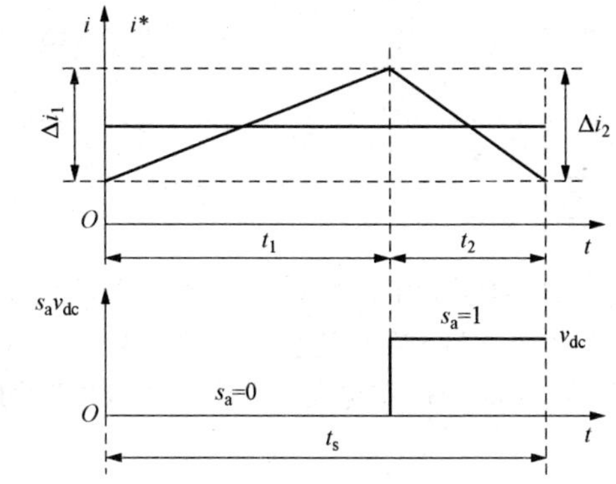

图 7-34　电流峰值处附近一个 PWM 开关周期中的电流跟踪波形

稳态条件下，当 $0\leqslant t\leqslant t_1$ 时，$s_a=0$，且

$$v_{sa}-v_{dc}s_a=E_m+\frac{v_{dc}}{3}(s_b+s_c)\approx L\frac{\Delta i_1}{t_1} \tag{7-44}$$

当 $t_1\leqslant t\leqslant t_s$ 时，$s_a=1$，且

$$v_{sa}-v_{dc}s_a=E_m+\frac{v_{dc}}{3}(-2+s_b+s_c)\approx L\frac{\Delta i_2}{t_1} \tag{7-45}$$

式中：E_m 是电网电压峰值。

考虑到电流峰值附近一个开关周期中，有

$$|\Delta i_1|=|\Delta i_2| \tag{7-46}$$

综合上述各式，并考虑 $s_b=s_c=0$，得

$$L\geqslant\frac{(2v_{dc}-3E_m)E_mt_s}{2v_{dc}\Delta i_{max}} \tag{7-47}$$

式中：$v_{dc}=1.5E_m$；Δi_{max}是最大允许谐波电流脉动量。

综上所述，PWM 整流器交流侧电感取值必须满足约束条件式（7-37）、式（7-43）和式（7-47）。

（2）直流侧电容设计。直流侧电容的设计直接影响系统的特性和安全性。PWM 整流器直流侧电容的作用如下：缓冲 PWM 整流器交流侧与直流负载间的能量交换，稳定 PWM 直流侧电压；抑制直流侧谐波电压。一般而言，从满足电压环控制的跟随性指标来看，PWM 整流器直流侧电容应尽量小，以满足 PWM 整流器直流侧电压的快速跟踪控制要求。但是，从满足电压环的抗扰性指标分析，直流侧电容应尽量大，以抑制负载扰动时直流电压的动态变化。

1）直流电压跟随性能指标对电容的约束。考虑直流电压由电梯停止运行时的初始电压 v_{d0} 跃变到直流电压稳态值 v_{de} 的动态过程。当直流电压指令阶跃给定为其稳态值 v_{de} 时，如果电压调节器采用 PI 调节器，那么在实际直流电压超过指令之前，电压调节器的输出一直饱和。由于电压调节器输出表示 PWM 整流器交流侧电流幅值指令，因此，若忽略电流内环的惯性，则此时直流侧将以最大电流 I_{dm} 对直流电容和负载充电，使得直流电压以最快速度上升。这一动态过程等效电路如图 7-35 所示。

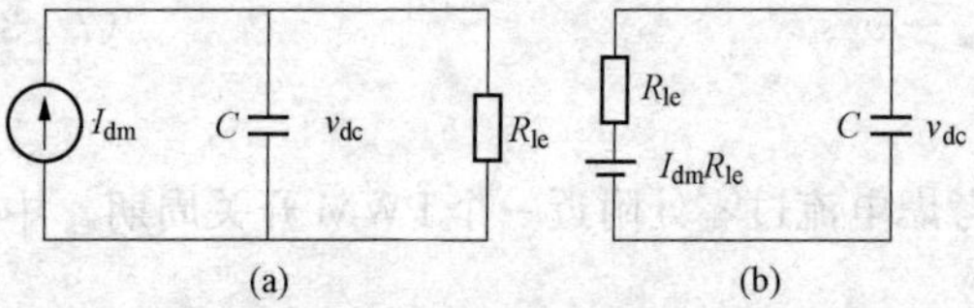

图 7-35　PWM 整流器直流电压跃变时动态过程等效电路

（a）恒流源；（b）恒压源

若考虑直流电压初始值为 v_{d0}，则

$$v_{dc}-v_{d0}=(I_{dm}R_{le}-v_{d0})(1-e^{-\frac{t}{\tau}}) \tag{7-48}$$

令 $v_{dc}=v_{de}$，并代入式（7-48），化简得

$$e^{-\frac{t}{\tau}}=\frac{I_{dm}R_{le}-v_{de}}{I_{dm}R_{le}-v_{d0}} \tag{7-49}$$

求解式（7-49），得

$$t=\tau\ln\left(\frac{I_{dm}R_{le}-v_{d0}}{I_{dm}R_{le}-v_{de}}\right) \tag{7-50}$$

式中：$\tau=R_{le}C$。

如果跟随性能指标要求 PWM 整流器直流电压从初始值 v_{d0} 跃变到稳态值 v_{de} 时的上升时间不大于 t_r^*，则

$$R_{le}C\ln\left(\frac{I_{dm}R_{le}-v_{de}}{I_{dm}R_{le}-v_{d0}}\right)\leqslant t_r^* \tag{7-51}$$

由于 $v_{de}>v_{d0}$，显然

$$C\leqslant\frac{t_r^*}{R_{le}\ln\left(\frac{I_{dm}R_{le}-v_{de}}{I_{dm}R_{le}-v_{d0}}\right)} \tag{7-52}$$

2）直流电压抗扰性能对电容的约束。通过分析，不难理解直流电压波动的原因在于负载变化引起的瞬态过程中 PWM 整流器的输入功率（或者输出功率）与 PWM 逆变器的输入功率（或者输出功率）之间的不平衡，而且二者的偏差越大，直流电压波动得就越大。下面分两种情况加以讨论。

a. 负载电流由零增大到最大电流时的电压波动。电梯由停止状态加速到最大速度，由于 PWM 整流器与 PWM 逆变器具有相同的直流电压，所以二者的功率偏差表现为 PWM 整流器的直流电流与 PWM 逆变器的直流电流（即负载电流）之间的差值。当 PWM 整流器的直流电流能够准确跟踪负载电流，即二者之间不存在偏差时，直流电压就不会出现波动。对于 PWM 整流器双闭环控制而言，负载电流是外在的扰动。进一步分析可知，当负载电流恒定不变时，电压闭环采用 PI 控制能够使得 PWM 整流器直流侧电流无静差地跟踪负载电流，此时直流电压不会产生波动。

综上所述，负载电流变化是引起直流电压波动的根本原因，负载电流变化量越大、变化越快，直流电压的波动就越大。由于负载电流阶跃增大，直流侧电压因负载扰动而降低。采用 PI 调节的直流电压控制器的输出达到饱和，即 PWM 电流环将跟踪最大幅值电流。但是由于电流环存在惯性，直流电流无法突变，只能渐变至最大电流 I_{dm}（图 7-36）。其中，电流环等效成一个时间常数为 T_i 的一阶惯性环节，其等效传递函数 $W_{ci}(s)$ 为

$$W_{ci}(s)=\frac{1}{1+T_i s} \tag{7-53}$$

为了简化分析，用直线段 OA 近似替代原指数响应曲线。若电流沿 OA 上升，经过一个电流环等效时间常数 T_i，电流上升至 I_{dm}。实际上，此时实际电流只升至 $0.632I_{dm}$。通过采用斜坡函数描述电流的上升过程，计算得以简化

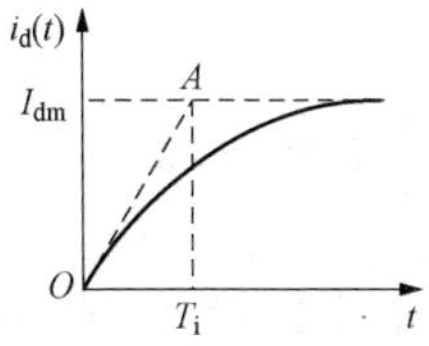

图 7 - 36　PWM 整流器直流电流阶跃响应

$$t_d(t)\approx\frac{I_{dm}}{T_i}\times t=kt \tag{7-54}$$

式中：$0\leqslant t\leqslant T_i$。

若初始直流电压为 v_{d0}，则在负载扰动过程中，其动态等效电路可分解成充电和放电两个回路（图 7 - 37）。

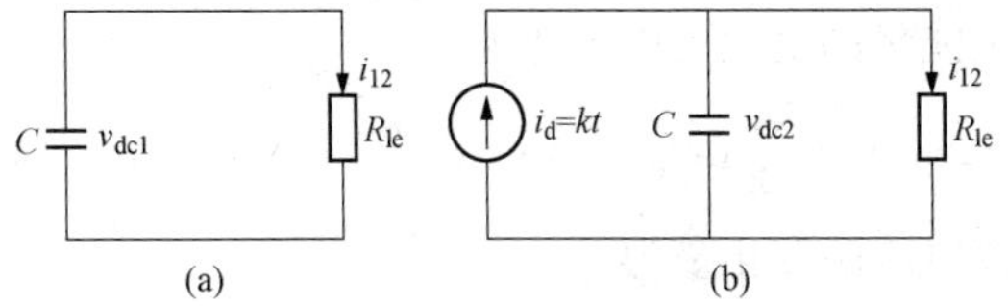

图 7 - 37　突加负载时 PWM 整流器直流侧动态等效电路

（a）放电子回路；（b）充电子回路

可见

$$\begin{cases} R_{le}C\dfrac{dv_{dc1}}{dt}+v_{dc1}=0 \\ R_{le}C\dfrac{dv_{dc2}}{dt}+v_{dc2}=R_{le}kt \end{cases} \tag{7-55}$$

式中：$0\leqslant t\leqslant T_i$。

求解式（7 - 55）

$$v_{dc1}(t)=v_{d0}e^{-\frac{t}{\tau}} \tag{7-56}$$

$$v_{dc2}(t)=kR_{le}(t-\tau)+kR_{le}\tau e^{-\frac{t}{\tau}} \tag{7-57}$$

式中：$t=R_{le}C$。

利用叠加原理得到

$$v(t)=v_{dc1}(t)+v_{dc2}(t)=kR_{le}(t-\tau)+(v_{d0}+kR_{le}\tau)e^{-\frac{t}{\tau}} \tag{7-58}$$

当 $t_n=\tau\ln\left(\dfrac{v_{d0}}{kR_{le}\tau}R_{le}C+1\right)$ 时

$$v_{dcmin}=kR_{le}(t_n-\tau)+(v_{d0}+kR_{le}\tau)\times e^{-\frac{t_n}{\tau}} \tag{7-59}$$

因此，负载电流阶跃扰动时直流电压最大动态降落为

$$\Delta v_{max}=v_{d0}-kR_{le}\tau\ln\left(\frac{v_{d0}}{kR_{le}\tau}+1\right) \tag{7-60}$$

整理得到

$$\frac{v_{d0}}{kR_{le}\tau}=\exp\left(\frac{v_{d0}-\Delta v_{max}}{kR_{le}\tau}\right)-1 \tag{7-61}$$

由于

$$\exp\left(\frac{v_{d0}-\Delta v_{max}}{kR_{le}\tau}\right)\approx 1+\frac{v_{d0}-\Delta v_{max}}{kR_{le}\tau}+\frac{1}{2}\left(\frac{v_{d0}-\Delta v_{max}}{kR_{le}\tau}\right)^2 \tag{7-62}$$

整理得到

$$C\geqslant\frac{(v_{d0}-\Delta v_{max})^2}{k\Delta v_{max}R_{le}^2}\approx\frac{v_{d0}^2}{k\Delta v_{max}R_{le}^2} \tag{7-63}$$

b. 系统工作模式由最大功率整流变为最大功率逆变时（或者相反）的电压波动。此时，输入电流由正的最大值变为负的最大值（或者相反），电流的变化量为电流最大值的两倍。迫使电流产生该变化的电压是电感两端的电压差。电感一端为电网电压，另一端是桥式电路的输出电压（忽略交流侧电阻）。过渡过程最长时间发生在电网电压最大且与桥式电路输出电压同号时，

其时间可估算为

$$T=\frac{2LI_{\rm sm}}{\frac{2v_{\rm dc}}{3}-U_{\rm sm}} \tag{7-64}$$

式中：T 为过渡时间；L 为电感；$I_{\rm sm}$ 为输入电流最大值；$U_{\rm sm}$ 为输入电压最大值；$v_{\rm dc}$ 为直流侧电压。

在过渡过程的开始时刻，系统输入/输出功率的偏差最大，是额定功率的两倍，此后逐渐减小，到过渡过程结束时减小到 0。从平均的角度来讲，可以近似认为在过渡过程中平均功率偏差为额定功率，功率偏差引起的能量全部积累在直流侧电容上，则电容上的能量可近似为

$$\Delta W_{\rm C}=P_{\rm L}T \tag{7-65}$$

式中：$P_{\rm L}$ 为额定功率；$\Delta W_{\rm C}$ 为电容储存的能量。

设由此引起的直流电压变化为 $\Delta v_{\rm dc}$，则电容上能量的变化可以表达为

$$\Delta W_{\rm C}=\frac{1}{2}C(v_{\rm dc}+\Delta v_{\rm dc})^2-\frac{1}{2}Cv_{\rm dc}^2 \tag{7-66}$$

忽略二次项，只保留线性部分，可以得到直流电压的变化量为

$$\Delta v_{\rm dc}=\frac{\Delta W_{\rm C}}{Cv_{\rm dc}} \tag{7-67}$$

设允许的最大直流电压波动值为 $\Delta v_{\rm dcmax}$，于是有

$$C\geqslant\frac{\Delta W_{\rm C}}{\Delta v_{\rm dcmax}v_{\rm dc}} \tag{7-68}$$

将式（7-64）、式（7-66）代入式（7-68），得

$$C\geqslant\frac{2P_{\rm L}LI_{\rm sm}}{\Delta v_{\rm dcmax}v_{\rm dc}\left(\frac{2v_{\rm dc}}{3}-U_{\rm sm}\right)} \tag{7-69}$$

综上所述，PWM 整流器直流侧电容的设计必须满足式（7-52）、式（7-63）和式（7-69）的约束。

3. 算例及实验结果

针对某 1600kg、2.5m/s 的电梯系统，所需的净功率为 27.58kW，曳引机效率为 0.89，直流电压稳态值为 630V，初始值为 540V，允许的最大电流波动为 $15\%I_{\rm m}$，允许的最大电压波动为 $6\%v_{\rm dc}$，采样频率为 10kHz，直流电压从初始值跃变到稳态值时的最大上升时间为 3s，电流环的等效时间常数为 1/2000，电压环控制器输出的最大限幅电流为 300A。

（1）电感的设计。由式（7-37）有

$$L\leqslant\frac{3E_{\rm a}^2}{\omega P_{\rm out}}=\frac{3\times(220\sqrt{2})^2}{2\times\pi\times50\times(27.58\times10^3/0.89)}\approx29.83(\rm mH)$$

由式（7-43）有

$$L\leqslant\frac{2v_{\rm dc}}{3I_{\rm m}\omega}=\frac{2\times630}{3\times\frac{27.58\times10^3/0.89}{3\times220}\times\sqrt{2}\times2\times\pi\times50}\approx20.13(\rm mH)$$

由式（7-47）有

$$L\geqslant\frac{(2v_{\rm dc}-3E_{\rm m})E_{\rm m}T_{\rm s}}{2v_{\rm dc}\Delta i_{\rm max}}=\frac{(2\times630-3\times220\sqrt{2})\times220\sqrt{2}\times10^{-4}}{2\times630\times0.12\times\frac{27.58\times10^3/0.89}{3\times220}\times\sqrt{2}}\approx1.01(\rm mH)$$

（2）电容的设计。由式（7-52）有

$$C \leqslant \frac{t_r^*}{R_{le}\ln\left(\dfrac{I_{dm}R_{le}-v_{de}}{I_{dm}R_{le}-v_{d0}}\right)}$$

$$=\frac{3}{\dfrac{630^2}{(27.58\times10^3/0.89)}\times\ln\left(\dfrac{300\times\dfrac{630^2}{27.58\times10^3/0.89}-540}{300\times\dfrac{630^2}{27.58\times10^3/0.89}-630}\right)}\approx 8.482(\mathrm{F})$$

由式（7 - 63）有

$$C \geqslant \frac{(v_{d0}-\Delta v_{max})^2}{k\Delta v_{max}R_{le}^2}\approx\frac{v_{d0}^2}{k\Delta v_{max}R_{le}^2}$$

$$=\frac{540^2}{\dfrac{300}{1/2000}\times(0.018\times630)\times\left(\dfrac{630^2}{27.58\times10^3/0.89}\right)^2}\approx 3346(\mu\mathrm{F})$$

由式（7 - 69）有

$$C \geqslant \frac{2P_L L I_{sm}}{\Delta v_{dcmax}v_{dc}\left(\dfrac{2v_{dc}}{3}-U_{sm}\right)}$$

$$=\frac{2\times(27.58\times10^3/0.89)\times(1.1\times10^{-3})\times\left(\sqrt{2}\times\dfrac{27.58\times10^3/0.89}{220}\right)}{(0.06\times630)\times630\times\left(\dfrac{2\times630}{3}-220\sqrt{2}\right)}\approx 5238(\mu\mathrm{F})$$

综合上述结果，考虑到体积与成本，取电感 $L=1.1\mathrm{mH}$，电容 $C=5600\mu\mathrm{F}$。

（3）实验结果。电梯满载上行时测量的实验数据：电源输入侧有效功率 25.995kW，功率因数 0.9968，电压有效值 368.14V，电流有效值 40.506A，电网频率 50Hz；电机输入侧有效功 23.52kW，功率因数 0.8452，效率 90.5%。实验波形如图 7 - 38 所示。

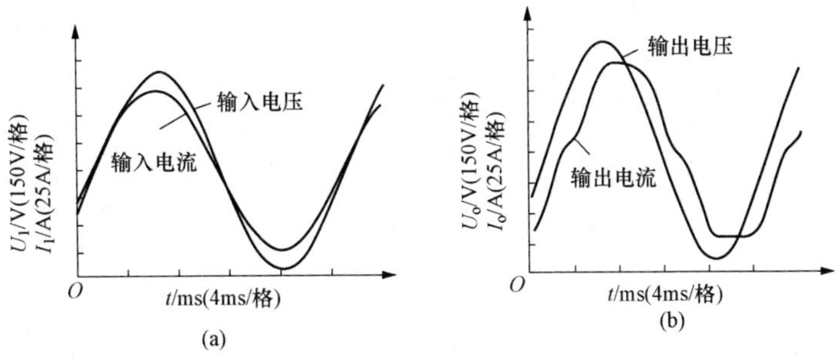

图 7 - 38　电梯满载上行时系统输入、输出电压与电流波形

（a）输入电压及电流波形；（b）输出电压及电流波形

1）电梯满载上行时效率为 90.5%，电源侧的功率因数为 0.9968，可近似认为电源侧功率因数为 1。实验时，电源侧电压总谐波畸变率不大于 5%，奇次谐波电压含有率不大于 4%，偶次谐波电压含有率不大于 2%，谐波较不可控整流的电梯系统有较大幅度的下降。

2）让电梯空载在 1、9、17 楼之间连续运行 7 天，测试结果为电能消耗为 625kW・h，相同规格不可控整流的电梯系统在同等条件下电能消耗为 834kW・h。

可见，基于 DSP 和 IPM 的双 PWM 控制的能量回馈电梯传动系统在运行时电网侧的功率因数基本上为单位功率因数，最大限度地消除了电梯运行对电网的谐波污染，由于可实现能量的流动是双向流动，节能效果明显。

7.4.3 电梯拖动系统设计举例

1. 设计及计算准则

（1）某额定速度 $v \leqslant 2.5m/s$ 的升降梯电气拖动系统设计过程如下：

1）通过估算曳引系统的功率和转矩，作为电机特性和外形设计的参考。

2）在得到曳引电机及电梯的相关规格数据后，进行曳引力矩、电机电流、再生功率及再生电流等相关数据的计算和校核。

3）根据以上计算数据进行主回路相关元器件的选型等。

（2）计算准则。

1）计算力矩时以电机轴为基准，将整个曳引系统中所有的惯量等效折算到电机轴上。

2）计算时以轿厢上行方向作为参照，所有速度、加速度等与轿厢上行方向相同为正，相反为负。

3）根据 GB 10060—2011《电梯安装验收规范》的要求计算曳引能力，载荷率按 110%计算。

4）在特殊情况下，需按照具体的项目要求计算，如对于相邻两个停层间距离较远的观光梯，计算发热功率时须按照通电持续率为 100%进行计算。

5）相关规格参数定义见表 7-5～表 7-8，计算用基本参数见表 7-9。

表 7-5 电梯规格参数

参数	名称	单位	备注
CAP	电梯额定载重量	kg	
v	轿厢额定速度	m/s	
TR	提升高度	m	
a_{acc}	起动时最大加速度	m/s^2	
a_{dec}	停止时最大减速度	m/s^2	
i_r	曳引系统滑轮组倍率		
n_r	曳引钢丝绳绕绳倍率		
L	载荷率		
β	对重平衡系数		取 0.5
W_1	轿厢自重	kg	可能的最大轿厢自重
W_2	对重重量	kg	
η_s	运行效率		取 0.9
η_f	系统正效率（驱动时效率）		
η_n	系统逆效率（再生时效率）		

表 7-6 钢丝绳、补偿链、电缆规格参数

参数	名称	单位	备注
N_1	曳引钢丝绳根数		
ρ_1	曳引钢丝绳单位重量	kg/m	
ρ_2	补偿链（绳）单位重量	kg/m	
ρ_3	随行电缆单位重量	kg/m	

续表

参数	名称	单位	备注
ρ_4	限速器钢丝绳单位重量	kg/m	
w_1	曳引钢丝绳重量	kg	
w_2	补偿链重量	kg	
w_3	随行电缆重量	kg	
w_4	限速器钢丝绳重量	kg	
H	计算绳长用变量	m	考虑顶层高度、曳引机底座高度等相关数据

表 7-7　曳引机规格参数

参数	名称	单位	备注
D	曳引轮直径	m	
i_g	曳引机减速比		
J_b	制动部件转动惯量	$kg \cdot m^2$	
η_{gf}	曳引机正效率		
η_{gb}	曳引机逆效率		
H_0	曳引机功率损耗	kW	仅用于有齿曳引方式

表 7-8　电机规格参数

参数	名称	单位	备注
J_m	转动惯量	$kg \cdot m^2$	
n_N	额定转速	r/min	
T	额定转矩	$N \cdot m$	
U_g	额定电压	V	
I_g	额定电流	A	
P_g	额定功率	kW	
$\cos\theta$	功率因数		
η_m	效率		

表 7-9　计算用基本参数

计算量	计算式	单位
正向曳引效率	$i_r=1$ 时，$\eta_f=\eta_{ef}\eta_s$	—
	$i_r>1$ 时，$\eta_f=\eta_{gf}\eta_s-(n_s\times0.01+0.01)$	—
逆向曳引效率	$i_r=1$ 时，$\eta_S=\eta_{gb}\eta_s$	—
	$i_r>1$ 时，$\eta_b=\eta_{gb}\eta_s-(n_s\times0.01+0.01)$	—
对重重量	$W_2=W_1+\beta CAP+\rho_3\frac{H}{2}$	kg
曳引钢丝绳重量	$w_1=n_r n_1\rho_1 H$	kg
补偿链重量	$w_2=\rho_2 H$	kg
随行电缆重量	$w_3=\rho_3\frac{H}{2}$	kg
限速器钢丝绳重量	$w_4=\rho_4(2H)$	kg
计算绳长用变量	$H\approx TR+10$	m

2. 电机设计值估算

（1）电机静功率估算。

1）有齿轮曳引机（如蜗轮蜗杆式、斜齿轮式等）时，存在

$$P_j = \frac{(L-\beta) \times CAP \times g_n V}{1000\eta_f} + H_0 \tag{7-70}$$

式中：P_j 为电机静功率；载荷率 $L=1.0$；对重平衡系数 $\beta=0.5$；$g_n=9.81\text{m/s}^2$；H_0 为有齿轮曳引机的损失功率，具体数据由机械设计人员提供。

2）无齿轮曳引机时，存在

$$P_j = \frac{(L-\beta) \times CAP \times g_n V}{1000k_h} \tag{7-71}$$

式中：$L=1.0$；$\beta=0.5$；$g_n=9.81\text{m/s}^2$；曳引系统滑轮组倍率为 2∶1 时 $k_h=0.8$，曳引系统滑轮组倍率为 1∶1 时 $k_h=0.85$。

同时，电机设计时需满足

$$P_N \geqslant P_j \tag{7-72}$$

（2）电机力矩值估算。

1）额定力矩为

$$T_N = \frac{P_N}{\omega} = \frac{P_N \times 1000}{\frac{2\pi}{60} n_N} = 9550\frac{P_N}{n_N} \tag{7-73}$$

2）最大力矩为

$$T_{max} = (2 \sim 3) T_N \tag{7-74}$$

3. 力矩校验

（1）静力矩计算。由于系统的钢丝绳采用欠补偿方式，即 $w_1 \geqslant w_2 + \frac{w_3}{2}$，同时，电梯的平衡系数 $\beta \leqslant 0.5$，电梯轿厢位于最底层时力矩最大，因此，需要按照这时的状态计算力矩。

1）驱动时，有

$$T_j = \frac{\left[(L-\beta) \times CAP + w_1 - w_2 - \frac{w_3}{2}\right] g_n \frac{D}{2}}{i_g i_r \eta_f} + \frac{9550H_0}{n_N} \tag{7-75}$$

2）再生时，有

$$T_j' = \frac{\left[(L-\beta) \times CAP + w_1 - w_2 - \frac{w_3}{2}\right] g_n \frac{D}{2}}{i_g i_r} \eta_b + \frac{9550H_0}{n_N} \tag{7-76}$$

（2）动力矩计算。电梯加速、减速度按照 GB/T 10058—2009《电梯技术条件》规定，当电梯额定速度为 $1.0\text{m/s} < v \leqslant 2.0\text{m/s}$ 时，其平均加、减速度应不小于 0.48m/s^2；当电梯额定速度为 $2.0\text{m/s} < v \leqslant 2.5\text{m/s}$ 时，其平均加、减速度应不小于 0.65m/s^2。但在实际设计电梯时，往往采取电梯运行曲线在满足 GB/T 10058—2009 要求的基础上留有一定裕量。因此，在设计时往往需要按照实际的加、减速曲线进行修正（见表 7-10）。

表 7-10　加速、减速度修正参考值

额定速度(m/s)	1.0	1.5	1.6	1.75	2.0	2.5
最大加速度(m/s^2)	0.65	0.65	0.65	0.65	0.65	0.965
最大减速度(m/s^2)	0.75	0.75	0.75	0.75	0.75	0.965

1）驱动时，计算动力矩

$$T_d = J\varepsilon = \left(\frac{J_L}{\eta_f} + J_H\right) \times \varepsilon \tag{7-77}$$

2）再生时，计算动力矩

$$T'_d = J'\varepsilon = (J_L \eta_b + J_H) \times \varepsilon \tag{7-78}$$

式中：T_d 为动力矩；T'_d为再生动力矩；J 为转动惯量；J'为再生转动惯量；ε 为角加速度。其中

$$J_L = \frac{1}{4} \frac{\sum W}{i_g^2} D^2 \tag{7-79}$$

当滑轮组倍率为 1：1 时，有

$$J_L = \frac{1}{4} \times \frac{L \times CAP + W_1 + W_2 + w_1 + w_2 + w_3 + w_4}{i_g^2 i_r^2} \times D^2 \tag{7-80}$$

当滑轮组倍率不为 1：1 时，有

$$J_L = \frac{1}{4} \times \frac{\dfrac{L \times CAP + W_1 + W_2 + w_2 + w_3 + w_4}{i_r^2} + \dfrac{n_r - 1}{n_r} \times w_1}{i_g^2} \times D^2 \tag{7-81}$$

$$J_H = J_b + J_m \tag{7-82}$$

$$\varepsilon = \frac{i_g i_r a}{D/2} \tag{7-83}$$

因此，驱动时动力矩计算式为

$$M = M_j + M_d \tag{7-84}$$

再生时动力矩计算式为

$$M' = M'_j + M'_d \tag{7-85}$$

4. 功率校验

（1）起动次数的确定。电梯的起动次数参照 GB 10060—2011 规定，轿厢分别以空载、50%额定载荷和额定载荷三种工况，并在通电持续率 40%情况下，到达全行程范围，按 120 次/h 运行，电梯应运行平稳、制动可靠、连续运行无故障。实际上，生产厂家往往会采取在满足该标准要求的基础上有所改动，制定适合企业产品的起动次数参考标准进行计算，如表 7-11 所列。

表 7-11　起动次数参考值

额定速度(m/s)	1.0	1.5	1.6	1.75	2.0	2.5
起动次数(次/h)	120	180	180	180	180	180

（2）计算驱动功率。计算平均驱动功率时，首先根据电梯的额定速度确定起动次数，采用 40%通电持续率，按电梯满载上升、空载下降运行进行计算

$$P = \frac{T\omega}{1000} = \frac{T\dfrac{i_g i_r v}{D/2}}{1000} \tag{7-86}$$

根据式（7-86），计算整个过程的平均驱动功率为

$$P_{avg} = \sqrt{\frac{\sum (P^2 t)}{t_{all}}} \tag{7-87}$$

式中：t_{all}为总的运行时间。

最大驱动功率取电梯110%额定载荷上升运行过程中最大力矩点，近似认为此时电梯的运行状态是加速度为最大值、速度为额定值

$$P_{max} = P(a_{acc}, v_N) \tag{7-88}$$

（3）再生功率计算。计算平均再生功率时，首先根据电梯的额定速度确定起动次数，采用40%通电持续率，按电梯空载上升、满载下降运行计算

$$P' = \frac{T'\omega}{1000} = \frac{T'\dfrac{i_g i_r v}{D/2}}{1000} \tag{7-89}$$

根据式（7-89）结果，计算整个过程的再生功率均方根值

$$P'_{avg} = \sqrt{\frac{\sum(P'^2 t)}{t_{all}}} \tag{7-90}$$

最大再生功率取电梯110%额定载荷下降运行过程中最大力矩点，近似地认为此时电梯的运行状态是减速度为最大值、速度为额定值为

$$P'_{max} = P'(a_{dec}, v_N) \tag{7-91}$$

5. 电机校验

电机设计完成后有关参数可能会有所变化，如电机的转动惯量等，必须根据上述力矩计算和功率计算方法，重新计算额定力矩、最大力矩和功率，并按以下方法进行校验。

（1）力矩校验。

1）额定力矩校验为

$$T_e \geqslant T_E \tag{7-92}$$

式中：T_E 为计算所得的额定转矩。

2）最大力矩校验为

$$T_{max} \geqslant T_{MAX} \tag{7-93}$$

式中：T_{MAX}为计算所得的最大转矩。

（2）功率校验。电机的额定功率必须满足以下两个条件

$$P_N \geqslant P_j \tag{7-94}$$

$$P_N \geqslant P_{avg} \tag{7-95}$$

6. 主要器件选型

（1）主回路器件。

1）选择整流模块。计算整流器侧的电流值，选择整流模块。

$$I = k\frac{P_{max}}{\sqrt{3}U_I \eta_m \eta_{INV}} \tag{7-96}$$

式中：U_I 为系统整流侧输入电压；η_{INV}为整流装置的效率，取值为0.95～0.98；k 为常数，取值为1.1。整流模块的耐压值大于 $2\sqrt{2}U_I$。

2）选择逆变模块。计算电机侧的电流值，选择逆变模块。

$$I = k\frac{P_{max}}{\sqrt{3}U_e \eta_m \cos\theta} \tag{7-97}$$

其中，逆变模块耐压值大于 $1.5\sqrt{2}U_e$，逆变模块电流值小于$\sqrt{2}I$。

式中：U_e 为电机输入电压；I 为逆变模块电流；$k=1.1$；P_{max}为最大驱动功率；η_m 为逆变模块效率。

3）选择主回路电容。根据整流器侧输入电压计算 U_{max}，确定纹波电压值 ΔU，得到直流侧最小电压 U_{min} 为

$$U_{max}=\sqrt{2}U_{I} \tag{7-98}$$

$$U_{min}=U_{max}-\Delta U \tag{7-99}$$

根据系统负载的额定功率 P_e 和整流器侧输入电压频率 f_e，计算主回路电容额定容量 C 和电容纹波电流值 I_{ripple}

$$C=\frac{P_e}{\left(\frac{1}{2}U_{max}^2-\frac{1}{2}U_{min}^2\right)\times\frac{1}{6f_e}} \tag{7-100}$$

$$I_{ripple}=\frac{P_e}{(U_{max}+U_{min})\times\frac{1}{2}} \tag{7-101}$$

比较所选定的电解电容的额定纹波电流值与计算得到的主回路电容纹波电流值，确定电解电容的分支数，根据电容耐压值和实际直流侧电压确定电解电容的个数。

4）选择主回路导线。分别计算整流器侧和电机侧额定电流值，确定整流器侧和电机侧的导线线径。

$$I_e=K_aK_tK_jI_E$$

式中：I_e 为系统额定电流；K_a 为电缆或穿管电线多根并列敷设校正系数，一般对穿钢管电线取 0.9，对电缆取 0.8；K_t 为环境温度校正系数，$K_t=\sqrt{\frac{T_1-T_0}{T_1-T_2}}$，其中，$T_1$ 为线芯最高工作温度，T_0 为工作环境温度，T_2 为额定工作环境温度；K_j 为反复短时工作制的接电持续率校正系数，$K_j=\sqrt{\frac{1-e^{-\frac{600}{\tau}}}{1-e^{-\frac{600}{\tau}JC}}}$，工作循环时间取 10min，$JC$ 为通电持续率，τ 为导线发热时间常数；I_E 为电线电缆载流量的基准值。

5）选择主回路接触器。若接触器在正常情况下闭合和断开时电流为零，则只需根据主回路的额定电流值选取相应的接触器。

（2）再生回路器件。

1）选择再生电阻。制动电阻应能够消耗掉最大制动功率 P'_{max}，计算再生回路的放电电阻值为

$$R=\frac{U'^2}{P'_{max}} \tag{7-102}$$

式中：U' 为再生回路动作时的直流侧电压。

再生电阻功率为

$$P_R=\frac{P'_{avg}}{1-\sqrt{\sum e^2}} \tag{7-103}$$

式中：e 为单个电阻的偏差，一般为±5%。

2）选择再生回路模块。计算再生电流最大值 I'_{max} 为

$$I'_{max}=\frac{U'}{R} \tag{7-104}$$

式中：U' 为再生回路动作时的直流侧电压；R 为再生电阻值。

选用再生回路模块时，满足 $I>1.05I'_{max}$；再生回路的耐压值大于 $1.5U'$。

7.5 高速铁道车辆控制应用

7.5.1 概述

世界上第一条高速铁路于1964年在日本新干线运营，自此以后，由于高速铁路自身所具有的优势（如较大的运输吞吐量、方便舒适的乘车环境及综合能效高等），这一新兴的运输方式逐渐被越来越多的国家重视起来，电气化运输已经成为未来国际铁路运输发展的趋势之一。其中，最具代表性的当属1991年实现全线通车的德国ICE高速铁路。

我国的铁路起步相对较晚，但发展迅速。2008年8月1日，我国第一条高速现代化铁道在京津段实现通车并投入使用，使得我国跻身于高速铁路技术世界先进的行列。2012年6月，我国正式提出以自主化为标准、以标准化为前提、以需求为牵引的动车组“中国标准”。2018年12月24日，时速350km 17辆长编组、时速250km 8辆编组、时速160km动力集中等多款“复兴号”新型动车组首次公开亮相。

传统高速铁道车辆中一般采用异步电机作为牵引电机。近年来，永磁同步电机由于具有体积小、质量轻、效率高、功率密度高等特点，已受到轨道交通行业的密切关注。永磁同步电机与异步电机的最大区别在于其励磁磁场是由永磁体产生的。异步电机需要从定子侧吸收无功电流来建立磁场，用于励磁的无功电流导致了损耗的增加，降低了电机效率和功率因数。所以，原理上永磁同步电机比异步电机要节能。在德、日、法等高铁大国，永磁同步传动系统已经应用到了高速动车组、地铁车辆等领域，法国阿尔斯通有限公司自主开发的第四代高速车辆AGV采用了永磁同步电机代替异步电机作为牵引电机。

我国研究永磁同步电机在轨道交通上的应用虽然较晚，但目前已经掌握相关核心技术，达到国际先进水平。全国首列城市轨道交通永磁牵引系统车辆在长沙地铁1号线成功应用，北京、天津、厦门、深圳、宁波、佛山等城市也即将开展“永磁地铁”的应用。而永磁同步电机在铁路轨道中的应用虽然还未达到商业化，但“永磁高铁”的研究已经取得重大进展，2015年1月14日，搭载中车株洲电机公司研发的TQ-600永磁同步牵引电机的中国首列“永磁高铁”在青岛成功完成首次轨道运行，并顺利通过中国铁路总公司评审；2016年12月起，永磁高铁样车进行运行测试。截至2018年6月，已经完成了30万km性能测试。在成渝线针对基于永磁牵引系统的高速动车组与CRH380A型动车组进行能耗对比测试，结果表明，停站次数比较多工况下，牵引能耗降低5.2%，节电约1029kWh，制动反馈提升20.5%，增加回收电能约639kWh。总体上整车能耗降低10%，节能约1668kWh。

7.5.2 高速铁道车辆牵引系统

1. CRH2-300型高速动车组异步电机动力牵引系统

在开发CRH系列动车组之前，国内组织相关单位进行了交流传动机车的研发和生产，其中最具代表的就是完全国产的DDJ1型“大白鲨”号和DJJ1型“蓝箭”号动车组，为高速铁路的发展奠定了坚实的基础。2004年，我国机车车辆企业通过引进技术，形成了国产化的“和谐号”CRH动力分散型高速动车组系列。其中，CRH2-300型动车组为动力分散交流传动动车组，采用8节编组、6动2拖、定员610人，最高运营速度300km/h，最高试验速度350km/h，最大牵引功率7342kW，具有安全可靠性高、起动加速度大、噪声低、寿命长和寿命周期成本低等优点。

（1）牵引传动系统。CRH2-300型动车组牵引传动系统原理如图7-39所示，其主要由牵引变压器、牵引变流器（脉冲整流器、中间直流环节、牵引逆变器）、异步电机、变速箱等组成，具体参数见表7-12。CRH2-300型动车组由从接触网获得单相AC 25kV/50Hz电源，牵引变压器的作用是将接触网上的 25kV 的高压变换成可供给脉冲整流器的输入电压 AC 1500V。脉冲整流器输出 DC 2600～3000V，通过牵引逆变器向牵引电机提供电压频率均可调节的三相交流电。脉冲整流器是牵引传动系统的电源侧变流器，车辆牵引运行时作为整流器，车辆再生制动时作为逆变器。牵引逆变器是牵引传动系统的电机牵引侧变流器，车辆牵引运行时作为逆变器，车辆再生制动时作为整流器。牵引变流器可实现牵引—再生制动两种工况的平滑转换。牵引电机是实现电能和机械能转换的核心部件，车辆牵引工况时作为电机运行将电能转化成机械能，车辆再生制动工况时作为发电机运行将机械能转化为电能。

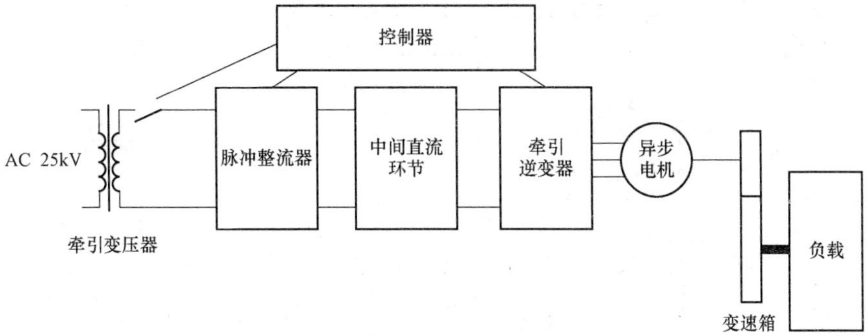

图 7 - 39　CRH2 - 300 型动车组牵引传动系统原理

表 7 - 12　　牵引传动系统参数

动力配置	6 动 2 拖（6M+2T）	牵引变流器（个）	6
受电弓（个）	2	牵引电机（台）	24
牵引变压器（个）	3		

（2）牵引变流器。CRH2 - 300 动车组牵引变流器采用 CI11 型牵引变流器，其主电路结构为电压型 3 电平，由脉冲整流器、中间直流电路、牵引逆变器构成，采用异步调制、5 脉冲、3 脉冲和单脉冲相结合的控制方式。每个动车配置 1 台牵引变流器，每台变流器控制 4 台牵引电机，具体参数见表 7 - 13。

表 7 - 13　　牵引变流器参数

整流器输入	AC 1500V/50Hz	逆变器输入	1296kW/3000V
整流器输出	DC 2600～3000V	逆变器输出	AC 0～2300V/0～220Hz

（3）牵引电机。CRH2 动车组配置的是 MT205 型异步牵引电机，每节动力车 4 个（并联），一个基本动力单元 8 个，全列共计 16 个。牵引电机为 4 极三相笼型异步电机，采用架悬、强迫风冷方式，通过弹性齿型联轴节连接传动齿轮，具体参数见表 7 - 14。

表 7 - 14　　牵引电机参数

极对数	2	转差率（%）	1.4
额定输出功率（kW）	300	额定转速(r/min)	4140
额定电压（V）	2000	最高转速(r/min)	6120
额定电流（A）	106	冷却方式	强迫风冷

2. CRH380A平台高速动车组永磁同步电机动力牵引系统

永磁高铁是指以CRH380A为技术平台研发的永磁同步牵引高速动车组。永磁高铁是由中国中车株洲电机有限公司提供永磁电机，中国中车株洲电力机车研究所有限公司（简称株洲所）提供相匹配的牵引变流器，中车青岛四方机车车辆股份有限公司（简称中车青岛四方）组装生产的新一代高速铁道车辆。2014年11月，首辆装有永磁牵引电机的高铁车辆已经在中车青岛四方整车下线，并且于2015年1月14日在青岛成功完成首次轨道运行。

（1）牵引传动系统。永磁同步电机高速动车组采用16台牵引电机、4辆动车，车辆的动力单元配置模式为4M+4T；设2个动力单元，每个动力单元配置1台牵引变压器、2台主变流器、8台永磁同步牵引电机。永磁高铁牵引传动系统组成原理图如图7-40所示。

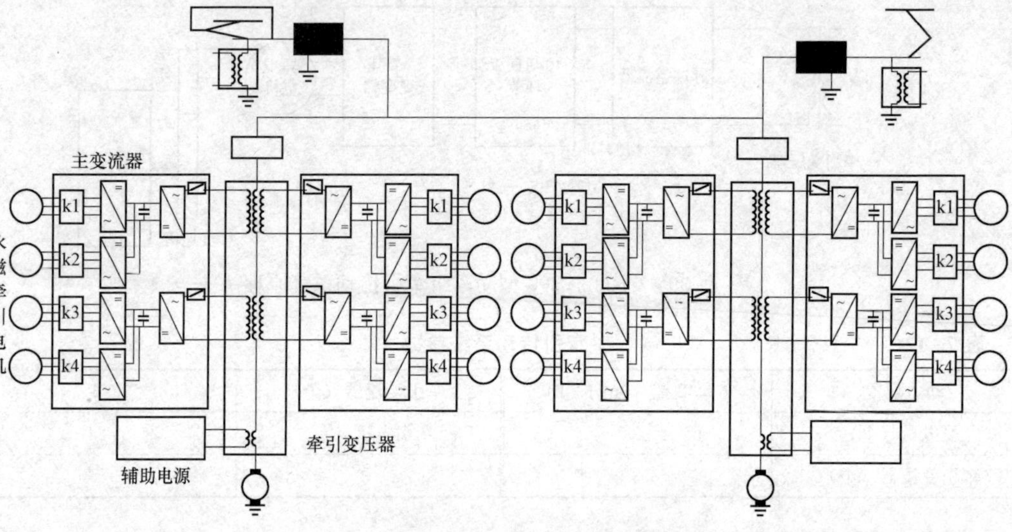

图7-40 永磁高铁牵引传动系统组成原理图

对于轨道交通车辆，同时有多台牵引电机工作，每台电机的对应线速度与整车的速度保持一致。异步电机由于存在转差，因此可以采用一个模块驱动4台异步牵引电机，或由一个模块驱动2台异步牵引电机的模式。由于不同轮与其相对应的永磁同步牵引电机的旋转速度可能不一致，而永磁同步牵引电机的转子旋转速度与定子供电频率严格成正比，因此，必须采用一个逆变模块驱动1台永磁同步牵引电机的轴控模式。

（2）牵引变流器。针对永磁同步牵引系统需要采用轴控模式，以及考虑到永磁同步牵引电机反电动势的特点，采用“两重四象限+四重逆变器”的主电路形式，同时在永磁同步牵引电机与牵引逆变器之间增加隔离接触器，用于避免当系统发生故障时由于永磁同步牵引电机的反电动势造成系统的故障进一步扩大。主变流器的中间直流环节设置二次滤波电路、斩波电路、固定放电电路和接地检测电路。永磁高铁变流器主电路拓扑如图7-41所示，牵引变流器参数为整流器输入AC 2121V/50Hz，标称直流电源DC 3500V，逆变器输出AC 0～2730V。

（3）牵引电机。牵引电机是高速动车组电传动系统中机电能量转换的核心部件，很大程度上决定了牵引系统的性能，高效、节能、低噪、高可靠性等是牵引电机技术升级的重要目标。电机采用内置式磁路结构，对永磁体具有更好的机械和电磁防护，能够充分利用磁阻转矩，利于降低电机反电动势，系统匹配更好，同时，电机的恒功率区更宽。永磁同步电机采用全封闭冷却方式，与异步牵引电机开启通风冷却方式比较，给电机散热设计带来了挑战，冷却方式上，电机采用全封闭强迫风冷和独特的内外循环冷却方式。牵引电机参数见表7-15。

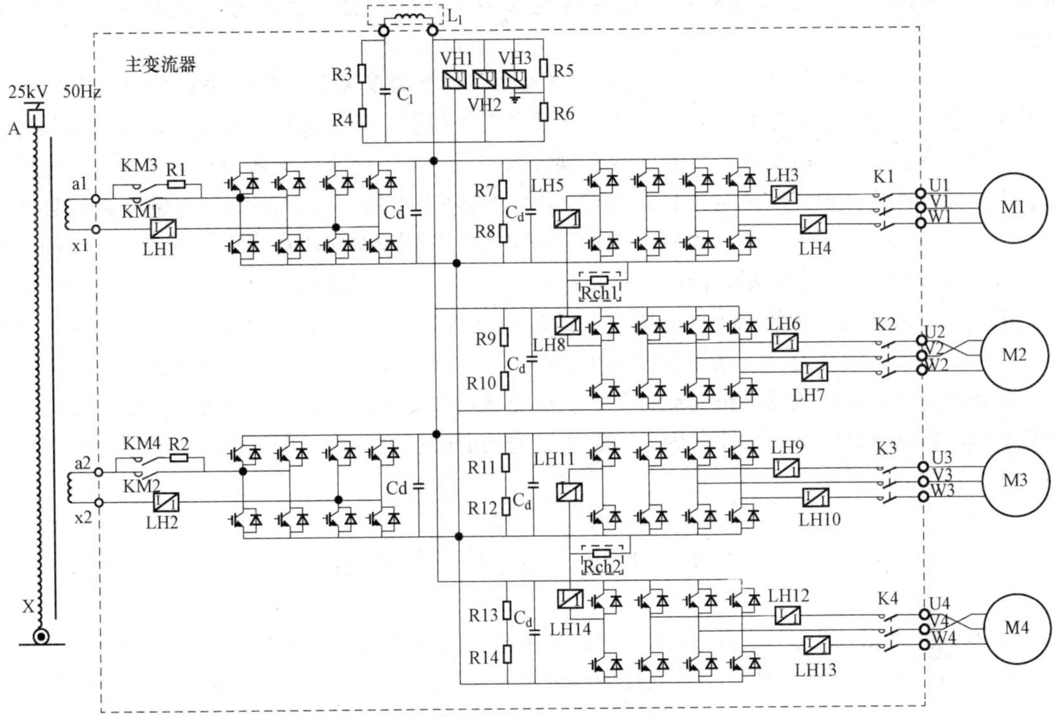

图 7-41　永磁高铁变流器主电路拓扑

表 7-15　　**牵引电机参数**

额定输出功率（kW）	600	额定转速（r/min）	4200
最大输出功率（kW）	635	冷却方式	强迫风冷
额定电压（V）	2730		

3. 高速铁道车辆牵引系统控制

随着电力电子器件的发展，脉宽调制技术得以广泛应用。通常，大功率牵引传动系统的牵引变流器功率较大，受开关器件散热及开关损耗的影响，需要工作在较低的开关频率下，往往不超过 1kHz。一方面，其最高开关频率一般在几百赫兹左右；另一方面其输出达到额定值时工作在方波工况，因此在整个速度范围内，载波比的变化范围非常大。为了适应低开关频率下的控制要求，通常采用多模式 PWM 调制策略：

（1）低频段采用异步调制 PWM 方式。

（2）中频段采用同步调制方式。

（3）额定频率以上采用方波控制，充分利用直流母线电压。

结合实际中的数字控制方法，通常在低、中频段采用规则采样脉宽调制方式，在高频段采用特殊脉宽调制方式。若采用异步调制方式，在载波比比较大时，由于异步调制方式造成的正负半周不对称的影响较小，引入的低次谐波可以忽略，但随着电机频率的上升、载波比的下降，这种低次谐波的影响越来越大，此时宜采用同步调制 PWM。但是，常规的规则采样同步调制方式在载波比比较低时，由于低次谐波含量高，采样得到的基波电压幅值达不到指令值的要求，不利于进入方波，此时应当采用特殊调制方式，使电流具有较好的谐波特性和对称性。

例如，我国 CRH5 动车组使用的牵引逆变器就采用了特定次谐波消除脉宽调制（SHEPWM）方式。

高速车辆牵引传动系统是一个多变量、非线性和强耦合的系统，牵引电机的电压和频率作为可控制的输入量，输出量则为电机转矩、转速和转子位置，它们彼此之间及内部变量（如气隙磁链、转子磁链、转子电流等）都是非线性耦合的关系。为了使交流异步电机能实现与直流电机相媲美的调速性能，现代交流电机控制理论诞生了两种高性能的控制方案：矢量控制和直接转矩控制。目前来讲，在牵引传动领域，转子磁场定向的矢量控制应用最为广泛，我国生产的 4 种动车组均采用了基于转子磁场定向的矢量控制技术。此外，为实现牵引电机的高速运行，需要在电机定子端提供较大的有效电压来克服增长的反电动势，对于目前普遍以电压源型逆变器进行牵引的传动系统，在直流母线电压受限制的条件下，适当地降低磁链以抑制电机反电动势的增长，即弱磁控制，可以拓宽电机的运行范围。然而通过降低磁链的方法必然导致电机转矩输出能力的下降，影响电机的动态性能。因此，选择合适的弱磁控制策略，保证电机在弱磁时仍具有良好的转矩特性至关重要。

7.6 全电飞机控制应用

全电飞机（All-Electric-Aircraft，AEA）将机上二次能源统一为电能，多电飞机（More-Electric-Aircraft，MEA）是全电飞机发展的过渡阶段。图 7-42 给出了传统飞机二次能源结构示意图，其二次能源分为机械能、液压能、气压能、电能等，结构非常复杂、效率低，增加了发动机燃油消耗，存在气体油液泄漏等问题。图 7-43 给出了全电飞机二次能源结构，取消了发动机附件机匣，采用内装式起动发电机，取消了发动机引气管路，使用机电作动机构或电液作动机构代替集中式液压能源系统。21 世纪初发明的三种多电飞机，分别是欧洲空客公司研制的 A380、美国波音公司研制的 B787、美国洛·马公司研制的 F-35。

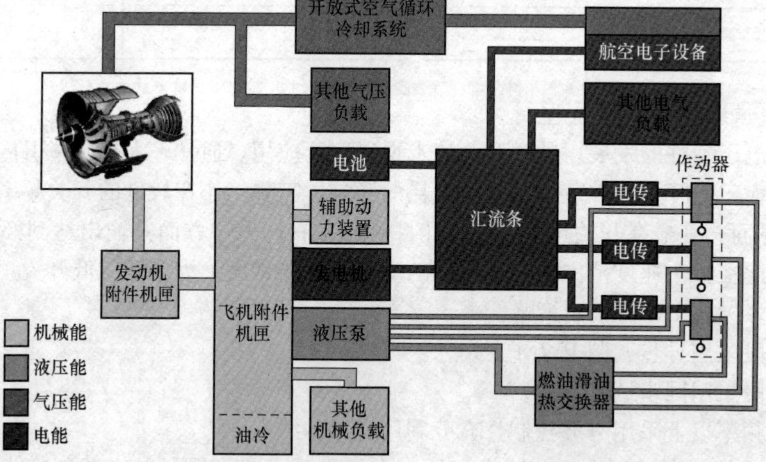

图 7-42 传统飞机二次能源结构示意图

电机是其中非常重要的设备，在全电飞机的供电系统、控制系统、驱动系统、环控系统等重要系统均有使用。下面以 B787 为例，对电机在全电飞机中的应用进行介绍。

7.6.1　B787 飞机的典型用电设备

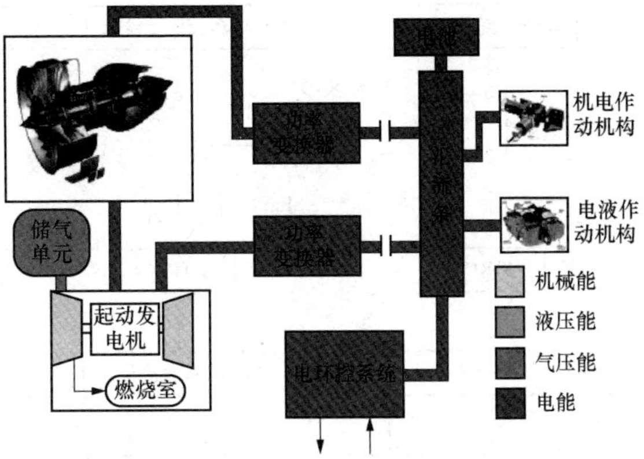

图 7 - 43　全电飞机二次能源结构

B787 飞机采用了大功率调速电机，表 7 - 16 列出的大功率电机（大多为永磁同步电机）用于环控系统的电动压气机，功率在 120kW 左右，转速达每分钟几万转，氮气发生器的电动压气机功率为 50kW，电动液压泵电机约 32kW。这些大功率高速永磁同步电机需要与电机控制器配合才能工作。

B787 飞机电机控制器的核心是由 IGBT 构成的三相逆变器，包括普通电机起动控制器（Common Motor Start Controller，CMSC）、APU 起动控制器（APU Start Controller，ASC）、风扇电机控制器（Ram Fan Motor Controller，RFMC）和燃料泵电机控制器（Fuel Pump Motor Controller，FPMC）四种类型。其中，CMSC 是双功能控制器，既可用于控制电动压气机 CAC 电机，也可用作变频交流起动/发电机的起动控制器。ASC 也为双功能控制器，可用于起动 APU。

表 7 - 16　B787 飞机用电设备分类

序号	负载类型	数量	典型负载
1	230V AC 大功率设备	40	机翼防冰、燃料泵、后厨房设备、货舱加温、环控系统电动风扇
2	115V AC，>10A 设备	20	冷却风扇、座舱加温、前和中厨设备
3	28V DC，>10A 设备	150	直流燃料泵、发动机点火器、GCU 和 BPCU、平板显示器、公共核心系统
4	115V、28V，<10A 设备	900	
5	±270V 大功率调速电机	17	电动液压泵 4 台、环控压气机 4 台、电动通风机 2 台、氮气发生器 1 台、起动发电机 6 台

电机控制器由±270V 直流电源供电，将直流电转换为所需频率、电压和功率的交流电。它由输入滤波器、功率电子变换器、输出滤波器、控制板（控制板上有数据总线通信接口）和机箱等组成，由于消耗功率大，故机箱有专门的水冷系统。±270V 直流电由 230V 交流电通过 ATRU 变换得到，每个 ATRU 的功率为 150kW，共 4 台 ATRU，其配电图如图 7 - 44 所示。可见，ATRU 也可由地面电源 115/200V 400Hz 供电，直流电压为 270V。

7.6.2　B787 交流起动/发电机

变频交流发电机和功率变换器构成的变速恒频电源，发电机和变换器均能可逆工作，易构成起动/发电系统。美国曾在 A - 10 飞机上测试过 60kVA 交一交型变速恒频电源起动/发电系统。试验表明，系统既能满足发动机起动要求，也有好的发电电能质量，但该系统的电机为永磁电机，难以实现永磁电机内部短路灭磁而未能推广使用。

B787 是第一架采用变频交流起动/发电机的飞机，其中，每一台发动机上装有两台 250kVA 的起动/发电机，总容量为 500kVA，与 28V 直流起动/发电机相比，电机功率大幅度增加。在 28V 直流电源系统中，起动/发电机首先是保证发动机起动的需要，起动/发电机的容量往往大于用电设备的需要。多电飞机则不同，用电设备的大量增加，要求发电机的容量更大，电机容量已超过发动机起动的需求，因此在多电飞机中，发动机起动容易实现。B787 飞机的辅助动力装置

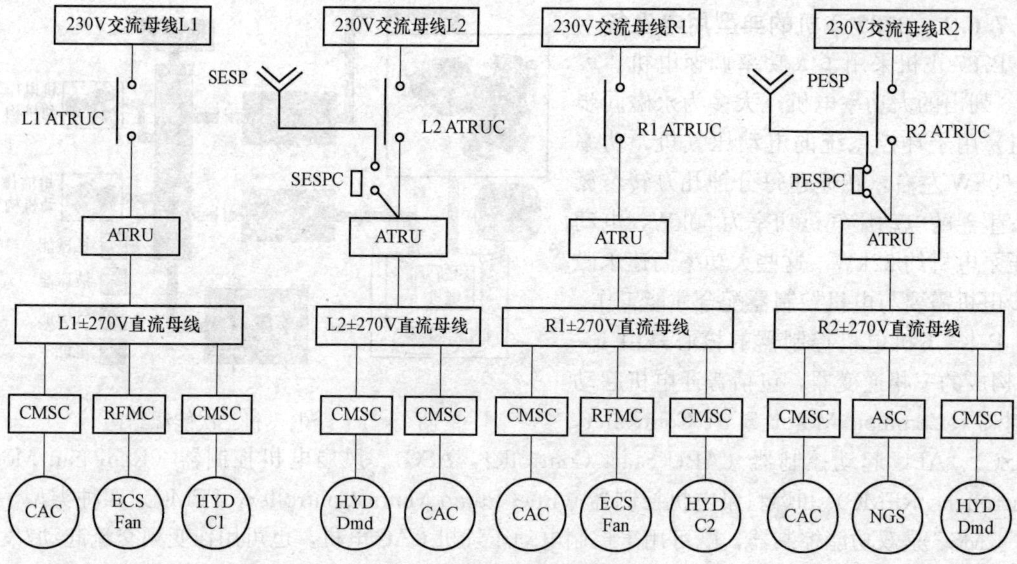

图 7-44 大功率电机的配电图

CAC—环控压气机电机；HYD（C1、C2、Dmd）—液压泵电机；ECS Fan—环控风扇电机；NGS—制氮压气机电机；CMSC—普通电机起动控制器；ASC—APU 起动控制器；PFMC—风扇电机控制器

APU 上装有两台 225kVA 的起动/发电机，该电机发电工作时转速变化很小。

三级变频交流发电机的电动工作有两种实现方法：一种是无刷直流电机的控制方法，另一种是交流同步电机的磁场定向控制方法，这两种方法使同步电机具有与直流电机相同的控制性能。本小节仅讨论无刷直流电机起动发动机工作方式。

图 7-45 所示为无刷直流起动/发电机的电机工作构成框图，相对于图 7-46 所示的无刷直流发电机，存在以下差异：

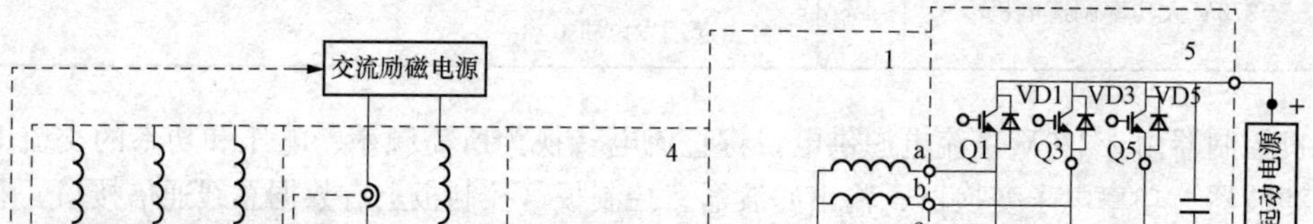

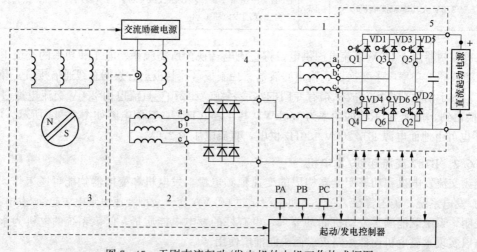

图 7-45 无刷直流起动/发电机的电机工作构成框图

1—主电机；2—励磁机；3—副励磁机；4—旋转整流器；5—逆变器

（1）输出三相二极管整流滤波电路改变为三相逆变器，该逆变器由直流起动电源 DCSPS 供电。

（2）励磁机励磁绕组由三相或单相交流励磁电源 ACFPS 供电。

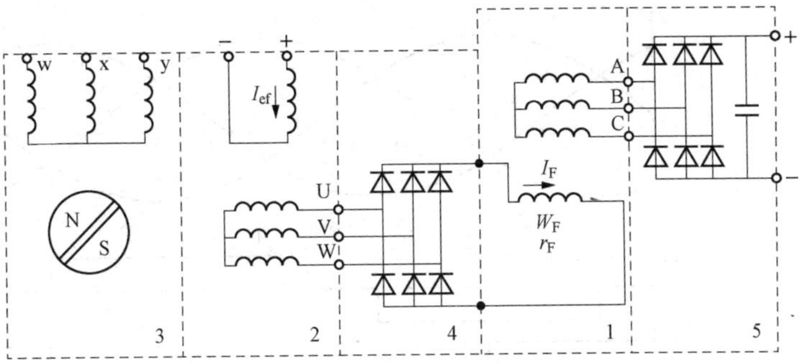

图 7-46　无刷直流发电机的构成原理

1—主发电机；2—励磁机；3—永磁副励磁机；4—旋转整流器；5—输出整流滤波器

(3) 另有反映主电机转子位置信号的传感器 RPD，传感器转子极数与主发电机转子极数一致，定子输出 PA、PB、PC 三个信号，分别与电机的相电动势同相。传感器电路与相绕组之间有电隔离。发动机的起动过程控制由起动/发电控制器 SGCU 和发动机控制器共同完成。

图 7-47 所示为无刷直流电机正转电动开关管导通规律。其中，图 7-47 (a) 所示为电机三相反电动势波形，为了使电机转矩最大，应在反电动势最大时通入相电流［图 7-47 (b)］，在 e_{ab}最大时 Q1、Q6 导通，e_a 最大时 Q1、Q2 导通，e_b 最大时 Q3、Q2 导通，依此类推。

开关管 Q1、Q2、Q3、Q4、Q5、Q6 的导通信号由电机转子位置传感器信号 PA、PB、PC 经过逻辑运算给出，因此，要求 PA 信号为 180°方波，其上升沿与 $+e_c$ 和 $+e_a$ 的交点（自然换相点）对齐；PB 信号上升沿与 $+e_a$ 和 $+e_b$ 的交点对齐；PC 信号上升沿与 $+e_b$ 和 $+e_c$ 的交点对齐，如图 7-47 (c) 所示。

三个位置信号 PA、PB、PC 经逻辑演算后得到六个 120°宽、互差 60°的信号 $A\overline{B}$、$A\overline{C}$、$B\overline{C}$、$B\overline{A}$、$C\overline{A}$、$C\overline{B}$，分别用于驱动开关管 Q1、Q2、Q3、Q4、Q5、Q6。由此可见，电机转子位置信号是实现电机电动工作的关键。

实际上，在电动工作时，开关管也处于 PWM 工作状态，用于控制电动工作的电流和转矩随着电机转速的升高、反电动势的加大，开关管的导通时间必须相应加长，以保持起动电流和起动转矩不变。由此可见，无论是电动还是制动工作，检测电机相电流都是必要的。

7.6.3　B787 三相 DC/AC 变换器驱动电机

多电飞机中用电能代替集中式液压能和气压能，飞机的液压能和气压能主要用于传动飞机的各种机构，操纵飞机舵面和控制发动机。液压能和气压能最终还是需要转换成机械能，因此，多电飞机中将大量采用电机。由于直流电机的高空运行性能和可维护性差，未来的飞机上将大幅度减少有刷直流电机的使用。在使用交流电源的飞机上，异步电机传动的泵和风机得到了广泛应用，因为异步电机结构简单、使用方便、工作可靠。在使用直流电源的飞机上，无法直接使用异步电机，必须应用 DC/AC 变换器才能使交流电机起动和运行。

在多电飞机中要用到四类电机：

(1) 驱动泵和风扇的电机。

(2) 收放起落架、机翼、启闭舱门的电机。

(3) 操纵飞机舵面和控制发动机的电机。

(4) 电动环境控制系统用的电机。

这四类电机大多是三相电机，由三相 DC/AC 变换器供电（图 7-48)。其中 A、B、C 为电机

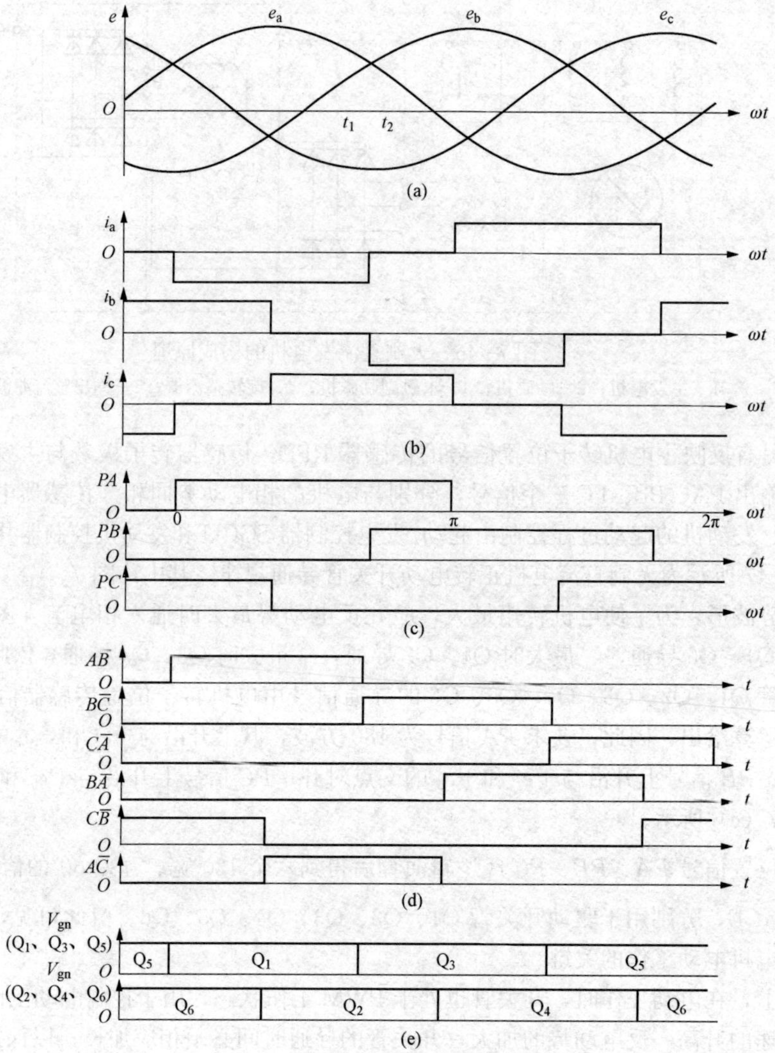

图 7-47 无刷直流电机正转电动开关管导通规律

(a) 电机三相反电动势波形；(b) 相电流波形；(c) 位置传感器信号；(d) 逻辑信号；(e) 开关管导通规律

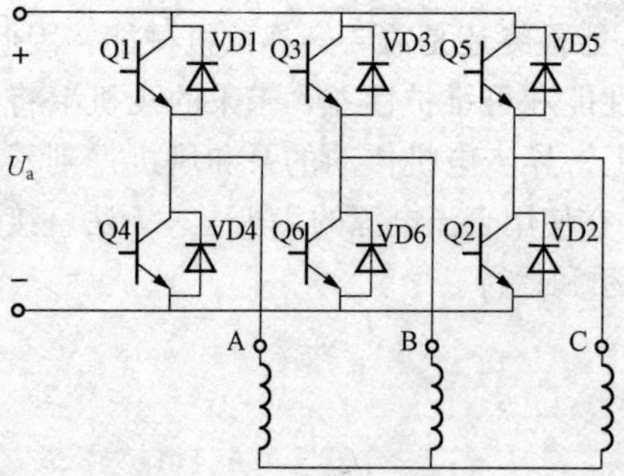

图 7-48 三相星形连接电机供电的 DC/AC 变换器

的三相绕组接线端，三相的另一组接线端接在一起，形成星形连接的电机绕组，中点不接地，故 DC/AC 变换器可以采用不隔离的电路。

大功率电机的 DC/AC 变换器由 270V 直流电源供电。在 B787 飞机中，大功率电机的电源为直流 540V。小功率电机由直流 28V 电源供电。使用 270V DC 电源的飞机上有两种电机：一种是电动势波形为 120°宽方波的无刷直流电机，电机转子为稀土永磁结构；另一种是正弦波电机，可以是异步电机或永磁同步电机。

开关磁阻电机和双凸极电机在现有飞机上尚未有使用。

电机实际上是一个双向机电能量转换装置，既可将电能转换为机械能驱动机械设备，也可将机械储能转换为电能返回电源。DC/AC 变换器也是可逆的，电机发电运行时，变换器将交流电转换为直流电返回飞机电网。在 B787 飞机中，调速电机由 ATRU 或 TRU 供电，能量不能返回飞机电网，必须在变换器的直流侧加再生能量吸收电路，用电阻消耗返回的能量。

7.6.4　B787 飞机的电动环境控制系统

B787 飞机不再提取发动机压缩后的高压高温空气，这样飞机环境控制系统的高压高温空气只能由电动压气机产生。B787 飞机有两套相同的空调组件。如图 7-49 所示为 B787 飞机电动环境控制系统其中一套空调组件的结构原理图。

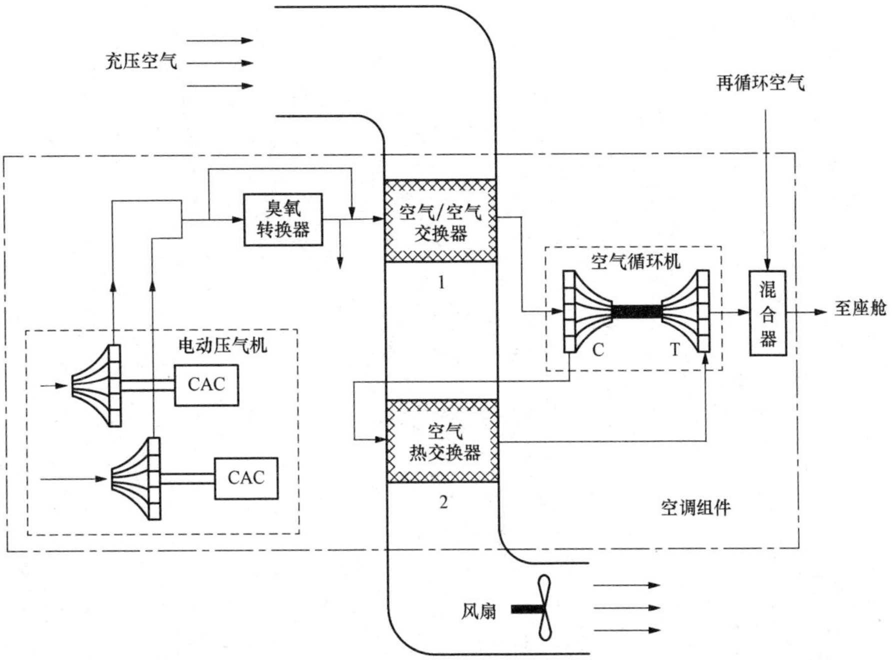

图 7-49　空调组件的结构原理图

空调组件由 2 台电动压气机、臭氧转换器、2 台热交换器、空气循环机和混合器等构成。电动压气机将空气压力提高到 0.104MPa、温度为 149℃，压缩空气通过 1 号空气/空气交换器冷却后，进入空气循环机的压气机 C；C 的出口空气经 2 号空气热交换器冷却后，经膨胀涡轮再次降温，降温后的空气与座舱来的再循环空气混合，混合后的空气温度为 15.6℃，压力为 0.081MPa。0.081MPa 的压力相当于海拔高度为 1968m，这个高度和 15.6℃的温度对于乘客来说是舒适的。

充压空气管路中的风扇保证飞机在地面没有充压空气时仍有较好的冷却效果，在提取发动机引气时，引入的空气压力为 0.207MPa、温度为 204.4℃，与电动压气机的出口空气相比，引气的压力和温度要高得多。也就是说，压力和温度必须大幅度降低才能满足乘客要求，这就要消耗更多的能量。因此，往往利用引气作为环控能源，其利用率非常低。

习　题

7-1　简述晶闸管软起动器技术。

7-2　简述电动汽车用电机及其驱动控制系统的特点及要求。

7-3 简述最大风能追踪方法及风电机组功率控制策略。

7-4 简述电气变桨控制的特点。

7-5 简述可变速电梯控制的基本原理。

7-6 试分析电梯节能与能量回馈控制效果。

7-7 简述高速铁道车辆牵引系统构成及控制方法。

7-8 试分析全电飞机电驱动系统。

参 考 文 献

[1] 王志新，罗广文．电机控制技术 [M]．北京：机械工业出版社，2011.
[2] 邱阿瑞，柴建云，孟朔，等．现代电力传动与控制 [M]．2 版．北京：电子工业出版社，2012.
[3] 许大中，贺益康．电机控制 [M]．杭州：浙江大学出版社，2002.
[4] 王志新，陈伟华，熊立新，等．高能效电机与电机系统节能技术 [M]．北京：中国电力出版社，2017.
[5] 王成元，夏加宽，孙宜标．现代电机控制技术 [M]．北京：机械工业出版社，2009.
[6] 马伟明，王东，程思为，等．高性能电机系统的共性基础科学问题与技术发展前沿 [J]．中国电机工程学报，2016，36 (8)：2025-2035.
[7] 王志新．现代风力发电技术及工程应用 [M]．北京：电子工业出版社，2010.
[8] 陈玉东，刘玉兵，朱武标，等．一种矩阵变换器空间矢量调制改进方法 [J]．中国电机工程学报，2010，30 (18)：21-25.
[9] 孔伟荣，朱武标，姜建国．双 PWM 控制能量回馈电梯传动系统的设计 [J]．电气传动，2007，37 (8)：8-11.
[10] 孙震洋．高速铁路牵引供电系统运行方式研究 [D]．成都：西南交通大学，2014.
[11] 康劲松，陶生桂．电力电子技术 [M]．2 版．北京：中国铁道出版社，2015.
[12] 曹霞．CRH2-300 型动车组的牵引/制动性能研究 [D]．成都：西南交通大学，2010.
[13] 冯江华，郭其一，刘可安，等．现代列车牵引控制技术 [M]．北京：科学出版社，2017.
[14] 池海红，单蔓红．自动控制元件 [M]．北京：中国电力出版社，2013.